Stéphane Hardy

Der *largonji du louchébem* – die Geheimsprache der Pariser Metzger

Kulturen – Kommunikation – Kontakte

Hartwig Kalverkämper (Hg.)

Band 35

Stéphane Hardy

Der *largonji du louchébem* – die Geheimsprache der Pariser Metzger

Eine kulturhistorische, lexikologische und soziolinguistische Analyse

Frank & Timme
Verlag für wissenschaftliche Literatur

Umschlagabbildung: Fleischzuschnitte vom Rind © iStockphoto.com/NSA Digital Archive

Wenn man die historischen Bilder zu Labyrinthen – deren Abbildung für die Reihe *KKK* ja identifikativ und konstitutiv ist – betrachtet, steht bei ihnen oft im Zentrum der Minotaurus. Diese *fabula antiqua* als narratives Kulturgut der minoisch-griechischen Vorzeit verortet ein menschenmordendes Stierkopf-Mensch-Wesen – der Stier als das sagenumwobene Krafttier des mediterranen Mythenraums – in der Mitte eines unentrinnbaren Labyrinths: Dort lebt der Minotaurus, griech. Μινώταυρος, der dann von Perseus besiegt wird, welcher mit Hilfe des am Labyrinth-Eingang befestigten Fadens der liebenden Ariadne, Tochter des kretischen Königs Minos, doch wieder herausfindet. Er wird den Stier dort mit dem Xiphos, griech. ξίφος, dem griechischen Kurzschwert, erstochen und liegen gelassen haben.
Die vorliegende Untersuchung der Autorin hier in *KKK* schließt gerade dort an, bei dem Akt der Tötung als Beginn einer Handlungsvielfalt, nämlich der Verwertung. Der getötete Stier, das fleischgenutzte Rind, das kriteriengenau analysierte Großvieh, das durch Expertise zerlegte Tier – und zudem die Kommunikation darüber: im Akt des Abdeckens, des Ausnehmens und Ausbeinens und Zerkleinerns, schließlich auch bei den Vorgängen des „Darüber Sprechens", des Verkaufs, der Bewertung, der Geschichten. Das Nutztier ‚Rind' wird so zu einem kriterienspezifischen Fachgegenstand, der analysiert, strukturiert, kategorisiert und normiert wird. Die Kommunikation ist nicht mehr eine narrative, sondern nun eine qualitative, (fleisch-)fachliche, veterinäre, finanzwirtschaftliche, preisbezogen kalkulierende.
Den Bogen vom Mythos zum Real, vom narrativ-ehrfürchtigen Raunen zum Anpreisen auf dem quirligen Fleischmarkt, die Entzauberung hin zum Kapital – das soll das gewählte Bild andeuten: Das Wertwesen wird – über die Kommunikation – als Ware strukturiert, seziert, qualifiziert, finanziert und ökonomisiert. Diese klaren fleischerfachlichen Nutzungsfelder, Verwertungsbereiche, Qualitätsorte des ganzen Tieres sind das Gegenprogramm zu dem diffus-labyrinthischen Narrativ und den unterschwelligen Ängsten, die einmal mit dem Stier verbunden waren.
So steht das gewählte Bild hier auch als Anti-Labyrinth, eröffnet aber einen kulturgeschichtlichen Gedanken zur Nachdenklichkeit an die mythischen Ursprünge. Und kommunikativ ist die Sprache der Fleischer (Metzger) nicht weniger geheimnisvoll, mit guten Gründen und etlichen Varianten, wie die Autorin mit linguistischem und kulturhistorischem Blick hier ganz neu ausbreiten kann. – H.K.

ISBN 978-3-7329-0912-4
ISBN E-Book 978-3-7329-9037-5
ISSN 1868-8306

Herstellung durch Frank & Timme GmbH,
Wittelsbacherstraße 27a, 10707 Berlin.
Printed in Germany.
Gedruckt auf säurefreiem, alterungsbeständigem Papier.

www.frank-timme.de

Zugl. Diss. der Philosophischen Fakultät der Universität Siegen, 2022

Kopfüber stürzt sich der Explorator ins Wasser. Wird er alle Laute richtig erfassen? Gewiß nicht. Er wird sich um das Richtige bemühen, er wird ihm mehr oder weniger nahe kommen, aber erjagen wird er's nicht. Seine Transkription hat, wenn sie aufrichtig bleibt, den Charakter des tastenden Versuchs. Sie ist nicht den scharfen Konturen einer Photographie, sondern dem suchenden Strich des skizzierenden Zeichners zu vergleichen. Als Trost bleibt bloß, daß eine flüchtige Skizze das Wesentliche der Dinge oft richtiger erfaßt als die Photographie (JABERG / JUD 1973 [1928], 218).

Vorwort

„Der *largonji du louchébem* – Eine kulturhistorische, lexikologische und soziolinguistische Analyse der Geheimsprache der Pariser Metzger“ – dieses Thema hat mich die vergangenen Jahre fortwährend fasziniert. Zu Beginn der Auseinandersetzung mit dem *louchébem* und seinen Sprecher*innen herrschte der Eindruck vor, als sei das vorliegende Dissertationsprojekt kaum angefangen und schon beendet, im Sande verlaufend. Verhüllende Sondersprachen zu erforschen ist kein leichtes Unterfangen, denn die Gewinnung von Informationen über eine ihrem Wesen nach geheime Sprache ist maßgeblich von der Auskunftsbereitschaft ihrer Sprecher*innen abhängig. Von Pariser Metzger*innen zu erfahren, ob und in welchem Maße sie den *largonji du louchébem* kennen und selbst verwenden, geschieht nicht *„en passant“*, sondern setzt ein über einen längeren Zeitraum gewachsenes Vertrauensverhältnis zu den Informant*innen voraus. Demzufolge spielen die über Jahre etablierten persönlichen Beziehungsnetzwerke eine zentrale Rolle. Trotz der Komplexität und der Vielzahl an Herausforderungen, welche dieses Thema mit sich bringt, ist die Erforschung von verhüllenden Sondersprachen zugleich ein einzigartiger Prozess, gerade weil die Forschungstätigkeiten nur sehr eingeschränkt planbar sind und oftmals der Kreativität des Forschenden bedürfen. In diesem Sinne war der Anspruch an der vorliegenden Dissertation nicht nur, ein fertiges Produkt wissenschaftlicher Anstrengungen zu sein, sondern vielmehr eine Sichtbarmachung des Austausches zwischen Nicht-Initiierten und Initiierten, ja zwischen Unwissenden und Wissenden.

Im Zuge dieses intensiven und spannenden Dissertationsprojektes habe ich Unterstützung von Seiten vieler Personen erhalten, ohne die die vorliegenden Ergebnisse nicht entstanden wären. Zunächst möchte ich meinem Doktorvater Prof. Dr. Franz-Josef Klein für die Möglichkeit danken, an diesem interessanten und für die deutschsprachige (Franko-)Romanistik innovativen Thema zu arbeiten. Darüber hinaus möchte ich Prof. Dr. Britta Thörle für die Bereitschaft danken, das zweite Gutachten meiner Dissertation zu übernehmen. Mein ausdrücklicher Dank bei der Themenfindung und -konkretisierung gilt PD Dr. Klaus Siewert und Dr. Sandra Herling. Ich danke beiden für die zahlreichen freundschaftlichen und kollegialen Treffen, die motivierenden Gespräche und die fachlichen Diskussionen. Dr. Sandra Herling habe ich ebenso die sprachlich-stilistische Korrektur sowie die moralische Unterstützung zu verdanken, vor allem in den wiederkehrenden turbulenten Phasen meines Projektes. Ein persönlicher Dank gilt meiner Tochter Fleur Céline Hardy für ihr Verständnis dafür, dass es nicht immer einfach ist, Dissertation, Beruf und Familienleben unter einen Hut zu bringen. Von Herzen möchte ich meinen Lebensgefährten Klaus Tillmann für seine mentale Unterstützung und motivierende Kraft vor allem in Phasen des Zweifels danken. Als Letztes, aber keineswegs Geringstes, gebührt allen Geheimsprachensprecher*innen, die sich bereit erklärt haben, mich in meinem Unterfangen zu unterstützen, mein besonderer Dank. Ohne sie wäre diese Studie nicht entstanden.

Inhaltsverzeichnis

Abbildungsverzeichnis

La langue met un masque, la pensée se cache derrière la métaphore, elle se travestit et se grime comme un policier sur la piste, ou comme un malfaiteur, afin de protéger les initiés du groupe argotier ou d'en blesser les ennemis. La langue, en se désagrégeant, en se faisant méconnaissable et ténébreuse, non seulement sert de tégument de protection à l'organisme qui le parle, elle court aussi à l'assaut (NICEFORO 1912, 101).

1. Einleitung

Im Mittelpunkt der vorliegenden Dissertation[1] steht die wissenschaftliche Auseinandersetzung mit der Geheimsprache Pariser Metzger*innen[2], dem *largonji du louchébem* (‚jargon du boucher').[3] Die sprachwissenschaftliche Beschäftigung mit Geheimsprachen im Allgemeinen erscheint als ein zu Unrecht marginales Thema gegenwärtiger Forschung. Abgesehen von Einzelfallstudien spielten Geheimsprachen und kryptische, (teilweise) auf Geheimhaltung angelegte *argots* in der (franko)romanistischen Sprachwissenschaft lange eine untergeordnete Rolle. Vor diesem Hintergrund intendiert die vorliegende Arbeit, die bisher von der Forschung stiefmütterlich behandelte Thematik aufzugreifen.

Im Folgenden wird zunächst das derzeitige Interesse für den *largonji du louchébem* und dessen Verbreitung außerhalb der Peergroup der Pariser

1 Die vorliegende Arbeit ist auf Anregung von Privatdozent Dr. Klaus Siewert, dem ich für seine vielseitige Anregung und Unterstützung zu aufrichtigem Dank verpflichtet bin, unternommen worden.

2 In der vorliegenden Arbeit wird auf das generische Maskulinum verzichtet, auch wenn dieser nach wie vor häufig in der Argumentation einer leichteren bzw. besseren Lesbarkeit verwendet wird. Es wird im Sinne einer geschlechtergerechten Sprache in der gesamten Arbeit das sogenannte Gendersternchen * benutzt. Rein feminine bzw. rein maskuline Formen kommen nur dann vor, wenn weibliche bzw. männliche Personen bzw. Personengruppen thematisch im Fokus stehen.

3 Mit dem Namen *largonji du louchébem* (‚jargon du boucher') wird in der Fachliteratur die Geheimsprache der Pariser Metzger*innen bezeichnet (vgl. ROBERT L'ARGENTON 1991, 113). Allerdings handelt es sich hier um eine Langform des Geheimsprachennamens; sehr oft spricht man lediglich von *louchébem*. Auch zeigt die konsultierte Literatur verschiedene Schreibweisen des Begriffs: *louchébem*, *loucherbem*, *loucherbèm*, *louchébèm*, *louchébème*, *louch'bem*, *louché-bem*, seltener *louchébaime* (vgl. HARDY 2015, 108).

Metzger*innen (nämlich durch Literatur, Musik, Wirtschaft) aufgezeigt. Von besonderem Interesse ist ebenso die aktuelle Vitalität und Belebung jener Geheimsprache innerhalb ihrer Sprechergruppe, die vielfach von Autor*innen als obsolet geglaubter Soziolekt eingestuft wurde. Es folgt ein Überblick über Fragestellungen und die daraus entstehenden Ziele, die mit der Erforschung des *largonji du louchébem* als komplexes Untersuchungsgebiet einhergehen. Erläuterungen zum Aufbau sowie zur Vorgehensweise der vorliegenden Dissertation runden die Einleitung ab.

1.1. Gegenstand und Ziel der Arbeit

Das Unternehmen *Restaurant La Boucherie*, welches 1974 in Megève (Haute-Savoie) von dem Metzger Jacques Salmon gegründet wurde, seit 1996 ein gastronomisches Franchise-System etabliert hat und im Jahre 2020 auf 200 Restaurantstandorte in ganz Frankreich gewachsen ist[4], verfolgt ein spezifisches kommunikatives Konzept:

> En salle dans un restaurant de viande *La Boucherie*, la pratique du Louchébem est de rigueur. Vêtus d'une tenue de boucher, les garçons ponctuent volontiers leur service de joyeuses apostrophes.[5]

Nicht selten tritt in Verbindung mit der Anrede von Kund*innen der Satz „Lonjourbem! Loyéssem les lienvenubem à la loucheribem!" (‚Bonjour! Soyez les bienvenus à la Boucherie!') auf. Auch erwähnen Kellner*innen beim Servieren der Speisen am Tisch die Worte „Lonbem appétimuch!" (‚Bon appétit!'). Auf der Internetseite des Unternehmens finden sich zudem eine Erklärung des Tarnmechanismus sowie ein Glossar mit wenigen louchebemisierten Lexemen – wie etwa *boucher* > *louchébem*, *merci* > *lercimuch*, *restaurant* > *lestauranrem*, *fou* > *loufoque*, *garçon* > *larçongem* oder *pourboire* > *lourboirepem*.

Das Franchise-Unternehmen hat sich zum Ziel gesetzt, seine Mitarbeiter*innen dahingegend zu schulen, dass diese in der Lage sind, im Gespräch mit den

4 Für weitere Informationen bezüglich der Unternehmensgründung und ihre Geschichte siehe https://www.la-boucherie.fr/notre-histoire/ (letzter Aufruf: 01.06.2021).

5 https://www.la-boucherie.fr/parlez-louchebem/ (letzter Aufruf: 01.06.2021).

Restaurantbesucher*innen vereinzelt auswendig gelernte Wendungen auf *louchébem* zu platzieren. Das *Restaurant La Boucherie* versteht sich zudem als außerordentlicher Fleischspezialist und wirbt damit, Geselligkeit, Metzgerhandwerk und vor allem Tradition zu verkörpern. Diese verfolgten Strategien werden schließlich auch durch die Verwendung des *largonji du louchébem* unterstützt, welches in diesem Fall lediglich zu kommerziellen Zwecken genutzt wird. In einem auf der Facebookseite des Unternehmens geposteten Interview vom 19.07.2019 gewährt Virginie Vicquelin, Geschäftsführerin eines Restaurants der Kette *La Boucherie*, den Follower*innen Einblicke in die Verwendungsmotive und Funktionen des *louchébem* in ihrem Restaurant:

> [...] Nous, aujourd'hui, on reprend le louchébem plus pour marquer le concept en tant que restaurant La Boucherie, professionnel de la viande. On l'utilise vraiment pour le côté convivial. Voilà, ça dynamise l'équipe, c'est sympa, ça plaît à la clientèle. Au laisirplem de vous letrouvérem dans nos lestauranroque la loucheribem![6]

Diese Aussage bestätigt die primäre kommerzielle Motivation, die der Verwendung des *louchébem* in dieser Restaurantkette zugrunde liegt. Dabei stehen die Geselligkeit und das Wohlfühlen der Gäste im Vordergrund, weil es darum geht, den Restaurantbesucher*innen ein Gefühl der Authentizität und der Qualität zu vermitteln. Dies geschieht durch die Wiedergabe künstlich erlernter Sätze auf *louchébem* durch das Personal. Auch betont Virginie Vicquelin, dass der (nicht natürliche) Gebrauch der Geheimsprache die Mitarbeiter*innen dynamisiert bzw. motiviert.

Der Fall dieses Unternehmens zeigt, wie sehr jene Geheimsprache heute bewusst enthüllt und ihrer ursprünglichen Peergroup entrissen wird, um letztlich ihre geheimsprachliche Funktion zugunsten einer ausschließlich ludischen, werbenden und zur Unterhaltung Nicht-Initiierter dienenden Funktion zu verlieren. Das *Restaurant La Boucherie* ist nicht das einzige Unternehmen, welches sich der ausdrücklichen Enthüllung des *louchébem* bedient hat: Auch verfolgen andere Steak-Restaurants – nicht nur in Paris – diese Vorgehensweise. Entweder weisen ihre Restaurantnamen selbst Spuren der Geheimsprache auf – wie beispielsweise *Bistrot du Louchébem* in Paris oder *Le Louchébem de Caro* in Saint-Alban in den

[6] Das Interview steht als Video unter https://www.facebook.com/restaurantlaboucherie/videos/2187928157971274/ (letzter Aufruf: 08.02.2020) zur Verfügung.

Pyrenäen, oder die Leser*innen finden Informationen bezüglich des *largonji du louchébem* sowie seiner Entstehung und Tradierung auf ihren Menükarten. Auch Metzgereibetriebe nutzen diese Werbestrategie (vgl. HARDY 2017a, 290-297).

Doch die Verbreitung des *largonji du louchébem* außerhalb der aktuellen Peergroup der Metzger*innen hat bereits viel früher begonnen, als diese aktuellen Beispiele zeigen. Bereits Anfang des 19. Jahrhunderts gelang es Argotologen und Kriminalisten[7], den Tarnmechanismus des sogenannten *largonji* zu dekodieren, eines *argot à clé*, welcher von Kriminellen verwendet wurde. Dieser Verschleierungscode wurde erst im späteren Verlauf desselben Jahrhunderts von der Gruppe der Metzger*innen eingenommen. Einige Lexeme – wie die vermutlich bekanntesten *en loucedé* (< *en douce*) (Erstbeleg bei ESNAULT 1965) und *loufoque* (< *fou*) (Erstbeleg bei RICHEPIN 1881) – haben mittlerweile Eingang in den französischen Sprachgebrauch gefunden. Nicht nur Referenzwörterbücher des Argot – wie zum Beispiel der kürzlich in einer Neuauflage erschienene *Dictionnaire de l'argot et du français populaire* (COLIN / MÉVEL / LECLÈRE 2019), geben detaillierte Informationen über den Code und listen louchebemisierte Lexeme auf. Auch in allgemeinen Wörterbüchern der französichen Sprache, wie beispielsweise dem *Trésor de la Langue Française informatisé* (TLFI) oder dem *Grand Robert* (GR), sind die Einträge *largonji* sowie *louchébem* verzeichnet.

Der *louchébem* hat ebenfalls längst Eingang in die Literatur gefunden, wie etwa in Raymond QUENEAUs *Exercices de style* (1947). Dort ist folgende Passage zu lesen:

> Un lourjingue vers lidimège sur la lateformeplic arrière d'un lobustotem, je gaffe un lypétinge avec un long loukem et un lapeauchard entouré d'un lalongif au lieu de lubanrogue. Soudain il se met à lenlèguer son loisinvé parce qu'il lui larchemait sur les miépouilles. Mais pas lavèbre il se trissa vers une lacepème lidévée. Plus tard je le gaffe devant la laregame Laintsoin Lazarelouille avec un lypetogue dans son lenregome qui lui donnait des lonseilcons à propos d'un loutonbé (QUENEAU 1947, 122).[8]

[7] In diesem Fall wird auf das Gendern verzichtet, da es sich tatsächlich nur um männliche Argotologen und Kriminalisten handelt.

[8] Übersetzung von PLÉNAT (1984, 176): „Un jour vers midi sur la plateforme arrière d'un autobus, je gaffe un type avec un long cou et un chapeau entouré d'un galon au lieu d'un

Die bekanntesten *Fables* von Jean de la Fontaine – wie etwa *La cigale et la fourmi, Le loup et l'agneau, Le corbeau et le renard* u.v.m. – haben ebenso eine Übertragung im *louchébem* durch Christophe MÉREL (*Les Fables de la Fontaine en louchébem*, 2011) erfahren. Es sei hier exemplarisch die leicht adaptierte und gekürzte Version der Fabel *La Grenouille qui se veut faire aussi grosse que le Bœuf* wiedergegeben:

> Une lenouillegré livas un bœuf
> Qui lui lemblasas de lelleboque lailletoc.
> Elle, qui ne létaiqué pas plus lossegrem qu'un lœufuche
> Lenvieusepuche, se létenatte, et se lenflepuche, et se lavailletroque.
> Pour légaléqué l'animalloque en losseurgré
> Linsanduche: « legarderem liembic ma lœurssem;
> Est-ce lasséqué? Litedics-loimique; n'y suis-je loimpuche lencorequème?
> – Lenninuche-m'y loicivas donc? – Loimpuche du loutoque
> – M'y loilàvem?
> – Vous n'en l'approchéqué loimpem. « La létivechoque lécorepem se lenflapuche
> si liembem qu'elle levacré » (MÉREL 2011, 8).[9]

QUENEAUS und MÉRELS Texte sind Beispiele für freie Adaptationen von standardsprachlichen literarischen Texten. Diese lassen louchebemisierte Lexeme zu, die mehr oder weniger dem Tarnmechanismus folgen, jedoch mit höchst heterogenen Suffixen gebildet werden. Man könnte hier von einem eigens für literarische Zwecke kreierten *louchébem* sprechen. Von dieser Art des *louchébem* zu unterscheiden sind die unlängst erschienenen ersten drei Teile des Romans *Les*

---

ruban. Soudain il se met à engueuler son voisin parce qu'il lui marchait sur les pieds. Mais pas brave il se trissa vers une place vide.
Plus tard je le gaffe devant la gare Saint-Lazare avec un type dans son genre qui lui donnait des conseils à propos d'un bouton."

9 Une grenouille vit un bœuf
Qui lui sembla de belle taille.
Elle, qui n'était pas plus grosse qu'un œuf
Envieuse, s'étend, et s'enfle, et se travaille
Pour égaler l'animal en grosseur
Disant: « Regardez bien ma sœur;
Est-ce assez? Dites-moi; n'y suis-je point encore?
– Nenni. – M'y voici donc? – Point du tout.
– M'y voilà?
– Vous n'en approchez point. « La chétive pécore s'enfla si bien qu'elle creva » (MÉREL 2011, 7).

Mystères de Larispem (*Le sang jamais n'oublie* in 2016, *Les Jeux du Siècle* in 2017 sowie *L'élixir ultime* in 2018) von Lucie PIERRAT-PAJOT. Der Ehemann der Autorin arbeitet als Metzger und bestätigte ihr, dass der *louchébem* in Pariser Metzgereien als Geheimsprache heute immer noch Verwendung findet. Dies hat PIERRAT-PAJOT dazu bewogen, einen bisher dreiteiligen fantastischen Jugendroman zu schreiben, der im Paris des 19. Jahrhunderts beginnt und eine Gruppe von Metzgern in den Vordergrund der Geschichte stellt. Sie lässt ihre Protagonisten *louchébem* sprechen und ermöglicht der Leserschaft so, Einblicke in der Geheimsprache der Pariser Metzger*innen zu gewinnen.

Auch in der Musik finden sich Spuren jener Geheimsprache: Die Marseiller Rapgruppe IAM, zum Beispiel, hat 2007 im Songtext von *Sale Argot* eine Strophe auf *louchébem* performt. Diese sei hier zur Illustration reproduziert:

> Lutem lonnaicès le lowflem, lactiquetem ledem larjebem lalesem algorem
> Lerchechem lapem les loblèmesprem lecmic
> Liffekès le lonsem et lesterem lelaxerem lutem laissem
> Larseillemic landem les leinevem lusqu'àjem la lormic
> IAM une lachinemic à lavagérem
> Landem les loursecès y'a des lophétrem à laflérem
> Lutem leuvem ludem lurepem lartiécès
> AKH lentem lonnedem à la laissecès
> Lanleguem ledem lafiquantrem et leucsem
> Laintenanmic luplem latiquanprem
> Lessem lourpem les laivrem lettecem lusiquemic
> Lésignédem lourpem laireplem aux lanatiquefem
> Leizesem lesuremic et c'est la lessionprem
> Lordelebem lessem lonbem j'en ai les lissonfrem (IAM 2007, *Sale Argot*, in: Official Mixtape, CD).[10]

---

[10] Tu connais le flow, tactique de barje, sale argot
Cherche pas les problèmes mec
Kiffe le son et reste relax, tu le sais
Marseille dans les veines jusqu'à la mort
Iam, une machine à ravager
Dans les courses y a des trophées à rafler
Tu veux du pur quartier ?
Akh t'en donnes à la caisse
Gang de trafiquant et sec

Als passionierter Argotliebhaber und Songwriter hat Stéphane MOREAU (alias Léfanstouf) im Jahre 2008 das Lied *Lansonchouille* auf *louchébem* geschrieben, welches von Philippe MARLU in seinem Album *Méfiez-vous des petites filles* (2010) vertont wurde:

> Loyezcri lousvé qu'il soit lacilefé,
> D'se lointerpé d'vant un loeufbem, et de lui lirdé:
> « Loitim mon lotepaf, tu vas linirfé
> dans la lasserolecam d'une lourgeoisebem »
> et PAF! Un louprcain sur la leulegué.
> Ah! lonni, léziguemuche j'vous lisdjé,
> Qu'c'est laspem lacilefé, d'être larçongui loucherbem.
> Loyezcri lousvé qu'il soit lacilefé,
> De lendrepré son landgrain louteaucaille,
> Et d'se lémonterdi la lestiolebé:
> Lotelettecames, lassebem lotecailles, lotecos lemièrepem…
> Enfin brefle, laillerté dans l'larduche, quoye.
> Ah ! lonni, léziguemuche j'vous lisdjé,
> Qu'c'est laspem lacilefé, d'être larçongui loucherbem.
> Loyezcri lousvé qu'il soit lacilefé,
> De lervirsé loutim la lournéejingue, ces lossegré lachevem:
> « Du filet pour mon fiston, d'la bavette pour mon mari, et du mou pour mon chat. »
> Et lourpain elluche lesquequem j'lui lemtringue?
> Une lossegré laussissem ?
> Ah! lonni, léziguemuche j'vous lisdjé,
> Qu'c'est laspem lacilefé, d'être larçongui loucherbem.
> « Y'en a un peu plus, j'vous l'mets quand même? »
> (vgl. Blogeintrag von *lefanstouf*, 29.08.2008).[11]

Maintenant plus pratiquant
C'est pour les vrais cette musique
Designée pour plaire aux fanatiques
16 mesures et c'est la pression
Bordel c'est bon j'en ai les frissons
Für die Übersetzung vgl. https://lyricstranslate.com/fr/iam-sale-argot-lyrics.html (letzter Aufruf: 16.01.2020).

11 http://languefrancaise.net/forum/viewtopic.php?id=5776 (letzter Aufruf: 06.02.2020). Übersetzung durch die Verfasserin:
Croyez-vous qu'il soit facile,
D'se pointer d'vant un bœuf, et de lui dire:

So unterschiedlich die musikalischen Genres auch sein mögen, so weisen die Liedtexte von IAM und von Stéphane MOREAU – ohne hier in eine eingehende Untersuchung eintreten zu wollen – einen literarisch-poetischen Umgang mit der Geheimsprache auf, welcher den *louchébem* als konstruiert wirken lässt.

Die hier aufgeführten Beispiele aus Literatur und/oder Musik zeigen – um es mit DRIESENs Worten zu sagen – einen „nur der Phantasie der Schriftsteller [und der Musiker] entspringenden, angeblichen" (DRIESEN 1905, 138f.) *largonji du louchébem*, den niemand spricht. Im Unterschied zu diesem eigens für ihre Zwecke stilisierten *louchébem* ist der Ursprung des „authentischen" *louchébem* in der Sprechergruppe der Pariser Metzger*innen zu finden. Doch wie sieht diese Sprechergruppe heute aus? Besteht sie nicht nur noch aus einigen wenigen Sprecher*innen? Sind diese in der Lage, authentisches *louchébem* zu sprechen und Informationen über diesen Soziolekt bereitzustellen? Diese Fragen scheinen zunächst ihre Berechtigung zu haben, denn noch zu Beginn des 20. Jahrhunderts formulierte DAUZAT (1929) folgende Aussage:

> La disparition du largonji chez les bouchers de la Villette [...] paraît bien avoir porté le coup de mort à cette création, dont il ne reste plus que des épaves, à titre de

---

« Toi mon pote, tu vas finir
dans la casserole d'une bourgeoise »
et PAF! Un coup sur la gueule.
Ah! non, mézigue j'vous l'dis,
Qu'c'est pas facile, d'être garçon boucher.
Croyez-vous qu'il soit facile,
De prendre son grand couteau,
Et d'se démonter la bestiole:
Cotelettes, basses côtes, côtes premières...
Enfin bref, tailler dans l'lard, quoi.
Ah ! non, mézigue j'vous l'dis,
Qu'c'est pas facile, d'être garçon boucher.
Croyez-vous qu'il soit facile,
De servir toute la journée, ces grosses vaches:
« Du filet pour mon fiston, d'la bavette pour mon mari, et du mou pour mon chat. »
Et pour elle qu'est-ce que j'lui mets?
Une grosse saucisse ?
Ah! non, mézigue j'vous l'dis,
Qu'c'est pas facile, d'être garçon boucher.
« Y'en a un peu plus, j'vous l'mets quand même? »

> *curiosa*, et dont Larchey, Schwob et Guieysse avaient singulièrement exagéré l'importance (DAUZAT 1929, 122).

Obwohl die Einschätzung DAUZATs den Eindruck erweckt, der *largonji du louchébem* sei annähernd tot und habe lediglich den Status einer Kuriosität gehabt, deren Bedeutung einige Argotographen bzw. Argotologen[12] des 19. Jahrhunderts in einzigartiger Weise übertrieben hatten, kann behauptet werden, dass der *louchébem* sich heute, zum Zeitpunkt der vorliegenden Untersuchung, einer großen Vitalität erfreut.

Angesichts der Ausbreitung des *largonji du louchébem* außerhalb der initiierten Personenkreise sowie der hohen Vitalität dieser Gruppensprache, die bereits in den 1990er Jahren durch kleinere Untersuchungen attestiert werden konnte (vgl. MANDELBAUM-REINER 1991 sowie ROBERT L'ARGENTON 1991), könnte davon ausgegangen werden, dass größere sprachwissenschaftliche Studien hierzu existieren. Doch dem ist bisher nicht so: Sowohl in der deutschsprachigen als auch in der französischsprachigen (Franko-)Romanistik fehlt bislang eine umfassende Arbeit zum *largonji du louchébem*.

Gerade die Erforschung des *largonji du louchébem* als komplexes Untersuchungsgebiet eröffnet vielfältige Fragestellungen, die nur mit einer breiten und grundlagenbasierten Forschungsarbeit angegangen werden können. Bei der feldforscherischen Datensammlung zum Beispiel fehlt es in der (franko)romanistischen Fachliteratur an Methoden und Herangehensweisen, die den Anforderungen des Studiums einer Geheimsprache gerecht werden und die Lücken dieser entscheidenden Arbeitsphase schließen können. Auch sei das Fehlen einer Analyse erwähnt, welche die Sozialgeschichte des Pariser Fleischergewerbes sowie die damit verbundenen politischen und wirtschaftlichen Entwicklungen rekonstruiert und diese anschließend in Verbindung zur Herausbildung des *largonji du louchébem* setzt, um Hypothesen bezüglich des Aufkommens der Geheimsprache zu formulieren. Auch wenn die Bezeichnungen *largonji* und *louchébem* sowie zahlreiche nach den Regeln des *louchébem* getarnte Lexeme seit dem frühen 19. Jahrhundert leicht Eingang in Argot-Wörterbücher gefunden haben, ist bisher keine umfangreiche kontrastive lexikographische Untersuchung

---

12 In diesem Fall wird auf das Gendern verzichtet, da es sich tatsächlich nur um männliche Argotographen bzw. Argotologen handelt.

der Wörterbucheinträge zu verzeichnen. Des Weiteren ist zu betonen, dass es bisher in der Forschung nur wenige Aufsätze gibt, die authentisches geheimsprachliches Material sowie metasprachliche Daten zum *louchébem* gesammelt haben, um sich mit diesen vor allem aus einer soziolinguistischen Perspektive auseinanderzusetzen. Als Beispiele sind hierzu abermals die Arbeiten von MANDELBAUM-REINER (1991), ROBERT L'ARGENTON (1991) sowie eine kürzlich erschienene Studie von SAUGERA (2019) zu nennen.

In Hinsicht auf die genannten wichtigen Aspekte erscheint eine umfangreiche Studie über das Phänomen des *louchébem* unerlässlich. Gegenstand der nachfolgenden Darstellungen ist folglich die Untersuchung der Geheimsprache *largonji du louchébem*, welche kulturhistorische, lexikologische sowie soziolinguistische Bereiche erschließt, grundlegend erforscht, mit bisherigen Befunden vergleicht, komplettiert und folglich zu neuen Erkenntnissen führt. Diese Vorgehensweise trägt dazu bei, Ergebnisse einer empirisch-qualitativen Untersuchung zusammenzutragen, die durch eine Erhebung nicht nur von authentischem geheimsprachlichem Material, sondern auch von metasprachlichen Daten gekennzeichnet ist. Dabei war es von besonderer Wichtigkeit, mit realen Geheimsprachensprecher*innen zu arbeiten und einen Teil der Informant*innen über einen längeren Zeitraum regelmäßig aufzusuchen.

Anknüpfend an die dargestellten Ziele ergeben sich aus dem Gegenstand der vorliegenden Dissertation folgende primäre Forschungsfragen:

1) Welche terminologischen Grundbegriffe aus der germanistischen Sonder- und Geheimsprachenforschung lassen sich für die Beschäftigung mit der Geheimsprache *largonji du louchébem* einführen bzw. adaptieren?

2) Inwiefern ist eine Darstellung der Genese des *largonji du louchébem* anhand sozial-historischer Quellen möglich?

3) Welche Vermutungen lassen sich in Bezug auf den sozialpolitischen und wirtschaftlichen Kontext des Pariser Metzgergewerbes und den Einfluss auf die Notwendigkeit, *largonji du louchébem* zu verwenden, formulieren?

4) Welchen Erkenntnisgewinn kann eine Rekonstruktion lexikographischer Anmerkungen zum *largonji* bzw. *largonji du louchébem* sowie eine systema-

tische Ermittlung und Sammlung getarnter Lexeme aus historischen Argot-Wörterbüchern und Glossaren liefern?

5) Mit welchen Schwierigkeiten ist bei der systematischen Erforschung einer Geheimsprache wie jener des *largonji du louchébem* zu rechnen?

6) Können bisher etablierte methodologische Herangehensweisen der germanistischen Sonder- und Geheimsprachenforschung für die Erforschung des *largonji du louchébem* verwendet werden?

7) Wie gestaltet sich die heutige soziolinguistische Situation bezüglich der Vitalität des *largonji du louchébem*?

8) Welche grundlegenden Funktionen fallen dem *largonji du louchébem* heute zu?

9) Welches Verfremdungsverfahren liegt dem *largonji du louchébem* zugrunde?

10) Sind die Verfremdungsmechanismen des *largonji du louchébem* seit seiner Herausbildung identisch geblieben oder zeichnet sich die Geheimsprache heute auch durch weitere innovative Verschleierungsverfahren aus?

1.2. Aufbau der Arbeit

Die vorliegende Arbeit ist in sieben Teile gegliedert, die jeweils aus mehreren Teilabschnitten bestehen.

Der erste Teil der Arbeit (*Teil I: Theoretische Grundlegung*) bietet zunächst einen Forschungsüberblick (Kapitel 2), bei dem die bestehende Fachliteratur zum Themenkomplex des *largonji du louchébem* vorgestellt und beschrieben wird. Das dritte Kapitel liefert theoretische Grundlagen. Zum einen werden die aus der Germanistik stammenden Begriffe *Sondersprache*, *verhüllende Sondersprache* sowie *Geheimsprache* sowohl aus der Perspektive der Varietätenlinguistik als auch aus dem Blickwinkel der jüngeren Sondersprachenforschung vorgestellt (Abschnitt 3.1.). Zum anderen werden die Kriterien und Funktionen verhüllender Sondersprachen (Abschnitt 3.2.) und eine Typologie der geheimsprachlichen Verschleierungsverfahren des Deutschen abgebildet. Diese Typologie wird im Anschluss auf französische Sonder- und Geheimsprachen angewendet und erweitert (Abschnitt 3.3.). Der letzte Abschnitt (3.4.) widmet sich der allgemeinen Problematik frankoromanistischen Terminologie und zeigt, inwieweit die fehlende Eindeutigkeit einiger Begriffe, wie etwa des *argot*, und dessen Abgrenzung zu anderen Termini problematisch erscheint.

Der zweite Teil der Arbeit (*Teil II: Sozial-historische Entwicklung des Pariser Fleischergewerbes*) befasst sich zunächst mit der Frage, welche Ursachen die Herausbildung der Geheimsprache des *largonji du louchébem* bedingt haben können (Kapitel 4). Es wird die Hypothese aufgestellt, dass sowohl soziale als auch politische Verhältnisse sowie ökonomische Gründe einen entscheidenden Einfluss auf die Notwendigkeit, *largonji du louchébem* zu verwenden, gehabt haben müssen. Hierfür wird der sozialgeschichtliche Kontext des Pariser Fleischergewerbes näher erläutert. Entwicklungen werden vorerst für das 12. Jahrhundert (Abschnitt 4.1.) sowie für die Zeitspanne zwischen dem 16. und dem 18. Jahrhundert (Abschnitt 4.2.) skizziert. Das darauffolgende 19. Jahrhundert war durch zahlreiche gesetzliche Reglementierungen geprägt – wie etwa die Etablierung, Auflösung und Wiedereinführung der sogenannten *Caisse de Poissy* (Abschnitt 4.3.), das Einrichten einer veterinären Kontrollinstanz (Abschnitt 4.4.) sowie das Verbot der öffentlichen Tötungen und der damit einhergehenden Errichtung von Schlachtanlagen (Abschnitt 4.5.). Auch werden die mit beiden Weltkriegen verbundenen Änderungen im Fleischergewerbe des 20. Jahrhunderts beschrieben (Abschnitt 4.6.). In einem abschließenden Erklärungsversuch (4.7.) werden Vermutungen formuliert, die den Bezug zwischen dem sozialpolitischen und wirtschaftlichen Kontext des Pariser Fleischergewerbes und den Einfluss auf die Notwendigkeit des Gebrauchs des *largonji du louchébem* aufzeigen.

Die Darstellung der lexikographischen Erfassung von Lexemen, die nach den Regeln des *largonji du louchébem* sowie seiner früheren, verwandten Form, dem *largonji*, modifiziert wurden, ist integraler Bestandteil des dritten Teiles dieser Arbeit (*Teil III: Sichtung lexikographischer Quellen*). Ausgehend von den ersten schriftlichen Quellenbelegen des *largonji* bzw. des *largonji du louchébem*, die in der frankoromanistischen Literatur immer wieder Erwähnung finden (Kapitel 5), wird eine chronologische Übersicht aller in spezifischen Argot-Wörterbüchern erfassten Quellenbelege erarbeitet (Abschnitt 5.1.). Der Schwerpunkt liegt hier auf das 19. Jahrhundert (Abschnitte 5.1.1. sowie 5.1.2.), das 20. Jahrhundert

(Abschnitt 5.1.3.) und schließlich auch auf das 21. Jahrhundert, wobei die Erfassung der Lexeme bis zum Jahre 2022 erfolgt (Abschnitt 5.1.4.). Durch die Bestandsaufnahme der gemäß dem Transpositionsverfahren des *largonji du louchébem* getarnten Wörter werden die kontinuierliche lexikographische Entwicklung der Geheimsprache und ihre Besonderheiten sichtbar. Im Anschluss an der chronologischen Übersicht der Quellenbelege schafft der nächste Abschnitt (5.2.) einen Rahmen für die Diskussion sowohl der von den Argotologen bzw. Argotographen angeführten Erstbelege (Abschnitt 5.2.1.), als auch der Spezifika einiger lexikalischer Formen, die im Verlauf der Jahrhunderte identifiziert werden konnten (Abschnitte 5.2.2. bis 5.2.5.). Dabei wird ebenso die Genese der Begriffe *largonji* sowie *louchébem* rekonstruiert.

Der vierte Teil der Arbeit (*Teil IV: Zur Empirie und Methodik der vorliegenden Untersuchung*) widmet sich im Allgemeinen den Methoden der Feldforschung von Sonder- und Geheimsprachen (Kapitel 6). Zum einen wird der Zugang von Außenstehenden zu einer Geheimsprache reflektiert (Abschnitt 6.1.), wobei zunächst von Überlegungen und Vorgehensweisen aus den Sozialwissenschaften wie auch aus der germanistischen Feldforschung zu Rotwelsch-Dialekten ausgegangen wird (Abschnitt 6.1.1.). Unmittelbar anschließend werden diese auf dem Forschungsgegenstand des *largonji du louchébem* appliziert und diskutiert (Abschnitte 6.1.2., 6.1.2.1. und 6.1.2.2.) sowie erweitert (Abschnitt 6.1.2.3.). Zum anderen werden bereits in der Erforschung von Geheimsprachen etablierte Methoden der Datenerhebung präsentiert (Abschnitt 6.2.1.). Einige von ihnen finden wiederum in der spezifischen methodologischen Untersuchung des *louchébem* Berücksichtigung. Neben einer Darstellung der angewandten Systematik des Feldforschungsablaufes (Abschnitt 6.2.2.) werden die verschiedenen Arbeitsphasen der feldforscherischen Tätigkeiten beschrieben und begründet. Im Zuge derer werden die Bestimmung des geographischen Untersuchungsgebiets festgesetzt (Abschnitt 6.2.2.1.) und die verschiedenen Phasen der schriftlichen Sprecherbefragungen vorgestellt und erläutert (Abschnitt 6.2.2.2.). Die nächsten Abschnitte geben einen Einblick in die Methode der sogenannten Basisliste (Abschnitt 6.2.2.3.) sowie des Leitfadengespräches und dessen Inhalte (Abschnitt 6.2.2.4.). Beide Methoden wurden an die Besonderheiten des *louchébem* angepasst. Eine Methodenkritik über die verwendeten empirischen Verfahren schließt den vierten Teil der vorliegenden Arbeit ab (Abschnitt 6.3.).

Die Ergebnisse der empirischen Untersuchung werden im fünften Teil der Arbeit (*Teil V: Auswertung und Ergebnisse der empirischen Untersuchung*) verdichtet und diskutiert. Auf Basis einer Datenanalyse von Geheimsprachensprecher*innen des *largonji du louchébem* wird einleitend die soziodemographische Verteilung der Informant*innen besprochen (Abschnitt 7.1.), bevor soziolinguistische Aspekte wie die interne und externe Sprachnamengebung (Abschnitte 7.2.1. und 7.2.2.) herausgearbeitet werden. Nebst den geheimsprachlichen Kenntnissen der Sprecher*innen wird ebenso ihr Sprachgebrauch analysiert (Abschnitt 7.2.3.), bevor der Schwerpunkt auf die Bereiche des Spracherwerbs, ferner der geheimsprachlichen Transmission (Abschnitt 7.2.4.) gelegt wird. Darauffolgend werden die heute geltenden Funktionen des *largonji du louchébem* anhand von untersuchten Beispielen der Sprachverwendung herausgearbeitet und beschrieben (Abschnitt 7.2.5.). Auch werden die Verwendungsorte bzw. -domänen des *louchébem* präsentiert (Abschnitt 7.2.6.) sowie die Sprechereinstellung thematisiert (Abschnitt 7.2.7.). Im Mittelpunkt des nächsten großen Abschnittes (7.3.) stehen innersprachliche Aspekte: Nachdem der Verfremdungsmechanismus jener Geheimsprache behandelt wurde (Abschnitt 7.3.1.), ist die Bildung einer Typologie, welche die Sichtbarmachung der Graphem- bzw. Phonempositionen innerhalb der Ausgangslexeme sowie ihrer louchebemisierten Zielformen anstrebt, von besonderem Interesse (Abschnitt 7.3.2.). Dabei werden zwischen einfach konsonantisch anlautenden Ausgangsformen (Abschnitt 7.3.2.1.), Lexeme mit anlautender Konsonantengruppe (Abschnitt 7.3.2.2.) und vokalisch anlautenden Wörtern (Abschnitt 7.3.2.3.) differenziert. Im Anschluss erfolgt eine Kommentierung dieser Typologie (Abschnitt 7.3.2.4.). Die nächsten Unterkapitel zeigen innovative Verschleierungsverfahren des modernen *largonji du louchébem* wie dieser heute in Pariser Metzgereien verwendet wird – wie etwa Kürzungen (Abschnitt 7.3.3.), verlanisierte Formen (Abschnitt 7.3.4.), der Gebrauch von Anglizismen (7.3.5.) und Nomina Propria (7.3.6.) –, bevor schließlich auf einige Betrachtungen bezüglich der Tendenzen der Suffixwahl bei der Bildung louchebemisierter Lexeme eingegangen wird (Abschnitt 7.3.7.).

Die Beschreibung des *louchébeum*, eine in der Region um Pertuis in der Provence gesprochene diatopische Varietät des Pariser *largonji du louchébem* erfolgt als Exkurs in einem separaten Teil (*Teil VI: Exkurs: Der louchébeum – eine diatopische Varietät des largonji du louchébem*). Erstmals findet der *louchébeum* in ALLIOTS (2009) populärwissenschaftlichem Wörterbuch über den *louchébem* Erwähnung. Bisher wurde das Phänomen noch nie unter sprachwissenschaftlichen bzw. soziolinguistischen Aspekten untersucht. Aus diesem Grund verdient der *louchébeum* in der vorliegenden Dissertation eine besondere Beachtung und ein eigenes Kapitel am Ende dieser Arbeit (Kapitel 8), welches erste präliminäre Ergebnisse liefern kann und Ideen für die weitere Forschung formuliert.

Im siebten und letzten Teil (*Teil VII: Zusammenfassung der Ergebnisse und Ausblick*) werden die wesentlichen Resultate und Erkenntnisse der vorliegenden Arbeit noch einmal zusammengefasst, sodass das Kapitel 9 mit einer synthetischen Darstellung der in der Einleitung formulierten primären Forschungsfragen abschließt. Im Anschluss daran (Kapitel 10) wird der zukünftige Forschungsbedarf thematisiert. Dabei wird jeweils ein Ausblick für die einzelnen Bereiche der Arbeit gegeben, welcher Anregungen für weitere Forschungsarbeiten aufzuzeigen vermag.

Der Anhang dieser Arbeit beinhaltet drei Teile: die Fragebögen, die zur schriftlichen Befragung der Geheimsprachensprecher*innen verwendet wurden (*I Schriftliche Befragung*), die Fragen, die den Leitfadengesprächen zugrunde lagen (*II Leitfadengespräche*) sowie ein in alphabetischer Ordnung kompiliertes Glossar mit demjenigen geheimsprachlichen Wortmaterial, welches mir von meinen Informant*innen zur Verfügung gestellt wurde (*III Geheimsprachliches Wortmaterial des largonji du louchébem*). Dieses Glossar zeigt die einzelnen louchebemisierten Zielformen sowie ihre standardsprachlichen Ausgangslexeme, ihre Silbenstrukturen vor und nach der Codierung und ihre Lautschrift. Nicht zuletzt wird an dieser Stelle nochmal der Typus angegeben, nach dem das jeweilige Lexem kategorisiert wird (vgl. *Typologie der Verfremdungsmechanismen des largonji du louchébem*; Abschnitt 7.3.2.).

TEIL I: THEORETISCHE GRUNDLEGUNG

2. Forschungsüberblick

Ein Blick auf die Forschungsliteratur zeigt, dass das Phänomen des *largonji du louchébem* bisher wenig Berücksichtigung fand. Die sprachwissenschaftliche Fachliteratur zu diesem Phänomen ist überschaubar. Es sind einzelne Aufsätze sowie Wörterbucheinträge zu verzeichnen, jedoch liegt bisher keine Monographie vor. Es ist ebenso anzumerken, dass bis zum Beginn des 20. Jahrhunderts die Beschäftigung mit dieser Geheimsprache eher lexikographischer Natur war. Jedoch initiierte die Aufnahme von argotischen Lexemen bzw. geheimsprachlichem Vokabular in Wörterbüchern das sprachwissenschaftliche Interesse am *largonji du louchébem* im Spezifischen und am *argot* im Allgemeinen. Aus diesem Grund sollen die lexikographischen Belege im Folgenden Erwähnung finden (siehe hierzu Kapitel 5 für ausführlichere Darstellungen).

Die Veröffentlichung von VIDOCQs *Les Voleurs* im Jahre 1837 [1836][13] wird von zahlreichen Sprachwissenschaftler*innen als die relevanteste Inspirationsquelle für das beginnende wissenschaftliche Interesse am Argot bezeichnet. Als Figur mit einer kriminellen Vergangenheit, listet VIDOCQ ein Lexikon mit etwa 1500 argotischen Lexemen auf, die in Gefängnissen des Frankreichs des 19. Jahrhunderts verwendet wurden. In Anbetracht seiner persönlichen Erfahrungen als Sträfling und später als *Chef de la Sûreté* wird das geheimsprachliche Material innerhalb seines Werkes als authentisch angesehen (vgl. BULLOCK 1996, 181).

Seit Beginn des 19. Jahrhunderts interessieren sich mehrere Kriminalisten, Sprachwissenschaftler und Argot-Liebhaber[14] für die Geheimsprache des sogenannten *largonji*, eine von Kriminellen verwendeten Vorläuferform des *largonji du louchébem*, die diesem seine Verschlüsselungsmethode weitergegeben hat (siehe Kapitel 5). Erste getarnte Lexeme werden vor allem in

[13] DELAPLACE (2004, 167) macht darauf aufmerksam, dass das Werk *Les voleurs* von VIDOCQ – entgegen des häufig vorzufindenden Erscheinungsjahres 1837 – bereits ein Jahr zuvor erschienen ist.

[14] In diesem Fall wird auf das Gendern verzichtet, da es sich tatsächlich nur um männliche Kriminalisten, Sprachwissenschaftler und Argot-Liebhaber handelt.

Glossaren (wie etwa bei ANSIAUME 1821) und in Wörterbüchern (zum Beispiel bei ANONYM [BRAS-DE-FER] 1829) schriftlich festgehalten. Einige Einträge wurden ebenso von VIDOCQ, Kriminalist und Chef der Pariser Sicherheitspolizei *Sûreté*, in seine *Mémoires* (1828) sowie in seine Typologie der *Voleurs* (1837 [1836]) aufgenommen (siehe Abschnitt 5.2.1.). Doch erst wesentlich später – etwa bei RICHEPIN (1881) – erscheinen erstmals metasprachliche Beschreibungen der Geheimsprachen *largonji* und *largonji du louchébem*.[15] Diese werden von mehreren Argotologen des 19. Jahrhunderts diskutiert (siehe Abschnitt 5.2.3.). Es sei hierzu insbesondere LARCHEY genannt, der in den zahlreichen Ausgaben seiner *Excentricités du langage français* (etwa 1858; ²1861; ⁴1862; ⁵1865; ⁶1872; ⁹1881) und gleichermaßen in seinen *Supplément* (1883) und *Nouveau Supplément* (1889), an deren Ende jeweils eine Auflistung zahlreicher *largonji*-Formen zu finden ist (*Répertoire du largonji*), dieser Geheimsprache große Beachtung gewidmet hat. Für das 20. Jahrhundert seien an dieser Stelle vorrangig ROSSIGNOL (1901), ehemaliger Oberinspektor der staatlichen Sicherheitspolizei, BRUANT (1901), Schriftsteller und Kabarettsänger, sowie die Philologen und Romanisten SAINÉAN (1915; 1920), DAUZAT (1918; 1929) und ESNAULT (1919; 1965) erwähnt (siehe Abschnitt 5.2.4.). Metasprachliche Erläuterungen über den *largonji* und den *largonji du louchébem* sind ebenso integraler Bestandteil einiger Argot-Wörterbücher des 21. Jahrhunderts (siehe Abschnitt 5.2.5.). Als Beispiel seien das *Dictionnaire de l'argot et du français populaire* (COLIN / MÉVEL / LECLÈRE 2010; 2019), die *Liste des argots spécifiques* (COLIN / MÉVEL / LECLÈRE 2010, 33-36) oder die Einleitung zum Argot-Wörterbuch von BONNARD (2010, 17-31) genannt.

Doch der *largonji* und, im Speziellen, der *largonji du louchébem* sind nicht nur Gegenstand von allgemeinen Wörterbüchern zum Argot, zum *français populaire* bzw. zum *français non conventionnel* (CELLARD / REY 1991). Vielmehr befasst sich PERRET (2002) in seinem thematischen Wörterbuch zum *Parler des métiers* mit dem Argot der Metzger*innen und der Wurstwarenhersteller*innen (*Bouchers / Charcutiers-traiteurs*). Einige wenige verschleierte Formen des

---

15 Beispiele von metasprachlichen Beschreibungen können im Kapitel 5 und insbesondere in den Abschnitten 5.2.3. (zweite Hälfte des 19. Jahrhunderts), 5.2.4. (20. Jahrhundert) und 5.2.5. (21. Jahrhundert) nachgelesen werden.

largonji du louchébem werden an dieser Stelle aufgelistet, aber nicht weiter kommentiert (vgl. PERRET 2002, 361-371; insbesondere 368).

Auch CHAUDIEU (1951) widmet sich in seinem Wörterbuch dem *Langage des bouchers*. Dieses spiegelt den *langage professionnel* wider, also der dem Metzgerhandwerk zugrundeliegenden Fachsprache, einer Art zu sprechen, die jede Generation an die nächste mündlich weitergibt:

> Ce langage, avec sa prononciation si spéciale, s'est donc transmis verbalement de génération en génération jusqu'à nos jours. D'autres mots, d'autres expressions s'y ajoutent de temps en temps et forment la manière de s'exprimer si pittoresque et si variée des gens du bétail et de la viande (CHAUDIEU 1951, 12).

Der *largonji du louchébem* ist darin jedoch nicht der eigentliche Gegenstand des Interesses, sondern erscheint lediglich in Form eines einzigen Wörterbucheintrages: Dieser ist *lerdemuche* (< *merde*), „Argot des bouchers qui désigne la matière fécale" (CHAUDIEU 1951, 50).

Ein ganz anderes, detaillierteres Bild zeigt das Wörterbuch *Larlépem-vous louchébem? L'argot des bouchers* von ALLIOT (2009). Wie der Titel des Werkes, der aus den louchebemisierten Lexemen *larlépem* und *louchébem* besteht[16], schon vermuten lässt, beschäftigt sich sein Autor, Argot-Liebhaber und selbst Sohn eines Metzgers, nicht nur mit der Fachsprache der Metzger*innen sondern auch mit der Geheimsprache des *largonji du louchébem*. In seiner kurzen Einleitung formuliert ALLIOT aus einer laienlinguistischen Perspektive allgemeine Aspekte zum Phänomen des *largonji du louchébem* (ALLIOT 2009, 7-11), die jedoch nichts Neues bieten können. Im Wörterbuchteil werden 79 getarnte Wörter (ALLIOT 2009, 54-62) und eine Liste mit verfremdeten Zahlen (ALLIOT 2009, 84) dokumentiert. Da ALLIOTs Wörterbuch einen vergleichsweise populärwissenschaftlichen Charakter aufweist, obwohl sein Material jedoch von Informant*innen aus dem Metzgerhandwerk – wie etwa seinem Vater – stammen, kann es für die sprachwissenschaftliche Auseinandersetzung mit dem *largonji du louchébem* nur bedingt von Nutzen sein.

Innerhalb der sprachwissenschaftlichen Beschäftigung mit Geheimsprachen im Allgemeinen kann festgehalten werden, dass französische Geheimsprachen – im

[16] Der Titel *Larlépem-vous louchébem?* bedeutet ‚Parlez-vous louchébem?' bzw. ‚Parlez-vous l'argot des bouchers?'.

Sinne von sogenannten *verhüllenden Sondersprachen*, deren wichtigste Funktion die Geheimhaltung des Gesagten gegenüber Fremden ist (siehe Abschnitt 3.1.) – wenig Beachtung finden. Häufig ist von derartigen Geheimsprachen in französischer Überblicksliteratur die Rede. Albert DAUZAT hat in seiner Monographie *Les argots* (1929) wie auch in seinem Artikel *Le français populaire et les langues spéciales* (1935) den Versuch einer Abbildung der verschiedenen Argots unternommen. Zu den Geheimsprachen im Spezifischen ist eine Übersichtsdarstellung entstanden. Seine Definition der Argots verdeutlicht, dass es sich dabei um verhüllende Sondersprachen bzw. Geheimsprachen handelt:

> Une catégorie des langues spéciales [...] sont les argots. L'argot se distingue par des caractères spéciaux: il transforme ou remplace les termes de la langue courante, il a une tendance à déformer les mots et à accélérer le renouvellement du langage. Il est l'organe des groupes très fermés (souvent de professions ambulantes exercées en commun) et il a plus ou moins un but cryptologique qui répond parfois à un besoin de défense du groupe. Mais ce n'est nullement une langue artificielle, comme certaines supercheries d'auteurs ont pu le faire croire. Il obéit aux lois générales du langage (DAUZAT 1935, 107).

Neben dem *argot des malfaiteurs*, der mit dem sogenannten *argot ancien* (vgl. SAINÉAN 1907; 1912a; 1912b) alle Formen von Geheimsprachen bezeichnet, die zwischen 1450 und 1850 verwendet wurden, den *argots scolaires*, den *argots militaires* sowie den *argots* diverser anderer Berufs- bzw. Sprechergruppen, erwähnt DAUZAT ebenso den *argot des bouchers de La Villette*: Es handelt sich dabei lediglich um kurze Bemerkungen (vgl. DAUZAT 1929, 45f. sowie 1935, 108).

Eine ähnliche Gesamtdarstellung des Argot liefern die Monographien von GUIRAUD ([7]1976 [1956]) sowie CALVET ([3]2007 [1994]). Beide tragen den Titel *L'argot* und sind in der Reihe *Que sais-je?* (PUF) erschienen. Der *largonji* und auch der *largonji du louchébem* werden als zum *argot secret moderne* gehörend klassifiziert (GUIRAUD [7]1976 [1956], 18) und auf wenigen Seiten beschrieben (GUIRAUD [7]1976 [1956], 66-69; CALVET [3]2007 [1994], 78-80). Dabei erfolgt eine Eingrenzung auf die Erklärung der systematischen morphologischen Veränderung der Lexeme. Besonders interessant erscheint jedoch die Tatsache, dass der prototypische Verfremdungsmechanismus auf die Geheimsprache der Metzger*innen von Hanoi zurückzuführen sei: „Les bouchers d'Hanoï, par exemple, remplacent la consonne initiale par *ch*, ils la rejettent à la fin du mot en la faisant suivre d'un suffixe *-im*" (GUIRAUD [7]1976 [1956], 67; Herv. i. O.).[17]

Der *largonji du louchébem* wird außerdem in zahlreichen sprachwissenschaftlichen Artikeln exemplarisch als Geheimsprache genannt, insbesondere in solchen Texten, denen es um eine theoretische Reflexion über Geheimsprachen geht. An dieser Stelle seien beispielsweise die Arbeiten von SZULMAJSTER-CELNIKIER (1998), *Éléments de réflexion sur les langues secrètes: Statuts, fonctions, procédés*, und von BLAKE (2010), *Jargon, slang, argot, and 'secret languages'*, erwähnt. Auch wird auf dem *largonji du louchébem* immer wieder in Artikeln, die eine Typologie von Geheimsprachen bzw. Argots anstreben, verstreut hingewiesen. Dies ist etwa der Fall in *Figure de l'argot* von DUBOIS / EDELINE / KLINKENBERG / MINGUET / PIRE / TRINON (1970), in *Dénominations des argots en France* von ROFFÉ (1993) oder in *De l'argot traditionnel au français contemporain des cités* von GOUDAILLIER (2002). Auch der deutschsprachige Beitrag[18] von EFING (2002) ist hier zu nennen, der einen allgemeinen Überblick über Geheimsprachen in Frankreich bietet. Dabei erfährt der *largonji du louchébem* als die von EFING eingeführte exemplarische Geheimsprache eine besondere Betrachtung (EFING 2002, insbesondere 183-194). Seine Arbeit erfüllt die Funktion einer längeren und detaillierteren Zusammenfassung der bisher vorliegenden Informationen zum Verschleierungsverfahren des *louchébem*, zu seiner Entstehungsgeschichte bzw. seinem Vorläufer – dem *largonji* –, zu seinen Funktionen etc.

---

[17] Der prototypische Tarnmechanismus, der dem *largonji du louchébem* zugrunde liegt, scheint universellen Charakter zu haben, denn dieser findet sich ebenfalls im marokkanischen Arabisch, ferner im sogenannten *ghos du Kaf marocain* (vgl. SZULMAJSTER-CELNIKIER 1998, 136). Das Verfahren wird in YOUSSIs Artikel *Les parlers secrets au Maroc* (1977) wie folgt beschrieben: „Il tient son nom [*Kaf*] de la consonne /k/, qui est l'un des éléments de brouillage. Elle s'accompagne des deux autres éléments /u/ et /an/, ainsi que de la transposition de consonnes, tout ceci au niveau du monème. Le premier élément de brouillage /k/ remplace la première consonne du radical qui, elle, est transposée en finale juste avant l'autre élément de brouillage /an/ suffixé. Le troisième élément de brouillage /u/ se place juste avant cette nouvelle syllabe finale formée par la consonne transposée et par /an/. [...] /ža/, [« venir »], devient /kaužan/ [...] /mərrakš/, « la ville », devient /kərrakšuman/ [...] (YOUSSI 1977, 138).

[18] Im Allgemeinen sind deutsche Beiträge zum *largonji* bzw. *largonji du louchébem* spärlich gesät.

Forschungen, die den *largonji* bzw. *largonji du louchébem* hingegen als Hauptgegenstand ihres Interesses erklären, sind rar. Im Jahre 1984 publizierte PLÉNAT (1984) einen Artikel, in dem er den Versuch unternahm, die Authentizität des *largonji du louchébem* ist Raymond QUENEAUs *Exercices de style* zu messen. PLÉNAT kommt zu folgendem Ergebnis:

> Il ne fait cependant guère de doute que le jargon de l'*Exercice* est beaucoup moins fantaisiste que ne le laisserait penser la définition traditionnelle du loucherbem [...]. [L]'exercice aura permis [...] de faire un pas important dans la compréhension de ce "langage secret" (PLÉNAT 1984, 195f.).

Nur ein Jahr danach erschien ein weiterer Aufsatz PLÉNATs (1985) mit dem Titel *Morphologie du largonji des loucherbems*. Es handelt sich um eine Studie, die den morphologischen Verfremdungsmechanismus der Geheimsprache erläutert. Die Datenbasis liefern die Einträge des *Vocabulaire du largonji*, welches am Ende des *Nouveau Supplément* von LARCHEY (1889, 263-279) in glossarischer Form abgedruckt wurde. Dieser korpusbasierte Typologieversuch ist von PLÉNAT darin begründet, dass das Phänomen im Allgemeinen bisher wenig erforscht wurde:

> [L]e largonji présente des phénomènes peu attestés ailleurs jusqu'à présent et [...] son étude paraît donc susceptible de faire progresser notre compréhension de la compétence des sujets parlants (PLÉNAT 1985, 79).

LARCHEYS *Vocabulaire du largonji* (1889) ist unter anderem auch von DELAPLACE (2019a; 2019b) kürzlich in *Lorédan Larchey, une jolie collection de dictionnaires d'argot (1858-1889)* (2019a) sowie in *Largonji et loucherbem au siècle de Lorédan Larchey* (2019b) untersucht worden. Es sei hier außerdem auf das bedeutende Gesamtwerk von Denis DELAPLACE hingewiesen, welches zahlreiche, umfängliche und für die Argot- sowie Geheimsprachenforschung einschlägige Monographien über die Geschichte des französischen Argot beinhaltet – wie etwa *Bruant et l'argotographie française: « L'argot au XXe siècle », 1901* (2004), *Dictionnaire d'argot et des locutions populaires – Version raisonnée et commentée du dictionnaire de Jean La Rue à partir des éditions de 1894 et du début du XXe siècle* (2010), *Le Jargon des Coquillars à Dijon au milieu du XVe siècle selon Marcel Schwob (1892)* (2011) sowie *L'article « Argot » au fil des dictionnaires depuis le XVIIe siècle* (2013).

Die Dissertation *Analyse descriptive de trois procédés de codage morphologique dans le lexique argotique* von PETITPAS (1994) vergleicht die morphologischen Verschlüsselungsmechanismen des *javanais*, des *verlan* und des *largonji* miteinander. Dabei stützt sich die Studie auf ein Korpus von insgesamt 390 getarnten Lexemen, welche zum einen aus literarischen und journalistischen Texten (Romane, Comics, Zeitschriften, Pressetexte), zum anderen aus argotischer Fachliteratur (vor allem Wörterbücher) entnommen wurden. Ähnlich wie PLÉNATS Arbeiten zum *largonji du louchébem* und lediglich ausgehend von schriftlich fixiertem geheimsprachlichem (d. h. nicht authentischem) Material erarbeitete PETITPAS eine morpho-phonologische Typologie der *argots à clé français*.

Besondere Erwähnung verdienen die Arbeiten von MANDELBAUM-REINER (1991), *Secrets de bouchers et largonji actuel des louchébèm*, und von ROBERT L'ARGENTON (1991), *Larlépem largomuche du louchébem. Parler l'argot du boucher*. Beiden Sprachwissenschaftlerinnen ist es gelungen, erstmals qualitativ-empirische Ansätze – wenn auch nur in kleinerem Umfang – umzusetzen. Hierfür wurden zwei Metzger[19] eines Fleischereigeschäfts aus dem 13. Arrondissements interviewt:

> Nous avons d'abord parlé avec les bouchers dans leur boutique et des liens plus ou moins affectifs se sont créés et ont engendré une certaine complicité. Ces liens de connivence entre les bouchers et nous sont d'autant plus importants que le *louchébem* est une langue cryptée. On ne dévoile pas cette langue à n'importe qui et il faudrait d'une certaine manière être initié, voire même mériter de rentrer dans ce milieu (ROBERT L'ARGENTON 1991, 117; Herv. i. O.).

Beide Studien enthalten neben morpho-phonologischen Aspekten auch Analysen zu soziolinguistischen Fragestellungen – wie beispielsweise zur aktiven Verwendung und zum Erwerb des *largonji du louchébem*.

Es folgen fast drei Jahrzehnte, in denen der *louchébem* und die wertvollen und neuen Erkentnisse aus den empirischen Forschungen von MANDELBAUM-REINER (1991)

[19] Beide befragten Metzger arbeiten seit 14 Jahren gemeinsam in einer Metzgerei, kommen aber ursprünglich aus anderen Regionen. Die Datenerhebung wurde 1987 durchgeführt: „[...] deux bouchers témoins (A. et D.). A., 34 ans, est natif de Touraine. Ses parents non bouchers ne parlaient pas *louchébem*. Il vit à Paris depuis une quinzaine d'années. D., natif de Normandie, a 35 ans. Il est "monté" à Paris à 16 ans et n'a pas non plus de tradition familiale quant à ce métier et son argot. Ils se sont connus dans cette boucherie: « Nous, là, ça fait 14 ans qu'on travaille ensemble. »" (MANDELBAUM-REINER 1991, 29).

und ROBERT L'ARGENTON (1991) aus dem Blickfeld der Sprachwissenschaft gerückt sind. Erst in neuerer Zeit hat der *louchébem* wieder das Interesse deutsch- und französischsprachiger Romanist*innen wecken können. Zunächst sei hier die Arbeit von HARDY (2015) genannt, die sich der metasprachlichen und laienlinguistischen Deskription des *largonji du louchébem* in frankophonen Internetforen widmet. In einem weiteren Aufsatz wird der Frage nachgegangen, inwiefern eine Geheimsprache ihre primäre Funktion der Geheimhaltung nach wie vor erfüllt, wenn diese im Internet zum Teil von ihrer eigenen Sprechgruppe enthüllt wird (HARDY 2017a).

Parallel zur Erstellung der vorliegenden Dissertation ist ein Aufsatz von SAUGERA (2019) erschienen[20], der die Forschungen von MANDELBAUM-REINER (1991) und ROBERT L'ARGENTON (1991) in einem größeren Umfang neu durchführt. Die Ergebnisse der Untersuchung basieren auf eine Erhebung von Daten, die mittels Fragebögen und spontanen Gesprächen mit Geheimsprachensprecher*innen zwischen 2016 und 2018 gesammelt wurden. SAUGERA (2019, insbesondere 358-371) fokussiert sich dabei auf die Analyse der Funktionen des aktuell gesprochenen *largonji du louchébem* in Pariser Metzgereien. Das Material aus dieser Studie wurde zum Teil in demselbem Erhebungszeitraum wie jenes der vorliegenden Dissertation erhoben.[21] Das geographische Untersuchungsgebiet hingegen wird nicht näher spezifiziert.[22] Es heißt dort lediglich: „des boucheries pour chaque arrondissement de Paris et des communes de la petite couronne (Vincennes, Neuilly, Saint-Denis, Aubervilliers, Ivry-sur-Seine, Montrouge, etc.)" (SAUGERA 2019, 355). Da die Datenerhebung der Studie SAUGERAS und diejenige der vorliegenden Dissertation unter ähnlichen Bedingungen erfolgt sind, können die im Aufsatz SAUGERAS beschriebenen Funktionen des *louchébem* mit denen der vorliegenden Arbeit realistisch verglichen und gegebenenfalls komplementiert werden (siehe Abschnitt 7.2.5.).

---

20 Der Aufsatz SAUGERAS ist im November 2019 erschienen. Zu diesem Zeitpunkt war die Phase der Datenerhebung für die vorliegende Arbeit bereits abgeschlossen. Auch war der Großteil der Dissertation bereits verschriftlicht.

21 Für die Korpuszusammenstellung der vorliegenden Dissertation wurden ausgewählte Metzgereien zwischen März 2013 und Februar 2018 zu zwei – in selteneren Fällen zu drei – verschiedenen Zeitpunkten besucht (siehe Abschnitt 6.2.2.1.).

22 Das geographische Untersuchungsgebiet wurde für die vorliegende Arbeit klar bestimmt und begründet (siehe Abschnitt 6.2.2.1.). Es handelt sich um das 5., 7., 11. und 15. Arrondissement.

3. Begriffsbestimmung und Terminologie

Die in dieser Arbeit eingeführte Terminologie stammt aus der germanistischen Forschungsliteratur zu Sondersprachen. Da der Fachwortschatz zur Sondersprachenforschung im Allgemeinen bisher in der (franko)romanistischen Literatur nicht standardisiert wurde (d. h. es existieren bislang weder eine einheitliche Terminologie – diese erscheint unter verschiedenen, zum Teil in ihrem Bedeutungsspektrum nicht deckungsgleiche Bezeichnungen – noch methodische Grundlagen für wissenschaftliche Dokumentation im Hinblick auf Sondersprachen), sollen einige aus der Germanistik stammenden Grundbegriffe im Rahmen dieser Arbeit für die (Franko-)Romanistik systematisch eingeführt werden.

Ein Blick auf die germanistische Forschungsliteratur zeigt, dass zum Begriff *Sondersprache* und seinen Unterbegriffen *verhüllende Sondersprache* bzw. *Geheimsprache* bisher nur wenig allgemein anerkannte Definitionen vorliegen (vgl. SIEWERT 2003, 14f.; BAUSINGER 1972, 124f.; EFING 2009, 20 sowie SINNER 2014, 189f.). SIEWERT weist zunächst auf die offenbaren Mängel der Terminologie hin:

> Der Sondersprachenforschung […] mangelt es bis heute an klaren Begriffen zur Beschreibung der mit ihr verbundenen Wirklichkeiten. Als Folge davon und insbesondere aufgrund der Polysemie bestimmter Fachwörter […] waren in der bisher vorliegenden Fachliteratur terminologische Unschärfen und sachliche Schieflagen fast unvermeidbar (SIEWERT 2003, 14).

Diese Erkenntnis führte SIEWERT in seinem Werk *Grundlagen und Methoden der Sondersprachenforschung* (2003) dazu, sich zunächst mit den bisher in der germanistischen Sprachwissenschaft eingeführten zentralen Begriffen der Sondersprachenforschung auseinanderzusetzen. Vor dem Hintergrund der terminologischen Probleme etabliert SIEWERT zum Teil neue, für diese Forschungsrichtung relevante Fachtermini. Es handelt sich unter anderen um folgende neue Begrifflichkeiten: *Spendersprachen*[23], *Kernwortschatz*[24] und *lexikalischer Nahbereich*[25]. Darüber hinaus entwickelt der Autor Methoden der Feldforschung für die Dokumentation noch unerforschter Sondersprachen, die als Grundstein und als Orientierungshilfe für künftige Forschungsinitiativen zu Sonder- und Geheimsprachen dienen sollen. SIEWERTs Werk kann als einziger umfassender Versuch in den letzten Jahren gezählt werden, die Termini der germanistischen Sondersprachenforschung zu diskutieren, zu ordnen und wesentliche Grundlagen für diese Forschungsdisziplin zu etablieren und zu definieren.

Im Folgenden sollen als erster Schritt die bisherigen aus der Germanistik stammenden Definitionen des Begriffs *Sondersprache* zusammengetragen werden. Anschließend wird der Fokus auf den speziellen Sondersprachentypus – nämlich die *verhüllende Sondersprache* bzw. *Geheimsprache* – gelegt, der anhand seiner distinktiven Eigenschaften und Funktionen definiert werden soll.

3.1. *Sondersprache*, *verhüllende Sondersprache* und *Geheimsprache* als Gruppensprache

Der Begriff *Sondersprache* ist zunächst in der germanistischen Varietätenlinguistik ausgearbeitet worden. Es werden grundsätzlich zwei Definitionen von

---

23 *Spendersprachen* sind Sprachen, aus denen die Rotwelsch-Dialekte Anteile von Verdunklungslexemen zum Zwecke der Geheimsprachlichkeit beziehen. Dabei wird ein verständliches Lexem durch ein spendersprachliches Lexem ersetzt. Dieses wird anschließend in seine neue sprachliche Umgebung integriert und übernommen, um die Funktion der Geheimsprachlichkeit leisten zu können. *Spendersprachen* für die Rotwelsch-Dialekte sind zum Beispiel das Jüdischdeutsche, die Sprache der Sinti und Romanes, die slawischen sowie germanischen und schließlich auch die romanischen Sprachen. Der Terminus *Spendersprache* wurde von SIEWERT als Begriff der germanistischen Sondersprachen-Terminologie neu eingeführt und soll die bisher unzutreffenden Begriffe *Fremdsprache* bzw. *fremde Sprache* ersetzen. Auch die Termini *Fremdwort* und *Lehnwort* wurden durch *spendersprachliches Lexem* ersetzt (vgl. SIEWERT 2003, 25; SIEWERT 2015, 87 sowie SIEWERT 2018, 13).

24 Auch der Begriff *Kernwortschatz* wurde in die Terminologie der Sonder- und Geheimsprachenforschung durch SIEWERT eingeführt. Darunter wird „der Sektor des Gesamtwortschatzes eines Rotwelsch-Dialektes [verstanden], der die Verdunklung leistet“ (SIEWERT 2003, 25f.).

25 Im Gegensatz zum *Kernwortschatz* bezeichnet der Begriff *lexikalischer Nahbereich* diejenigen Lexeme, die entweder nur eine partielle Verdunklungsleistung erfüllen oder bei denen die Tarnleistung nicht mehr gegeben ist (vgl. SIEWERT 2003, 26).

Sondersprache unterschieden: Einerseits eine weite, umfassende Definition, in der Sondersprachen als Sprachvarianten verstanden werden, die „sich gegenüber den Sprachebenen Hochsprache, Gemeinsprache (Standardsprache) sowie Umgangssprache und Mundart (Dialekt) über einige konstitutive Merkmale von diesen unterscheiden“ (SIEWERT 2003, 14f.). In diesem Sinne werden Sondersprachen als Summe aller von der Standardsprache abweichenden Sprachvarianten – nämlich gruppen-, berufs-, fach-, alters- und genusspezifischen Varianten (vgl. LEWANDOWSKI ^{6}1994, 975) definiert. Der Terminus *Sondersprache* erscheint hier als wenig terminologisierter Sammelbegriff (vgl. EFING 2009, 18) für spezifische Gruppierungen sowie Berufe, die einen Sonderwortschatz nach ihren Interessen und Bedürfnissen entwickelt haben. *Sondersprache* als Begriff der Varietätenlinguistik inkludiert demnach vielfältige Erscheinungsarten wie unter anderem die Sprachen der Jäger, Fischer, Bergleute, Weinbauer, Drucker, Bettler und Gauner (vgl. BUßMANN 2002, 606). Allen Gruppierungen ist gemeinsam, dass der jeweilige Sondersprachenwortschatz eine regelmäßige Verwendung findet.

Auf der anderen Seite wurde ein enges Verständnis dargelegt, in der Sondersprachen als rein gruppenspezifische und sozialbedingte Varietäten erachtet werden. Zu diesen Sondersprachen zusammengefasst können ebenso verschiedene Erscheinungsformen gezählt werden: „Jugendsprachen, Studentensprachen, bestimmte Szenesprachen (zum Beispiel unter Drogenabhängigen, Taxifahrern, LKW-Fahrern)“ (SIEWERT 2003, 21). Auch die sogenannten *verhüllenden Sondersprachen* wie der Argot[26] und das Rotwelsch – folglich *Geheimsprachen* – werden zu der engen Definition von Sondersprachen gezählt (vgl. LEWANDOWSKI ^{6}1994, 975).

Neben seiner Stellung in der Varietätenlinguistik wurde der Begriff *Sondersprache* vor allem in der jüngeren germanistischen Sondersprachenforschung

26 Der Begriff *argot* ist hier als *argot ancien* (datiert von 1455 bis 1850) im Sinne SAINÉANS (1907) zu verstehen. Der *argot ancien* ist die Sprache der Diebe, der Gauner und der Bettler (*le langage des malfaiteurs*) und unterscheidet sich vom *argot moderne*, der von SAINÉAN derart bezeichnet wurde, weil er ab der zweiten Hälfte des 19. Jahrhunderts eine radikale Veränderung im lexikalischen Bereich erfahren hat (vgl. hierzu u. a. SAINÉAN 1907, 3ff. sowie DAUZAT 1929, 32ff.). Zur Definition des Begriffs *argot* und seiner historischen Entwicklung vgl. Abschnitt 3.4. in dieser Arbeit.

systematisch erst seit den 1980er Jahre (Jugendsprache) bzw. seit Anfang der 1990er Jahre (Rotwelsch-Dialekte) ausgearbeitet (vgl. EFING 2009, 9).[27] Besonders für die Erforschung der Rotwelsch-Dialekte und der Geheimsprachen in Deutschland hervorzuheben sind hier vor allem die beeindruckende Zahl an Studien von SIEWERT (wie u. a. SIEWERT 1991; 1996a; 1996b; 1997; 2000; 2001a; 2001b; 2002; 2003; 2009; 2010; 2011; 2013; 2014; 2015a; 2015b; 2015c; 2017, 2018a, 2018b; 2018c; 2018d; 2019a, 2019b und 2023) sowie die von seinen Schüler*innen vorgenommenen Untersuchungen zu einzelnen Sondersprachen (wie z. B. MIDDELBERG 2001; WEILAND 2003; BERGEMANN 2012; EFING 2004; 2005; 2012). Diese Arbeiten führen die Dokumentation und Erforschung spezifischer Rotwelsch-Dialekte, die nach KLUGEs grundlegendem Quellenbuch zum Rotwelschen Wortschatz (1901) ins Stocken geraten waren, weiter. Diese Forschungsrichtung verwendet einen viel engeren Begriff von *Sondersprache* als etwa die Varietätenlinguistik (vgl. EFING 2009, 13). Dies sei anhand der folgenden Definition von *Rotwelsch-Dialekten* verdeutlicht:

> Mit Rotwelsch-Dialekten sind diejenigen Sprachvarianten gemeint, die sich auf der geheimsprachlichen Basis des Rotwelschen (das ist die Grundlage der mittelhochdeutschen Mundarten ab dem 12./13. Jahrhundert entwickelte und durch die Jahrhunderte weiter tradierte Geheimsprache des sogenannten „fünften Standes“) unter Hereinnahme von Wörtern aus anderen Spendersprachen, hauptsächlich dem Jüdischdeutschen und dem Sintes / Romanes, und unter Einflußnahme der jeweiligen Ortsmundart zu Kontrasprachen mit geheimsprachlicher Tendenz entwickelt haben, wobei sich die (freiwillige oder unfreiwillige) Ansiedlung vormals Vagierender wie die Zugehörigkeit zur jeweiligen sozialen Unterschicht im Kontext der Sozialgeschichte der jeweiligen Sprechergemeinschaften von Rotwelsch-Dialekten als typische historische Rahmenbedingung für die Ausbildung von Rotwelsch-Dialekten herausstellt (SIEWERT 2003, 21).

[27] Es sei hier angemerkt, dass die eingeführte und mittlerweile anerkannte Terminologie, die in der vorliegenden Dissertation benutzt wird, lediglich aus der Forschung stammt, die sich primär der Untersuchung der sogenannten Rotwelsch-Dialekte widmet. Die Begrifflichkeiten der Jugendsprache als Teil der Sondersprachenforschung werden hier außer Acht gelassen.

Entsprechend SIEWERTs Begriffsbestimmung können Rotwelsch-Dialekte[28] als Sprachvarianten verstanden werden, die auf der Grundlage des Rotwelschen entwickelt wurden, über eine Vielzahl spendersprachlicher Lexeme verfügen, von dialektalen Einflüssen geprägt wurden und schließlich auch das Attribut der Geheimsprachlichkeit besitzen.[29] Aufgrund des letztgenannten Kriteriums können Rotwelsch-Dialekte dem engeren Bedeutungsverständnis des Begriffs *Sondersprache* zugeordnet werden und somit als *verhüllende Sondersprachen* bzw. *Geheimsprachen* verstanden werden.

Im Allgemeinen werden *verhüllende Sondersprachen* unter dem Oberbegriff des *langage de groupe* subsumiert. Es sei angemerkt, dass der Begriff *Gruppensprache* bzw. *langage de groupe* ein „vager" (EFING 2009, 16) und „sehr relativer Begriff [ist] – und zwar sowohl hinsichtlich der *Gruppe* wie hinsichtlich der *Sprache*" ist (BAUSINGER 1972, 118; Herv. d. Verf.). In der Gesamtgesellschaft existieren vielfältige *Gruppen* – also „eine Menge von Individuen, die sich durch ein (oder mehrere) gemeinsame(s) Merkmal(e) von anderen unterscheiden" (SINNER 2014, 143). *Gruppen* werden als Vereinigungen von Individuen verstanden, die durch Interessen und Beziehungen miteinander verbunden sind (vgl. BAUSINGER 1972, 118). Sie werden nach Berufs-, Tätigkeits- oder Statusmerkmalen zusammengefasst (vgl. DITTMAR 1997, 189). Allen *Gruppen* sind je spezifische Gruppenziele, gruppeneigene Standards und ein Wir-Gefühl

28 Einzelne Rotwelsch-Dialekte sind zum Beispiel das Humpische, die Geheimsprache der westfälischen Leinenhändler (SIEWERT 2011), das Lützenhardter Jenisch (EFING 2005), das Schloßberger Jenisch (BERGEMANN 2012) oder das Hundeshagener Kochum (WEILAND 2003).

29 *Verhüllende Sondersprachen* können auch mit einem lokalen oder regionalen Dialekt kookkurieren (vgl. DITTMAR 1997, 189). Dies trifft insbesondere für die Rotwelsch-Dialekte zu, bei denen der Einfluss der jeweiligen Ortsmundart die Individualität der einzelnen Rotwelschvorkommen bedingt (vgl. SIEWERT 2003, 21). SIEWERT (2003, 23) weist darauf hin, dass heute allein in Deutschland über 200 Rotwelsch-Dialekte bekannt sind. Es handelt sich um sogenannte Rotwelsch-Orte im deutschen Sprachraum sowie in der deutschsprachigen Schweiz, in Österreich und in Tschechien. Darüber hinaus kann ein Rotwelsch-Dialekt eines bestimmten Rotwelsch-Ortes nicht als eine an den Ortsgrenzen endende geschlossene Varietät gezählt werden, da die Sprecher*innen als ambulante Händler*innen tätig waren und dementsprechend Ausdrücke aus sprachlichen Kontakten mit anderen Varietäten in ihrem Rotwelsch-Dialekt aufgnommen haben (vgl. ebd.). SIEWERT bezeichnet Rotwelsch-Dialekte folglich als „Konglomerat aus sondersprachlichen, mundartlichen, umgangssprachlichen und hochsprachlichen Elementen" (SIEWERT 2003, 24).

gemeinsam (vgl. MÖHN 1998, 168). Darüber hinaus verfügen sie über eine eigene Gruppensprache, die häufig als *Sondersprache* bezeichnet wird, und die zur Herausbildung eines „Gruppenabzeichens" trägt:

> *Abzeichen* sind Signale, welche eine bestimmte Zugehörigkeit – und das heißt fast immer Gruppenzugehörigkeit – ausdrücken. Abzeichen müssen nicht immer zum Anstecken sein. Es kann sich um eine bestimmte Haar- oder Barttracht handeln, um bestimmte Formen der Kleidung, um bestimmte Gesten und Gebärden – und nicht zuletzt um eine bestimmte Form der Sprache (BAUSINGER 1972, 119).[30]

Gruppensprachen bzw. *langages de groupe* als Gruppenabzeichen sind folglich dadurch charakterisiert, dass sie eine bestimmte Gruppenzugehörigkeit manifestieren, eine Gruppensolidarität etablieren, eine Identität nach innen konstruieren und zugleich eine Abgrenzung in der Außenwahrnehmung bewirken. Folgt man den Ausführungen von MÖHN (1998, 169), habe die Gruppensprache im Vergleich zu anderen Gruppenabzeichen die deutlichste Differenzierungskraft und böte zugleich die stärkste Wiedererkennungsmöglichkeit.

Eine weitere Schwierigkeit, die in der Fachliteratur kaum als Problem erkannt wird, besteht in der Größenbestimmung von Gruppen:

> [S]o wird bemerkenswerterweise kaum auf die grundsätzliche Frage eingegangen, ob der Sprachgebrauch von zwei, drei Personen bereits als kollektiver Sprachgebrauch anzusehen ist, ob zwei Personen mit distinktiven Merkmalen bereits als Gruppe gerechnet werden können (SINNER 2014, 148).

Wenn man sich mit der Frage nach der Bestimmung der Gruppengröße im Hinblick auf Sprechergruppen *verhüllender Sondersprachen* auseinandersetzt, dann muss die Definition von *Gruppe* viel enger gefasst werden: Man sollte von der „klar abgegrenzten Kleingruppe, nicht etwa von der Großgruppe" (EFING 2009, 17) aller Sondersprachensprecher*innen ausgehen. Eine begrenzte Sprechergemeinschaft bestehend aus zwei Personen zwischen denen sich eine verhüllende Sondersprache herausbildet, kann bereits als Gruppe gerechnet

[30] Weitere Beispiele für nicht-sprachliche Gruppenabzeichen sind: Berufskleidung (wie beispielsweise die der Bäcker*innen, der Fischer*innen, der Köch*innen, der Schornsteinfeger*innen, der Soldat*innen etc.) und Trachten, die vor allem von arealen Gruppenmitgliedern getragen werden (vgl. MÖHN 1998, 169).

werden.[31] Auch muss die Gruppensprache nicht alle Sachverhalte bezeichnen, sondern eine mehr oder weniger umfangreiche Menge an sprachlichen Spezifika verwenden (vgl. SINNER 2014, 149).

Die gemeinsamen Klassifikationsfaktoren Beruf bzw. ausgeübte Tätigkeit, Interesse (vgl. SINNER 2014, 143f.) sowie die Gebundenheit an geschlossene bzw. sozial zumeist schwache Gruppen, erlauben es, verhüllende Sondersprachen zur Diastratie zuzuordnen und sie als *Soziolekte* zu bezeichnen. Da sie lediglich in bestimmten Situationen und Interaktionstypen benutzt werden, können sie weiterhin als *Situolekte* bezeichnet werden. Dabei muss der Frage der Redekonstellation nachgegangen werden: „*Wer mit wem wie in welchem sozialen Kontext [...] über was* (Thema) *redet*" (DITTMAR 1997, 206; Herv. i. O.). Im Hinblick auf Sondersprachen kann festgehalten werden, dass das primäre Ziel der Interaktionspartner*innen die Geheimsprachlichkeit ist. Dies bedeutet, dass Sondersprachen – wie bereits weiter oben formuliert wurde – nur dann verwendet werden, wenn mindestens zwei Interaktionspartner*innen ein Gespräch über Themen bzw. Sachverhalte beginnen wollen, die für Nicht-Initiierte verborgen bleiben müssen.

Ausgehend von der oben beschriebenen Verwendung einer sehr engen Begriffsdefinition von *Sondersprache* werden im Folgenden die relevanten Kriterien und Funktionen einer solchen verhüllenden Sondersprache erarbeitet.

3.2. Definitionskriterien und Funktionen von Sondersprachen als *verhüllende Sondersprachen* bzw. *Geheimsprachen*

In Anlehnung an MÖHN (2003, 2392ff.) sowie SIEWERT (2003, 15ff.) wird in den folgenden Darlegungen eine Synthese der zentralen Kriterien und Funktionen, nach denen eine Sprachvarietät *im engeren Sinne* als *Sondersprache* zu definieren ist, vorgestellt. Es sei hier angemerkt, dass die relevanten Kriterien und Funktionen zwar aus der germanistischen Forschungsliteratur entnommen sind, jedoch auch in Bezug zu französischen Sonder- und Geheimsprachen gesetzt und

31 Im empirischen Teil der vorliegenden Arbeit (*TEIL IV*, *V* und *VI*) wird von dieser Definition von Gruppe, die aus mindestens zwei Sprecher*innen des *largonji du louchébem* besteht, ausgegangen.

mit Beispielen aus verschiedenen französischen Sondersprachen illustriert werden.

Die grundlegenden Kriterien bzw. Funktionen sind Folgende:

1). Eine Sondersprache wird in geschlossenen und/oder sozial meist marginalisierten und/oder stigmatisierten Sprechergruppen verwendet (vgl. SIEWERT 2003, 16). Dieses erste Kriterium trifft für den *largonji du louchébem* als Geheimsprache der geschlossenen Gruppe Pariser Metzger*innen zu. Auch können hier beispielsweise marginalisierte Gruppen wie etwa die Bande der sogenannten *Coquillars*, Vagabunden aus dem 15. Jahrhundert, deren *jargon* als erste schriftlich fixierte Geheimsprache Frankreich belegt ist (vgl. DELAPLACE 2011; HARDY 2017b), genannt werden. Besondere Erwähnung verdienen zum einen die Arbeit von DRIESEN zum Wortschatz der Pariser Lumpensammler (1905) und, zum anderen, eine bis ins Jahr 2017 unentdeckt gebliebene verhüllende Sondersprache: der Argot der Pariser Diamantenhändler. Dieser noch im 20. Jahrhundert gesprochene Argot ist – bis auf einen ersten Aufsatz von NAHON (2017) – gänzlich unerforscht.

2). Die Entstehung einer Sondersprache ist durch das „mehr [...] oder minder [...] dringende Bedürfnis nach sprachlicher Verdunklung“ (SIEWERT 2003, 15) bedingt. Damit ist gemeint, dass eine Sondersprache dem gewollten Ausschluss von Nicht-Mitgliedern von der Kommunikation dient (vgl. MÖHN 2003, 2392). SIEWERT spricht in diesem Zusammenhang von der primären „Funktion der intendierten Geheimsprachlichkeit“ (SIEWERT 2003, 16). Wie im Kapitel 5 (ferner im Abschnitt 5.2.4.) noch zu lesen sein wird, hat der *largonji du louchébem* diese Funktion seit seiner Herausbildung schon immer erfüllt. Diese ist zum Teil heute noch von großer Relevanz (vgl. Kapitel 7.2.5.).

3). Die Sprechermotivation zur intendierten Geheimsprachlichkeit weist jedoch unterschiedliche Grade auf. Es gibt zum einen Sprechergruppen, die ein dringenderes Bedürfnis nach sprachlicher Verschleierung verspüren, das mit den Lebensumständen, denen sie ausgesetzt sind, einhergeht. Eine sprachliche Verdunklung ist in diesem Fall für die Existenzsicherung bzw. den Schutz der eigenen Gruppe und/oder die Sicherung von Vorteilen für die eigene Gruppe notwendig – diese Vorteile können unter anderem finanzieller Natur sein, um eventuell Kund*innen oder andere Gruppe(n) hinters Licht zu führen (vgl. SIEWERT 2003, 15). Zu dieser ersten Form gehören – neben den sogenannten Rotwelsch-Dialekten – ebenso die von DAUZAT untersuchten „véritables argots“ (DAUZAT 1976 [1917], 4) bzw. „argots de métiers“ (DAUZAT 1976 [1917], 5). Diese werden von bestimmten Berufsgruppen verwendet, deren Tätigkeiten, die nicht nur krimineller Natur sein können, notwendigerweise mit gemeinsamen Wanderungen verbunden sind.[32] Auch die Sprecher*innen des *largonji du louchébem* verwenden zum Teil ihre Geheimsprache, um Lebensmittelverschwendung vorzubeugen und sich folglich einen finanziellen Vorteil zu sichern (siehe Abschnitt 7.2.5.).

Das Bedürfnis der sprachlichen Verschleierung ist zum anderen nicht immer so stark ausgeprägt: In diesem Zusammenhang können Schülersprachen genannt werden, die meist entweder durch eine ausschließlich ludische oder eine ludisch-kryptische Motivation entfaltet werden. Es sei hier auf Sondersprachen hingewiesen, die ein Wort durch Einschübe tarnen, wie zum Beispiel die deutsche Schülersprache Bi-Sprache[33] bzw. B-Sprache (*Silber* > *Sibilbeber*; vgl. SIEWERT 2003, 16; Herv. d. Verf.; *Gartenlaube* > *Gabartebenlaubaubebe*; vgl. BAUER ^{2}1994, 18; Herv. d. Verf.; *Wolf* > *Wobolf* sowie *wer glaubt und getauft wird* > *weber glabaubt ubund gebetabaufebet wibird*; vgl. MÖHN 2003, 2393; Herv. d. Verf.). Diese formal-spielerischen Sondersprachen existieren auch im Französischen (etwa die *zorglangue*, das *cadogan*, das *javanais* etc.; für weitere Beispiele aus dem Deutschen und aus dem Französischen siehe Abschnitt 3.3.) und sind vermutlich in der Regel aus einem Bedürfnis von Kindern nach dem Spiel mit der eigenen Sprache entstanden (vgl. SIEWERT 2018c, 12). Auch der *largonji du louchébem* kann hierunter subsumiert werden, da einige seiner Verwendungs-

32 Vgl. DAUZAT (1976 [1917], 5): „*les argots sont toujours spéciaux à des professions ambulantes et exercées en commun*, en entendant « profession » au sens sociologique et en comprenant sous ce terme les métiers réguliers et les métiers inavouables, comme celui du malfaiteur“ (Herv. i. O.).

33 Mit dem Terminus *Bi-Sprache* ist hier nicht die sogenannte *bi-langue* gemeint, die der marokkanische Schriftsteller und Essayist Abdelkebir KHATIBI im Hinblick auf die Problematik der Diglossie zwischen Muttersprache und Fremdsprache einführt. Die *bi-langue* wird wie folgt definiert: „S’il n’y a pas […] *la* langue, s’il n’y a pas de monolinguisme absolu, reste à cerner ce qu’est une langue maternelle dans sa division active, et ce qui se greffe entre cette langue et celle dite étrangère. Qui s’y greffe et s’y perd, ne revenant ni à l’une ni à l’autre: l’incommunicable. De la bi-langue, de ses effets de parole et d’écriture: tel est le motif global proposé“ (DJOUFACK 2010, 124; Herv. i. O.).

kontexte (vor allem das freundschaftliche Sich-Necken unter Arbeitskolleg*innen, siehe Abschnitt 7.2.5.) lediglich ludisch motiviert sind.

Neben der primären Funktion der Geheimsprachlichkeit sind weitere Kriterien zu nennen:

4). Einzelne Gruppen, in denen eine Sondersprache entsteht, sind nur denkbar, wenn ein Kontrast zwischen „Wir/die Anderen“ (MÖHN 1998, 169) gegeben ist; folglich grenzen sich Sondersprachensprecher*innen als einer Eigengruppe bzw. *in-group* gehörend immer von einer Fremdgruppe bzw. *out group* ab. Der Sondersprache kommen dabei eine besondere Rolle sowie eine „vorrangig isolative Funktion“ (MÖHN 2003, 2392) zu. Sie ermöglicht eine verstärkte Bindung sowie Stabilität und Identifikation der Sprechergruppe im Innern („interne Gruppenfestigung“ und zugleich eine „externe Gruppenprofilierung“ (ebd.); mit anderen Worten, sie trägt zur Abgrenzung der Gruppe im Erkanntwerden nach außen bei).

5). Eine Sondersprache zeichnet sich durch die spezifische Auswahl, Quantität und Verwendung sprachlicher Verschleierungen und Verfremdungsverfahren aus (vgl. MÖHN 2003, 2392). Diese können entweder auf der Ebene des *signifié* (semantische Verfremdungsverfahren) oder auf die des *signifiant* (formale Verfremdungsmechanismen) realisiert werden.[34]

6). Sondersprachen werden vorrangig gesprochen, weniger geschrieben (vgl. MÖHN 2003, 2392). Geheimsprachliche Umsetzungen eines sondersprachlichen Textes sind Ausnahmen. Dennoch sei ergänzend angemerkt, dass Sondersprachen in Zeiten neuer Medien auch als diamesische Varietät aufgefasst werden können: Eine vermehrte Schriftlichkeit der Sondersprachen im Internet vor allem in Foren, Gästebucheinträgen und Webseiten ist zu verzeichnen. Eine Studie über das Jenische[35] in Internetgästebüchern (EFING 2012) liegt vor; hinsichtlich französischer Sondersprachen ist die Untersuchung zum Laienwissen über die Geheimsprache *largonji du louchébem* in Internetforen (HARDY 2015) sowie die

---

[34] Zur Typisierung unterschiedlicher Verfremdungsmechanismen vgl. Abschnitt 3.3. in dieser Arbeit.

[35] Das Jenische ist die Sondersprache der Schausteller*innen (inkl. ihrer Vorfahren, die Gaukler*innen, die Puppenspieler*innen und Artist*innen). Es handelt sich um einen Rotwelsch-Dialekt (vgl. EFING 2004, 14).

Bestandsaufnahme des geheimsprachlichen Wortmaterials des *louchébem* auf Webseiten und die Diskussion über einen möglichen Funktionswechsel (HARDY 2017a) zu nennen.

7). Eine Sondersprache ist entsprechend der Gruppenexistenz meist regional begrenzt, dennoch durch Mobilität bzw. Expansion einer Gruppe oder einzelner Gruppenmitglieder überregional (vgl. MÖHN 2003, 2392). Es sind Anzeichen regionaler und gruppenspezifischer sprachlicher Heterogenität in Sondersprachstilen zu erkennen.

Es kann folglich abschließend festgehalten werden, dass eine Sondersprache *im engeren Sinne* eine Gruppensprache einer geschlossenen Kleingruppe darstellt, die vorrangig mündlich verwendet wird. Ihr auffälligstes Charakteristikum ist ohne Zweifel die von den Sprecher*innen intendierte Geheimsprachlichkeit. Diese geheimsprachliche Funktion kann durch unterschiedliche Verfremdungsverfahren hergestellt werden: phonetisch-phonologische, morphologische sowie semantische Tarnmechanismen.

3.3. Sprachliche Verschleierungsverfahren

Die jeweilig zugrundeliegenden sprachlichen Verschleierungsverfahren sowie Verfremdungstechniken von verhüllenden Sondersprachen können nach spezifischen Typen klassifiziert werden. SIEWERT (2003, 16f. sowie 2018c, 10-20) erarbeitet für deutsche Geheimsprachen eine grundsätzliche Typologie, die im Folgenden auf ihre relevantesten und frequentesten Erscheinungsformen reduziert wird:

- Typ 1: Laut- und Silbenmetathese (*Meister* > *Steimer*; *ich* > *chi*; *Mutter* > *Tumter*)[36], sowie absolute Umkehrung der Phonemfolge im Sinne eines „Rückwärtsredens“ bzw. „Rückwärtslesens“.[37]

[36] Die Beispiele *ich* und *Mutter* sind aus MÖHN (2003, 2393) entnommen, entsprechen aber demselben Verfremdungsverfahren wie das von SIEWERT (2003, 16) genannte Beispielwort *Meister*.

[37] Ein Beispiel für eine Sondersprache, die durch Rückwärtssprechen verfremdet, ist die Sprache der *Backofenbauer* in Bell (vgl. WEILAND 2003, 53).

- Typ 2: Silbenbrechende Erweiterung, wie zum Beispiel die Bi-Sprache (*Silber* > *Sibilbeber*) oder komplexere transpositorische Verfahren wie die Räubersprache, bei der „die einzelnen Konsonanten [bzw. konsonantischen Gruppen] verdoppelt und zwischen ihnen ein `o´ angehängt [werden]" (SIEWERT 2018c, 11) (*Räubersprache* > *Roräuboberorsospoprorachoche*). Auch die Löffelsprache gehört zu diesem Typus (*Guten Morgen* > *Gulewutelewen Moleworgelewen* oder *Kannst du das? Mag sein.* > *Kallefannst Dulefu dallefas? Mallefag seilefein*). „Nach jedem Vokal eines Wortes wird die Lautfolge *-lew-/-lef-* in das Wort gefügt und der vorgängige Vokal angehängt, worauf die Konsonanz des verfremdeten Wortes folgt" (SIEWERT 2018c, 12), wobei auch Varianten der Löffelsprache bekannt sind (vgl. ebd.).

- Typ 3: Substitution durch ein Lexem, welches semantisch mit dem ausgetauschten Wort verwandt und assoziativ verbunden ist. Der Austausch wird durch eine zusätzliche morphologische Veränderung (Derivation bzw. Komposition) und / oder eine Metonymie verfremdet (*Fisch* > *Flößling*, *Käse* > *Stinkert*, *Schuhmacher* > *Trittlingspflanzer*) (vgl. SIEWERT 2018c, 15).

- Typ 4: Bewusst herbeigeführte Bedeutungsveränderung[38], zum einen durch die antonymische semantische Verwandlung (bzw. radikale semantische Verwandlung; SIEWERT 2003, 367), dabei übernimmt die jeweilige verhüllende Sondersprache ein spendersprachliches Lexem und verkehrt dessen Bedeutung in ihrem Gegenteil (Jiddisch *meschores* ‚Diener' > Münstersche Masematte[39] *maschores* ‚Chef', Romani *tschawo* ‚Knabe,

[38] SIEWERT (2003, 366) bezeichnet bewusst herbeigeführte Bedeutungsveränderungen als „künstliche Bedeutungsveränderungen". Diese differieren vom natürlichen semantischen Wandel und sollen aus diesem Grund unter dem Oberbegriff *semantische Verwandlung* subsumiert werden (vgl. ebd.).

[39] Unter *Masematte* (‚Handel, Geschäft') versteht man den „interne[n] Sprachname[n] des so bezeichneten Rotwelsch-Dialekts" (SIEWERT 2003, 79). Dieser stammt folglich aus den Sprechergemeinschaften der Rotwelsch-Dialekte selbst ab und ist meist mit dem externen Sprachnamen, der „von außen zur Bezeichnung der Sprache der anderen an sie herangetragen [wird]" (SIEWERT 2003, 26), nicht identisch. Die westfälische Sondersprache *Münstersche Masematte* ist demnach ein regionaler Soziolekt aus den Münsteraner Arbeiterviertel.

Sohn' > Münstersche Masematte *schabo* ,Mädchen') (vgl. ebd.). Zum anderen durch die partielle semantische Verwandlung (bzw. semantische Umorientierung), dabei erfährt die Bedeutung des integrierten Lexems aus der Spendersprache eine leichte bis starke Veränderung (vgl. ebd.). Es handelt sich in den meisten Fällen um Metonymien, seltener um Metaphern.[40]

Die Verschleierungstypen 1 und 2 betreffen die „Brechung der normalen Lautung" (SIEWERT 2018c, 11) und können demgemäß unter dem Verfahren der Transposition zusammengefasst werden. Die Typen 3 und 4 hingegen zählen zu den Verfahren der Substitution, wobei die Tarnung am frequentesten auf semantischer Ebene stattfindet und sich in der Regel auf „semantisch schwerlastige Stellen" (SIEWERT 2018c, 13) – wie etwa Nomina, Verben, Adjektive und Numeralia – begrenzen. Die Verfremdung auf syntaktischer sowie phonetisch-phonologischer Ebene tritt indessen seltener ein. Auch scheint weniger Gewicht auf die Verfremdungstechnik durch Code-Switching gelegt zu werden. Die Verfremdungsmethode durch Code-Switching findet sich beispielsweise innerhalb des *Hamburger Steinkohlenenglisch* (zum Beispiel *if you do dat egent, so I pett you two Rippen af*), welches etwa um die Mitte des 19. Jahrhunderts am Hamburger Hafen meistens mit ausländischen Seemännern gesprochen wurde und eine Mischsprache aus Plattdeutsch und Englisch darstellte (vgl. SIEWERT 2002, 75f.). Die Struktur von Mischsprachen bzw. *Mixed Languages* (ML) ist im Allgemeinen die Vermischung der Grammatik einer Sprache mit dem Lexikon einer anderen Sprache, wobei die Funktionsworte variieren können: „ML prototype [is described] as showing a split between the source language of the 'grammar' and that of the 'lexicon', with variation within the class of 'function words'" (MATRAS 2003, 151). „The 'lexicon' from one source is combined with 'grammar' from another source" (MATRAS 2003, 153). Einige Mischsprachen werden als Geheimsprachen bezeichnet, weil ihre primäre Funktion die der gruppeninternen Kommunikation ist, die absichtlich benutzt wird, um Außenstehende auszuschließen. Die Verwendung einer solchen Mischsprache als Geheimsprache kann als identitätsstiftender Akt angesehen

[40] Die zahlreich untersuchten Typen der partiellen semantischen Verwandlung können zum Beispiel bei SIEWERT (2018c, 16-18) nachgelesen werden.

werden, zum Beispiel als Akt der bewussten Abgrenzung nach außen, um den Zusammenhalt und die Solidarität innerhalb einer Gruppe zu stärken (vgl. VELUPILLAI 2015, 80). Dabei zeichnet sich diese geheimsprachlich funktionalisierte Mischsprache durch das Einsetzen von „camouflaged formations" (MATRAS 2003, 153) aus. EFING bezeichnet beispielsweise die Rotwelsch-Dialekte des Deutschen als Mischsprachen, „da die Basis der Wortschatz und die Grammatik des Deutschen bzw. eines deutschen Dialekts bilden und die Unverständlichkeit durch Integration von neuem Wortschatz (ungewöhnliche Wortbildungen oder Fremdwortschatz aus Spendersprachen) erreicht wird" (EFING 2009, 21). Auch die deutsch-namibische Sondersprache *Oshideutsch* gehört diesem Typus an (*Deswegen frage ich, wie viel zahlst du? > Deswegen andi fragen ofutu ngapi?*) (vgl. ARICH-GERZ 2018, 118). Beide genannten Mischsprachen sind im engeren Sinne keine Geheimsprachen, jedoch weisen sie tarnsprachliche Attribute auf und könnten als solche funktionalisiert werden (vgl. SIEWERT 2002, 75; 2018c, 21 sowie ARICH-GERZ 2018, 121).

In diesem Kontext sei noch zu erwähnen, dass Typ 4 die sicherste und auf Dauer die stabilste Möglichkeit der Verfremdung darstellt, um die geheimsprachliche Funktionalität zu gewährleisten. Die Typen 1 bis 3 hingegen sind leichter zu entschlüsseln (vgl. SIEWERT 2003, 17).

Auf Grundlage dieser vereinfachten Typologie nach SIEWERT (2003; 2018c) können für die französischen verhüllenden Sondersprachen folgende Beispiele angeführt werden. Es werden zudem in Bezug auf einige Typen Erweiterungen angeführt:

- Typ 1: Laut- und Silbenmetathese / Absolute Umkehrung der Phonemfolge

Auch die französischen verhüllenden Sondersprachen kennen das Verfahren der Laut- und Silbenmetathese, nämlich in der kryptischen Form des auf Silbenumstellung beruhende *verlan* bzw. *verlen*.[41] Die Transformation besteht darin, die

[41] In der sprachwissenschaftlichen Fachliteratur finden sich beide Schreibweisen (verl*an* und verl*en*), wobei Erstere überwiegt. BONNARD (2010) zum Beispiel favorisiert die Schreibweise mit *-en*: „« Verlen » avec un « e » comme « envers » et pas « verlan » avec un « a » comme ils l'écrivent tous" (BONNARD 2010, 36). Die Form *vers-l'en* wird lediglich von ESNAULT (1965, 633) gebraucht. Folgt man den Ausführungen CALVETS (^{3}2007, 81f.), ist der Begriff selbst viel jünger als seine Erscheinungsform. Der Tarnmechanismus ist

Silbenstruktur innerhalb eines Lexems umzudrehen. Diese wird meist bei zweisilbigen Wörtern umgedreht (S_1-S_2 wird zu S_2-S_1); dabei ist in der Regel die phonetische Form die Basis für die Umkehrung, da es sich vor allem um ein mündliches Phänomen handelt (vgl. PAULIKAT 2017, 182). Beispiele für verlanisierte Lexeme, die vor allem im 19. bzw. im 20. Jahrhundert gebräuchlich waren, sind die Zweisilber *Lontou* [lɔ̃tu] < *(Bagne de) Toulon* [tulɔ̃] (vgl. ESNAULT 1965, 395; 633) und *dreaupèr* [dʁopɛʀ] < *perdreau* ‚agent de la Sûreté, gardien de la paix, policier' [pɛʁdʀo] (vgl. DUBOIS [ET AL.] 1970, 73; ESNAULT 1965, 482) sowie der Dreisilber *calibre* ‚revolver' [kalibʁ] > [kalibʁø] > *libreca* [libʁøka] (vgl. ESNAULT 1965, 108), bei dem die Silbenstruktur S_1-S_2-S_3 zu S_2-S_3-S_1 umgestellt wird.[42] Es sei für *calibre* angemerkt, dass die Silbenstruktur von *-libre* [libʁ] (CVCC) zunächst zu zwei Silben [libʁø] (CV-CCV) transformiert werden muss, *conditio sine qua non* für die Verlanisierung des Lexems. Alle Silbenstrukturen des Typus C(C)V(C)C bedürfen zunächst dieser Erweiterung, um anschließend durch Kürzung ihre Einsilbigkeit wiederzuerlangen (vgl. GOUDAILLIER 1997, 105). Bei einsilbigen Lexemen, die konsonantisch enden – wie zum Beispiel *mec* ‚homme' [mɛk] → [mɛkø] → *[køme] → [kœm] *keum* oder *flic* ‚policier' [flik] → [flikø] → [køfli] → [køf] *keuf* – kommt es nach der obligatorischen Silbenerweiterung häufig zu einer Apokope. Ein weiteres Beispiel ist *shit* ‚drogue, haschich' [ʃit] → [ʃitø] → [tøʃi] → [tøʃ] *teush* (vgl. ebd.). Bei einsilbigen Lexemen, die vokalisch enden, wird hingegen die Phonemfolge umgestellt – wie beispielsweise bei *ça* [sa] > *aç* [as] oder *con* [kɔ̃] > *onc* [ɔ̃k] (für weitere Beispiele vgl. MÉLA 1998, 52). Auch in den sogenannten *parlers jeunes*[43],

---

bereits ab dem 16. Jahrhundert belegt (*Bonbour* < *Bourbon* (1585), *Sequinzouil* < *Louis XV* (um 1760) sowie *Lontou* < *(Bagne de) Toulon* (1842); vgl. ESNAULT 1965, 633), wenn gleich dieser noch auf wenige Einzellexeme beschränkt zu sein scheint. Erst im Laufe des 20. Jahrhunderts verbreitet sich der Gebrauch des *verlan*; zunächst ab den 1930er-Jahren im kriminellen Milieu (*argot des voyous*, vgl. ebd.), um in den 1960er-Jahren von Pariser Jugendlichen – vor allem aber im 14. Arrondissement und in Belleville – verwendet zu werden. Seine größte Verbreitung erfuhr der *verlan* jedoch erst in den 1990er Jahren (vgl. CALVET ³2007, 82).

42 Dreisilbige Lexeme können im Allgemeinen drei Typen zugeordnet werden: (1) S_1-S_2-S_3 > S_3-S_2-S_1 (*portugais* > [gɛtypɔʁ] und *frangine* > [nøʒifʁã]); (2) S_1-S_2-S_3 > S_2-S_3-S_1 (*cigarette* > [gaʁɛtsi] sowie *corrida* > [ʁidako]) und (3) S_1-S_2-S_3 > S_3-S_1-S_2 (*enculé* > [leãky]) (vgl. CALVET ³2007, 84 sowie MÉLA 1998, 51-53).

43 Zur terminologischen Debatte hinsichtlich der *parlers jeunes* bzw. *langue des jeunes* vgl. GADET (2017c, 32-33).

die etwa GOUDAILLIER (z. B. 2007) als *français contemporain des cités* (kurz: *FCC*) bezeichnet, ist das Phänomen der Verlanisierung weit verbreitet. Prominente Beispiele der letzten Jahre sind der Zweisilber *babtou* [babtu] < *toubab* ‚Blanc, bourgeois' [tubab], *chanmé* ‚génial, super' [ʃɑ̃me] < *méchant* [meʃɑ̃] und *quécro* ‚goûter, partager' [kekʁo] < *croquer* [kʁoke] (vgl. VINCENTI 2017, 32; 40; 62; 157). Die aktuellen und korpusbasierten Forschungsarbeiten zum sogenannten *Multicultural Paris French*[44] (kurz: *MPF*; vgl. GADET 2017a, 2017b, 2017c; GUERIN / WACHS 2017) führen noch nicht belegte, offenbar erfundene verlanisierte Formen auf – wie etwa *cousins* > [zɛ̃k] *zincs*, *Grec* > [køgʁɛ] *quegrè* oder *MacDo* > [domak] *DoMac* (GUERIN / WACHS 2017, 111).

Es sei in Bezug auf das Verfahren der *verlanisation* auf weitere Spezifika hingewiesen. Es existieren, wenn auch von minderer Häufigkeit, Varianten des *verlan*, nämlich einerseits den auf der Graphie basierende *verlan orthographique* (*à fond* > [adɔ̃f] *à donf*, *cul* > [ylk] *ulc*, *nez* > [zɛn] *zen*) (vgl. GOUDAILLIER 1997, 106 sowie 2002, 18); andererseits den *verlan intrasyllabique*, der sich dadurch charakterisiert, dass die Verschleierung eines Lexems nicht nur durch eine intersilbische Umkehrung (*choper* ‚attraper' > [peʃo] *pécho*) sondern ebenso durch eine weitere intrasilbischen Permutation erreicht wird (*choper* > [pøʃo] *peucho* > [pøɔʃ] *peuoch*) (vgl. GOUDAILLIER 2002, 18).[45] Auch das Phänomen der *reverlanisation*, welches sich in der Jugendsprache der *banlieue* widerspiegelt, sei hier erwähnt:

> La reverlanisation, qui consiste à transformer une deuxième fois, voire une troisième fois, un lexème déjà verlanisé permet un cryptage encore plus important du terme concerné (GOUDAILLIER 2007, 123).

44 Die Untersuchung des *Multicultural Paris French* basieren auf Daten, die durch Feldforschung erhoben wurden. „Les données sur lesquelles s'appuient les réflexions présentées dans cet ouvrage reposent sur un ***corpus*** nouvellement constitué. MPF (*Multicultural Paris French*) est un corpus d'***oral ordinaire***, recueilli à partir de 2010 afin d'étudier d'éventuels effets des langues de l'immigration sur le français tel qu'il est parlé en région parisienne, en particulier par les jeunes" (GADET 2017b, 15f.; Herv. i. O.).

45 Weitere Beispiele des intrasilbischen *verlan* sind etwa *chinois* > [nwaʃi] *noichi* > [waniʃ] *oinich* (GOUDAILLIER 2002, 18) und *comme ça* > [kɔm as] *comme aç* > [askøm] *askeum* > [asmøk] *asmeuk* (GOUDAILLIER 2007, 123).

Beispiele von zweifach verlanisierten Lexemen sind etwa *femme* > [mœf] *meuf* > [fømø] *feumeu* sowie *mère* > [ʁœm] *reum* > [møʁø] *meureu* (ebd.).

Neben dem transpositorischen Verfahren des *verlan* und seiner Varianten können zudem der *largonji* sowie der *largonji du louchébem* unter dem Typ 1 subsumiert werden. Die Verfremdung der Lexeme wird durch folgendes formalisiertes Codierungsverfahren erreicht: Der Initialkonsonant eines Ausgangslexems (etwa *jargon* oder *boucher*) wird zunächst an das Ende der letzten Wortsilbe gesetzt (*jargon* > **argonj*; *boucher* > **oucherb*). Anstelle des ursprünglichen Anfangskonsonantes wird das für diesen Geheimsprachentypus emblematische Graphem <l> gesetzt (*jargon* > **argonj* > **largonj*; *boucher* > **oucherb* > **loucherb*). Der letzte Codierungsschritt besteht in dem Setzen eines Suffixes (*jargon* > **argonj* > **largonj* > *largonji*; *boucher* > **oucherb* > **loucherb* > *loucherbem*). Dabei können die von den Sprecher*innen verwendeten Suffixe variieren, stammen zum Teil aus dem Paradigma der Suffixe des *français populaire* bzw. *argotique* – wie beispielsweise *-oque*, *-ique*, *-uche* sowie ihren graphischen Varianten (vgl. Hardy 2017a, 288; siehe auch Abschnitt 7.3.7.). Das zugrundeliegende Verschleierungsverfahren zeichnet sich nicht nur durch die Transposition des Anfangskonsonanten, sondern ebenso durch eine zweifache, initiale wie finale Affixierung aus (vgl. Mandelbaum-Reiner 1991, 37).

Dem Grundtypus 1 gehören – wie weiter oben bereits genannt – ebenso diejenigen Sondersprachen, die die Phonemfolge gänzlich umkehren im Sinne eines „Rückwärtsredens" bzw. „Rückwärtslesens". Auch das Französische kennt ein solches Phänomen: die palindromische Sprache *zorglangue*. Diese wurde von dem Wissenschaftler *Zorglub*, einer Figur aus der Comic-Serie *Spirou et Fantasio* (*zorglangue* ist erstmals 1961 in der 15. Folge *Z comme Zorglub* erschienen) vom belgischen Comiczeichner André Franquin, erfunden. Dabei wird die Syntax des Französischen beibehalten, die Reihenfolge der Buchstaben jedes Einzellexems wird hingegen umgekehrt (vgl. Lehning 2019, *sine pagina*). So wird beispielsweise der Ausruf *vive Zorglub* zu *eviv Bulgroz* (vgl. ebd.). Es handelt sich bei der *zorglangue* zwar um eine für die Literatur erfundene Sprache, die aber in der Realität auch von Kindern sprachspielerisch – um geheime Botschaften zu verschriftlichen – verwendet wird.

– Typ 2: Silbenbrechende Erweiterung / Komplexere transpositorische Verfahren

Für die französischen formal-spielerischen Sondersprachen, die dem zweiten Grundtypus angehören, sei zuerst das *cadogan* erwähnt, welches die konsonantische Verfremdungsgruppe *-dg-* bzw. *-dgu-* nach jeder offenen Silbe integriert. Dabei werden die finalen Vokale einer Silbe wiederholt (*beau* > *beaudgueau*; *bon* > *bondgon*; vgl. Roffé 1993, 223; Herv. d. Verf. sowie *je l'ai pas vu* > *jedgue ledgue padga vudgu*; vgl. Colin / Mével / Leclère 2010, 34; Herv. d. Verf.). Das *cadogan* soll erstmals gegen Ende des 19. Jahrhunderts erschienen sein.

Eine dem *cadogan* similäre Sondersprache ist das *javanais*. Durch das Einfügen des Elements *-av-* nach jedem Konsonanten bzw. jeder konsonantischen Gruppe wird die Unverständlichkeit des Lexems erreicht. Beispiele sind etwa *grosse* > *gravosse*; *beau* > *baveau, pute* > *pavute* (vgl. Colin / Mével / Leclère 2010, 34; Herv. d. Verf.) oder *jaunet* > *javaunavet* und die *largonji*-Form für *trou* > *loutré* > *lavoutravé* (vgl. Esnault 1965, 372). Jedoch kennt das *javanais* auch Varianten. Colin / Mével / Leclère (2010, 34) nennen zwei weitere Verfremdungselemente: zum einen *-ag-* (*chatte* > *chagatte*; vgl. ebd; Herv. d. Verf.) bzw. *-va-* (hierfür wird kein Beispiellexem angeführt).[46] Cellard / Rey (1991, 459) datieren das *javanais* auf die zweite Hälfte des 19. Jahrhunderts, und zwar etwa um 1857. Es soll sich zu dieser Zeit schnell außerhalb seines Ursprungsmilieus etabliert haben. Vermutet wird seine Verbreitung durch die sogenannten *apaches*.[47]

Schließlich sei die sogenannte *langue de feu* bzw. *langue de fe*, die nach denselben Regeln der bereits oben erwähnten Bi-Sprache bzw. B-Sprache funktioniert. Dabei beginnen die gedoppelten Silben mit <f> (*bonjour* > *bonfonjourfour* bzw.

46 Dubois [et al.] (1970, 74) geben für das parasitäre Element *-ag-* noch das Beispiel *matin* > *matagin* an, negieren jedoch explizit das Element *-va-*: „Le *javanais* consiste ainsi à introduire dans le corps du mot une syllabe parasitaire *-av-* (et non *-va-*)“ (Dubois [et al.] 1970, 73f.; Herv. i. O.).

47 Zu Beginn des 20. Jahrhunderts (1906) wurden Diebe als *apaches* bezeichnet: „Ce n'est que tout récemment que *voleur* a vu apparaître un vouveau rival, l'*apache*, qui est d'ailleurs un voleur doublé d'un souteneur et d'un assassin“ (Sainéan 1920, 210; Herv. i. O.).

je m'appelle Pedro > *jefe m'afapèfèlefe Pefedrofro*; vgl. Vianna 2010, 21; Herv. d. Verf.).

- Typ 3: Substitution durch ein Lexem, welches semantisch mit dem ausgetauschten Wort verwandt und assoziativ verbunden ist.

Semantische Verfremdungen durch Metonymie sind in französischen verhüllenden Sondersprachen weit verbreitet. Es seien hier lediglich wenige Beispiele aus dem Bereich des Karzeralen (*argot des prisons*) zum Zwecke der Illustration des Phänomens erwähnt: *bœuf* > *corneau*, *vache* > *corneaude*, *cochon* > *baccon* (Macé 1889, 251) sowie *comptoir* > *zinc* (Macé 1889, 254). Auch finden sich zahlreiche substituierte Lexeme, die eine zusätzliche morphologische Verfremdung aufweisen – wie etwa *mouton* > *laîné* (Dauzat 1929, 143), *pierre* > *duraille* (Macé 1889, 255), *sage-femme* > *mômière* (Macé 1889, 256), *chien de garde* > *alarmiste* (Vidocq 1837a [1836], 6), *clef* > *tournante* (Sainéan 1912b, 90) sowie *coeur* > *battant* (Sainéan 1912b, 283).

Im Gegensatz zu den bei Siewert (2003) genannten deutschen Verfremdungstechniken weisen französische verhüllende Sondersprachen überaus häufig das Phänomen der Metapher aus – wie etwa im geheimssprachlichen Vokabular der Coquillars. Das Wort *acques* bzw. *arques* ‚Spielwürfel' (aus lat. *arca* ‚Truhe, Kiste') weist eine doppelte Metapher aus,

> bei der die quadratische Form des Würfels an die der Truhe erinnert. Letztere wurde im Mittelalter benutzt, um wertvolle Gegenstände, Gold und Münzen einzuschließen und vor Räubern fernzuhalten. Als gewiefte betrügerische Spieler wussten die Compagnons de la Coquille, wie man aus den truhenförmigen Spielwürfel Gold machen konnte (Hardy 2017b, 114).

Auch liegt dem Lexem *vendengeur* ‚coupeur de bourses', das wortwörtlich mit ‚(Geld)Beutelschneider' übersetzt werden kann, eine Metapher zugrunde. Das Abschneiden des Münzbeutels wird mit dem Lesen der Trauben (*vendanger*) verglichen (vgl. Hardy 2017b, 117).

Zahlreiche weitere Beispiele finden sich im Bereich des Karzeralen (*argot des prisons*) – wie etwa *tirelire* ‚Spardose' > *tirelire* ‚gepanzerter Geldtransporter' (Armand 2012, 222), *pedigree* ‚Stammbaum' > *pedigree* ‚Strafregister' (Armand 2012, 172) sowie *merle* ‚Amsel' > *merle* ‚Rechtsanwalt' („Le beau merle chante pour son client afin de charmer les juges ou les jurés“ ARMAND 2012, 152).

- Typ 4: Integration eines spendersprachlichen Lexems und bewusst herbeigeführte Bedeutungsveränderung

Analog zu deutschen Sondersprachen werden bestimmte Bezirke des französischen Geheimwortschatzes durch Lexeme aus Spendersprachen verfremdet. Folgt man den Ausführungen SAINÉANS (1907, 133), so sind spendersprachliche Elemente aus dem Spanischen, dem Italienischen, dem Englischen, dem Deutschen, dem Romani sowie dem Jiddischen innerhalb des sogenannten *argot ancien* zu verzeichnen (es sei hier nochmal wiederholt, dass SAINÉAN mit dem Terminus *argot ancien* alle Formen von verhüllenden *argots* bzw. Sondersprachen, die zwischen 1450 und 1850 verwendet wurden, bezeichnet). Viele Lexeme werden integriert, jedoch ohne eine semantische Verwandlung zu erfahren. Dies ist etwa der Fall bei *chourin* ‚couteau‘ (SAINÉAN 1912b, 7; NOLL 1991, 107), das aus dem Romani *Tschuri* ‚Messer‘ entlehnt wurde, und seinem Derivat *chouriner* ‚frapper à coups de couteau‘ (SAINÉAN 1912b, 123). Eine partielle semantische Verwandlung liegt etwa bei *schtrop* ‚marchandise (généralement pierre précieuse ou perle) de mauvaise qualité’ vor, einem Wort aus dem *argot* der Pariser Diamantenhändler, welches aus dem Niederländischen *strop* ‚Enttäuschung, Pech, Falle‘ stammt (vgl. NAHON 2017, 141). Das Wort *flic* ‚Polizist‘ „soll sich in Synonymenderivation [...] von dt. *Fliege* in Analogie zu der im 19.Jh. noch geläufigen Argotbezeichnung *mouche* ‘espion’ (gemfrz. ‘Fliege’) ableiten, die heute in gemfrz. *mouchard* ‘Spitzel, Denunziant’ und *moucharder* ‘bespitzeln’ fortlebt“ (NOLL 1994, 2010). Antonymische semantische Verwandlung sind im allgemeinen Argot eher selten vorzufinden und stammen meist nicht aus dem Wortschatz der verhüllenden Sondersprachen. Auch beruhen sie nicht auf ein spendersprachliches Lexem, sondern auf die französische Standardsprache – wie beispielsweise *château* ‚Gefängnis, Zelle, Kerker‘ (ARMAND 2012, 72) sowie *villa* ‚Gefängnis‘ (BONNARD 2010, 25).

Neben diesen vier Verschleierungstypen, die sowohl in deutschen als auch in französischen verhüllenden Sondersprachen existieren, seien im Folgenden noch weitere Typen für französische Geheimsprachen erwähnt.

– Typ 5: Morphologische bzw. morphosyntaktische strukturelle Veränderungen

Folgt man den Ausführungen SAINÉANs (1907, 48), sind Kürzungen im *argot ancien* fast inexistent. Es seien lediglich wenige Apokopen, die alle aus den Werken VIDOCQs stammen, belegt: *acharnement* > *achar*, *affaire* > *affe*, *autorité* > *autor*, *cabot* > *cabe*, *commerce* > *come*, *couillon* > *couillé* (mit Resuffigierung), *déguisement* > *dégui*, etc. (vgl. SAINÉAN 1907, 48f.). In Sondersprachen, die unter anderem auch zu kryptischen Zwecken verwendet werden, wie etwa der *largonji du louchébem*, können ebenso vereinzelt getarnte Lexeme, die zusätzlich apokopiert wurden, genannt werden: *poulet* > *louletpem* > *loulet* [lulɛt], *gobet* > *lobéguesse* > *lobs* [lɔbs] oder *beau* > *leaubé* bzw. *leaubiche* > *lob* [lɔb] (siehe Abschnitt 7.3.3.). Das *français contemporain des cités* (*FCC*), welches ludisch-kryptischer Natur ist, verzeichnet ebenso Apokopen wie etwa *(je m'en) bats les couilles* ‚s'en ficher' [balekuj] > *balek* [balɛk], *biffeton* ‚billet' > *biff* oder *cas social* ‚personne en difficulté socio-économique' > *cassos* [kasɔs] (GOUDAILLIER 2019, XIXff.). Aphäresen hingegen sind im Allgemeinen in verhüllenden Sondersprachen, folglich auch im *argot ancien*, seltener anzutreffen: „l'aphérèse [...] peu répandue même au niveau argotique (argot traditionnel): des mots tels *pitaine* (pour le capitaine; argot militaire) ou *bougnat* (< charbonnier[48]) sont vraiment des cas isolés" (GOUDAILLIER 2007, 123). Demgegenüber besitzt das *FCC* zahlreiche Aphäresen – wie zum Beispiel *problème* > *blème*, *sandwich* > *dwich*, *algérien* > *rien*, *travail* > *vail*; vermutlich, so GOUDAILLIERs Interpretation (ebd.), ist es ein Indiz dafür, dass die Sprecher*innen sich der dominanten Sprachnorm entgegenzusetzen versuchen. Für das *FCC* weiterhin von Bedeutung sind silbische Reduplikationen nach Aphäresen (*musique* > *zic* > *ziczic*, *enfant* > *fan* > *fanfan* oder *contrôleur* > *leur* > *leurleur*; GOUDAILLIER 1997, 103).

Zum Typus 5 gehört neben den Kürzungen auch das Phänomen der Agglutination. Im *argot ancien* ist beispielsweise das aus dem Griechischem stammende Lexem *arton* ‚Brot', welches seit der zweiten Hälfte des 15. Jahrhunderts dokumentiert ist, belegt. Als Agglutination ist diese Form (mit agglutinierten bestimmten

[48] Es sei im Falle von *bougnat* ‚marchand de vins et charbon' angemerkt, dass es sich nicht um die Kürzung des Lexems *charbonnier* handelt, sondern um die Aphärese des Wortes *charbougnat*, einer Kontamination aus den Elementen *charbon* und *Auvergnat*: „[N]ombreux en effet furent à Paris les cafetiers d'origine auvergnate" (COLIN / MÉVEL / LECLÈRE 2010, 97).

Artikel) hingegen deutlich jünger. Erste Belege sind etwa *lartie* (1660), *larton* (1800) und *lartif* (1849) (vgl. FEW XXV: 392 *ártos* ‚pain' sowie 393). Ein weiteres Lexem ist *ance* ‚Wasser', welches auf die Form *lance* ‚Wasser (erster Beleg 1562), Regen (1836), Fluss (1835), Urin (1836), Tränen (1850)' zurückzuführen ist (vgl. ESNAULT 1965, 382 sowie FEW XXI, 22 *ance*; *lance* ‚eau, pluie'). Letzgenannte ist eine Entlehnung aus dem italienisch-furbesken Wort *lenza* (vgl. ESNAULT 1965, 382), „das auf den Emilianischen Flussnamen Enza zurückgeht, der im Volksmund auch *La Lenza* genannt wird" (HARDY / HERLING 2018, 127; vgl. FERRERO 1991, 323). Es handelt sich bei *ance* folglich um eine Deglutination.[49]

Die zu diesem Typus ebenso gehörende argotische Suffigierung soll schließlich nicht unerwähnt bleiben. „Cette tendance à déformer la finale des mots, tendance à peine ébauchée dans l'ancien argot, prend, dans l'argot moderne, une extension considérable" (SAINÉAN 1907, 57). Die Tendenz, das Wortende zu verzerren, ist im *argot ancien* kaum vorhanden, nimmt jedoch im modernen Argot eine beträchtliche Ausdehnung an. Laut SAINÉAN (1907, 49-53) stammen die meisten argotischen Suffixe des lexikalischen Inventars des *argot ancien* aus den verschiedenen *patois* – wie etwa *-affe* (*grenaffe* ‚ferme, grange'), *-aque* (*momaque* ‚enfant'), *-ique* (*bourrique* ‚âne, policier'), *-oque* (*effiloque*), *-uche* (*crapuche*)[50], *-anche* (*boutanche* ‚boutique'), *-ois* (*comtois* ‚comte') und *-ime* (*toutime* ‚tout'). Andere argotische Suffixe leiten sich wiederum von Eigennamenendungen ab: *-ème* (z. B. vom Toponym *Angoulême*; *durème* ‚fromage'), *-go*[51] (*Parigot* ‚Paris'), *-mar* (*bossemar* ‚bossu') sowie *-mont* (*rougemont* ‚vin rouge'). Es sei hier schließlich angemerkt, dass der *largonji du louchébem* aus einigen der genannten

[49] Die Agglutination und Deglutination als universelles Phänomen historischer Geheimsprachen der Romania (*argot ancien*, *gerghi antichi/furbesco*, *germanía* und *calão*) wurde unter anderem bei HARDY / HERLING (2018) näher untersucht.

[50] SAINÉAN (1907, 52) fügt für die argotischen Suffixe *-oque* und *-uche* keine Bedeutungen hinzu; er nennt für *-oque* lediglich die Variante *effiloche* und weitere Beispiele für *-uche*, nämlich *guenuche*, *merluche* (vermutlich ‚mer'; vgl. Esnault 1965, 425) und *perruche*.

[51] „Avec l'évolution, les transformations deviennent de plus en plus violentes. Ce n'est d'abord que le suffixe (ou une finale donnant l'impression de suffixe) qui est changé. Puis la résection remonte dans le corps du mot [...]." (DAUZAT 1929, 101). DAUZAT (ebd.) nennt als weiteres Beispiel *Saint-Lazare* > *Saint-Lago*).

Suffixen schöpft (*-em*, *-oque*, *-ique*, *-uche* sowie ihren graphischen Varianten; siehe auch Abschnitt 7.3.7.).

– Typ 6: Anthroponyme und Toponyme

Um ein lexikalisches Element zu tarnen, rekurrieren verhüllende Sondersprachen des Französischen[52] auch auf die Verwendung von Eigennamen als Codierungsverfahren. Dabei fällt auf, dass lediglich zwei Namenklassen, nämlich Anthroponyme und Toponyme, für eine Codierung verwendet werden (vgl. HARDY / HERLING 2019, 89 sowie SZECSKÓ 2017). „Die Besonderheit liegt darin, dass die integrierten Namen in der Regel eine Semantisierung erfahren und somit ihre eigentliche onymische Funktion, nämlich die Monoreferenz, verlieren [...]. In der jeweiligen Geheimsprache fungieren sie dann als Appellative [...]" (HARDY / HERLING 2019, 111).

In Bezug auf Anthroponyme sind männliche Rufnamen prädominant – wie beispielsweise *Charlot* ‚Henker' (VIDOCQ 1837a [1836], 64), *Charles* bzw. *Charlot* ‚Dieb' (LARCHEY 1889, 282; SAINÉAN 1912b, 309) oder *Bernard* ‚dumm, töricht' (SAINÉAN 1912b, 285). Belege von weiblichen Rufnamen sind hingegen kaum vorhanden (z. B. *Lisette* ‚Jacke'; SAINÉAN 1907, 116). Hagionyme werden lediglich in männlicher Form zu Tarnzwecken verwendet (*faire le Saint Jean* ‚sich die Haare zerzausen, um Komplizen mitzuteilen, dass diese sich zum vereinbarten Ort begeben müssen (Gaunersignal)'; VIDOCQ 1837a [1836], 234). Darüber hinaus lassen sich auch Pseudo-Hagionyme beobachten: Das sind Namen, die eine strukturelle Veränderung erfahren haben – wie etwa *Saint Marry*, ein Mühlespiel im 15. Jahrhundert zu Zeiten der Coquillars. Gemäß des hagionymischen Musters steht der Titel *Saint* ‚Heiliger' in erster Position; dieser wird von einem zweiten Element ergänzt (*Marry*), welches mit dem weiblichen Rufname *Marie* lautlich identisch ist. Jedoch ist *Marry* von der adjektivischen Konstruktion *être marri* (‚verägert sein') abgeleitet (vgl. HARDY / HERLING 2019, 102 sowie HARDY 2017b, 114).

Hinsichtlich der Toponyme kann festgestellt werden, dass Makrotoponyme wie Siedlungsnamen (*Orléans* ‚Essig'; VIDOCQ 1837a [1836], 298) und – wenn auch

---

[52] Auch andere historische Geheimsprachen, wie etwa die *germanía* in Spanien, weisen similäre Verschleierungsverfahren durch Eigennamen auf (vgl. HARDY / HERLING 2019).

seltener – Ländernamen (*Turquie* ‚Touraine'; CHEREAU 1836, 26) vorherrschend sind. Analog zu Pseudo-Hagionymen kommen Pseudo-Toponyme vor – wie zum Beispiel das geheimsprachliche Lexem *Lingre* ‚Messer', welches auf das Toponym *Langres* zurückzuführen ist und zusätzlich phonetisch verschleiert wurde.[53]

3.4. Problematik der Terminologie

Wie EFING (2009) im Zusammenhang mit der Definition von *Sondersprachen* innerhalb der germanistischen Varietätenlinguistik zu Recht anmerkt, weist der Begriff *Sondersprachen* eine mangelnde Eindeutigkeit auf. Dem Begriff fehlt es ebenso an einer einheitlichen Verwendung sowie einer deutlichen Abgrenzung zu anderen Fachtermini (vgl. EFING 2009, 11).[54] An dieser Stelle sei darauf hingewiesen, dass ein weiteres Anliegen der Habilitationsschrift von SIEWERT (2003) darin bestand, die in der bisher vorliegenden Fachliteratur auftretenden terminologischen Unschärfen, sachlichen Schieflagen, Irrtümern und Begriffsverwechslungen sowie die dadurch hervorgerufene Verunsicherung in der germanistischen Sondersprachenforschung durch die Einführung und Erläuterung grundlegender Fachtermini auszumerzen (vgl. SIEWERT 2003, 14).

Auch in der frankophonen Romanistik gibt es eine ähnliche terminologische Problematik. Die Koexistenz zahlreicher Fachtermini für die Bezeichnung von *verhüllenden Sondersprachen, Geheimsprachen* bzw. *argot(s)* macht die fehlende Eindeutigkeit im Gebrauch der Begriffe sichtbar. In Anlehnung an EFING (2009, 14), der eine Liste von Begriffen aufstellt, die in Arbeiten zur germanistischen Sondersprachenforschung kursieren und synonym verwendet werden, wird nachfolgend eine Aufstellung verschiedener Termini, die in Arbeiten der (deutsch- und französischsprachigen) Franko-Romanistik zu bestimmten Formen von Argots bzw. *Sondersprachen* verwendet werden, dargestellt.

---

[53] Zum Terminus *Pseudo-Hagionym* bzw. *Pseudo-Toponym* sowie weiteren Beispiellexemen vgl. HARDY / HERLING (2019, 101-104).

[54] In seinem Beitrag zur *Stellung der Sondersprachen im Varietätengefüge des Deutschen*, problematisiert EFING (2009) nicht nur die fehlende Eindeutigkeit der Begriffe *Geheim-* und *Sondersprache*, sondern versucht auch, ein umfassendes Modell der Verortung der Geheim- und Sondersprachen in das Varietätensystem des Deutschen zu modellieren.

In einem synonymischen Verhältnis stehen (je nach Autor / Text):

- *argot / Sondersprache / jargon*
- *argot / argots*[55]
- *jargon / argot*
- *jargon / jobelin / baragouin / blesquin / narquois / bigorne / jar* bzw. *jars / arguche*
- *argot / langue verte / latin*
- *argot des malfaiteurs / argot ancien* (in Abgrenzung zum Begriff *argot moderne*)
- *argot ancien / argot des malfaiteurs / argot des voleurs / argot d'autrefois / vocabulaire des gueux / Marginalcode / argot authentique / véritable argot*
- *argot / argot secret / jargon secret / Geheimsprache / verhüllende Sondersprache/ langage secret / langue secrète*
- *argot / argot moderne* (in Abgrenzung zum Begriff *argot ancien*) */ bas langage / français populaire / jargot / argot commun*
- *argots / parlures argotiques*
- *argot /jargon / technolecte / argot de métier / argot professionnel*
- *argot / argot à clé / Schlüsselargot / code / argot cryptique*

Diese Liste an synonymisch verwendeten Bezeichnungen – die nicht als exhaustiv zu erachten ist – verdeutlicht die Vielschichtigkeit des Begriffs *argot* und die damit verbundenen terminologischen Ungenauigkeiten und Schwierigkeiten. Ich möchte daher in der Folge versuchen, etwas Klarheit in das nomenklatorische Chaos zu bringen.

Sehr häufig wird der Begriff *Sondersprache* (im Sinne einer *verhüllenden Sondersprache* bzw. *Geheimsprache, argot secret* bzw. *jargon secret*) mit *jargon* oder *argot* gleichgesetzt, was aber zu Missverständnissen führen kann, da beide Bezeichnungen ebenso mehrdeutig verwendet werden und Verschiedenes meinen können (vgl. NOLL 1991, 16).

Als erste Bezeichnung für die Sprache marginalisierter Gruppen kennt das Französische seit dem 13. Jahrhundert den Terminus *jargon*: Dieser bezeichnet „des langages particuliers que des gens ne vivant pas conformément aux règles

---

[55] Siehe FRANÇOIS (1968); „*Argot* kann im Singular allgemein überbegrifflich für die Gesamtheit aller Argots verwandt werden oder individualisierend in bezug auf den Argot einer bestimmten Berufssparte oder Gruppe" (NOLL 1991, 17; Herv. i. O.).

prédominantes dans la société […] ont adoptés au sein de leurs groupes et qui, pour des non-initiés, paraissent difficiles à comprendre" (DELAPLACE 2013, 22). Die Bezeichnung *Argot* wird hingegen erstmalig um 1629[56] im Werk *Le Jargon ou Langage de l'Argot reformé*[57] des aus der Touraine stammenden Autors Ollivier CHEREAU erwähnt. Dabei wird diese Bezeichnung als Eigenname verwendet (aus diesem Grund wird *Argot* mit Majuskel geschrieben), welches den Verband bzw. die Korporation organisierter Bettler, deren Sprache in Übereinstimmung mit einer langen Tradition *jargon* genannt wird, beschreibt (vgl. DELAPLACE 2013, 9, 20).[58] Erst im späteren 17. Jahrhundert bezieht sich die Definition von *argot* nicht nur auf die Sprache der Bettler, sondern weitet sich auch auf diejenige der Diebe, Gauner, Landstreicher und sonstigen marginalisierten Randgruppen (vgl. NOLL 1991, 16; MÜLLER 1975, 175) aus:

---

56 Das Werk von CHEREAU wurde vermutlich, so DELAPLACE (2013, 18ff.), im Laufe des Jahres 1629 in Troyes von Nicolas Oudot gedruckt, wobei diese Ausgabe bisher unauffindbar geblieben ist. In der argotischen Fachliteratur des 20. und 21. Jahrhunderts wird *Le Jargon ou Langage de l'Argot reformé* in der Regel auf 1628 datiert – eine hypothetische Datierung, die nicht belegt ist und sich seit SAINÉANs Werk *L'Argot ancien (1455-1850)* (1907) in der Wissenschaft weiter tradiert hat.
Wirft man einen Blick in das FEW unter dem Eintrag *argot*, scheint die Aussage DELAPLACEs, der Terminus *Argot* sei erstmalig 1629 erwähnt worden, passend zu sein. Denn auch hier wird die Bezeichnung *argot* mit der Bedeutung ‚corporation ou métier des gueux-voleurs' auf eine Zeitspanne zwischen 1628 und 1630 datiert (vgl. FEW XXIII, 126 *Argot*), was für die Ersterwähnung des Begriffs in CHEREAUs Werk sprechen würde. Allerdings wird dieser Datierungsversuch mit dem Fußnotenzusatz „Angeblich schon im 15. Jh. bezeugt" ergänzt (vgl. FEW XXIII, 127 *Argot*).

57 *Le Jargon ou Langage de l'Argot reformé* umfasst 60 Seiten; darunter befindet sich auf 12 Seiten ein *Dictionnaire Argotique*. Dieser ist nicht etwa als Argot-Wörterbuch, sondern als Wörterbuch der Korporation, welche die Bezeichnung *Argot* trägt, zu verstehen. In seinem Buch beschreibt CHEREAU nicht nur den *jargon* der Bettler – er nennt diesen auch *langage de l'Argot* (*Argot* ist hier nicht als sprachliche Variation, sondern als Bettler-Korporation aufzufassen) – sondern ebenso die Gepflogenheiten dieser Korporation, vor allem die Art und Weise, wie diese sich organisiert hat (vgl. DELAPLACE 2013, 18, 22).

58 Zahlreiche Argot-Wörterbücher aus dem 20. und 21. Jahrhundert (z. B. der einleitende Artikel „Argot" von BONNARD innerhalb des *Dictionnaire de l'argot et du français populaire* von COLIN / MÉVEL / LECLÈRE, 2010) geben zu unrecht an, dass der Argot zuerst die Sprache der Diebe war. Jedoch handelte es sich lediglich – wie bei CHEREAU beschrieben – um Bettler, nicht um Diebe. Die Gründe für eine solche Verwechslung sind komplex. Hierzu erklärt etwa DELAPLACE: „Chereau […] avait montré que les mendiants avaient fini par accepter dans leurs rangs des voleurs qui voulaient aussi mendier" (DELAPLACE 2013, 218).

> [L'évolution] ne tient pas seulement au glissement de sens qui s'est opéré, à la fin du XVIIe siècle, de l'acceptation non langagière initiale („métier des mendiants“) à une acceptation langagière élargie à d'autres catégories de gueux (au sens moderne) que les mendiants; elle est aussi étroitement dépendante du regard que les lexicographes ont porté à la fois sur le phénomène défini et sur les groupes dans lesquels il s'est manifesté (DELAPLACE 2013, 9-10).

Die Verwendung von *argot* bzw. *jargon* im Sinne von „langage des malfaiteurs“ (SAINÉAN 1920, 41) bzw. *langage secret* bleibt im 18. Jahrhundert und bis zur ersten Hälfte des 19. Jahrhunderts erhalten.[59] Daneben entstehen zahlreiche synonymisch verwendete Begriffe. Diese „Trabantenwörter“ (SCHMITT 1990, 286) sind etwa *jobelin* (15. Jahrhundert, insbesondere bei Villon), *baragouin, blesquin, jar* bzw. *jars* und *arguche* (16. Jahrhundert), *narquois* sowie *bigorne* (17. Jahrhundert), *langue verte* (*argot des tricheurs* bei DELVAU 1866 sowie ²1866), *latin* (19. Jahrhundert). Dabei können diese Formen des *argot* bzw. *jargon* als *verhüllende Sondersprache* bzw. als *Geheimsprache* charakterisiert werden, da sie als Instrument der Geheimhaltung des Gesagten verwendet wurden.

Der Bedeutungsumfang des Terminus sowie der Verwendungsbereich des Argot weiten sich jedoch ab den 20er-Jahren des 19. Jahrhunderts aus. Bereits im Jahre 1828 ist in Charles NODIERs *Examen critique des dictionnaires de la langue françoise* zu lesen:

> Les mendiants, les manœuvres, les filles publiques, les filous, les conspirateurs et les sociétés secrètes, ont des langues particulières qui sont autant d'*argots* différents. Les comédiens en ont un qui gagne jusqu'à un certain point la bonne compagnie quand les actrices sont jolies. Je ne parle pas des alchimistes, des cabalistes, des mesméristes, et même de certains sophistes, dont l'*argot* passe de mode. La langue des sciences est devenue une espèce d'argot moitié grec, moitié latin, qui a un très grand-avantage, celui d'être, par ses étymologies, presque inaccessible à la foule (NODIER 1828, 46f.; Herv. i. O.).

NODIER nennt neben den *mendiants* und *filous* auch andere Sprecherkategorien des Argot: die Arbeiter, die Prostituierten, die Komödianten, die Alchimisten, die Kabalisten, die Sophisten etc. Hier wird deutlich, dass die Bezeichnung *argot*

[59] Bereits zu dieser Zeit wurden die Fachtermini *jargon, argot* und *bas-langage* synonymisch verwendet, was zu Irrtümern und begrifflichen Verwechslungen führte (vgl. SAINÉAN 1920, 41).

nicht mehr nur für die Geheimsprache der Gauner und Kriminellen Verwendung findet. Vielmehr versteht NODIER unter dem erweiterten Begriff *argot* alle Kategorien, deren spezifischer bzw. wissenschaftlicher Wortschatz (*langue des sciences*) für Außenstehende unverständlich bleibt (vgl. DELAPLACE 2013, 70ff.). Der Sprecherkreis der Argots weitet sich im Laufe des 19. Jahrhunderts noch weiter aus – man spricht zum Beispiel vom *argot* der herumfahrenden Händler und Schausteller[60], der Soldaten und Seemänner[61], der Börsenspekulanten[62], der Theaterschauspieler[63], der Schüler[64], der Gefängnisinsassen[65], der Arbeiter und Mechaniker[66], der Wirte, der Zuhälter[67] und sonstigen Angehörigen der großstädtischen Unterschicht[68].

> […] *argot*, maintenant, est plutôt un terme générique destiné à exprimer tout jargon enté sur la langue nationale, qui est propre à une corporation, à une profession quelconque, à une certaine classe d'individus. […] Toutes les corporations, toutes les professions ont un jargon (je me sers de ce mot pour me confronter à l'usage général), qui sert aux hommes qui composent chacune d'elles à s'entendre entre eux (VIDOCQ 1837a [1836], 9).

Durch eine immer größer werdende Popularisierung des Argotwortschatzes – unter anderem durch zwei Veröffentlichungen VIDOCQs (*Mémoires* 1828 und *Voleurs* 1837a [1836] und 1837b [1836]) sowie durch literarische Werke von Hugo, Balzac, Zola oder Sue, verlor der Argot seinen kryptischen und geheimnisvollen Charakter, sodass man nicht mehr von einer *verhüllenden Sondersprache* bzw. *Geheimsprache* sprechen kann. Gemäß SAINÉAN näherte

60 „Langage usité généralement parmi les bateleurs, les baladins, les sauteurs, les escamoteurs, les chanteurs, et parmi tous les autres saltimbanques qui composent la classe nomade des banquistes" (ÉLOUIN / TRÉBUCHET / LABAT 1835, 39).

61 Vgl. VIDOCQ (1837a [1836], 39).

62 „l'argot des boursicotiers" (vgl. LA CHÂTRE 1853, 370).

63 „l'argot des coulisses" (vgl. LITTRÉ 1873, 192).

64 „l'argot des écoliers" (vgl. LITTRÉ 1873, 606).

65 „l'argot des prisonniers" (vgl. TOUBIN 1886, 90).

66 „l'argot des mécaniciens" (vgl. POUGIN *sine anno*, 875).

67 Vgl. MÜLLER (1975, 175).

68 Der Begriff *Unterschicht* gehört der klassischen dreiteiligen Schichtung der Gesellschaft an (Unterschicht, Mittelschicht, Oberschicht). Diese Dreiteilung ist nach Auffassung vieler Varietätenlinguist*innen zu rigide. Schichteinteilungen sollen vielmehr auf der Basis mehrerer Kriterien wie Beruf, Bildung, Einkommen, Art und Ort der Wohnung vorgenommen werden (vgl. SINNER 2014, 145).

sich der Argot vielmehr dem *bas-langage*, um zu einem einheitlichen Idiom zu verschmelzen, dem sogenannten *argot parisien*:

> En perdant son caractère secret, raison unique d'existence de toute langue spéciale, le jargon se fondit de plus en plus dans le bas-langage parisien, et finit par en être absorbé. L'argot moderne devint alors une autre appellation du bas-langage (SAINÉAN 1920, 42).

Weiter heißt es:

> L'argot et le bas-langage [...] ont longtemps gardé un caractère à part et des tendances absolument divergentes. Ce n'est que de nos jours et grâce à des raisons d'ordre social que ces deux langages se sont rapprochés et à peu près fondus en un idiome unique: l'argot parisien (SAINÉAN 1920, 482).

Der Argot kann folglich als „bivalentes Phänomen" (RADTKE 1982, 159) bezeichnet werden, da dieser zum einen als eine von der Volkssprache überschneidungsfreie und klar trennbare, historisch gewachsene Gruppensprache fungiert hat (*langage des malfaiteurs*); zum anderen als eine Sprachform, die im Laufe des 19. Jahrhunderts mit dem *français populaire* bzw. dem *bas-langage* ein Amalgam[69] gebildet hat (vgl. ebd.).

Im Verlauf des 20. Jahrhunderts werden zahlreiche Hypothesen bezüglich der Etymologie des Lexems *argot* diskutiert. Es seien die immer wieder zittierten im Folgenden kurz dargestellt. SAINÉAN vermutet, *argot* sei auf mfr. *ergot* ‚ongle pointu des gallinacés, crochet cornu qui est par derrière la jambe du coq' (‚Hahnensporn') zurückzuführen (vgl. SAINÉAN 1907, 37). SAINÉAN stützt seine These durch die Metapher der Kralle, wie sie in den Lexemen *griffer* bzw. *agriffer* ‚stehlen' zu finden sind. Darüber hinaus sei das Wort *ergot* bereits im 12. Jahrhundert mit der übertragenen Bedeutung ‚Diebstahl, Raub' attestiert (vgl. ebd.). DAUZAT hingegen sieht den Ursprung von *argot* in dem altprovenzalischen Wort *argaut*, *argelut* ‚vêtement' bzw. ‚vieux vêtement, nippe, guenille' (‚alte Kleidung, Lumpen' metonymisch für ‚Bettler in Lumpen'). „Le royaume de l'argot signifierait donc le royaume de la guenille. Quoi de plus naturel que la guenille symbolise le gueux?" (DAUZAT 1929, 13). Diese Etymologie wurde von

[69] Vgl. SAINÉAN (1920, 46): „[...] leur [= l'argot parisien et le bas-langage] amalgame graduel s'est opéré pendant plus d'un demi siècle et leur fusion définitive, leur absorption, s'est effectuée en quelque sorte sous nos yeux."

DAUZAT jedoch zugunsten einer altspanischen Etymologie (*arigote* ‚personne méprisable') später verworfen. GUIRAUD (^{7}1976 [1956]) wiederum leitet *argot* von mfr. *hargoter* ‚secouer' ab, mit der Erläuterung, dass Bettler Personen sind, die an Türen klopfen (aus dem altfr. *arguer* bzw. lat. *argutus* ‚pointu, piquant') (vgl. SCHMITT 1990, 287). Schließlich stellt ESNAULT die Hypothese auf, *argot* sei von *arguer* ‚tirer l'or et l'argent à la filière dite *argue* (ital. *argana*, lat. *organum*, instrument)' abgeleitet. Aus *arguer* soll das Verb *argoter* ‚mendier' entstanden sein, denn „les mendiants sont des *tire-sous*, ils „tirent de l'argent" (ESNAULT 1965, 16; Herv. i. O.). Diese Etymologisierungsversuche sind lediglich vier der dreiundzwanzig möglichen Versuche, die SCHMITT (1990, 286f.) in drei Kategorien einteilt: innersprachliche, sprachexterne und deonomastische Erklärungen.[70] Damit wird deutlich, dass „der Begriff *argot* zahlreiche unterschiedliche Deutungsversuche erfahren hat (und wohl noch erfahren wird), von denen einige zur Textsorte Schmunzelphilologie gehören" (SCHMITT 1990, 286).

Im Jahre 1986 gründeten Denise FRANÇOIS[71] und ihre Kolleg*innen das *Centre d'Argotologie*[72] in Paris. Diese linguistische Schule fasst den Begriff *argot* sehr weit und versteht darunter nicht nur die *Geheimsprache* der Gauner und Bettler jener Zeit, sondern bezieht jede sprachliche Produktion ein, die eine kryptische, ludische, kohäsive und identitätsstiftende Funktion beinhaltet. Man kann hier von einem modernen und weiten Begriffsverständnis von Argot sprechen, das zugleich in Bezug auf die verschiedenen Funktionen präziser ist. Anstatt den vielschichtigen und problematischen Begriff *argot* weiter zu nutzen, wurden die Termini *argots* (im Plural)[73], ferner *parlures argotiques*[74] eingeführt. Es sei

---

70 Für eine detaillierte Aufstellung von sprachexternen, sprachinternen und deonomastischen Erklärungen siehe SCHMITT (1990, 286-288).

71 Denise FRANÇOIS-GEIGER kann als Begründerin der zeitgenössischen Argotologie angesehen werden. 1986 trug sie noch keinen Doppelnamen.

72 Das *Centre d'Argotologie* wurde 1993 nach dem Tod FRANÇOIS-GEIGERS in *Centre de recherches argotologiques* (kurz: *CARGO*) umbenannt. Nachfolger wurde Jean-Pierre GOUDAILLIER. Die Argotologie versteht sich als intermediäre Disziplin an der Schnittstelle zwischen Lexikologie und Soziolinguistik.

73 Siehe FRANÇOIS-GEIGERS Artikel *Les argots* in der *Encyclopédie de La Pléiade* (FRANÇOIS 1968).

74 Siehe den gleichnamigen Band von FRANÇOIS-GEIGER / GOUDAILLIER (1991). In der *Présentation* ist zu lesen: „*Parlures argotiques*. Le contenu même de ce volume justifie un tel titre: nous nous trouvons en présence d'un objet aux multiples facettes" (FRANÇOIS-GEIGER / GOUDAILLIER 1991, 3; Herv. i. O.).

angemerkt, dass diese moderne Auslegung die Kryptizität des Argot keineswegs bestreitet, auch wenn diese eher für den *argot ancien* (im Sinne SAINÉANs) charakteristisch war. Vielmehr hängen nach Auffassung von Denise FRANÇOIS Formen argotischer Produktionen mit zwei Effekten zusammen: Zum einen der impressive Effekt, der bei außenstehenden Personen, die der Gruppe nicht angehören, ausgelöst wird, und zum anderen der expressive Effekt, der von Gruppenmitgliedern bezweckt wird. Nicht nur der Gebrauch des argotischen, expressiven Vokabulars zum Zwecke ludischer Intension, sondern auch das Gefühl der Gruppenzugehörigkeit und die damit einhergehende Bedeutung für die Identität von Mitgliedern sind wesentliche Faktoren einer – im Sinne des *Centre d'Argotologie* – modernen argotischen Kommunikation. Aus diesem Grund rücken ebenso die jeweiligen Sprecher*innen bzw. Gruppenmitglider – und nicht lediglich ihr argotisches Vokabular – näher ins Zentrum des sprachwissenschaftlichen Interesses. SOURDOT moniert, dass vor den neueren Arbeiten des *Centre d'Argotologie* lediglich das sprachliche, argotische Produkt im Vordergrund stand:

> Il semblerait que, jusqu'aux plus récents travaux du Centre d'Argotologie, on se soit attaché aux produits argotiques plutôt qu'à l'activité qui les sous-tend comme en témoignent les très nombreux dictionnaires et glossaires [...]. C'est que l'intérêt principal des études d'argot était d'abord centré autour de la notion d'évolution et de comparaison, au détriment de la description synchronique et des conditions réelles d'utilisation de ces faits de langue (SOURDOT 1991, 14f.).

Die neue Sichtweise der Sprachwissenschaftler*innen auf das Phänomen Argot lässt sich wie folgt resümieren: „Un argot ou un jargon, avant d'être un ensemble de mots, un lexique, un recueil figé d'expressions, est une activité sociale de communication à l'intérieur d'un groupe plus ou moins soudé, plus ou moins important“ (ebd.).

Aus den Arbeiten der Argotologie ist ebenso der neue Begriff *jargot* hervorgegangen (SOURDOT 1991). In SOURDOTs (2002, 29ff.) dreiteilige Aufteilung wird zwischen *argot*, *jargon* und *jargot* unterschieden. Ersteres ist vor allem durch die Verwendung von Verfahren gekennzeichnet, die eine gewisse Undurchsichtigkeit der erzeugten Aussagen gewährleisten. Die kryptische Funktion ist dabei das wesentliche Kriterium des Argot. Zweiteres wird synonymisch zum Begriff *technolecte* verwendet. Dem *jargon* liegt die Definition FRANÇOIS-GEIGERs zugrunde:

> À l'opposé des argots, on peut considérer les jargons, à la suite de Denise François comme « des parlers techniques qui peuvent être ésotériques pour le profane, mais dont la fin n'est pas de masquer l'objet du discours: elle est, au contraire, d'en rendre l'expression plus rigoureuse, plus spécifique » (SOURDOT 2002, 30).

Die dritte Bezeichnung *jargot* stützt sich auf den von FRANÇOIS-GEIGER eingeführten Begriff *argot commun*[75] und meint, im Gegensatz zum *argot*, eine Sprachform, die keine Kryptizität mehr aufweist, sondern vielmehr durch ihre ludische sowie kohäsive Funktion gekennzeichnet ist:

> Contrairement aux jargons et aux argots, le jargot peut être l'affaire de tout un chacun, sans référence précise aux besoins d'un groupe déterminé. [...] À la différence, également, du jargon et de l'argot qui relèvent du registre de l'utile (cacher ou clarifier le contenu d'un échange), le jargot relève, lui, du futile, manifestation d'une liberté de ton sans souci d'efficacité particulière (ebd.).

Kommen wir nun zur letzten Begriffserläuterung: dem *argot à clé*. Der *largonji* und im Spezifischen der *largonji du louchébem* stehen – neben dem *verlan*, der *zorglangue*, dem *cadogan*, dem *javanais* oder der *langue de feu* – exemplarisch für die Bezeichnung *argot à clé* bzw. Schlüssel-Argot als Unterkategorie zu Argot. Diese tragen auch häufig den Namen *code* bzw. *argot cryptique* und zeichnen sich durch mehr und weniger komplexe transpositorische Verfahren – wie etwa der Metathese oder der silbenbrechenden Erweiterung – aus (siehe Abschnitt 3.3., insbesondere Typ 1 und Typ 2).

---

75 Der *argot commun* wird von FRANÇOIS-GEIGER als *argot usuel* definiert: „[il] est constitué de termes anciens, éventuellement revivifiés, de termes récents plus ou moins spécialisés, empruntés aux argots les plus divers, de termes à la mode... et qui tend à s'infiltrer dans la langue commune, populaire ou non. [...] Il faut, en tout cas, noter l'importance du phénomène d'expansion de certaines expressions argotiques – généralement anodines – dans le parler de tous les jours" (FRANÇOIS 1999 [1985], *sine pagina*).

TEIL II: SOZIAL-HISTORISCHE ENTWICKLUNG DES PARISER FLEISCHERGEWERBES

4. Die Entstehung des *largonji du louchébem*

Die dokumentierte Geheimsprache *largonji du louchébem* ist mit der Entwicklung des Pariser Fleischergewerbes verbunden. Ausgangspunkt in Bezug auf die Herausbildung dieser Geheimsprache ist die Hypothese, dass sowohl soziale als auch politische Verhältnisse sowie ökonomische Gründe einen entscheidenden Einfluss auf die Notwendigkeit, *largonji du louchébem* zu verwenden, gehabt haben.

Der Gebrauch einer Geheimsprache innerhalb einer geschlossenen Sprechergruppe, die kommunikative Inhalte derart verhüllt, dass Nicht-Gruppenmitglieder vom Gesagten ausgeschlossen werden, kann zwei wesentliche Ursachen haben. Folgt man den Ausführungen in NICEFOROs Essay *Le génie de l'argot* (1912), der die Gesetze der Entstehung und der Entwicklung von Geheimsprachen untersucht, sind die Ursachen folgende:

> Tout fait social (et le langage d'un groupe est un fait social) n'est que le résultat de deux catégories de causes: causes individuelles, ou *biologiques*, représentées par les qualités physiologiques et psychologiques de l'individu – et causes *externes*, ou mésologiques, représentées par l'immense foule de pressions sociales, économiques, géographiques et autres, qui exercent, sur les hommes, leur puissante influence (NICEFORO 1912, 12f., Herv. i. O.).

Die Ursachen, die hier für Geheimsprachen im Allgemeinen formuliert wurden, haben auch Geltung für den *largonji du louchébem* im Spezifischen. Für die individuelle, „biologische“ Ursache der Entstehung und Verwendung des *largonji du louchébem* bedeutet dies: Die Metzger*innen bilden eine soziale Gruppe und bedienen sich wiederum ihrer Geheimsprache, da ihre individuellen Mitglieder identische Fähigkeiten und Aufgaben im Beruf aufweisen. Die Bildung und der Gebrauch des *largonji du louchébem* resultieren folglich aus einem physiologischen sowie psychologischen Mechanismus. Jedoch wäre eine alleinige Beachtung dieser ersten Ursache für die Untermauerung der formulierten Hypothese nicht hinreichend. Vielmehr muss die externe, mesologische Ursache der Entstehung und Verwendung des *largonji du louchébem*, die sich auf die Beziehungen zwischen der Gruppe der Metzger*innen und deren sozialpolitischer Umwelt sowie die daraus resultierenden gegenseitigen Einflüsse und Konsequenzen (vor allem wirtschaftlicher Art) bezieht, in den Fokus der Untersuchung gerückt werden.

Es ist folglich die Frage zu lösen, welche externen, mesologischen Faktoren zur Herausbildung sowie zum Gebrauch des *largonji du louchébem* geführt haben können. Zu diesem Zweck wird im Folgenden ein Überblick über einige der wichtigsten historischen Ereignisse der Entwicklung des Pariser Fleischergewerbes vom Mittelalter bis ins 20. Jahrhundert gegeben.

4.1. Die Anfänge der *carnifices Parisienses* im 12. Jahrhundert

Ab dem 12. Jahrhundert entstehen in Paris die ersten gewerblichen Verbände, die Zünfte: „Urkundlich nachweisbar ist damals die Organisation der Kaufleute zu Wasser, der Fleischer, Lederhandwerker und Weinausrufer" (GALLION 1910, 19), wobei die ältesten Zünfte die Pariser Hanse und die Fleischerzunft sind (vgl. GALLION 1910, 7). Ab dieser Periode steigt auch die Anzahl der gewöhnlichen Handwerker[76] stark an (zum Beispiel Gewandschneider, Bäcker, Fellhändler, Fleischer, Krämer, Glockengießer, Seiler, Schuster usw.) (vgl. GALLION 1910, 17). Eine Urkunde Ludwigs VII. aus dem Jahre 1162 sowie die aus dem Jahre 1182 stammenden Patentbriefe des Königs Philipp August bestätigen die alten Gebräuche der Metzger – die sogenannten *carnifices Parisienses* – und bezeugen, dass diese bereits eine anerkannte Organisation darstellten (vgl. RAFFALOVICH 1891, 898).

> Le premier titre dans lequel il soit fait mention des anciennes coutumes des bouchers est une charte de Louis VII de l'an 1162. D'après cet acte, le roi, sur les plaintes des bourgeois, avait résolu d'anéantir cette puissante corporation avec tous ses privilèges. Mais les bouchers supplièrent avec tant d'insistance, au nom de leurs femmes et de leurs enfants, que le roi, cédant à leurs prières, rétablit la communauté et ses antiques coutumes, *antiquas consuetudines carnificum*. Or, ces coutumes

[76] Es wird darauf hingewiesen, dass im sozial-historischen Teil dieser Arbeit bewusst auf das Gendern verzichtet wird, da davon ausgegangen werden kann, dass alle genannten Berufe von Männern ausgeübt wurden.

> devaient dater de bien loin à cette époque, puisqu'elles étaient déjà considérées comme anciennes (AURIAC 1861, 14).

Es folgen dann die bereits erwähnten Patentbriefe des Philipp August, in denen den Pariser Metzgern die Bestätigung der alten Gebräuche gewährt wird. Es werden einige Rechte und Regeln fixiert (vgl. GALLION 1910, 30ff.), wie zum Beispiel der freie Gewerbebetrieb ohne königliche Kontrolle (Kauf und Verkauf von Vieh[77] sowie Fischhandel[78]), die gewerbliche Gebührenregelung (zum Beispiel beim Schlachten und Verkauf an Sonntagen[79]), die jährliche Abgabe des Hauban (eine Steuer, die in Wein entrichtet wurde)[80], die Aufnahmeregelung in der Fleischerkorporation[81] und schließlich die Bezahlung der allgemeinen Steuer[82]. Gemäß GALLION (1910, 25) kann ein genaues Gründungsdatum der Pariser Fleischerkorporation nicht bestimmt werden. Auch wurden die Metzger in dem um 1268 verfassten *Livre des Métiers* (Buch der Zünfte) des königlichen Vogts von Paris, Étienne BOILEAU, in dem erstmals Zunftstatuten und Rechte Pariser Gewerben schriftlich niedergelegt wurden, nicht aufgeführt (vgl. RAFFALOVICH 1891, 898; AURIAC 1861, 12f.). Dennoch kann sicher angenommen werden (vgl. GALLION 1910, 29f.), dass die Fleischerzunft bereits Anfang des 12. Jahrhunderts bestanden haben muss; nicht zuletzt wegen der genannten urkundlichen Texte, die eindeutig belegen, dass die Metzger schon längere Zeit

---

77 „Les bouchers de Paris peuvent vendre et acheter librement des bestiaux vivants ou morts, et tout ce qui fait partie de leur métier, sans être assujétis [sic!], dans toute l'étendue de la banlieue de ladite ville, à aucun droit, coutume ni péage, de quelque endroit que viennent ces bestiaux, et en quelque lieu qu'ils soient conduits, si par hasard ils avaient été expédiés pour une autre destination“ (AURIAC 1861, 15f.).

78 „Ils [les bouchers] pourront vendre et acheter de la même manière des poissons de mer et des poissons d'eau douce“ (AURIAC 1861, 16).

79 „Chaque boucher qui détaillera de la viande de porc ou de bœuf le dimanche, paiera à notre prévôt une obole comme droit d'étal“ (ebd.).

80 „[...] et lesdits bouchers nous donneront également chaque année, à l'époque des vendanges, le droit de hauban en vin“ (ebd.).

81 „Nul ne peut être reçu boucher à Paris, s'il ne satisfait aux droits des autres bouchers qui consistent en un dîner et des rafraîchissements, à moins qu'il n'en soit dispensé par eux“ (ebd.).

82 „Dans l'octave de la nativité de Notre-Seigneur, chaque boucher nous paiera tous les ans douze deniers; et dans l'octave de saint Denis, il remettra treize deniers à celui qui tiendra de nous ce droit à titre de fief“ (ebd.).

eine Zunft besaßen, sodass ihre Privilegien in einem Zunftreglement (*consuetudines carnificum*) schriftlich fixiert wurden[83].

Urkunden, die aus dem 13. Jahrhundert stammten, halten weitere wichtige Privilegien für die Fleischerkorporation fest: Es ist das Recht des Metzgers, das geführte Gewerbe nur in der eigenen Familie fortzuführen und Fremden den Eintritt zu verbieten (vgl. GALLION 1910, 33). Außerdem war es nur Söhnen erlaubt, das Meisterrecht zu erlangen, sodass die Fleischerbänke sich ausschließlich in männlicher Hand vererbten:

> [...] il y avait [...] à Paris, un certain nombre de familles chargées du soin d'aller acheter les bestiaux dans les provinces, qui devaient toujours en avoir une provision suffisante pour les besoins de la ville et en vendre les chairs dans les boucheries. Ces familles formaient également une espèce de corporation ou communauté. [...] mais elles n'admettaient dans ce commerce aucun étranger. Les enfants y succédaient à leurs pères [...] d'où il arriva que [...] les familles qui ne laissaient pas d'héritiers en ligne masculine n'avaient plus aucune part dans la société, et leurs droits se trouvaient transmis aux familles existantes (AURIAC 1861, 8f.).

Nachdem in vielen Familien keine männlichen Erben vorhanden waren, ist die Zahl der alteingesessenen Fleischerfamilien drastisch zurückgegangen: Es waren in Paris nur noch drei im Jahre 1660 und, etwa hundert Jahre später, 1779, blieben lediglich zwei von den ursprünglich im Jahre 1260 dokumentierten neunzehn Metzgerfamilien übrig (vgl. AURIAC 1861, 22f.). Der Rückgang der einst mächtigen Fleischerfamilien hatte zur Folge, dass viele Fleischerbänke nicht betrieben wurden. So wurde folglich entschieden, die leeren Bänke jetzt doch konkurrierenden Fleischern zu übergeben. Dies verursachte viele Unruhen, sodass die Fleischerfamilien die einst verlorenen Bänke, die sich jetzt zu nachteiligen Rivalen entwickelt hatten, zurückeroberten:

> Ce voisinage, cette concurrence de gens exerçant la même profession [...] étaient tellement préjudiciables à leurs intérêts qu'ils résolûrent d'y mettre un terme. Se regardant comme les fournisseurs privilégiés pour la ville de Paris, ils [...] se décidèrent à faire l'acquisition des boucheries rivales (AURIAC 1861, 40).

[83] Wie für andere Zünften erfolgte die Bestätigung der alten Gebräuche der Fleischer (*antiquas consuetudines carnificum*) nur selten durch eine schriftliche Fixierung. Vielmehr wurden diese Gebräuche traditionsgemäß von Fleischergeneration zu Fleischergeneration mündlich überliefert (vgl. hierzu AURIAC 1861, 13).

Nach der Übernahme der Konkurrenzbetriebe gründeten die Fleischerfamilien Ende des 13. Jahrhunderts die sogenannte *Grande Boucherie*. Diese verstand sich als Zusammenführung aller Fleischerbänke an einem einzigen Ort, und zwar in einer Halle, die im Zentrum eines Handelsviertels hinter dem *Grand-Châtelet* gelegen war. In diesem Viertel fanden sich neben Fleischer auch Schinder bzw. Abdecker (*écorcheurs*), Gerber, Pergamentmacher, Hornverarbeiter, Talglichtfabrikanten, Metzger einer *triperie*, die vornehmlich Kutteln verarbeiteten und verkauften, sowie Wurstfabrikanten (vgl. AURIAC 1861, 29ff. sowie 40ff.). In dieser Zeit akkumulierten die Eigentümer der *Grande Boucherie* einen großen Reichtum, erreichten eine beträchtliche Monopolmacht und wurden nicht zuletzt als Korporation sehr geschätzt.

4.2. Die Entwicklung der Pariser Fleischerkorporation vom 16. bis zum 18. Jahrhundert

Nach vielen Unruhen, die der durch Geisteskrankheit beeinträchtigten Regierung Karls VI. und den Auseinandersetzungen der daraus resultierenden zwei Parteien (Orleanisten und Bourguignons) sowie dem Bürgerkrieg der Armagnacs und der Bourguignons geschuldet waren, kam es durch einen königlichen Erlass aus dem Jahre 1416 zur Schließung und zum Niederreißen der *Grande Boucherie* – „le roi [...] ordonna que la grande boucherie serait démolie *jusqu'au raz de terre, sans en rien réserver*, et cela fut exécuté aussitôt" (AURIAC 1861, 64, Herv. i. O.) – nicht zuletzt, weil die hygienischen Bedingungen derart schlecht waren, dass sie die öffentlichen Gesundheitszustände bedrohten. Die *Grande Boucherie* wurde anschließend durch vier königliche Schlachthäuser ersetzt und jeder, auch Fremde, konnte durch diese Änderung Metzger werden (vgl. RAFFALOVICH 1891, 899). Da erneute Unruhen durch die Bourguignons ausgelöst wurden, dauerte dieser Zustand nur kurzweilig an. Bereits wenig später, im August 1418, wurde die ursprüngliche Ordnung wiederhergestellt: „les lettres-patentes de 1416 furent révoquées, et il fut ordonné que la communauté des bouchers serait rétablie dans tous ses biens, droits et privilèges; que leur boucherie serait rebâtie à l'ancienne place qu'elle occupait et que les quatre nouvelles seraient démolies" (AURIAC 1861, 67). Es wurde jedoch lediglich eine der vier königlichen Schlachtereien niedergerissen, die anderen drei blieben weiterhin erhalten.

Da die Stadt Paris stetig an Bevölkerung zunahm, war es im Laufe des 16. Jahrhunderts notwendig geworden, die Anzahl der Fleischerbänke zu erhöhen, um so den Bedürfnissen der Bürger gerecht zu werden. Im Jahre 1540 wurden die Orte, an denen neue Fleischerbänke entstehen sollten, festgelegt[84]; ab 1597 musste jeder Metzger eine Bewilligung, die den angemessenen Ort zur Errichtung eines Handelsgeschäfts bestätigte, einholen (vgl. AURIAC 1861, 71). Das Fleischergewerbe im Paris des 16. Jahrhunderts bestand folglich aus unterschiedlichen Metzgern – die alteingesessenen Familien der *Grande Boucherie* sowie die neuen Fleischer, die eine Fleischerbank von der Stadt gepachtet hatten. Darüber hinaus geht aus einer königlichen Urkunde aus dem Jahre 1587 hervor, dass Fleischermeister von nun an nicht nur ihre Söhne, sondern auch Fremde ausbilden durften; das Fleischerhandwerk wurde somit nicht mehr exklusiv der männlichen Familienlinie vererbt.[85] Am Ende des 17. Jahrhunderts war die Zahl der Fleischer derart angestiegen, dass in jedem Pariser Viertel Fleischerbänke standen. Im folgendem 18. Jahrhundert war es nicht mehr möglich, deren tatsächliche Anzahl anzugeben, da nunmehr jede größere Straße mehrere Fleischerbänke besaß: „il n'y avait pas de rue un peu grande dans Paris, où l'on ne trouvât deux ou trois étaux et même davantage" (AURIAC 1861, 78).

4.3. Die Wiedereinrichtung der *Caisse de Poissy*

Ein königlicher Erlass aus dem Jahre 1779 hatte die Wiedererrichtung der sogenannten *Caisse de Poissy* angeordnet. Diese Kasse wurde bereits 1690 eingeführt

---

84 Es kam im Mai 1540 zu einem Urteil, in dem genaue örtliche Angaben festgelegt wurden; die Wahl dieser Orte erfolgte folglich nicht willkürlich, sondern richtete sich nach den Standorten bestehender Fleischerbänken (vgl. AURIAC 1861, 70).

85 „L'ordonnance comprend seize articles dont le premier permet de recevoir à la maîtrise, outre les fils de maîtres [...] quiconque aura fait un apprentissage de trois ans entiers" (AURIAC 1861, 90f.). In einer späteren Urkunde aus dem Jahre 1741 wurden einige Artikel reformiert; es wurde unter anderem die Dauer der Ausbildung zum Fleischermeister sowie die Art des Meisterstückes spezifiziert: „Nul ne pouvait être reçu maître qu'après avoir servi pendant onze ans, savoir: trois ans en qualité d'apprenti et huit ans comme compagnon. Il fallait, en outre, que le récipiendaire eût 28 ans accomplis et fît le chef-d'œuvre, qui consistait à habiller un bœuf, un mouton ou un veau devant un jury spécial. Les fils de maîtres pouvaient êtres [sic!] reçus sans être tenus au chef-d'œuvre, pourvu qu'ils eussent 18 ans et qu'ils eussent servi leur père pendant quatre ans" (AURIAC 1861, 93).

(vgl. LETEUX 2005a, 1) und diente der Erleichterung des Handels mit Tieren und der Sicherung der kontinuierlichen Frischfleischversorgung in Paris. Es war oberstes Gebot der Behörde, einen potentiell eintretenden Mangel an Gütern des Grundbedarfs entgegenzuwirken:

> La Caisse de Poissy est une institution financière ancienne [...] qui a été créée pour assurer l'approvisionnement en bestiaux de Paris, en garantissant les paiements des bouchers et en leur proposant, si besoin est, le crédit nécessaire à leurs achats. En contrepartie du service rendu, la caisse perçoit un droit sur toutes les transactions effectuées sur les marchés aux bestiaux (LETEUX 2005b, 49).

Die Landwirte und Viehhändler, die ihre Schlachttiere auf den Märkten von Poissy und Sceaux[86] verkauften, mussten folglich weniger finanzielle Risiken hinnehmen (vgl. AURIAC 1861, 95f.). Es wurde kleineren, nicht immer solventen Metzgern ermöglicht, einen Kredit aufzunehmen[87]; als Gegenleistung nahm sich die Stadt das Recht heraus, Einsicht in allen Geschäften zu nehmen. Diese Praktiken reichen weit zurück: Seit dem 14. Jahrhundert existierte das System der sogenannten *jurés-vendeurs*, die zwischen Viehhändler und Fleischer vermittelten. Ihre Aufgabe bestand darin, alle zum Verkauf angebotenen Tiere zu begutachten, sodass sichergestellt werden konnte, dass kein Fleisch von toten oder kranken Tieren veräußert wurde (vgl. AURIAC 1861, 94; CHAUDIEU 1943, 4). Ferner waren sie befugt, Fleischern Kredite zu erteilen und die erzielten Preise sowie die Anzahl der verkauften Tiere in Marktberichten zu dokumentieren, sodass diese dem Pariser Vogt mitgeteilt werden konnten. Dieser schrieb den Metzgern wiederum die Fleischverkaufspreise vor und konnte somit verhindern, dass Metzger horrende Preise verlangten oder es zu Fällen von Preismissbräuchen kam (vgl. LETEUX 2005b, 49f.).

---

86 Die Märkte von Poissy (heute ca. 25 km von Paris entfernt) und Sceaux (ca. 8 km von Paris entfernt) waren Teil des Systems der sogenannten *marchés obligatoires*. Auf jedes verkaufte Schlachttier wurde eine Steuer von der Stadt eingenommen. Um eine effizientere Kontrolle auf den Verkauf zu erzielen, wurde es Landwirten und Viehhändlern verboten, außerhalb der obligatorischen Märkte Geschäfte zu machen (vgl. LETEUX 2005b, 51 sowie LETEUX 2005a, 5).

87 Metzger mussten für ihren Fleischeinkauf hohe Summen bezahlen und waren oft nicht solvent, da große Kunden – wie etwa Gefängnisse, Kasernen, Schulen, Krankenhäuser usw. – säumige Zahler waren (vgl. LETEUX 2005a, 1).

Das System der *Caisse de Poissy* sowie die obligatorischen Märkte von Poissy und Sceaux wurden ab 1791 und im Laufe der Revolution zunächst aufgegeben. In dieser Zeit hatten die Behörden jegliches Recht verloren, Kenntnisse über die Fleischverkaufspreise sowie die Anzahl veräußerter Tiere zu erhalten. Im Juni 1791 wurde zudem das Gesetz *Le Chapelier* von der *Assemblée nationale constituante* erlassen, welches Meistern, Gesellen und Arbeitern untersagte, sich in Bünden, in sogenannten *corporations* zu organisieren. Um die Wirtschaftsfreiheit nicht weiter zu gefährden, wurde ebenso die Aufhebung der Zünfte bestätigt: „La boucherie [...] devenait libre comme tous les commerces" (CHAUDIEU 1943, 3). Dieses Gesetz hatte zur Folge, dass die bisher festgelegte Anzahl von Metzgereien (es waren zu diesem Zeitpunkt 250 Metzgereien in Paris) rapide auf eine Anzahl von mehr als 1000 Geschäften anstieg. Da jedoch die Anzahl der Konsumenten gleichbleibend war, und es dadurch zu einem Überangebot an Fleisch kam, sahen sich Metzger gezwungen, Ihren Kunden Fleisch von schlechter Qualität zu verkaufen, um nichtsdestotrotz Profit zu erzielen:

> On y vendait beaucoup de viandes malsaines et corrompues et chaque jour la police en faisait jeter à la voirie plusieurs milliers de livres. [...] C'est ainsi [...] que de 1791 à 1793, Paris mangea la plus mauvaise viande du royaume (CHAUDIEU 1943, 3ff.).

Eine aktive und strenge Kontrollinstanz musste wiederhergestellt werden. Nicht zuletzt wegen der durch den Verkauf von Fleisch kranker Tiere oder Fleisch von minderer Qualität einhergehenden gesundheitlichen Risiken, der möglichen ungenügenden Fleischversorgung der Stadt und der Notwendigkeit, eine Limitierung der Anzahl von Fleischern festzulegen. Diese Faktoren haben zu einer Anordnung Bonapartes am 30. September 1802 geführt, welche verbot, den Beruf des Metzgers ohne die Genehmigung des Polizeipräfekten ausüben zu dürfen (vgl. CHAUDIEU 1943, 6). Auch wurde durch den Rückkauf vieler Metzgereien die Anzahl der Geschäfte deutlich reduziert: Von ursprünglich über 1000 Metzgereien blieben circa die Hälfte bestehen (vgl. CHAUDIEU 1943, 8). Darüber hinaus kam es im selben Jahr zur Wiedereinführung der Kasse von Poissy sowie der obligatorischen Märkte (vgl. LETEUX 2005b, 49). Dies trug wesentlich zur Wiederherstellung der Ordnung im Fleischergewerbe bei.

Im Jahre 1811 wurde die Anzahl der Metzger in Paris weiter auf 300 limitiert; 1822 erhöhte man sie jedoch wieder auf 370, 1829 sogar auf 400 (vgl. AURIAC 1861, 112). Die durch diese erneute Anhebung entstandenen neuen Metzgereien waren nicht immer in der Lage, ganze Schlachttiere (vor allem Rinder) auf den obligatorischen Märkten zu erwerben. Anstatt sich eines Kredites bei der *Caisse de Poissy* zu bedienen, kauften diese „bouchers voyous" (WATTS 2004, 92) vielmehr nur Teilstücke, und zwar aus zweiter Hand (vgl. WATTS 2004, 89) oder von minderer Qualität (vgl. AURIAC 1861, 112f.). Angesichts der stetig steigenden Fleischpreise in den Geschäften, entschloss sich ferner die Regierung im Jahre 1855, eine Preistaxe auf das verkaufte Fleisch zu erheben (vgl. RAFFALOVICH 1891, 900).

Diese bisher geltende gesetzliche Reglementierung des Pariser Fleischergewerbes dauerte noch bis zum 24. Februar 1858: per Dekret hob Napoleon III. die *Caisse de Poissy*, die obligatorischen Märkte, die Begrenzung der Anzahl von Metzgereien sowie die Preistaxe auf. Die Gewerbefreiheit wurde wiedereingeführt und jeder Metzger verlor seine Privilegien (vgl. LETEUX 2005a, 6):

> Von nun an konnte sich das Fleischergewerbe frei von jedem Zwang entwickeln [...]. Seit der Freigebung des Fleischergewerbes hat sich die Zahl der Läden entsprechend der Bevölkerungszunahme vermehrt; in Paris zählt man gegenwärtig [um 1891] etwa 2000 (RAFFALOVICH 1891, 900).

Die rasche Erhöhung der Geschäfte machte den bestehenden Fleischern Konkurrenz.[88] Diese unterlagen von nun an den klassischen Regeln des freien Wettbewerbes und der Niederlassungsfreiheit (vgl. LETEUX 2013a, 2).

4.4. Die Einführung der veterinären Kontrollinstanz

Eine weitere, nicht minderbedeutende Entwicklung im Pariser Fleischergewerbe ist die Einführung einer veterinären Kontrollinstanz, die den Respekt der Hygiene- und der Sauberkeitsnormen sowohl beim Schlachten des Viehs als auch bei der weiteren Verarbeitung durch strikte Reglementierungen garantieren sollte. Darüber hinaus kontrollierte sie auch die Fleischqualität, um mögliche (ver-

[88] Die Einführung der Gewerbefreiheit führte zur schnellen Erhöhung der Anzahl von Metzgereigeschäften: Während es im Jahre 1818 noch 387 waren, stieg die Zahl 1856 auf 662 und 1861 sogar noch auf etwa 1200 Geschäfte (vgl. PHILIPP 2010, 114).

steckte) Mängel unverzüglich aufzudecken. Es kam nämlich immer wieder vor, dass Fleischer, die das Bedürfnis hatten, schnell einen größtmöglichen Gewinn zu erzielen, Fleisch von kranken Tieren oder zu lang gelagerte Fleischstücke zum Verkauf anboten. Um dem entgegenzuwirken, wurde 1804 im Zivilgesetzbuch die Reglementierung zum Verkauf von Fleisch[89] sowie der Umgang mit versteckten Sachmängeln ausdrücklich festgelegt:

> La garantie que le vendeur doit à l'acquéreur, a deux objets: le premier est la possession paisible de la chose vendue; le second, les défauts cachés de cette chose ou les vices rédhibitoires. [...]. Le vendeur est tenu de la garantie à raison des défauts cachés de la chose vendue qui la rendent impropre à l'usage auquel on la destine, ou qui diminuent tellement cet usage, que l'acheteur ne l'aurait pas acquise, ou n'en aurait donné qu'un moindre prix, s'il les avait connus (LETEUX 2005a, 2).

Die Einführung der veterinären Kontrollen verlief nicht ohne Widerstand der Fleischer, denn bis ins späte 18. Jahrhundert existierte keine Behörde bzw. kein Berufsstand, der das fundierte Fachwissen eines Fleischers hätte überprüfen können. Deswegen war es bisher Usus gewesen, dass Metzger in ihren Geschäften die veterinäre Kontrolle selbst ausübten. Und so verwundert es nicht, dass sie versucht haben, so lange wie möglich unabhängig von einer solchen externen Kontrollinstanz zu bleiben (vgl. LETEUX 2013a, 3). Die ersten Ausbildungsstätten für Veterinäre entstanden in Frankreich erst in der zweiten Hälfte des 18. Jahrhunderts.[90] Diese neue Berufsform musste erst ihre Legitimierung erhalten, was durch den Widerstand im Fleischergewerbe nicht sehr einfach gewesen ist. So ist der veterinäre Kontrolldienst noch zu Beginn des 19. Jahrhunderts weitestgehend inexistent. Erst Mitte dieses Jahrhunderts, ab 1842, spielten die Kontrollen eine wichtigere Rolle, auch wenn sie in ihren Forderungen bescheiden blieben und vielmehr zufälligen Stichproben glichen (vgl. ebd). Durch die Erlaubnis des Vertriebs, Erwerbs und Konsums von Pferdefleisch ab 1866 kam es zur Intensivierung von Kontrollen, nicht zuletzt, weil Pferdefleisch lange als Tabu erachtet wurde; Pferdefleisch war bisher verboten worden und durfte

89 Eine ähnliche Reglementierung findet sich bereits in der weiter oben genannten königlichen Urkunde aus dem Jahre 1587. Dort heißt es nämlich: „Enfin les bouchers ne peuvent vendre aucune viande malade, ni des chairs trop gardées, indignes d'entrer dans le corps humain" (AURIAC 1861, 90).

90 Die erste Veterinärschule Europas wurde im Jahre 1762 in Lyon errichtet. Weitere entstanden 1765 in Maisons-Alfort und 1828 in Toulouse (vgl. LETEUX 2013a, 2).

dementsprechend in Metzgereien nicht zum Konsum angeboten werden. Deshalb verfügten Fleischer auch nicht über das notwendige Fachwissen. Dementsprechend erlangten Veterinäre einen Status, der sie berechtigte, Kontrollen im Bereich der Pferdefleischverarbeitung durchzuführen. Sie waren endlich in der Lage, ihr professionelles Wissen, das den traditionellen Metzgern fehlte, zu demonstrieren (vgl. LETEUX 2013a, 4).

4.5. Das Verbot der öffentlichen Tötungen und die Errichtung der ersten Schlachthöfe

Parallel zur Etablierung der externen Veterinärkontrolle fand eine weitere Veränderung statt: Es wurde Metzgern nicht mehr erlaubt, Tiere in ihren Fleischereien zu töten. Denn noch bis zu Beginn des 19. Jahrhunderts wurde die Fleischzubereitung, d. h. die Schlachtung und die Zerteilung, noch in unmittelbarer Nähe der Pariser Metzgereien (*boutiques*), in den sogenannten *tueries*[91], vor den Augen der Bevölkerung, vorgenommen:

> On sait quels inconvénients peut avoir la présence des tueries dans une ville. Outre la mauvaise odeur qui résulte de l'effusion du sang dans les ruisseaux, ainsi que des eaux qui servent à échauder les intestins, et qui répandent dans l'air des miasmes putrides, on doit compter encore les dangers que peuvent faire courir à la population des animaux s'échappant furieux, après avoir reçu un coup mal assuré (AURIAC 1861, 102).

Diese öffentlichen Tötungen waren ein abscheuliches Spektakel (vgl. BIZET 1847, 138) und verunstalteten die Stadt so sehr, dass der Beruf des Metzgers als einer der gewaltsamsten und blutigsten erachtet wurde und schließlich in Verruf geriet (vgl. WATTS 2004, 79). Es verwundert also nicht, dass das starke Verlangen entstand, den Ort der Schlachtungen zum Schutz der öffentlichen Gesundheit und zur Befreiung von Gefahren und Unannehmlichkeiten zu verlegen. So ließ Napoleon Bonaparte die ersten Schlachthöfe in Paris erbauen: Am 9. Februar und 19. Juli des Jahres 1810 ergingen zwei Dekrete, mit denen er die Errichtung von

91 „Au début du XIXe siècle, les bouchers parisiens abattaient le bétail destiné à la consommation, dans des « tueries » contiguës aux étaux (boutiques) ou établies dans leur voisinage immédiat. La capitale comptait alors quelques 150 tueries particulières et 500 étaux de boucherie" (PHILIPP 2010, 114).

fünf öffentlichen Schlachthausanlagen befahl. Diese wurden am äußersten Ende der peripheren Stadtteile Montmartre, Ménilmontant, Roule, Grenelle und Villejuif errichten (vgl. PHILIPP 2010, 114). Fleischern war es künftig verboten, an anderen Plätzen zu töten (vgl. AURIAC 1861, 111f.; vgl. BIZET 1847, 143f.). Diese Neuerung begünstigte, dass sämtliche Metzger sich täglich in den für ihr Viertel zuständigen Schlachthof treffen mussten, sich somit besser kennenlernten und über Schwierigkeiten und Widrigkeiten ihres Berufes austauschen konnten (vgl. LETEUX 2010, 10). Es kann als erstes regelmäßiges Zusammentreffen von Metzgern außerhalb ihrer eigenen Metzgereien angesehen werden, aus dem in den Folgejahren zwei gemeinnützige Hilfsvereine (die *Société des Vrais Amis* im Jahre 1820 und die *Société de prévoyance et de secours mutuels des ouvriers et employés de la Boucherie de Paris* im Jahre 1824), entstanden sind. Beide Organisationen thematisierten die Notwendigkeit staatlicher Unterstützungsmaßnahmen, die auf den Schutz des Arbeiters vor gesundheitlichen Risiken, Arbeitsunfällen, Arbeitslosigkeit sowie auf den Schutz im Sinne einer Altersversorgung abzielten (vgl. LETEUX 2010, 11ff.).

Die fünf napoleonischen Schlachtanlagen wurden bereits wenige Jahre später durch zwei größere und moderne Schlachthäuser ersetzt: *La Villette* (1867) und *Vaugirard* (1898) (vgl. LETEUX 2013a, 5). Die Aufteilung des Metzgerhandwerks in zwei voneinander getrennten Geschäftsbereichen geht mit der Einführung dieser beiden Schlachthäuser einher:

> Petit à petit, la spécialisation se fit, et ces deux nouvelles branches du métier [garçon-boucher et garçon-boucher d'abattoir] donnèrent à leur tour naissance à de nouveaux emplois (CHAUDIEU 1943, 20).

Durch die räumliche Trennung zwischen Tötung (in den Schlachthäusern) einerseits und Verkauf (in den Metzgereigeschäften) andererseits, haben sich zwei neue berufliche Sektoren, und somit auch zwei getrennte Ausbildungsberufe herausgebildet. In den Schlachthäusern haben sich weiterhin neue Sparten eröffnet, die sich auf die Verarbeitung tierischer Nebenerzeugnisse spezialisiert haben. Das sind beispielsweise die Berufe des sogenannten *tripier* (Verarbeitung von Innereien), des *sanguin* (Einsammeln von Blut), des *pansier* (Entfetten und Ausleeren der Rinderpansen), des *boyaudier* (Verarbeitung des Darms und der Eingeweide) und des *suiffier* (Einsammeln des Rindertalgs) (vgl. ebd.). Die mit der Errichtung der Schlachtanlagen verbundene differenzierte Arbeitsteilung brachte aber auch negative Konsequenzen mit sich; den einst existierenden Beruf des Metzgers, der noch in der Lage war, alle Schritte von der Tötung über die Fleischzerlegung bis hin zum Verkauf auszuführen, ist untergegangen. Den „boucher complet“, wie ihn CHAUDIEU treffend nennt (1943, 22), sowie seine Fähigkeiten gibt es nicht mehr:

> Il [= le boucher complet] connaissait les foires où on achète les animaux, il savait les manier d'une main experte, les estimer d'un coup d'œil, les soigner au cours et après les longues étapes qui les amenaient de la province à Paris, les abattre, transformer les abats et les sous-produits, découper et vendre sa marchandise (ebd.).

4.6. Das Fleischergewerbe im 20. Jahrhundert

Von 1858 bis 1914 blieb das Fleischergewerbe offiziell ein freies Gewerbe. Sowohl die Gesamtzahl der Metzger, die als Einzelhändler agierten und ein Geschäft besaßen (*bouchers détaillants*) als auch die der Großschlachter, die in den Schlachthöfen arbeiteten (*chevillards*) und die der Metzger der traditionellen Fleischmärkte - wie zum Beispiel der Pariser Großmarkt *Les Halles*, der bis in die 1960er Jahre existierte, aber dann nach Rungis[92] umziehen musste – stiegen beträchtlich an (vgl. LETEUX 2011, 118). Doch als der Erste Weltkrieg begann, wurden viele Metzger als Soldaten eingezogen, was die Schließung von mehr als die Hälfte aller Pariser Metzgereien zur Folge hatte. Übriggebliebene Geschäfte wurden demzufolge von Frauen geführt (vgl. CHAUDIEU 1943, 26). Erst nach Kriegsende eröffneten einige Metzgereien wieder ihre Pforten, auch wenn der Zeitraum der *Après-guerre* für das Fleischergewerbe mit schwierigen Krisenzeiten verbunden war (obligatorische Preissenkungen durch die Behörde, regelmäßige Preisfluktuationen, Einführung von Taxen) (vgl. CHAUDIEU 1943, 28-32).

[92] Der *Marché d'intérêt natinal de Rungis* ist der größte Lebensmittelgroßmarkt Europas und liegt etwa 13 km von Paris entfernt. Dieser besteht aus zahlreichen Hallen, in denen Gemüse, Fleisch, Milchprodukte, Fisch und Meeresfrüchte sowie Blumen verkauft werden. Vom 28. Februar bis zum 02. März 1969 fand der sogenannte „déménagement historique“ von *Les Halles de Paris* zum *Marché de Rungis* statt. Die Fleischbranche kam erst im Jahre 1973 nach Rungis nach der Schließung der Schlachhäusern in *La Villette* (vgl. https://www.rungisinternational.com/).

Auch während des Zweiten Weltkrieges wurde die Gewerbefreiheit abgeschafft (vgl. LETEUX 2013b, 4). Es galten bestimmte Übergangs- bzw. Ausnahmeregelungen, wie zum Beispiel die Preisbestimmung des Fleisches, die Rationierung des Fleischkonsums oder der massive Import von Tiefkühlfleisch (vgl. LETEUX 2013b, 1). In der Nachkriegszeit des Zweiten Weltkrieges und bis in den 1950er Jahren kommt es immer wieder zu einer erheblichen Preissteigerung des Fleisches, sodass strenge staatliche Kontrollen zur Regulierung des Fleischmarktes wiedereingeführt werden (vgl. LETEUX 2015, 11ff.).

4.7. Erklärungsversuch

Es sei zunächst darauf hingewiesen, dass der vorliegende Erklärungsversuch auf folgender Arbeitshypothese basiert: Sowohl soziale und politische Verhältnisse als auch vor allem ökonomische Gründe müssen einen entscheidenden Einfluss auf die Notwendigkeit, *largonji du louchébem* zu verwenden, gehabt haben. Dabei ist wichtig zu bemerken, dass die geheimsprachliche Funktion des *largonji du louchébem* die des Schutzes der Gruppe der Metzger darstellt und vor allem aus wirtschaftlichem Interesse entstanden sein muss (vgl. NICEFORO 1912, 100-103).

Im Verlauf der Ausführungen zum sozialgeschichtlichen Kontext des Pariser Fleischergewerbes (Unterkapitel 4.1. bis 4.6.) wurden zunächst die externen Faktoren, die zur Entstehung sowie zur Verwendung der Geheimsprache *largonji du louchébem* geführt haben können, erläutert. Nun wird angestrebt, den sozialpolitischen und wirtschaftlichen Kontext des Pariser Metzgergewerbes in Bezug zur Entwicklung und zum Gebrauch jener Geheimsprache zu setzen. Darüber hinaus wird der Versuch unternommen, Aufschluss über potentielle Kontaktsituationen sowie Akteure zu geben, die dazu beigetragen haben können, dass der prototypische Verschleierungsmechanismus des *largonji* in die Gruppe der Pariser Metzger*innen Eingang gefunden hat. Es sei darauf hingewiesen, dass die Antwortmöglichkeiten im folgenden Erklärungsversuch vielfältig sind, wenngleich sich einige Vermutungen anstellen lassen.

Wie schon aufgezeigt wurde, ist das Metzgerhandwerk eine schon immer signifikant reglementierte Berufssparte gewesen. Doch besonders ab Ende des 18. Jahrhunderts könnten Entscheidungen und Anordnungen dazu geführt haben, dass

Pariser Metzger sich ihrer Geheimsprache bedient haben, letztlich um ihren wirtschaftlichen Vorteil zu sichern. Es sei hier zunächst noch einmal auf das Gesetz *Le Chapelier*, das am 14. Juni 1791 erlassen wurde, eingegangen. Durch diese Gesetzeserlassung kam es zur Liberalisierung der Wirtschaft und folglich zur Gewerbefreiheit im Metzgerhandwerk. Dadurch stiegen die Anzahl der Metzgereien beträchtlich an, sodass sich zum ersten Mal in der Geschichte des Pariser Metzgergewerbes eine sich intensiv verschärfende Konkurrenzsituation herausgebildet hat. Diese Lage entwickelte sich derart rasant, dass die Vermutung nahe liegt, dass Metzger aus ihrer wirtschaftlichen Not heraus bereits in dieser Zeit den *largonji du louchébem* verwendet haben könnten. Es bleibt zunächst dennoch die Frage offen, wie sie zu jener Geheimsprache, zu jenem prototypischen Tarnmechanismus gefunden haben.

Der Erlass Napoléon Bonapartes vom 30. September 1802 sowie die im selben Jahr eingeführte Wiedereinrichtung der *Caisse de Poissy* und der obligatorischen Märkte sind Maßnahmen und Handlungen der regulierenden Wirtschaftspolitik jener Zeit. Denn durch die Gewerbefreiheit und die dadurch entstandene Vielzahl von Konkurrenzgeschäften war das Metzgerhandwerk in Verruf geraten. Zu viel minderwertiges Fleisch oder Fleisch von kranken Tieren wurde in Umlauf gebracht. Doch obwohl die Anzahl der Metzgereien durch den Erlass von Bonaparte 1802 drastisch reduziert wurde und Metzger sich den wiedereingeführten und für die Transparenz der Fleischqualität und -quantität erforderlichen Kontrollapparaten (Kasse von Poissy und obligatorische Märkte) fügen mussten, gab es trotz allem einige Metzger, die ihr Schlachtvieh auf dem Schwarzmarkt kauften. Dieser Schwarzmarkt gab den Metzgern, den sogenannten *bouchers voyous*, die Möglichkeit, das staatliche Kontrollsystem der Kasse von Poissy und die obligatorischen Viehmärkte zu umgehen, um minderwertigeres und somit preisgünstigeres Fleisch erwerben zu können. Der Schwarzmarkt ist eine mögliche Kontaktsituation zwischen Metzgern und Kriminellen, bei der Erstere sich den prototypischen Tarnmechanismus des *largonji des malfaiteurs*, d. h. der frühen Form des *largonji*, zu eigen gemacht haben könnten. Es ist folglich denkbar, dass die *bouchers voyous* den *largonji du louchébem* dann auch in ihren Verkaufsstätten verwendeten, um ein möglichst lukratives Geschäft zu erzielen.

Dadurch, dass in der ersten Hälfte des 19. Jahrhunderts die Anzahl der Pariser Metzgereigeschäfte immer wieder schwankte, stiegen die Fleischpreise erheblich an. Die im Jahre 1855 aus diesem Grund eingeführte Fleischtaxe kann ebenso als Stimulans für die Herausbildung und die verstärkte Verwendung des *largonji du louchébem* angesehen werden. Wenige Jahre später, 1858, ist der Moment der wiederkehrenden Freigebung des Metzgergewerbes. Die daraus resultierenden Folgen sind mit großer Wahrscheinlichkeit auch für einen zunehmenden Gebrauch des *largonji du louchébem* von entscheidender Relevanz gewesen. Durch die Gewerbefreiheit stieg erneut die Anzahl der Metzgereigeschäfte an. Die notwendige Anpassung der Pariser Metzger an diese veränderte Markt- und Konkurrenzsituation erforderte ein Umdenken, wie bereits in der Zeit des Gesetzes *Le Chapelier* (1791), um weiterhin gewinnbringend handeln zu können.

Ein weiterer Anhaltspunkt, der die These der Verwendung jener Geheimsprache stützt, ist die systematische Einführung der veterinären Kontrollen in Metzgereien ab Mitte des 19. Jahrhunderts. Bis ins späte 18. Jahrhundert wurden die Hygienenormen beim Vorgang des Schlachtens und der weiteren Verarbeitung des Fleisches durch den Metzger selbst kontrolliert, weil bis zu diesem Zeitpunkt keine Behörde existierte, die das Fachwissen eines Fleischers hätte überprüfen können. Das vermehrte Aufkommen von versteckten Mängeln beim Kauf von Fleisch, d. h. ein Mangel, der nicht offensichtlich durch den Käufer bzw. die Käuferin zu erkennen war (z. B. Verkauf von Fleisch kranker Tiere, minderwertige Fleischqualität), führte dazu, dass die Fleischqualität von nun an durch Veterinäre kontrolliert wurde. Für die Metzger und vor allem für die *bouchers voyous* dürfte diese Kontrolle eine Schmälerung der Gewinnspanne dargestellt haben. Als Reaktion darauf kann vermutet werden, dass die Metzger entweder ihre Verkaufspreise erhöht haben oder durch die Verwendung ihrer Geheimsprache versucht haben, bei der Fleischquantität sowie -qualität die Kundschaft zu täuschen. Metzger könnten zum Beispiel einen Käufer beim Wiegen der Ware, bei der Qualität der Ware (ein günstigeres Fleischstück anstatt des vom Kunden verlangten Stückes verkaufen) und/oder beim Berechnen des Preises (eine höhere als die gebührende Summe verlangen) getäuscht haben. Die Veterinärkontrollen verschärften sich ab Mitte des 19. Jahrhunderts, da zu dieser Zeit die entsprechende Erlaubnis erteilt wurde, Pferdefleisch zu vertreiben, zu erwerben und zu konsumieren.

Doch welche Kontaktsituationen haben dazu führen können, dass der Tarnmechanismus des *largonji des malfaiteurs* von der Gruppe der Pariser Metzger übernommen wurde? Bei der Betrachtung des sozialgeschichtlichen Kontextes konnte bisher lediglich eine Hypothese bezüglich einer möglichen Kontaktsituation zwischen Kriminellen und Metzgern formuliert werden: der Schwarzmarkt und die *bouchers voyous*. Doch es lassen sich noch weitere Hypothesen aufstellen. Vor der Errichtung der fünf öffentlichen Schlachthausanlagen im Jahre 1810 wurde das Schlachtvieh auf offener Straße getötet. Auch die Fleischzubereitung und die Zerteilung wurden noch in unmittelbarer Nähe der Metzgereien, in den sogenannten *tueries*, öffentlich vorgenommen. Doch diese abscheuliche und blutige Arbeit des öffentlichen Schlachtens geriet im 19. Jahrhundert stark in Verruf, sodass Arbeiter sie nicht mehr ausführen wollten. Unter diesen Voraussetzungen kann folglich vermutet werden, dass Metzger das Töten nicht mehr selbst übernommen haben. Vielmehr ist dieser Arbeitsschritt den sogenannten *tueurs* überlassen worden. Es ist zudem stark anzunehmen, dass diese *tueurs* (ehemalige) Kriminelle waren und aus diesem Grund den Umgang mit einem Messer beherrschten. Auch ist es nicht abwegig, dass die *tueurs* zum Beispiel ehemalige Insassen des Gefängnisses *La Force* gewesen sein könnten. Diese Zusammenarbeit der *tueurs* aus dem kriminellen Milieu mit den Metzgern kann folglich als potentielle Kontaktsituation angesehen werden. Es sei hier noch hinzugefügt, dass seit 1810 das Töten von Tieren an öffentlichen Orten nicht mehr erlaubt wurde. Stattdessen wurden per Dekret fünf Schlachthausanlagen am äußersten Ende der peripheren Stadtteile Montmartre, Ménilmontant, Roule, Grenelle und Villejuif errichtet. Metzger bzw. *tueurs* durften von nun an die Schlachtung des Viehs nur noch in diesen Anlagen verrichten. Diese Neuerung begünstigte, dass sie sich täglich in dem für ihr Viertel zuständigen Schlachthof treffen mussten. Es ist folglich ebenso denkbar, dass dieses regelmäßige Zusammentreffen der Metzger und *tueurs* sich vorteilhaft auf die Weitergabe des Tarnmechanismus des *largonji des malfaiteurs* ausgewirkt haben könnte.

Eine dritte Kontaktmöglichkeit zwischen Metzgern und Kriminellen wird von CHAUTARD (1931) wie folgt erläutert:

> Cette modification [= argot des bouchers] est-elle l'attribution des professionnels de la boucherie? Non, car ceux-ci ont cueilli les mots dénaturés par l'*l* dans les cabarets ou les bals publics fréquentés par les malfaiteurs. Par la suite, les étaliers

> ont usé de ces termes pour ne pas se faire entendre de la clientèle quand ils sont en désaccord avec le patron sur le poids, la qualité ou le prix de la viande (CHAUTARD 1931, 112f.).

Laut CHAUTARD (1931) sollen Pariser Metzger den prototypischen Verschleierungsmechanismus des *largonji des malfaiteurs* in Kabaretts und öffentlichen Bällen übernommen haben. Im 19. Jahrhundert war der Besuch solcher Orte ein bedeutender Aspekt der städtischen, populären und kleinbürgerlichen Kultur. Man sagte ihnen jedoch nach, dass sie zur Förderung von Trunkenheit, Gewalt und Prostitution beitrugen. Auch wurden sie häufig als Orte der Ausschweifung angeprangert. Ausgehend von CHAUTARDs Zitat kann ebenso angenommen werden, dass der Mechanismus des *largonji des malfaiteurs* Eingang in die Sprache der Metzger über die Prostitution erhalten hat. Denn wie noch zu Beginn des Kapitel 5 (Quellenbelege des *largonji du louchébem*) zu lesen sein wird, war der *largonji du louchébem* ab Mitte des 19. Jahrhunderts bei den Pariser Prostituierten, den sogenannten *lorettes*, sehr beliebt (vgl. LARCHEY 1889, 262). Es kann vermutet werden, dass der Mechanismus des *largonji des malfaiteurs* besser bekannt war, da die Prostituierten mit Kriminellen in einem subkulturellen und sozial marginalisierten Milieu lebten.

TEIL III: SICHTUNG LEXIKOGRAPHISCHER QUELLEN

5. Quellenbelege des *largonji du louchébem*

In frankoromanistischen Publikationen zum Phänomen Argot, in denen Formen des *largonji* bzw. des *largonji du louchébem*[93] verzeichnet sind, erfolgt die Fixierung des Erstbelegs in den meisten Fällen durch einen Verweis auf eine bereits existierende schriftliche Quelle. So lässt sich nach Durchsicht dieser Quellenbelege feststellen, dass unterschiedliche Zeitpunkte im Laufe des 19. Jahrhunderts genannt werden, an denen diese Geheimsprache aufgekommen sein soll. Die Recherchen von MANDELBAUM-REINER (1991, 24f.) zeigen hierzu folgende Auflistung:

> En parcourant la bibliographie, j'ai pourtant trouvé cinq dates. L. Sainéan (1920) donne d'abord 1852 puis 1825, J. Cellard (1985) précise « vers 1850 » alors que L. Larchey (1889) note seulement qu' « en 1850 il était en vogue chez les lorettes », A. Dauzat (1929) retient 1828, en se référant explicitement aux *Mémoires* de Vidocq, et P. Guiraud (1985) le fait remonter jusqu'en 1821 « La première forme attestée du *largonjem* est *lombem* (bon) que l'on trouve dans le lexique d'Ausiaume [sic !] ou argot en usage au Bagne de Brest en 1821. Ce document [...] antidate donc de quelques années l'apparition des premiers codages de Vidocq. », pour D. François-Geiger (1968) c'est plus prudemment « dans la seconde moitié du XIXe siècle » (MANDELBAUM-REINER 1991, 24f.; Herv. i. O.).

Wenn man die von MANDELBAUM-REINER konsultierten einschlägigen Quellen näher betrachtet, stellt man ein heterogenes Bild fest: Über die Datierungen der Erstbelege herrscht im Allgemeinen Unklarheit. Eine genauere Prüfung der einzelnen Belege kann hier Klarheit verschaffen.

Laut SAINÉAN ist die Datierung des Zeitpunktes, bei dem die Metzger[94] angefangen haben sollen, ihren *largonji du louchébem* zu verwenden, schwierig zu

[93] Zur terminologischen Unterscheidung zwischen *largonji* und *largonji du louchébem* vgl. Abschnitt 1.1..

[94] In diesem Kapitel wird auf das Gendern verzichtet, da man davon ausgehen kann, dass bis Mitte des 20. Jahrhunderts der Beruf des Metzgers geschlechtsgebunden war. Somit wird hier von einem rein männlichen Berufsumfeld ausgegangen.

bestimmen: „Il est difficile de préciser l'époque où les bouchers ont commencé à se servir de ce langage [= le louchébem]" (SAINÉAN 1920, 204). SAINÉAN nennt zunächst das Jahr 1852 und beruft sich auf eine Behauptung von François Leconte, dem Vizepräsidenten der Gewerkschaft der Pariser *bouchers en détails*:

> M. François Leconte pense qu'il remonte à 1852, lors de la liberté commerciale de la boucherie qui jeta une grande perturbation dans un commerce où la concurrence était jusqu'alors inconnue. Les mots furent alors déformés pour permettre aux bouchers de correspondre avec leurs garçons et de leur faire écouler à la clientèle les morceaux qu'ils voulaient voir partir" (ebd.).

Leconte geht davon aus, dass der *largonji du louchébem* seit Mitte des 19. Jahrhunderts existiert und führt seine Entstehung auf die Freigebung des Fleischergewerbes, die seit dem 24. Februar 1858 per Dekret von Napoleon III. etabliert wurde, zurück (wie bereits in Kapitel 4.3. dargestellt). Durch den Verlust der Privilegien, die jeder Fleischer bisher genoss, und die rasche Erhöhung der Zahl der Geschäfte sowie der damit verbundenen Konkurrenzsituation und des freien Wettbewerbs, sollen Fleischer angefangen haben, untereinander *largonji du louchébem* zu sprechen, um so bestimmte Fleischstücke, die schwer verkäuflich waren, an den Kunden zu bringen.

Doch SAINÉAN revidiert seine Aussage dahingehend, dass er den Gebrauch des *largonji du louchébem* deutlich früher als 1852 datiert, und zwar um 1825: „Cependant les témoignages positifs nous autorisent à le faire remonter plus haut et à en fixer l'usage vers 1825, date où nous pouvons relever les premières traces dans la langue des malfaiteurs" (SAINÉAN 1920, 204f.). Es sei hier betont, dass es sich um die Vorläuferform des *largonji du louchébem* handelt, den sogenannten *largonji* bzw. *largonji des malfaiteurs*, der nach demselben prototypischen Tarnmechanismus funktioniert. SAINÉAN stützt sich auf verschiedene Quellen, die hier nochmal überprüft werden. Der *Nouveau Dictionnaire d'argot*, der im Jahre 1829 von „un Ex-Chef de brigade sous M. Vidocq" verfasst wurde, weist den Eintrag *Lorcefée (la)* auf, welches die nach den Regeln des *largonji* modifizierte Form des Wortes *(la) Force* > **orcefe (la)* > *lorcefée (la)* darstellt (vgl. ANONYM [BRAS-DE-FER] 1829, 19). *La Force* ist die Ellipse des Namens des ehemaligen Pariser Gefängnisses *la Prison de la Force*, das zwischen 1780 und 1845 in Betrieb war. Es ist hier anzumerken, dass das Wort *Lorcefée* bereits ein Jahr zuvor in den *Mémoires* von François VIDOCQ verzeichnet ist (vgl. VIDOCQ 1828, 286).

Ferner erscheint *Lorcefée* erneut in VIDOCQs Werk *Les voleurs* aus dem Jahre 1837 [1836] (vgl. VIDOCQ 1837b [1836], 293).

MANDELBAUM-REINER nennt als nächste Quelle CELLARD (1985), der die Datierung des *largonji du louchébem* um 1850 festlegen will:

> La plus fréquente et la plus systématique de ces déformations consiste à ajouter un -ème (ou em) derrière la consonne rejetée à la fin: boucher devient *loucherbé*, puis *loucherbème*. C'est aussi la désignation générique de ce largonji spécial, créé peut-être par les bouchers de Vaugirard vers 1850 (CELLARD 1985, 409; Herv. i. O.).

Es sei zunächst festgehalten, dass CELLARD den *largonji du louchébem* als eine spezielle Form des *largonji* präsentiert („largonji spécial"). Diese Kategorisierung geht durchaus mit den Ausführungen GUIRAUDs (siehe weiter unten; GUIRAUD (^{7}1976 [1956]) – Datierung 1821) konform. Laut CELLARD wird dem *largonji du louchébem* systematisch das Suffix *-ème* bzw. *-em* angehängt, während die Endungen des *largonji* variieren können: „La finale se modifie au gré et à la fantaisie de l'utilisateur" (CELLARD 1985, 409). Darüber hinaus wird der zugrundeliegende mechanische Verdunklungsprozess als der häufigste und systematischste in der Gruppe der Schlüsselargot – CELLARD (1985, 408) nennt hierzu den *largonji*, den *javanais* und den *verlan* – beschrieben, da die Deformationstechnik immer dieselbe bleibt.[95] Ähnlich wie SAINÉAN datiert CELLARD die Geburtsstunde des *largonji du louchébem* um 1850 und führt sie, wenn auch vorsichtig, auf die Metzger Vaugirards zurück. Wie bereits erwähnt (vgl. Abschnitt 4.5.), befindet sich in *Vaugirard* jenes Schlachthaus, das (neben *La Villette*) die per Dekret von 1810 von Napoleon I. errichteten fünf städtischen Schlachthöfen ersetzen wird. Allerdings wurden die Anlagen von Vaugirard erst 1898 erbaut, sodass die Datierung „vers 1850" im Zusammenhang mit den Metzgern aus Vaugirard hier nicht korrekt sein kann. Die Gründe für die Vermutung CELLARDs werden nicht weiter erläutert.

Was LARCHEY (1889) betrifft, so datiert auch er den Gebrauch des *largonji du louchébem* ab 1850:

---

[95] Ich werde im späteren Verlauf dieses Kapitels aufzeigen, dass der Mechanismus des *largonji* bzw. des *largonji du louchébem* nicht immer derselbe bleibt, jedoch variieren kann (siehe hierzu Abschnitt 5.2.).

> Cette sorte d'argot fut d'abord connue sous le nom d'*argot des bouchers*. Il a pris naissance dans cette corporation. On l'appelle aussi *largonji* (c'est le mot *jargon* déformé par l'adjonction de *l* et *i*). Il a, comme le javanais, le défaut d'allonger tous les mots, et veut être débité vite pour être inintelligible. Il était en vogue dès 1850 chez les lorettes (LARCHEY 1889, 262; Herv. i. O.).

Gemäß LARCHEY war der *largonji du louchébem* ab 1850 sehr beliebt und zwar besonders bei den sogenannten *lorettes*. So bezeichnete man Prostituierte im Paris des 19. Jahrhunderts, wobei die Bezeichnung *lorette* vor allem in der Periode der Julimonarchie (1830-1848) auftaucht. DELVAU (^{2}1866, 229) bezeichnet „lorette" als „[f]ille ou femme qui ne vit pas pour aimer, mais au contraire aime pour vivre." Das Wort *lorette* geht auf das Oikodomonym *Notre-Dame-de-Lorette* zurück, denn im Viertel dieser Pariser Kirche lebten ab Mitte des 19. Jahrhunderts die der Demimonde angehörigen *lorettes* (vgl. TLFI, Eintrag *lorette*). Der Erstbeleg des Lexems *lorette* ist laut TLFI 1841; DELVAU datiert es ein Jahr zuvor 1840 (vgl. DELVAU ^{2}1866, 283). Warum gerade die *lorettes* den *largonji du louchébem* kannten und verwendeten, wird von LARCHEY nicht näher erläutert. Dennoch kann vermutet werden, dass ihnen der Mechanismus des *largonji* bzw. des *largonji du louchébem* besser bekannt war, da sie mit Kriminellen in einem subkulturellen und sozial marginalisierten Milieu lebten. Lexeme, die nach den Regeln des Mechanismus der frühen Form des *largonji du louchébem* – dem sogenannten *largonji* – modifiziert wurden, sind nämlich im *argot des voleurs* in der ersten Hälfte des 19. Jahrhunderts entstanden.

Eine weitere von MANDELBAUM-REINER herangezogene Quelle ist DAUZAT (1929). DAUZAT rekurriert ebenso wie SAINÉAN (1920) auf die Werke von VIDOCQ (1828 und 1837 [1836]) und nennt die getarnten *largonji*-Formen *Lorcefé* sowie *linspré*, die zunächst im Argot der Kriminellen auftauchen. Diese weisen den Verschleierungsmechanismus auf, den der *largonji du louchébem* aufnehmen wird, um es auf weitere Lexeme zu applizieren: „[…] enfin on voit apparaître les premiers exemples de l'anagramme que développera sur une grande échelle le *largonji*: la prison de *Lorcefé* (la Force), *linspré* (prince)" (DAUZAT 1929, 36). Weiter heißt es:

> L'anagramme qui a trouvé son expression la plus complète dans le *loucherbem* ou *largonji* (ancien argot des bouchers de la Villette) apparaît d'abord dans quelques mots isolés du jargon des malfaiteurs chez Vidocq: *Lorcefé* (La Force, prison

> parisienne) dans ses *Mémoires* (1828), puis *linspré* (prince) dans son vocabulaire (1837). [...]. L'exemple de *Lorcefé*, premier en date, montre que l'article doit être à l'origine de la déformation (DAUZAT 1929, 121; Herv. i. O.).

Besonders interessant in diesem Zusammenhang ist DAUZATs Erläuterung, dass der definite Artikel eine Rolle für den Verdunklungsprozess von *La Force* > *Lorcefé (la)* gespielt haben könnte. Diese Vermutung wird von DAUZAT jedoch nicht weiter kommentiert.

Laut GUIRAUD ([7]1976 [1956]) ist die erste Form des *largonjem* – so bezeichnet er den *largonji du louchébem* – bereits 1821 attestiert und zwar in der Form *lombem*, die im Glossar von ANSIAUME verzeichnet ist. Dieses Glossar beinhaltet eine Liste argotischer Wörter, die im Gefängnis von Brest verwendet wurden (siehe Kapitel 5.2.1.). Erste Lexeme des *largonji* hingegen erscheinen erst später bei VIDOCQ (1837 [1836]). GUIRAUD stellt folglich die Hypothese auf, der *largonjem* sei älter als der *largonji*. Auch zum Unterschied zwischen dem *largonjem* und seiner Variante, dem sogenannten *largonji*, äußert sich GUIRAUD wie folgt:

> Ce code [= le *largonji*] fait son apparition dans l'argot français avec Vidocq, d'abord sous sa forme la plus simple [...]; cependant un mot souvent codé finit par se *lexicaliser*, par se cristalliser dans sa forme secrète; c'est pourquoi les dictionnaires de l'argot ont retenu de nombreuses formes codées. Vidoqc (1837) donne *linspré*, prince, et *Lorcefée*, Force (la prison de la Force) [...]. Le *loucherbem* est une forme plus complexe du *largonji*: à la clé [...] s'ajoute un suffixe cryptologique *-em* (c'est un *largonjem*). La première forme attestée du *largonjem* est *lombem* (bon) que l'on trouve dans le lexique d'Ausiaume [sic!] ou argot en usage au Bagne de Brest en 1821. Ce document qui vient d'être découvert et publié récemment antidate donc de quelques années l'apparition des premiers codages de Vidocq (GUIRAUD [7]1976 [1956], 67f.; Herv. i. O.).

GUIRAUD stellt in seinen Ausführungen deutlich dar, dass die Verdunklungsform, die dem *largonji* zugrunde liegt, eine andere ist als die des *largonji du louchébem* bzw. *largonjem*, insofern, als der Letzteren ein Suffix mit kryptologischem Charakter angehängt wird (*-em*). Demgegenüber ist die Endung im *largonji* lediglich die Lautung des ausgesprochenen Graphems (zum Beispiel: das Graphem <j> wird aufgrund des Lautes [ʒi] folglich zur Graphemfolge <ji>). Dies ist jedoch nicht systematisch der Fall: Als Gegenbeispiele seien etwa *leufnique* < *neuf* oder *loussoc* < *sou* genannt.

Als letzte Referenz nennt MANDELBAUM-REINER die Sprachwissenschaftlerin Denise FRANÇOIS (1968), die den Gebrauch des *largonji du louchébem* auf die zweite Hälfte des 19. Jahrhunderts datiert. Sie stellt die Hypothese auf, dass der Argot der Metzger aus *La Villette*, einem erst 1867 erbauten Schlachthof, der – neben dem Schlachthaus in Vaugirard (1898) – die fünf napoleonischen Schlachtanlagen von 1810 ersetzt hat, entstanden sein könnte:

> En français, récemment (leur développement date de la vulgarisation des lexiques secrets), certains argots – *largonji* (« jargon »), *loucherbem* des bouchers de la Villette dans la seconde moitié du XIXe siècle – ont développé de façon systématique et régulière des déformations de type anagrammatique dont on rencontrait déjà des exemples chez Vidocq (*Lorcefé*: « la Force », *Linspré*: « le prince »); on en trouvera de nombreuses traces à la lettre L des dictionnaires (FRANÇOIS 1968, 634; Herv. i. O.).

FRANÇOIS zitiert ebenfalls VIDOCQ als Quelle. Aus ihren Ausführungen wird deutlich, dass der prototypische Verdunklungsmechanismus, dem der *largonji du louchébem* zugrunde liegt, bereits viel früher existiert hat. Interessanterweise erwähnt die Autorin, dass die Entwicklung einiger Schlüsselargots, wie zum Beispiel des *largonji*, bereits mit der Popularisierung der geheimsprachlichen Lexeme einhergeht (vgl. FRANÇOIS 1968, 634), wie es zum Beispiel in dem bereits weiter oben erwähnten anonym verfassten *Nouveau Dictionnaire d'argot* (ANONYM [BRAS-DE-FER], 1829) oder in den Werken VIDOCQs (1828 und 1837 [1836]) der Fall ist.

Die von MANDELBAUM-REINER aufgeführten Quellenbelege mit den entsprechenden Datierungen sollen nun als erste Orientierungspunkte für die folgende lexikographische Analyse dienen. Ähnlich wie in DELAPLACEs Werk *L'article « Argot » au fil des dictionnaires depuis le XVIIe siècle* (2013), der den Eintrag *argot* anhand diverser Wörterbücher ab dem 17. Jahrhundert rekonstruiert und analysiert, werden im folgenden Kapitel in einem ersten Rechercheschritt die Wörterbucheinträge *largonji*, *louchébem* und *argot de(s) boucher(s)* ermittelt. In einem zweiten Schritt werden diejenigen Einzelwörter ermittelt, die nach den Regeln des *largonji* bzw. des *largonji du louchébem* modifiziert wurden.

Das primäre Ziel dieser terminologisch-geschichtlichen Untersuchung ist es folglich, die Angaben der Argotographen ab Beginn des 19. Jahrhunderts im Detail nachzuzeichnen, um sie innerhalb der vorliegenden Arbeit zum Zwecke der

Dokumentation zu sammeln, zu ordnen, zu beschreiben und anschließend linguistisch zu kommentieren, was bisher in der Fachliteratur zum *largonji* bzw. *largonji du louchébem* noch nicht geschehen ist. Die durch beide Schritte entstandene chronologische Übersicht der Quellenbelege (vgl. Abschnitt 5.1. Chronologische Übersicht der Quellenbelege) ermöglicht, das Phänomen des *largonji* bzw. *largonji du louchébem* in seiner Tradition und in seiner Komplexität besser zu erfassen und zu verstehen. Erst durch eine solche systematische Sammlung von Wörterbucheinträgen ist das Aufzeigen der Entwicklung des Phänomens *largonji* bzw. *largonji du louchébem* und seiner Lexeme realisierbar. Darüber hinaus können fehlerhafte Wortschatzeinträge, die vor allem durch das Kopieren inkorrekter bzw. ungenauer Erträge früherer Werke entstanden sind, eruiert werden. Dementsprechend dient diese lexikographische Analyse auch dazu, auf bedeutende Errata aufmerksam zu machen. Es sei hier angemerkt, dass die Auswertung historischer Argot-Wörterbücher in Bezug auf das Phänomen des *largonji* und des *largonji du louchébem* nur begrenzt geeignet ist, denn der Vergleich der Werke kann lediglich Vermutungen hervorbringen und letztlich keine sicheren Ergebnisse liefern. Nicht zuletzt ist durch die Ergebnisse dieser lexikographischen Analyse eine Verifizierung der aufgestellten Hypothesen hinsichtlich des Aufkommens des *largonji* bzw. des *largonji du louchébem* (siehe weiter oben; MANDELBAUM-REINERS aufgeführten Quellen sind SAINÉAN, CELLARD, LARCHEY, DAUZAT, GUIRAUD und FRANÇOIS) erst machbar.

Die folgende chronologische Übersicht der Quellenbelege basiert auf einem Korpus, das aus dem Material verschiedener Wörterbücher stammt. Es wurden ausschließlich spezielle Wörterbücher, darunter Argot-Wörterbücher sowie argotische Glossare, herangezogen. Anders als allgemeine, einsprachige Wörterbücher des Französischen liefern diese umfangreicheren Informationen hinsichtlich des Aufkommens des Lexems, seiner Bedeutung, seines zugrundeliegenden Verschleierungsmechanismus etc.

5.1. Chronologische Übersicht der Quellenbelege

Die folgende Übersicht der Quellenbelege des *largonji* bzw. des *largonji du louchébem* ist chronologisch aufgebaut und listet die Einträge auf, die jeweils in den konsultierten Wörterbüchern nach prüfender Durchsicht eruiert werden konnten. Es erscheint zweckmäßig, die Übersicht nach bestimmten Zeitabschnitten einzuteilen. Der erste Zeitabschnitt (5.1.1.) bildet die erste Hälfte des 19. Jahrhunderts ab (1808-1856). Der darauffolgende Zeitraum (5.1.2.) erstreckt sich von 1858 bis 1897 und stellt die Entwicklungen innerhalb der zweiten Hälfte des 19. Jahrhunderts dar. Der dritte Zeitabschnitt (5.1.3.) umfasst das 20. Jahrhundert, der letzte Abschnitt rundet das Quellenkorpus ab und sorgt für die Veranschaulichung der im 21. Jahrhundert wichtigsten skizzierten Entwicklungen jener Geheimsprache (5.1.4.).

5.1.1. Übersicht der Quellenbelege in der ersten Hälfte des 19. Jahrhunderts (1808 bis 1856)

Jahr	Quellenbeleg	Einträge von Lexemen des *largonji*
1808	D'HAUTEL, *Dictionnaire du bas-langage ou des manières de parler usitées parmi le peuple*	keine Einträge
1821	ANSIAUME, *Glossaire argotique des mots employés au bagne de Brest*[96]	*larcque* *lomben*
1827	ANONYM [UN MONSIEUR COMME IL FAUT], *Dictionnaire d'argot ou Guide des gens du monde*	*largue* *lousse*
1828	VIDOCQ, François (1828): *Mémoires de Vidocq, chef de la police de Sûreté, jusqu'en 1827*	*Lorcefée (la)*
1829	ANONYM [BRAS-DE-FER], *Nouveau dictionnaire d'argot*	*largue* *Lorcefée (la)* *lousses*
1835	RASPAIL, *Vocabulaire français-argot*	*largue* *largue pé*
[1836] 1837	VIDOCQ, *Les voleurs*	*largue*　*lorgne-bé* *linspré*　*loupel*

96 Das Glossar ist in DUBOIS (1943, 1944a, 1944b) und in ESNAULT (1947) abgebildet.

Jahr	Quellenbeleg	Einträge von Lexemen des *largonji*	
		Lorcefée *lorgne*	*loupenne*
1844	ANONYM, *Dictionnaire complet de l'argot employé dans les « Mystères de Paris »*	*largue* *lors (la)*	
1846	ANONYM [UN DÉTENU], *L'intérieur des prisons*	*largue*	
1847	ANONYM, *Dictionnaire d'argot ou la Langue des Voleurs dévoilée*	*linspré* *lombin*	
1848	PIERRE, *Première et seule édition de l'Argot et Jargon des filous, qui n'est intelligible qu'entre eux*	*larque*	
1849	HALBERT D'ANGERS, *Le nouveau dictionnaire complet du Jargon de l'argot*	*largue* *larque* *laumi*	*laumie* *laumir*
1849	CHEREAU, *Le jargon ou Langage de l'Argot réformé*	*laumi* *laumie*	*laumir*
1856	MICHEL, *Études de philologie comparée sur l'argot et sur les idiomes analogues parlés en Europe et en Asie*	*largue* *larguepé* *linspré* (inspecteur) *lombem*[97]	*Lorcefé* *lorgne* *lorgne-b* *loupel*

Abbildung 1: Quellenbelege in der ersten Hälfte des 19. Jahrhunderts (1808 bis 1856)

[97] Lexem *lombem* innerhalb des Eintrages *cambrouse* jedoch ohne eigenen Eintrag.

5.1.2. Übersicht der Quellenbelege in der zweiten Hälfte des 19. Jahrhunderts (1858 bis 1897)

1858	LARCHEY, *Les excentricités du langage français*	*EM (parler en)*[98] Folgende Beispiele innerhalb des Eintrages *EM (parler en)*, jedoch ohne eigenen Eintrag:	*lamingem* *lemmefem* *lonbem* *lotpem*
²1861	LARCHEY, *Les excentricités du langage français*	*EM (parler en)* Folgende Beispiele innerhalb des Eintrages *EM (parler en)*, jedoch ohne eigenen Eintrag:	*lamingem* *lemmefem* *lonbem* *lotpem*
⁴1862	LARCHEY, *Les excentricités du langage*	*EM (parler en)* Folgende Beispiele innerhalb des Eintrages *EM (parler en)*, jedoch ohne eigenen Eintrag:	*lamingem* *lemmefem* *lonbem* *lotpem*
1862	COLOMBEY, *Le monde des voleurs, leur esprit et leur langue*	*largue* *linspré*	*lorgne*

98 Unter dem Buchstaben <E> findet sich der Wörterbucheintrag „EM (parler en)". Einzelne Lexeme des *largonji* bzw. *largonji du louchébem* wurden von LARCHEY unter diesem Eintrag aufgelistet, da diese alle die Endung *-em* aufweisen.

^{5}1865	Larchey, *Les excentricités du langage*	*LEM (parler en)*[99] *LUCH (parler en)*	Folgendes Beispiel innerhalb des Eintrages *LEM (parler en)*, jedoch ohne eigenen Eintrag: *lonbem*
1866	Delvau, *Dictionnaire de la langue verte: argots parisiens comparés*	*largue* *larguepé* *linspré* *Lorcefé*	*lorgne* *lorgne-bé* *loupel*
1870	Clémens, *Dictionnaire (d'argot) – Bagnes de France*	*larque*	
^{6}1872	Larchey, *Dictionnaire historique, étymologique et anecdotique de l'argot parisien. Sixième édition des Excentricités du langage*	*LEM (parler en)* *LUCH (parler en)* *linspré*[100]	Folgendes Beispiel innerhalb des Eintrages *LEM (parler en)*, jedoch ohne eigenen Eintrag: *lonbem*
1876	Richepin, *La chanson des gueux: gueux des champs, gueux de Paris, nous autres gueux*	keine Einträge	

[99] Unter dem Buchstaben <L> finden sich die Wörterbucheinträge „LEM (parler en)" sowie „LUCH (parler en)". Larchey führt in der fünften Auflage seines Wörterbuches (^{5}1865) diese beiden Einträge auf. Es kann vermutet werden, dass es sich dabei um Endungen des *largonji* bzw. *largonji du louchébem* handelt. Einzellexeme als Beleg für das Vorkommen solcher Wortendungen in *-lem* bzw. *-luch* werden nicht aufgelistet. Man kann dort lediglich die zusätzliche Erwähnung des Lexems *lonbem* finden.

[100] Neben den Wörterbucheinträgen „LEM (parler en)" sowie „LUCH (parler en)" aus der fünften Wörterbuchauflage listet Larchey in der sechsten Auflage (^{6}1872) erstmals das Lexem *linspré* auf.

1876	Nisard, *De quelques parisianismes populaires et autres locutions*	keine Einträge	
1878	Rigaud, *Dictionnaire du jargon parisien. L'argot ancien et l'argot moderne*	*L.*[101] *largue* *larguepé* *laumir* *limonade de* *Linspré* *linspré* *Lorcefé* *lorgne* *lorgne-bé* *louave* *louave (faire un)* *loupel* *lousse*	Folgende Beispiele innerhalb des Erläuterungstextes zum Eintrag *L.*, jedoch ohne eigenen Eintrag: *lésé-* *lésélemfum* *linvé* *loucharmuche* *louchébem* *lousdré* *loussem*
1881	Richepin, *La chanson des gueux. Édition définitive. Revue et augmentée d'un grand nombre de poèmes nouveaux, d'une préface inédite et d'un glossaire argotique*	*largonji* *largue* *loufoque*	Folgendes Beispiel innerhalb des Erläuterungstextes zum Eintrag *largonji*, jedoch ohne eigenen Eintrag: *loucherbem*

[101] Unter dem Buchstaben <L> ist als erster der Eintrag „L." vozufinden. Rigaud formuliert hierzu folgende Erläuterung: „Lettre que les bouchers, dans leur jargon, substituent à la première de chaque mot commençant par une consonne, tandis qu'ils rejettent celle-ci à la fin en l'accompagnant des désinences em, é, lem, sem, uche, fum" (Rigaud 1878, 195). Vgl. hierzu ebenso Abschnitt 5.2.3. der vorliegenden Arbeit.

^{9}1881	LARCHEY, *Dictionnaire historique d'argot. Neuvième édition des Excentricités du langage, augmenté d'un supplément*	*largue* *larguepé* *larque* *laumir* *LEM (parler en)* *limonade de* *linspré* *linspré* *LOQUE (parler en)*[102] *lorgne* *louave* *loufoque* *loupel* *lousse* *LUCH (parler en)* *luchebem*[103]	Folgendes Beispiel innerhalb des Eintrages *LEM (parler en)*, jedoch ohne eigenen Eintrag: *lonbem*
1881	RIGAUD, *Dictionnaire d'argot moderne*	*L.* *lacromuche* *largue* *larguepé* *laumir* *limonade de* *Linspré* *linspré* *linvé* *Lorcefé*	Folgende Beispiele innerhalb des Erläuterungs-textes zum Eintrag *L.*, jedoch ohne eigenen Eintrag: *lésé-*

102 Neben den Wörterbucheinträgen „LEM (parler en)" sowie „LUCH (parler en)" aus der fünften und sechsten Wörterbuchauflage listet LARCHEY in der neunten Auflage (^{9}1881) erstmals den Eintrag „LOQUE (parler en)" und komplettiert die Liste seiner Einzelbelege (bisher lediglich *linspré*) mit zahlreichen weiteren louchebemisierten Formen.

103 Hier scheint vermutlich ein Tippfehler vorzuliegen; **luchebem* < *boucher*. Es müsste vielmehr *louchebem* heißen. Die hier von LARCHEY eingeführte Form *luchebem* wird ebenso in den Wörterbüchern von VILLATTE (^{2}1888) sowie von DELESALLE (1896) unverändert kopiert.

		lorgne *lorgne-bé* *louave* *louave (faire un)* *loufoque* *loupate* *loupel* *lousse*	*lésélemfum* *linvé* *loucharmuche* *louchébem* *lousdré* *loussem*
1883	LARCHEY, *Supplément aux neuvième et dixième éditions du dictionnaire d'argot, avec une introduction substantielle et un répertoire spécial du largonji*[104]	*lajemcrès* *lalinpuche* *largonji* *larguepé* *larque* *léselucès* *leuxdé (du même pieu)* *louave* *louf-louf* *loupel* *lousse*	Folgende Beispiele innerhalb des Erläuterungs-textes zum *largonji*, jedoch ohne eigenen Eintrag: *alaparcer* *alareilpé* *alibme* *alichfer* *alieudé* *alocetré* *aluserbem* *eboulercrès* *elamotercès* *élartercès* *élolecès* *emloipluche*

[104] Die zahlreichen *largonji*-Formen, die im Glossar am Ende des *Supplément* aufgelistet wurden, finden in der chronologischen Übersicht keine Beachtung, da es sich allem Anschein nach um fiktive, von LARCHEY selbst konstruierte Lexeme handelt (siehe hierzu Kapitel 5.2.3.). Diese können bei LARCHEY (1883) in seinem *Répertoire argotique du langage déformé* auf den Seiten 167-182 nachgelesen werden.

			enlelervem *enlonnoirloc* *entrelolsoc* *inlénieurgem* *labactès* *lacarmevé* *lacbem* *lacefem*
1887	BARRÈRE, *Argot and Slang: a new French and English dictionary*	*lacromuche* *larantqué* *largonji* *largue* *larguepé* *larque* *laumir* *lem (parler en)* *lenquetré* *lierchem* *linspré* *linspré (limonade de)* *linvé*	*lisserpem* *loncegué* *lonceguem* *loque (parler en)* *Lorcefé* *lorgne* *lorgne-bé* *louave* *loucherbem* *loufoque* *loussés* *lutainpem*
1888	RIGAUD, *Dictionnaire d'argot morderne. Nouvelle édition avec supplément*	*L.* *lacromuche* *larantequé* *largue* *larguepé* *laumir* *limonade de* *Linspré* *linspré* *linvé* *Lorcefé* *lorgne*	Folgende Beispiele innerhalb des Erläuterungs-textes zum Eintrag *L.*, jedoch ohne eigenen Eintrag: *lésé* *lésélemfum* *loucharmuche*

		lorgne-bé *louave* *louave (faire un)* *loufoque* *loupate* *loupel* *lousse*	*louchébem* *lousdré* *loussem*
^{2}1888	VILLATTE, *Parisismen: Alphabetisch geordnete Sammlung der eigenartigen Ausdrucksweisen des Pariser Argot: ein Supplement zu allen franz.-deutschen Wörterbüchern*	*L.*[105] *lacromuche* *largongi* *largonji* *largue* *larguepé* *larque* *laumir* *lem (parler en)* *leuxdé (du même pieu)* *limonade de linspré* *linspré* *linvé* *linvet*	*loque (parler en)* *Lorcefé* *lorgne* *lorgnebé* *louave* *louf-louf* *loufoque* *loupate* *loupel* *lousse* *luch (parler en)* *luchebem*
1889	LARCHEY, *Nouveau Supplément du Dictionnaire d'Argot, avec le vocabulaire des chauffeurs*	*largonji* *larguepé* *larque*	*lisdré* *lofem* *louave* *louf-louf*

105 Ähnlich wie bei RIGAUD (1878) ist bei VILLATTE (^{2}1888) unter dem Buchstaben <L> als erster der Eintrag „L." vorzufinden. VILLATTE formuliert auf Deutsch folgende Erklärung: „Zum Argot der Schächter wird der Anfangskonsonant jedes Wortes durch l ersetzt, während ersterer mit einer der Endsilben é, em, lem, sem, uche an das Ende versetzt wird" (VILLATTE ^{2}1888, 163). VILLATTEs Erläuterung ist mit der aus RIGAUDs Wörterbuch (1878, 195) fast identisch, was vermutlich auf eine Kopie schließen lassen kann; lediglich die Endung *-fum* wurde von VILLATTE nicht mehr aufgeführt. Auf den Grund für die Weglassung der entsprechenden Endung wird vom Autor nicht näher eingegangen.

	de l'an VIII et le répertoire du largongi[106]	*leuxdé du même* *pieu* *limonade de* *linspré* *linquec* *linvé*	*loupel* *lousse*
1889	MACÉ, *Mes lundis en prison*	*labatrock* *largue* *lasqué* *lédé*	*levanqué* *lincé* *linvé* *loité*
1892	TIMMERMANS, *L'argot parisien – Étude d'étymologie comparée suivie du vocabulaire*	*linvé* *loufoque*	*lousse*
1894	VIRMAÎTRE, *Dictionnaire d'argot fin-de-siècle*	*largue* *larguepé* *lasqué* *laumir* *lédé* *levanqué* *lincé* *linspré /l'insapré*	*linvé* *loité* *Lorcefé* *lorgne* *lorgnebé* *louf* *loufoque*
1894	LA RUE, *La langue verte – Dictionnaire d'argot*	*larante* *largonji* *largue* *larguepé* *laumir* *linspré* *lorgne* *louave*	Lexeme innerhalb des Eintrages *beurre*, jedoch ohne eigenen Eintrag: *aranteque* *lasqué*

[106] Auch die im Glossar der neuesten Ausgabe des *Nouveau Supplément* aufgelisteten *largonji*-Formen finden in der hier vorliegenden chronologischen Übersicht keine Beachtung, da es sich allem Anschein nach um fiktive, von LARCHEY selbst konstruierte Lexeme handelt (siehe hierzu Kapitel 5.2.3.). Diese können bei LARCHEY (1889) in seinem *Vocabulaire du largonji* auf den Seiten 263-279 nachgelesen werden.

		loufoque *loupel* Lexeme innerhalb des Eintrages *largonji*, jedoch ohne eigenen Eintrag: *alareilpé* *alibme* *élicierpem* *enlerfem* *entrelolsoc* *lajemcrès* *lapierpès* *lianopuche*	*lédé* *lévanqué* *lincé* *linvé* *lisdré* *loité*
1896	DELESALLE, *Dictionnaire Argot-Français & Français-Argot*	*labatrock* *lacromuche* *laisée* *larante* *larantque* *largonji* *largue* *larguepé* *larque* *laumir* *leuxdé* *linquec* *linspré*	*linvé* *lisdré* *loivre* *lorgne* *louasve* *loucherbem* *louf-louf* *loufoque* *loupel* *lousqé* *lousse* *luchebem*
1897	LERMINA / LÉVÊQUE, *Dictionnaire thématique français-argot*	*larantquet* *larantqué* *largonji* *largue* *larguepré* *lasqué*	*limonade de* *linspré* *linspré* *linvé* *lisdré*

		laumir *lédé* *lemmefuche* *lierchem*	*lorcefé (des poniffes)* *lorgne* *loucherbem* *loufoque* *loupel*

Abbildung 2: Quellenbelege in der zweiten Hälfte des 19. Jahrhunderts (1858 bis 1897)

5.1.3. Übersicht der Quellenbelege im 20. Jahrhundert (1901 bis 1999)

1901	ROSSIGNOL, *Dictionnaire d'argot. Argot – Français. Français – Argot*	*largoji* *largue* *latrompem* *linvé* *lironjaime* *louf* *louffoc*	Lexeme innerhalb des Eintrages *linvé*, jedoch ohne eigenen Eintrag: *larantequé* *latequé* *leptsaime* *leudé* *leufnique* *linqcé* *linvé* *lixdé* *lixsé* *loitré* *luihaime* *unlaime*
1901	BRUANT, *L'argot du XX*[e] *siècle – Dictionnaire français-argot*	*enlorkem* *enlorkès* *enlorkic* *lacromuche* *laquereaumuche* *lapuche* *largongi*	*lingtvé* *linqcé* *linspré* *linvé* *linve* *lixdré* *lof*

		largonji *largue* *laumir* *lauxfème* *lemmefuche* *lentré* *leudé* *leuxdé* *leuxdré* *lézélierchem* *lidré* *lierchem*	*Lorcefé (des poniffes)* *Lorcefé* *loubé* *loucherbem* *loupaque* *loupate* *lousse* *loussé* *loussem* *loussoc* *luctrème*
1907[107]	HAYARD, *Dictionnaire Argot-Français*	*laranque* *larantqué* *largue* *larque* *latqué* *laumir* *lemmefuche* *lerch* *leudé*	*levanqué* *lidré* *linqcé* *linvé* *litré* *loitré* *louf* *loufoque* *louftingue*
1907	ANONYM, *Petit dictionnaire d'Argot Parisien*	*laranq* *larantqué* *latqué*	*liddré* *linvé*
1907	FRANCE, *Dictionnaire de la langue verte: archaïsmes, néologismes, locutions étrangères, patois*	*lachème* *lacromuche* *larante* *larantequet* *largonji* *largue* *larguepé*	*limonade de* *linspré* *linspré* *linquec* *linvé* *lisserpem*

[107] Das Wörterbuch von HAYARD besitzt kein Vermerk des Veröffentlichungsjahres. Auf der Plattform *Gallica* wird das Jahr 1907 angegeben. Wenn dies stimmen sollte, wurde HAYARDs Wörterbuch posthum publiziert, denn dieser ist bereits 1903 verstorben.

		lartqué *latronspème* *laumi* *laumir* *lédé* *lem (parler en)* *lenguetré* *leuxdé (du même pieu)* *lierchème*	*loque (parler en)* *Lorcefé* *lorgne* *loucherbème* *loufoque* *loufoquerie* *lougé* *loupate* *loupel* *lousse* *loussem* *lutinapème*
1915	SAINÉAN, *L'argot des tranchées*	*linvé* *louchébème*	*louftingue* *lousse*
1916	ANONYM, *Dictionnaire des Termes Militaires et de l'Argot Poilu*	*linvé* *louchébème* *louf* *loufoque*	*louftingue* *loupaque* *lousse*
1917	ANONYM, *Vocabulaire du Poilu et Locutions du Front*	*linvé* *louchébem*	*louftingue* *lousse*
1918	DÉCHELETTE, *L'Argot des Poilus*	*louf* *loufoque*	*louftingue*
1918	DAUZAT, *L'argot de la guerre*	*lacsé* *lageopem* *lopé*	*louf* *louftingue* *urécoque*
1919	ESNAULT, *Le poilu tel qu'il se parle*	*lacsé* *lajopèm*	*loulepé* *loumi*[108]

[108] Das Lexem *loumi* ‚femme' wird bei ESNAULT als „forme louchébème de *roumie* ‚femme'" (ESNAULT 1919, 327; Herv. i. O.) angesehen. Diese Vermutung liegt zunächst nahe, da das Lexem *loumi* augenscheinlich dieselbe Bildungsweise wie *lousse* < *pousse*, *lorgne* < *borgne* oder *laumir* < *chaumir* aufweist (vgl. hierzu Kapitel 5.2.2. Belege des *largonji* in der ersten Hälfte des 19. Jahrhunderts). Jedoch korrigiert ESNAULT diese Angabe in seinem *Dictionnaire historique des argots français* (1965). Dort heißt es: „Étym. Gitan *loumi*" (ESNAULT 1965, 387; Herv. i. O.).

		larqubèm *larqué*	*louqué* *louque*
1920	BAUCHE, *Le langage populaire*	*laranqueté* *linvé* *louchébem* *louf*	*loufoque* *loufoquerie* *louftingue* *louvetingue*
1928	LACASSAGNE, *L'argot du « milieu »*	*lacson* *laranque* *larante* *larantequé* *largue* *lerche* *lidré* *linve* *linvé* *louchersbème*	Lexeme innerhalb des Eintrages *louchersbème*, jedoch ohne eigenen Eintrag: *latronpuche* *loucherbem* *loufoc*
1931	CHAUTARD, *La vie étrange de l'argot*	*laqsé* *laranque* *larante* *larantqué* *largue* *latqué* *lenttré* *leqcé* *lerche (pas)* *lerfré* *lertché (pas)* *leudre* *leudré* *lidré* *lierchem* *linqcé* *linve* *linvé*	*lixdé* *lixé* *loimé* *loinquès* *loité* *loitré* *louave* *louavres* *loucedoque* *loucherbem* *louf* *loufoc* *loufoquerie* *louftingue* *loulquées* *lourpé* *lousse* *loussegué*

		lipospem *lisdé* *lissépem*	*luitvé* *luquès*
^{2}1935	Lacassagne / Devaux, *L'argot du « milieu »*	*lacson* *lacsonpem* *laranque* *laranqué* *larante* *larantequé* *lerch* *lidré* *linve* *linvé* *loucédé (en)* *louchebeme* *loucherbeme*	Lexeme innerhalb des Eintrages *loucherbeme ou louchebeme*, jedoch ohne eigenen Eintrag: *latronpuche* *loucherbem* *loufoc*
^{3}1948	Lacassagne / Devaux, *L'argot du « milieu »*	*lacsompem* *lacson* *laranque* *larante* *larantequé* *lerch* *lidré* *linve* *linvé* *loucédé (en)* *louchebeme* *loucherbeme*	Lexem innerhalb des Eintrages *loucherbeme ou louchebeme*, jedoch ohne eigenen Eintrag: *loucherbême*
1950	Galtier-Boissière / Devaux, *Dictionnaire historique, étymologique et anecdotique d'argot*	*largue* *lerch* *loucédé (en)*	

1965	GIRAUD, *Le royaume d'argot*	*carreauquem* *lacsatif* *lacsé* *lamfé* *larante* *larantequé* *largonji des* *loucherbems* *largue* *léftré* *lerche*	*lerchem* *leudé* *leurqué* *lidré* *linve* *linvé* *liquepé* *listroquem* *loucherbems* *louf*
1965	ESNAULT, *Dictionnaire historique des argots français*	*arantequé* *labatem* *labatès* *labatoc* *labatrock* *lacsatif* *lacsé* *laféqué* *laféquès* *lafréqué* *lamedu* *lampagne-du-cam* *laq'cé* *laq'çon* *laq'çonpem* *laquépem* *laranque* *laranqué* *laranquès* *larante* *larantequé* *larantequem* *lardeuss'*	*lerch* *lerché* *lerchèm* *leuxdé* *leuxdré* *linq'cé* *linspré* *linv'* *linvé* *lixdré* *lob* *lobé* *locdu* *loinqué* *loinqué (au)* *loistré* *lonbem* *lonben* *lonbin* *lopaille* *lopaillekem* *lopé* *Lorcefé (la)*

		lardoss' *lardu* *largonji* *largue* *larq'bèm* *larque* *larqué* *larreaukès* *larteaumic* *latrequé* *latrequèm* *laumir* *lavdu* *lent'tré* *lentré* *leqsé*	*lorgne* *lorgnebé* *loubé* *loucedé (en)* *loucedoque (en)* *louchébème* *loucherbem* *loufoque* *louivé* *loupaque* *loupel* *loupenne* *louqué* *lousse* *loussé* *luctrème*
1968	MARCILLAC, *Dictionnaire français-argot*	*lacromuche* *lacsé (mille francs anciens)* *lamdé* *lardeuss* *lardingue* *lardoss* *largonji* *laubé* *lauchem* *lerche* *lerchem*	*lissepem* *loilpé (à)* *loilpuche (à)* *loubé (un)* *loucedé (en)* *loucedoc (en)* *louchebem* *loucherbem* *loufoque* *louftingue* *lousdoc (en)*
[10]1970	SANDRY / CARRÈRE, *Dictionnaire de l'argot moderne*	*lacsé* *lamedu* *laranque* *larantqué* *lardosse*	*linvé* *lissépem* *listrobem* *lobé (c'est)* *lochebe*

		largongi	*loilpuche (à)*
		largue	*loinqué (au)*
		larteaumic	*loinquès*
		lateubem[109]	*loquedu*
		latrompem	*lorifiès*
		latrompuche	*loubé*
		laubiche	*loucedé (en)*
		lavedu	*loucherbem*
		laxon	*loucherbème*
		lerche	*louf*
		lerchem	*loufoque*
		lerchot	*louftingue*
		leurrebem	*lousdé (en)*
		lidré	*lousdoc (en)*
1977	CARADEC, *Dictionnaire du français argotique et populaire*	*lacsé*	*lerche*
		lacson	*loilpé (à)*
		laféké	*loinqué*
		laféquès	*loubé*
		lamdé	*loucedé (en)*
		lamfé	*loucedoc (en)*
		lanarqué	*louchébème*
		lardeusse	*loucherbem*
		lardosse	*louf*
		laubé	*loufocoïdal*
		lavdu	*loufoque*
		lavedu	*loufoquerie*
		leaubé	*louftingue*
1987	NOUGUIER, *Dictionnaire d'argot*	*loufoque*	
1992 [1990]	COLIN / MÉVEL / LECLÈRE, *Dictionnaire de l'argot*	*lacsé*	Lexeme
		lacson	innerhalb des

[109] Hier scheint ein Tippfehler vorzuliegen (vgl. SANDRY / CARRÈRE [10]1970, 140; **lateubem* < *bateau*). Es müsste vielmehr *lateaubem* heißen.

		laféké *laféquès* *lamdé* *lamedé* *lamedu* *lamfé* *lanarqué* *larantequé* *lardeuss* *lardingue* *lardoss* *lardu* *largonji* *largue* *larque* *laubé* *laubiche* *lauchem* *lavdu* *lavedu* *laxé* *lerche* *lerchem* *lidré* *liéchem* *lierchem* *ligodu* *ligoduji* *linvé* *lissépem* *locdu* *loific* *loilpé (à)* *loilpuche (à)*	Eintrages *largonji*, jedoch ohne eigenen Eintrag: *leudé* *linspré* *Lochebé* *lorgnebé* *louivé* *loupaque* *loussé* Lexeme innerhalb des Eintrages *louchébem*, jedoch ohne eigenen Eintrag: *labatem* *laq'çonpem* *laquépem* *larantequem* *larq'bem* *latrequem* *linguem* *lonbem* *louivème* *lounèmes* *loussem* *luctrème*

		loinqué	
		loinqué (au)	
		loquedu	
		Lorcefée (la)	
		loubé	
		loucedé (en)	
		loucedoc (en)	
		louchébem	
		loucherbem	
		louf(e)	
		loufoque	
		louftingue	
		lousdé (en)	
		lousdoc (en)	
1991	CELLARD / REY, *Dictionnaire du français non conventionnel*	*lacson*	*linvé*
		lamedé	*lirondegème*
		laquereaumuche	*lixdré*
		larantequé	*loific*
		lardeuss	*loilpé (à)*
		lardu	*loilpuche (à)*
		largonji	*loirepem*
		largue	*loquedu*
		laronduba	*loubé*
		latronpem	*loucedé (en)*
		laubé	*louchebèm*
		laubich	*louf*
		lavedu	*loufoque*
		lentré	*loufoquerie*
		lerche	*louftingue*
		lierchem	*loupaque*
		lincsé	*lutainpème*

1998	DUNETON, *Le guide du français familier*	*largonji* *lerche (pas)* *loilpé (à)* *loucedé (en)* *louf*	*loufoque* *loufoquerie* *louftingue* *lougibé*
1999	COLIN / MÉVEL / LECLÈRE, *Dictionnaire de l'argot et de ses origines*	*lacromuche* *lacsé* *lacson* *laféké* *laféquès* *lamdé* *lamedé* *lamedu* *lamfé* *lanarqué* *laranque* *larantequé* *lardeuss* *lardingue* *lardoss* *largonji* *largue* *larque* *larreauquem* *laubé* *laubiche* *lauchem* *lavdu* *lavedu* *laxé* *lerche* *lerchem*	*lidré* *liéchem* *lierchem* *lierchème* *ligodu* *ligoduji* *linvé* *liquepé* *lissépem* *locdu* *loific* *loilpé (à)* *loilpuche (à)* *loinqué* *loinqué (au)* *loquedu* *Lorcefée (la)* *lorgne* *loubé* *loucedé (en)* *loucedoc (en)* *louchébem* *loucherbem* *loufoque* *lousdé (en)* *lousdoc (en)*

Abbildung 3: Quellenbelege im 20. Jahrhundert (1901 bis 1999)

5.1.4. Übersicht der Quellenbelege im 21. Jahrhundert (2000 bis 2022)

Jahr	Quelle		
2000	DONTCHEV, *Dictionnaire du français argotique, populaire et familier*	*lacsé* *lacson* *laféké* *laféquès* *lamdé* *lamedu* *lamfé* *lanarqué* *lardeuss* *lardingue* *lardosse* *laubé* *laubiche* *lavdu* *lavedu* *leaubé* *lerche* *lerchem* *lerchot* *lierchem* *linvé* *lissépem*	*lobé* *lobiche* *locdu* *loific* *loilpé (à)* *loilpem (à)* *loilpuche (à)* *loinqué* *loquedu* *loubé* *loucedé (en)* *louchébème* *loucherbem* *louf* *louferie* *loufoque* *loufoquerie* *louftingue* *lougeroc* *loupaque* *lousdé (en)*
2002	PERRET, *Le parler des métiers*	*lacsif* *lacson* *lamdu* *lardu*	*lerdemuche* *lombem* *lougeroc* *lurdoc*
2004	GORDIENNE, *Dictionnaire argotique des trucs, des bidules et des machins*	*lacs* *lacsé* *lacson* *laqsé* *lardeusse* *lardingue*	*lidré* *loilpé (à)* *loilpuche (à)* *loucedé (en)* *loucedoc (en)* *louf*

		lardoss *larenqué* *largonji* *larinqué* *lerche (pas)* *lerchem (pas)*	*louferie* *loufoque* *loufoquerie* *louftingue* *lougeroc*
2007	MERLE, *Nouveau Dictionnaire de la langue verte – le français argotique et familier au XXIe siècle*	*lacsif* *laumer* *lerchem* *lieuve* *loilpé (à)* *loirnoque* *loirpem* *lonquès* *louferie*	Lexeme innerhalb eines Eintrages, jedoch ohne eigenen Eintrag: *lacsé* *lanchetruche de* *lierchem* *loilpaga (à)* *loilpuche (à)* *loirpème* *louf* *loufoquerie* *louftingue* *louftinguerie* *lougeroque*
2009	ALLIOT, *Larlépem-vous louchébem? L'argot des bouchers*	*labatem* *lacsé* *laféquesse* *lagrèm* *laigremess* *laisébem* *laissequé* *laissequèm* *laissequème* *laissièrequem* *lamdé* *lameauchicas*	*linguem* *lingvéleudé* *linvé* *liprem* *liprème* *lissépem (je vais)* *listrobem* *litbé* *lobich* *loimique* *loinque*

		lamedé	*loirepème*
		lamefuche	*loirepoque*
		lamfé	*loirnoque*
		lamfuche	*loirpem*
		lanarcic	*loitrème*
		lanarquess	*loitrique*
		lanchemess	*lomiquess*
		lapuch	*lompriquess*
		laquépem	*lonbé*
		larantequem	*lonbem*
		lardeuss	*lonqués*
		lardeussupem	*lonquess*
		lardonpem	*lonsieurmique*
		larlépem	*lopainquess*
		larq'bem	*lorceaumic*
		latrompé	*lorceaumuche*
		latrompem	*lorpic*
		latrompuche	*losségué*
		latronpatte	*lossgué*
		laupiettepem	*loucédé (en)*
		leauvé	*loucedoc (en)*
		léchetdoc	*loucedoque*
		lefchem	*(en)*
		léféchem	*louchébem*
		lemelsoc	*loucherbem*
		lemmefoque	*louettchem*
		lemmefuche	*louettechem*
		lerche	*loufoque*
		lerchem	*lougeroque*
		lerchoque	*louivèmes*
		lercimuche	*loulepem*
		lerdemuche	*louletpés*
		lermefem ta	*loulobem*
		leulgué	*lounèmes*

		lesieum *leuquess* *liandvé* *lichetonique* *liéchem* *liftecbé* *ligogem* *lilefèm*	*louqué (un petit)* *louquès (un petit)* *loussem* *loussoques* *loutiquebem* *luctrèmes* *luissquèmes* *luquesse* *lurdoc*
2010	DOILLON, *Dictionnaire de l'argot*	*lacmucher* *lacromuche* *lacsé* *lamedu* *lanarqué* *laquereaumuche* *larantequé* *larfeuille* *larméleauté* *larteaumic* *latqué* *latronpatte* *latronpem* *latronpuche* *lav(e)du* *laxompem* *lédé* *lentré* *lerche(e)* *lésélouf* *léséloussem*	*leuxd(r)é* *li(x)dré* *lierchem (faire)* *lincsé* *linq'cé* *linve* *linvé* *lognopem* *loilpé (à)* *loilpem (à)* *loistré* *loivre* *lopème* *lorgne* *lorgnebé* *loufoque* *loupaque* *loussé* *loxonbuche* *luctrème*

2010	COLIN / MÉVEL / LECLÈRE, *Le dictionnaire de l'argot et du français populaire*	*lacromuche*	*lierchem*
		lacsé	*lierchème*
		lacson	*linvé*
		laféké	*liquepé*
		laféquès	*lisdré*
		lamdé	*lissépem*
		lamedé	*loific*
		lamfé	*loilpé*
		lanarqué	*loilpuche*
		laqueraumé	*loinqué*
		laqueraumème	*loinqué (au)*
		laquereaumuche	*lonbem*
		laranque	*lonben*
		larantequé	*Lorcefée (la)*
		lardeuss	*lorgne*
		lardingue	*loubé*
		lardoss	*loubem*
		largonji	*loucedé (en)*
		largue	*loucedoc (en)*
		larque	*louchébem*
		larreauquem	*loucherbem*
		laubé	*louf*
		laubiche	*loufoque*
		lauchem	*loufoquerie*
		laxé	*louftingue*
		lerche	*lousdé (en)*
		lerchem	*lousdoc (en)*
		lidré	*luctrème*
		liéchem	
2013	TENGOUR, *Tout l'argot des banlieues*	*lardu*	*loucedé (en)*
		loilpé (à)	*louf /loufe*
		loilper (se)	*louftingue*

2000-2022	COBRA LE CYNIQUE, *Dictionnaire de la Zone. Tout l'argot des banlieues*	*lardu* *larfeuille* *loilper (se)*	*louf* *loufer* *louftingue*

Abbildung 4: Quellenbelege im 21. Jahrhundert (2000 bis 2022)

5.2. Linguistischer Kommentar auf Basis der Metatexte

Aus dieser chronologischen Übersicht zeigt sich deutlich, welche Einzellexeme zu welchem Zeitpunkt in Argot-Wörterbücher belegt sind. Auch konnte die kontinuierliche lexikographische Entwicklung der Geheimsprache rekonstruiert werden, die es wiederum ermöglicht, Besonderheiten sichtbar zu machen. Diese sollen im Folgenden einer näheren Betrachtung unterzogen werden.

5.2.1. Erstbelege des *largonji* in ANSIAUMEs Glossar

Eine erste Auffälligkeit ist das Lexem *lomben* (ANSIAUME 1821), welches in der Fachliteratur unter anderem als erste schriftliche Fixierung des *largonji* angesehen wird. Diesbezüglich formuliert GUIRAUD ([7]1976 [1956], 68; Herv. i. O.):

> La première forme attestée du *largonjem* est *lombem* (bon) que l'on trouve dans le lexique d'Ausiaume [sic!] ou argot en usage au Bagne de Brest en 1821. Ce document qui vient d'être découvert et publié récemment antidate donc de quelques années l'apparition des premiers codages de Vidocq.

Laut GUIRAUD ist die erste Form des *largonjem*, einer besonderen Form des *largonji*, die ausschließlich das kryptische Suffix *-em* verwendet, bereits 1821 attestiert und zwar im Glossar von ANSIAUME, welches argotische Lexeme, die im Gefängnis von Brest verwendet wurden, beinhaltet. Nach Konsultation dieses Glossars[110] kann festgehalten werden, dass gerade die Form *lombem* mit dem Suffix *-em* dort nicht vorzufinden ist, sondern vielmehr *lomben* mit dem Suffix *-en*. ESNAULT (1947, 54; Herv. i. O.) hat in seiner sprachwissenschaftlichen Kommentierung des Glossars Folgendes festgestellt:

[110] Das Manuskript (Referenz Ms Mt 388) „Argot en usage au Bagne de Brest, et connu des voleurs de toutes les provinces françaises. Dictionnaire alphabétique" befindet sich in der Bibliothèque patrimoniale Villon in Rouen.

> Ici fait sa première apparition le largonji, c'est-à-dire la mécanisation de *jargon*, *boucher*, etc. en *largonji*, *loucherbem*, etc [...]. Que *lomben* soit le largonji de *bon*, c'est certain. Ce qu'on nous délivre, c'est « Lomben. | Oui. non » [...]. Ce *non* est insensé ; lire « bon », ou mieux « Bon », mal venu à cause d'une dictée interne de l'antonyme de « oui ». [...] A la traduction « oui », préférables sans doute seraient « bien ! » ou « soit ! ».

Auch für ESNAULT ist *lomben* zweifelsohne die erste attestierte Form des *largonji*. *Lomben*, so ESNAULT weiter, wird als Zustimmungswort mit der Bedeutung ‚oui, bon, bien, soit‘ verwendet. Die in ANSIAUMEs Glossar fälschlicherweise niedergeschriebene Bedeutung ‚non‘ führt ESNAULT als Erratum auf. Ohne konkrete Belege anzugeben, berichtet ESNAULT, dass ANSIAUME den Nasallaut [ɔ̃] gemäß der Regeln der französischen Orthographie als <om> (vor dem Konsonant <b> – *lomben* und nicht *lonben*) realisiert habe:

> Pour donner un visage au mot, qui se prononce aujourd'hui *lonbem*, Ansiaume aura préféré *mb* à *nb*, selon la règle scolaire. En fait de terminaison, un suffixe largonji -*enne* n'est pas impossible, témoin *loupenne*, Pouilleux [...] (ebd.; Herv. i. O.).

Um das Suffix *-en* ([ɛn]) als plausibles Element des *largonji* zu belegen, nennt ESNAULT die verschleierte Form von *pouilleux* ‚armer Mensch‘ > *loupenne*. Diese findet sich bereits bei VIDOCQ (1837a [1836] und 1837b [1836]), der sogar zwei mögliche Formen für *pouilleux* anführt: *loupenne*, *loupel* (vgl. VIDOCQ 1837b [1836], 320). Es sei hier angemerkt, dass beide Lexeme lediglich im *Dictionnaire Français-Argot* (Band II, 1837b [1836]) genannt werden; im ersten Band, der von argotischen Elementen ausgeht, findet man ausschließlich *loupel* als Äquivalent für *pouilleux* (vgl. VIDOCQ 1837a [1836], 255). Dies erklärt auch vermutlich die Tatsache, dass die Form *loupenne* in keinem weiteren Wörterbuch gefunden werden konnte, geschweige weitere Lexeme mit dem Suffix *-en* bzw. *-enne* (vgl. 5.1. Chronologische Übersicht der Quellenbelege). Es sei weiterhin festgehalten, dass beide Wortdeformierungen (*loupel* und *loupenne*) nicht dem typischen Mechanismus, welcher dem *largonji* zugrunde liegt, entsprechen. Dieser wäre *pouilleux* > **louilleuxpem* bzw. **louillepem*. Auch DAUZAT beschreibt diese Wortverschleierung als ungeschickt: „*loupel*, « terme des floueurs parisiens », qui paraît être une déformation assez gauche de « pouilleux »“ (DAUZAT 1929, 121;

Herv. i. O.). Vielmehr basieren die Formen *loupel* sowie *loupenne* auf dem Wort *pou* ‚Laus': *loupenne* (*pou* > **loup* > *loupel* bzw. *loupenne*).[111]

Es drängt sich der Verdacht auf, dass es sich bei der Form *lomben* (mit dem selten belegten Suffix *-en*), um einen Druck- bzw. Kopierfehler handelt, weil diese Schreibweise in anderen konsultierten Quellen nicht mehr auftaucht. Vielmehr erscheint bei MICHEL (1856) das Wort *lombem*; dieser bezieht sich auf einen Brief, den ein arrestierter Dieb bei sich trug. „Sur l'un de ces individus [= voleurs] on a trouvé la curieuse lettre suivante, qu'il écrivait à l'un de ses camarades placé sous la surveillance de la police dans une ville de province" (LA PATRIE, 1852). Dieser Brief wurde in der *édition du matin* der Zeitung *La Patrie* am 2. März 1852 abgedruckt; die argotischen Lexeme und Wendungen wurden zur besseren Verständlichkeit mit ihren standardsprachlichen Äquivalenten versehen. Dort ist zu lesen:

> Vieux camaro,
> Je ne te conseille pas de casser ta canne (rompre ton ban) pour rappiquer [sic!][112] à Paris. Rien à y faire. La rousse (les agents de police), y pousse comme des champignons et même dans la cambrousse (campagne, banlieue), ils viennent vous dénicher. Si tu es un peu tranquille et que tu puisses becqueter (manger) ne décarre pas (ne viens pas). Attends que le bon moment vienne, faut espérer que le démoc enquillera (que la démocratie triomphera) et alors tous les trucs seront **lombem** (tous les moyens seront bons) pour arriver à quelque chose [...] (LA PATRIE, édition du matin, mardi 2 mars 1852, Herv. d. Verf.).

Wie häufig Kopierfehler entstehen, ist z. B. an LARCHEY (1858) zu sehen, der sich auf Francique MICHEL bezieht und dasselbe Zitat aus jener Zeitung wie folgt niederschrieb: „« Et alors que tous les trucs seront *lonbem* [sic!] (bons). (Lettre d'un voleur dans la Patrie du 2 mars 1852, et rapportée par Fr. Michel.) »" (LARCHEY 1858, 506). Es fällt sofort auf, dass die Schreibweise des getarnten Lexems *bon* erneut eine andere ist (*lombem*).

Eine weitere Auffälligkeit – vermutlich ebenso einem Kopier- bzw. Druckfehler geschuldet – ist das Wort *lombin*, eine weitere verschleierte Form von *bon*. Es lässt sich lediglich an einer einzigen Stelle ein Beleg für diese Form finden. Im

---

[111] Vgl. FRANCE (1907, 205): „**LOUPEL**. Avare, pouilleux. C'est le mot *pou* déformé par le largonji" (Herv. i. O.).

[112] Vermutlich *rappliquer*.

anonym verfassten *Dictionnaire d'argot ou la Langue des Voleurs dévoilée contenant les moyens de se mettre en garde contre les Ruses des filous* aus dem Jahre 1847 erscheint das Wort *lombin* für ‚bon'. Die getarnte Form ist auch in diesem Fall mit dem für das *largonji* eher atypischen Suffix *-in* versehen (vgl. ANONYME 1847, 121). Weitere Bildungen mit dem Suffix *-in* konnten in den konsultierten Wörterbüchern nicht belegt werden.

Aufgrund der Problematik der divergierenden Schreibweisen und des atypischen Suffixes kann nicht sicher davon ausgegangen werden, dass der Erstbeleg des *largonji* die Form *lombem* bzw. *lomben* im Glossar AUSIAUMES (1821) ist.

5.2.2. Belege des *largonji* in der ersten Hälfte des 19. Jahrhunderts

Die chronologische Übersicht der Quellenbelege des *largonji* macht sichtbar, welche Einträge in einschlägigen Wörterbüchern in der ersten Hälfte des 19. Jahrhunderts – von 1821 (ANSIAUME, *Glossaire argotique des mots employés au bagne de Brest*) bis 1856 (MICHEL, *Études de philologie comparée sur l'argot et sur les idiomes analogues parlés en Europe et en Asie*) überhaupt aufgenommen wurden. Es handelt sich um folgende wiederkehrende Lexeme: *(la) Lorcefé(e)*, *linspré*, *lorgne* bzw. *lorgne-bé*, *largue* bzw. *larque* oder *larguepé, lousse* sowie die bereits diskutierten Wörter *lomben* bzw. *lombin* und *loupel* bzw. *loupenne* (vgl. 5.2.1. Erstbeleg des *largonji* in ANSIAUMES Glossar, Abb. 1: Quellenbelege in der ersten Hälfte des 19. Jahrhunderts (1808 bis 1856)).

Richten wir zunächst den Blick auf den Eigennamen *(la) Lorcefé* bzw. *(la) Lorcefée* < *(la) Force* und seine apokopierte Form *(la) lors* (die Originalschreibung ohne Majuskel und mit finalem <s> aus Anonym 1844 wurde übernommen). Dieser getarnte Eigenname steht für *Prison de la Force*, ein ehemaliges Pariser Gefängnis, welches von 1780 bis 1845 in der Rue du Roi de Sicile im früheren Palast des Herzogs von la Force, bestand (vgl. RASCH 1865, 144). In ihrer *Étude sur l'argot français* beschreiben SCHWOB / GUIEYSSE (1889), dass die Form *Lorcefé* bereits in einer späteren Ausgabe von Ollivier CHEREAUS *Le Jargon ou Langage de l'argot réformé* (die Erstausgabe wird zwischen 1617 und 1629 datiert) bereits belegt sei:

> Le procédé du *loucherbème*, considéré historiquement, ne paraît pas récent. La formation *lorcefé* pour la Force, prison de Paris, se trouve dans *Le Jargon de l'argot*

réformé d'O. Chéreau [sic!]. Elle ne date sans doute pas de la première édition de cet opuscule (Schwob / Guieysse 1889, 8).

Entgegen Schwobs / Guieysses Aussage konnte kein Beleg für die Form *Lorcefé* in den verschiedenen Ausgaben von Chereaus *Jargon* gefunden werden.[113]

Das Wort *larcque* ist erstmals bei Ansiaume (1821) mit der Bedeutung ‚femme' belegt und soll die getarnte Form des argotischen Lexems *marque* ‚femme' sein (vgl. u.a. Esnault 1965, 386 sowie Sainéan 1912b, 384).[114] Cellard / Rey (1991) gehen davon aus, dass es eine frühe Form des *largonji* gegeben haben soll, bei der lediglich der Erstkonsonant durch das Graphem <l> ersetzt wurde (*marque* > *larque* bzw. seine Variante *largue*) ohne zusätzliche Ansetzung eines Suffixes: „[Les] premières manifestations [du largonji] […] ne comportaient sans doute que la substitution de *l* à la consonne initiale" (Cellard / Rey 1991, 482).[115] Durch diese Transformationsregel wären ebenso die Lexeme *pousse* > *lousse* ‚gendarmes, gendarmerie' (erstmals 1827 belegt) sowie *borgne* > *lorgne* (erstmals 1836 belegt) erklärbar.[116] Auch Schwob / Guieysse (1889) formulieren eine

---

[113] Meine Vermutung, es handele sich hier um eine Fehleinschätzung Schwobs / Guieysses, wurde dank der persönlichen Mitteilung von Denis Delaplace am 20. Februar 2019 bestätigt.

[114] Sainéan (1912a, 209) behauptet, dass die Form *larque* bzw. ihre Variante *largue* auch in den späteren Ausgaben (1827 sowie 1849) von Chereaus *Le Jargon ou Le Langage de l'argot réformé* belegt ist. Nach Durchsicht dieser Ausgaben kann Sainéans Behauptung nicht bestätigt werden. Weder in der Ausgabe von 1827 noch in derjenigen von 1849 konnten die *largonji*-Formen *larque* bzw. *largue* gefunden werden.

[115] Am umfangreichsten wird dieses Phänomen jedoch bereits von Bruant (1901) erläutert. „[S]ouvent le *largonji des louchersbem* tronque les mots déformés pour n'en garder que l'apocope ou l'aphérèse, sur lesquelles il greffe parfois de nouveaux suffixes. Il devient alors très difficile de rétablir l'origine, souvent argotique, du radical qu'on a fait ainsi disparaître en partie, si ce n'est complètement" (Bruant 1901, 276). Zum Beispiel *borgne* (Stamm) > *lorgnebé* > *lorgne* (Anfangsgraphem <b> nicht mehr sichtbar) oder *fou* (Stamm) > *loufoc* > *focard* (Apokope der *largonji*-Form und Suffigierung). Die Veränderung des Lexems *loufoc* kann sogar noch bis zur Unkenntlichkeit des ursprünglichen Stamms *fou* realisiert werden: *fou* (Stamm) > *loufoc* > *louf* > *louftingue* > *tingo* (vgl. Bruant 1901, 276-277; weitere Beispiellexeme vorhanden).

[116] Esnault nennt diesbezüglich noch ein weiteres Beispiel: *chaumir* > *laumir* ‚perdre' (vgl. Esnault 1965, 385). Laut der hier vorliegenden chronologischen Übersicht der Quellenbelege erscheint das Lexem *laumir* erstmals bei Chereau (1849), anschließend bei Rigaud (1878). Barrère (1887, 229) sowie Delesalle (1896, 162) lassen *laumir* ‚perdre' auf die englische Form *to lose* zurückgehen, was jedoch sehr unwahrscheinlich erscheint.

ähnliche Hypothese: „*Largue* (femme) s'explique par *marque* […]. On a eu **larquemé*; puis la finale *mé* est tombée" (Schwob / Guieysse 1889, 10). Im Falle von *larque* sowie *lousse* konnten die entsprechenden künstlichen Zwischenformen **larquemé* und **loussepé* in den konsultierten Wörterbüchern nicht gefunden werden. Anders ist es bei *lorgne*: Die Form *lorgnebé* ist seit 1836 belegt. Das Lexem *larguepé* hingegen (erstmals 1835 mit der Bedeutung ‚femme de la fête, fille endimanchée' belegt; 1856 mit der Bedeutung ‚femme publique') ist keine hypothetische Zwischenform des *largonji*, sondern ein Derivat mit Suffigierung ausgehend von *largue*, das vermutlich auf dem Modell von *putain* > *lutainpé* basiert (vgl. Esnault 1965, 386). Michel (1856) äußert diesbezüglich eine andere Hypothese: *larguepé* soll aus der Abkürzung des Wortes *putain* (d. h. *largue p*[utain]) entstanden sein (vgl. Michel 1856, 245).

Schließlich soll die Form *linspré* < *prince* Erwähnung finden (erstmals 1836 belegt). In einigen Quellen scheint eine fehlerhafte Interpretation vorzuliegen, wahrscheinlich aufgrund der noch nicht oder zu wenig bekannten Transformationsregeln des *largonji*. So etwa bei Virmaître (1894), der *linspré* einen Schreibfehler attestiert; es handele sich vielmehr um die Form *l'insapré* für ‚inspecteur': „LINSPRE ou L'INSAPRÉ: C'est plutôt cette dernière expression qui est la vraie, car elle signifie *inspecteur* et non *prince* (Argot des bouchers)" (Virmaître 1894, 165). Oder auch bei Michel (1856), der *linspré* zwar als *prince* enttarnt, dennoch eine falsche Interpretation liefert. Laut Michel soll es sich bei *linspré* um den Spitznamen eines Messdieners der Kathedrale von Paris handeln:

> **Linspré**, s. m. Prince. Il y avait autrefois, dans la cathédrale de Paris, un enfant de chœur, le plus ancien de ses camarades, que l'on appelait vulgairement l'*inspé*, ou le *spé*, non en raison de l'espérance qu'il avait de devenir petit chanoine, mais du mot *inspector* ou *inspecteur* ; parce que ce *spé* ou *inspé* avait en effet une manière d'inspection sur le reste des enfants de chœur […] (Michel 1856, 249; Herv. i. O.).

Die Form *linspré* wird vielmehr im *argot des voleurs* verwendet, um eine Person zu bezeichnen, die besonders gute Anagramme bilden kann (vgl. Delvau 1866, 226). Eine weitere Bedeutung vehikuliert das Kompositum *limonade de linspré* < *limonade de prince*: das argotische Wort *limonade* bedeutet ‚eau'; das ‚Fürstenwasser' kann folglich als *Champagner* verstanden werden (vgl. Villatte ^{2}1888, 170).

5.2.3. Die Entwicklung des *largonji* ab der zweiten Hälfte des 19. Jahrhunderts

„Le *largonji* lui-même est très antérieur au mot qui le désigne“ (CELLARD / REY 1991, 482). Mit diesem Satz beginnen die Autoren ihre historische Beschreibung des *largonji*. Die chronologische Übersicht der Quellenbelege verdeutlicht diese Feststellung besonders gut: Der Begriff *largonji* wird erstmals von RICHEPIN (1881) in *La chanson des gueux* aufgegriffen.[117] Dort heißt es:

> LARGONJI, *s. m.*, jargon, argot. (On dit proprement le *largonji des louchersbem* ou jargon des bouchers. Ce genre de déformation s'obtient en remplaçant la première consonne par la lettre *l*, et en reportant à la fin du mot cette consonne suivie d'une désinence quelconque, en *i* comme dans *largonji*, en *em* comme dans *loucherbem*, en *oque* comme dans *loufoque* [...]. Une phrase du meilleur français prononcée en *largonji*, est incompréhensible pour qui n'a pas l'habitude de ces déformations. A plus forte raison une phrase d'argot, dont le sens est alors doublement claquemuré) (RICHEPIN 1881, 287).

In RICHEPINs Charakterisierung des *largonji* werden nicht nur die Bedeutung und der Sprecherkreis erwähnt; vielmehr wird auch der Mechanismus erläutert.

Vor dem Aufkommen des Terminus *largonji* bei RICHEPIN (1881) haben einige Autoren versucht, das Phänomen zu be- bzw. umschreiben, ohne jedoch dem Phänomen einen spezifischen Namen zu geben. Einer von ihnen ist Lorédan LARCHEY, der bereits im Jahre 1858 den Eintrag „EM (parler en)“ in *Les Excentricités du langage français* formuliert. Hierin werden der Tarnmechanismus sowie die Funktion dieser Sprechweise erläutert:

> EM (parler en): Soumettre le langage à un système particulier, basé sur l'emploi uniforme d'une même syllabe finale, et sur la transposition de deux lettres, au moyen duquel on peut, à la condition d'aller un peu vite, parler un français purement inintelligible pour les auditeurs qui ne sont pas initiés. « Et alors que tous les trucs seront *lonbem* [sic!] (bons). » (Lettre d'un voleur dans la Patrie du 2 mars 1852, et rapportée par Fr. Michel.) Ce système consiste: 1° à ajouter la syllabe *lem* à chacun des mots qui viennent à la bouche; 2° à troquer la lettre *l* de *lem* contre la première

[117] RICHEPIN beschreibt den Mechanismus des *largonji* erst in der zweiten, endgültigen Fassung von 1881. Diese beinhaltet im Gegensatz zur Erstausgabe von 1876 zusätzlich ein argotisches Glossar.

lettre du mot qu'on prononce. Ex.: Femme, *lemmefem*; gamin, *lamingem*; pot, *lotpem*, etc. On emploie *luch* avec le même procédé (LARCHEY 1858, 506).

Um den Mechanismus zu illustrieren, rekurriert LARCHEY wieder einmal auf den von Francisque MICHEL zitierten Brief aus der Zeitung *La Patrie* von 1852 und der falsch kopierten Form von *bon* (vgl. Abschnitt 5.2.1. Erstbeleg des *largonji* in ANSIAUMEs Glossar). Darüber hinaus führt LARCHEY weitere Beispiele auf, wie etwa *lemmefem, lamingem* und *lotpem*. LARCHEY geht dabei von der Graphemkombination <lem> aus, die zunächst an das Ende eines jeden Wortes, das getarnt werden soll, gesetzt wird (z. B. *femme* > **femmelem*). Im Anschluss wird der Buchstabe <l> gegen den Erstbuchstaben des Wortes getauscht (*femme* > **femmelem* > *lemmefem*). Es bleibt unklar, woher letztendlich LARCHEYs Beispiele stammen. Handelt es sich um getarnte Lexeme, die LARCHEY tatsächlich gehört hat? Oder sind es vielmehr von LARCHEY selbst nach den Regeln des Mechanismus konstruierte, also fiktive Beispiele?

Der Eintrag „EM (parler en)" bleibt in den drei nächsten Ausgaben der *Excentricités* mit minimalen Änderungen bestehen (vgl. ^{2}1861, 118f.; ^{3}1861, 118f.; ^{4}1862, 132f.). In der fünften Ausgabe hingegen wird der ursprüngliche Eintrag „EM (parler en)" durch zwei neue Einträge ersetzt; und zwar den Hauptartikel „parler en LEM" (^{5}1865, 184), der sich inhaltlich kaum von dem früheren Eintrag „EM (parler en)" unterscheidet, außer dass die drei vermutlich konstruierten Beispiele dort nicht mehr genannt werden, sowie den Eintrag „LUCH (parler en)", der lediglich einen Verweis auf den Hauptartikel enthält (^{5}1865, 192).

In der sechsten Ausgabe aus dem Jahre 1872 erwähnt LARCHEY erstmals, welche bestimmte Sprechergruppe sich dieser Sprechweise „parler en LEM" bzw. „parler en LUCH" bedient: „Cet argot a été d'abord spécial à la corporation des bouchers" (LARCHEY ^{6}1872, 164).[118]

Wenige Jahre nach der sechsten Ausgabe von LARCHEYs *Excentricités* (1872) erscheint Lucien RIGAUDs *Dictionnaire du jargon parisien* (1878). In der *Préface* widmet sich RIGAUD den unterschiedlichen Sprechergruppen und ihren speziellen Argots und beschreibt ebenso die Sprechweise der Metzger. Die Eintönigkeit des

[118] Bis zur neunten Ausgabe (LARCHEY ^{9}1881) bleibt der Eintrag „LEM (parler en)" unverändert.

einfachen Tarnmechanismus führen RIGAUD dazu, den Wortschatz der Metzger als eine Ausdrucksweise ohne Kontur und ohne Persönlichkeit zu bezeichnen:

> Le vocabulaire des bouchers est des plus complets, mais absolument terne, sans figures, sans le moindre relief. Ils placent à la fin de chaque mot les désinences *em* ou *ave* ou *fuch* ou *pi* ou *much*, qu'ils font, en général, précéder de la première lettre du mot, lorsque ce mot commence par une consonne à laquelle ils substituent la lettre L. Exemple: *louchébem*: boucher (RIGAUD 1878, XIV).

RIGAUD zählt verschiedene Suffixe auf, nennt im Gegensatz dazu aber lediglich ein Beispiel (*louchébem*). Ähnlich wie bei LARCHEYs Beispiellexemen (1858, 506) stellt sich hier die Frage der Authentizität dieser Suffixe. Schaut man nun unter dem Buchstaben „L", findet man folgende Erläuterung:

> **L.** Lettre que les bouchers, dans leur jargon, substituent à la première de chaque mot commençant par une consonne, tandis qu'ils rejettent celle-ci à la fin en l'accompagnant des désinences em, é, lem, sem, uche, fum. Exemple: *Louchébem*, boucher. – *Linvé loussem*, vingt sous. – *Loucharmuche*, mouchard. – *Louave*, soûl. – *Lésélemfum*, fille publique. – D'autres fois, ils placent le mot *lésé* entre deux autres comme dans: *linvé lésé loussem*, vingt sous; *linvé lésé lousdré*, vingt francs (RIGAUD 1878, 195f.; Herv. i. O.).

RIGAUD ist bemüht, Beispiellexeme für die angeführten Suffixe zu geben. Über das Wort *louave* lässt sich jedoch streiten: RIGAUD führt *louave* als verschleierte Form von *soûl* mit dem Suffix *-ave* auf (*soûl* [su] > *louave*). Es stellt sich zunächst die Frage, warum das Anfangsgraphem <s> nicht mehr sichtbar ist (*soûl* > **lousave*).[119] Darüber hinaus erscheint *-ave* als ein für den *largonji* ungewöhnliches Suffix. Das Graphem <a> könnte von der orthographischen Variante *saoul* [su] stammen, welche RIGAUD jedoch in seinem Wörterbuch als Bedeutung nicht wiedergibt. Eine phonetische Variante des Lexems *loivre* < *poivre*[120] (‚ivre, soûl, ivrogne, alcool') scheint in diesem Fall wahrscheinlicher zu sein. In DELESALLE (1896, 165) ist das Lexem *loivre* ‚saoul' bzw. ‚ivrogne' als getarnte Form von

---

[119] In DELESALLE (1896, 166) findet sich der Eintrag *louasve* (das <s> ist sichtbar) mit der Bedeutung ‚ivrogne'. Es bleibt unklar, warum der Buchstabe <a>, der zum Suffix gehören soll, hier Teil des Stamm-Morphems ist.

[120] Bei dem Lexem *loivre* < *poivre* handelt es sich wahrscheinlich um die frühe Form des *largonji*, bei der lediglich der Erstkonsonant durch das Graphem <l> ersetzt wurde ohne zusätzliche Ansetzung eines Suffixes (vgl. hierzu die Ausführungen zum Lexem *marque* > *larque* in Abschnitt 5.2.2.).

poivre ‚ivre' verzeichnet, das sowohl adjektivisch (*il est loivre*) als auch nominal (*quel loivre!*) verwendet werden kann. Weitere Hinweise, die diese Hypothese bekräftigen, finden sich bei GIRAUD (2010 [1989]). Dieser erwähnt in seinem Werk *L'argot du bistrot* die Wendung *faire les louaves* bzw. *faire les loivres* und gibt beide Schreibvarianten an (vgl. GIRAUD 2010 [1989], 149). Dass es sich um eine fehlerhafte Einschätzung RIGAUDS handelt, könnte auch durch die Tatsache bekräftigt werden, dass das Lexem *louave* lediglich von LARCHEY (1883, 91 und 1889, 140)[121] übernommen wurde (vgl. Abschnitt 5.1.; Abb. 2: Quellenbelege in der zweiten Hälfte des 19. Jahrhunderts (1858 bis 1897)).

Hinsichtlich der von RIGAUD (1878) angeführten Suffixe (das sind *-em*, *-é*, *-lem*, *-sem*, *-uche*, *-much*, *-fum*, *-fuch*, *-pi* sowie die weiter oben angezweifelte Endung *-ave*) lässt sich eine weitere Auffälligkeit beobachten. RIGAUD ermittelt Suffixe, die zum Teil noch Elemente aus dem Stamm-Morphem enthalten. Das ist beispielsweise bei *-sem* der Fall: Das Graphem <s> gehört noch zum Morphem *sous* > *lous* + *s* + *em*. Dasselbe gilt für das Suffix *-fum* (*femme* > *lem[m]* + *f* + *um*) sowie für *-much* (*mouchard* > *louchar[d]* + *m* + *uch*). Bei den Endungen *-lem*, *-fuch* und *-pi* gibt RIGAUD keine konkreten Beispiellexeme an, dennoch kann davon ausgegangen werden, dass die Konsonanten <l>, <f> sowie <p> nicht zum Suffix, sondern zu den jeweiligen Stamm-Morphemen gehören.

Hinsichtlich der von RIGAUD (1878) erwähnten Form *lésé*[122] kann festgehalten werden, dass es sich um ein gebundenes Morphem (Präfix) handelt, welches –

---

121 Es sei hier angemerkt, dass das Wort *louave* im alphabetischen Wörterbuch auftaucht (1883 und 1889), jedoch weder im angefügten *Répertoire argotique du langage déformé* (1883, 167-182) noch im *Glossaire du largonji* (1889, 262-279) zu finden ist.

122 Die Form *lésé* soll, laut RIGAUD, aus dem argotischen Lexem *lésée* ‚Prostituierte' entstanden sein: „**Lésée**, **Lésébombe**. Fille publique, – dans le jargon des voyous" (RIGAUD 1881, 225; Herv. i. O.). Entstanden im spezifischen Argot der Kriminellen soll die Form *lésé* anschließend von der Sprechergruppe der Metzger übernommen worden sein. RIGAUD erwähnt hierzu folgende Beispiele: „Les bouchers disent: *lesélem* ou *lesélumfum*, *léséslemfuch*, en ajoutant *lem*, *lumfum*, ou *lemfuch*; *fum* et *fuch* sont pour *fumelle*, altération de *femelle*" (ebd.; Herv. i. O.). Meines Erachtens liegt hier ein Interpretationsfehler vor. Die Formen *lesélumfum* bzw. *léséslemfuch* basieren – nicht wie von RIGAUD angenommen – auf das Ausgangslexem *femelle* bzw. *fumelle*. Vielmehr sehe ich die Louchebemisierung des Wortes *femme* als Basis: *femme* > *lemmefem* bzw. *lemmefuch*; dies ergibt mit Hinzufügung der Form *lésé* als Präfix *lemmefem* bzw. *lemmefuch* > *lésélemmefem* bzw. *lésélemmefuch*. Die Form *lésé* wird also lediglich als

wenn man den Ausführungen CELLARD / REY (1991, 488) Glauben schenken möchte – zwischen 1880 und 1910 sehr in Mode war. Die Elemente *lésélemfum* und *linvé lésé loussem* (man müsste vielmehr *linvé léséloussem* schreiben) sind getarnte *largonji*-Formen, denen man als zusätzliches Verdunklungselement das Präfix *lésé* hinzufügt hat. Dieses Präfix wird oft an einsilbige, bereits durch den *largonji* verschleierte Formen angefügt (vgl. ESNAULT 1965, 388). Tatsächlich lassen sich im *Répertoire argotique du langage déformé* von LARCHEY (1883, 175) zahlreiche Beispiele finden, wie etwa einsilbige Lexeme, die mit dem Buchstaben <l> beginnen (z. B. *lésélacès* < lac, *lésélampem* < lampe, *lésélonguem* < long) sowie weitere einsilbige Lexeme, die mit einem anderen Konsonanten beginnen (z. B. *lésélosdès* < dos und *léséloupoc* < pou).[123]

Kommen wir nun zurück zu LARCHEY, der im Anschluss an seinen zahlreichen Ausgaben der *Excentricités du langage* einen *Supplément aux neuvième et dixième éditions du dictionnaire d'argot* (1883) veröffentlicht. Hierin verwendet LARCHEY erstmals den Begriff *largonji* und erläutert diesen in seiner *Introduction* ausführlich. Der Wortlaut der wichtigsten Passage von LARCHEYs Erläuterungen sei hier wiedergegeben:

> C'est de la même source [= M. Gustave Macé] que nous provient un glossaire particulier du *langage déformé* que nous avons pris le parti de publier à la fin du volume. C'est le premier qui ait [sic!] été jamais publié, je le crois du moins. [...]. Il [= le procédé] consiste à substituer la lettre *l* à la première consonne qu'on reporte à la

Füllglied, d. h. als zusätzliches Verdunklungselement innerhalb louchebemisierter Lexeme hinzugefügt. Dabei verliert die argotische Form *lésé* ihre ursprüngliche Bedeutung ‚Prostituierte'.

Eine weitere Hypothese bezüglich des Ursprungs der Form *lésé* wird von ESNAULT (1965, 388) aufgestellt. In seinem Wörterbuch ist zu lesen: „Développement des prosthèses puériles et illettrées: *les effets, mes leseffets* ; *l'estomac, les estomacs, mon lézestoma.* » (ebd.). Das Element *lésé* wird als Prothese gedeutet und aus der *liaison* zwischen definiten Pluralartikel und vokalisch anlautenden Wort stammen.

123 RIGAUD veröffentlichte posthum zwei weitere Ausgaben seines Wörterbuches (*Dictionnaire d'argot morderne* 1881 und *Dictionnaire d'argot morderne. Nouvelle édition avec supplément* 1888). Die in der Fassung von 1878 aufgenommen *largonji*-Einträge finden sich in identischer Form weiterhin in den zwei späteren Ausgaben. In der Ausgabe von 1881 kommen lediglich die Einträge *lacromuche*, *linvé*, *loufoque* und *loupate* hinzu; im *supplément* der letzten Ausgabe von 1888 wird ebenso *laranteqúe* erwähnt.

fin du mot. (Exemple: *lacarmevé* pour *vacarme*), ou avant la dernière voyelle. (Exemple: *alichfer*[124] pour *afficher*).

Le report de consonnes se fait indifféremment avec accompagnement des finales *é*, *em*, *ès*, *oc*, *ique*, *uche*. (Exemples: *alieudé* pour *adieu*, *alocetré* pour *atroce*, *aluserbem* pour *abuser*, *lacbem* pour *bac*, *lacefem* pour *face*, *eboulercrès* pour *écrouler*, *labactès* pour *tabac*, *emloipluche* pour *emploi*, *entrelolsoc*, *enlonnoirloc* pour *entresol* et *entonnoir*. On voit par *alieudé* et *lacarmevé*, que la consonne reportée sans désinence s'écrit comme on la prononce.

Quand il y a deux consonnes semblables, la lettre *l* semble ne les remplacer qu'en en supprimant une, (*alaparcer* pour *accaparer*, *alareilpé* pour *appareil*). – Lorsque le mot commence par *in*, *en* ou *an*, c'est la seconde consonne qui est remplacée par la lettre *l* (*inlénieurgem* pour *ingénieur*). – Si la lettre *l* se trouve en présence de trois consonnes réunies, elle se reporte à la suivante (*entrelolsoc* pour *entresol*).

Par exception, la consonne transposée se reporte aussitôt après la voyelle suivante. Exemple: *alibme* pour *abîme*. – Par exception, la lettre *l* peut remplacer deux consonnes non semblables, exemple: *elamotercès* pour *escamoter*.

Le *c* reporté s'adoucit. Ainsi *écarter* se prononce *élartercès*, tandis qu'il devrait se prononcer *élarterkès*; *élolecès* devait [sic!] aussi se prononcer *élolekès*.

Si la consonne à remplacer par *l* se trouve précisément être une [sic!] *l*, on reporte la substitution à la seconde consonne du mot. Exemples: *enlelervem* pour *enlever*, *lalinpuche* pour *lapin*.

D'autres mots échappent à toute règle de composition, pour ne citer que *léselucès* (cul) et *lajemcrès* (jamais), mais ils sont en petit nombre.

Ces courtes remarques ne sauraient passer pour des indications de règle; il est probable même que cette règle n'existe pas, et que les désinences sont la plupart du temps variées selon le caprice du parleur. Cette sorte d'argot fut d'abord connue sous le nom *d'argot des bouchers* (il aurait pris naissance dans cette corporation). On l'appelle aussi *largonji* (c'est le mot *jargon* déformé par l'adjonction de *l* et *i*). Il a, comme le javanais, le défaut d'allonger tous les mots, et veut être débité fort vite pour être inintelligible. Sous ce dernier rapport, les enfants priment les grandes personnes (LARCHEY 1883, VI-VII).

LARCHEYs Erklärungen zum *largonji* sind zweifelsohne bisher am ausführlichsten und sollen von einem Informanten, Gustave MACÉ, einem ehemaligen französischen Polizeichef, stammen. Doch die zahlreichen zur Veranschaulichung des

124 Bei der Form *afficher* > *alichfer* wurde das Graphem <l> nicht – wie bei konsonantisch anlautenden Lexemen am Anfang des Wortes gesetzt – sondern erst nach dem Initialvokal eingeschoben (siehe diesbezüglich auch Abschnitt 7.3.2.3. Typologie: Vokalisch anlautende Lexeme).

Phänomens angeführten Beispiellexeme erwecken sofort den Eindruck, es seien von LARCHEY selbst konstruierte, fiktive Formen. Dafür spricht die Tatsache, dass – bis auf das Lexem *largonji* – keine von ihnen in der chronologischen Übersicht der Quellenbelege des *largonji* (vgl. Abschnitt 5.1.) ermittelt werden konnten. Auch am Ende seines *Nouveau Supplément* (1889) widmet LARCHEY dem *largonji* einige Seiten (*Vocabulaire du largonji*, 261-279). Seine Darstellungen sind mit derer aus dem *Supplément* (1881) identisch; LARCHEY präzisiert lediglich – wie weiter oben bereit erläutert, dass der *largonji* seit 1850 bei den „lorettes" in Mode war: „Il [= le *largonji*] était en vogue dès 1850 chez les lorettes" (LARCHEY 1889, 263). Für die Vermutung, LARCHEYs Glossar beruhe auf künstlichen Formen des *largonji*, lässt sich noch ein weiterer Anhaltspunkt geltend machen. In MACÉs Werk *Mes lundis en prison* (1889) ist ein nach Sachbereichen kompiliertes Glossar mit argotischem Wortmaterial abgebildet (249-265), welches lediglich zwei nach den Regeln des *largonji* modifizierte Formen beinhaltet: Es sind *largue* ‚femme' (1889, 249) sowie *labatrock* ‚tabac' (1889, 263). Es ist höchst verwunderlich, dass beispielsweise unter dem Wort *prison* die Form *Lorcefé(e)* und unter dem Wort *boucher* die Form *loucherbem* nicht erscheinen. Auch DELAPLACE / LA RUE (2010) fällt im Rahmen seiner Untersuchungen zu Argot-Wörterbüchern ein Urteil zur inhaltlichen Qualität des Wortmaterials in MACÉs Glossar:

> Dans *Mes lundis en prison* (1889), ce policier [= Gustave Macé] avait publié un très mauvais lexique thématique français-argot de 17 pages qu'il présentait comme provenant d'un détenu de la Santé [...]. Il introduisait, parmi d'authentiques termes d'argot des hors-la-loi, d'autres relevant plutôt de la langue verte, d'autres provenant d'une tradition d'argot espagnol remontant au début du XVIIe siècle, d'autres fautifs [...] et d'autres passablement douteux parce que jamais attestés dans aucun usage ni avant ce recensement ni après [...]. Les spécialistes devront se prononcer un jour sur la fiabilité globale du témoignage [...] de Macé qui le produit dans *Mes lundis en prison* (DELAPLACE / LA RUE 2010, 16f.).

Beiden Werken LARCHEYs – dem *Supplément* (1883) sowie dem *Nouveau Supplément* (1889) – sind neben den theoretischen Erläuterungen zum *largonji* auch jeweils ein Glossar hinzugefügt worden (*Répertoire argotique du langage déformé* 1883, 167-182; *Vocabulaire du largonji* 1889, 263-279). Beide Glossare sind im Prinzip identisch; in jenem von 1889 sind wenige orthographische

Korrekturen vorgenommen worden. Der Eindruck, die Lexeme seien von LARCHEY selbst kreiert worden, verdichtet sich, wenn man bedenkt, dass die meisten *largonji*-Formen in keinem anderen Argot-Wörterbuch auftauchen, und zwar weder vor noch nach der Attestierung durch LARCHEY. Lediglich einige wenige Lexeme wie beispielsweise *lonbem*, *loucherbem*, *laquereaumuche*, *lierchem*, *latronpem* oder diverse Numeralia wie etwa *lingtvé*, *lixdé* oder *linqcé* sind auch in anderen Wörterbüchern attestiert. Mit Recht kritisiert folglich SAINÉAN (1912b) die Arbeit von LARCHEY: „[P]lus de neuf dixièmes [des termes] sont de simples inductions théoriques" (SAINÉAN 1912b, 52). Zudem bezeichnet SAINÉAN die Glossare LARCHEYs als „Albernheiten" und moniert den „puerilen Charakter solcher Bildungen": „Tous ces enfantillages trouvent leur pendant dans le vocabulaire du *largonji* [...] qui clôt le « Supplément » de Larchey. [...]. [O]n sera à même de juger du caractère puéril de ce genre d'exercices" (SAINÉAN 1912b, 51).

Wirft man einen erneuten Blick auf die chronologische Übersicht der Quellenbelege des *largonji* (vgl. Abschnitt 5.1.; Abb. 2: Quellenbelege in der zweiten Hälfte des 19. Jahrhunderts (1858 bis 1897)), so stößt man auf weitere Wörterbücher, wie beispielsweise dem von BARRÈRE (1887), VILLATTE (^{2}1888), VIRMAÎTRE (1894), LA RUE (1894) oder DELESALLE (1896), in denen teilweise neue *largonji*-Formen attestiert wurden. Beispielsweise etwa bei BARRÈRE (1887), der das Verb *lisserpem* ‚pisser' (1887, 234) sowie die Nomen *lutainpem* ‚putain' (1887, 238), *loncegué* sowie *lonceguem* ‚gonce' (1887, 235) aufführt. Die zwei letztgenannten Formen sind insofern interessant, als sie auf der Basis eines Lexems gebildet wurden, welches bereits in ANONYM [UN DÉTENU] (1846) belegt ist: Es handelt sich um das maskuline Wort *gonce* ‚un jeune homme, un individu quelconque' (1846, 243). Auch die feminine Form *goncesse* ‚femme, fille' ist hier bereits angegeben (ebd.).[125] Im Wörterbuch von BARRÈRE (1887) wird allerdings nur das Lexem *gonce* nach den Regeln des *largonji* modifiziert; die Genusmarkierung erfolgt vielmehr anhand der zwei unterschiedlichen Suffixe *-é*

[125] Bei DELVAU (1866) findet sich ebenfalls der Eintrag *gonce* allerdings mit einer Bedeutungsspezifizierung: „s. m. Homme quelconque du bois dont on fait les dupes, – dans l'argot des voleurs, qui on remarqué que les bourgeois se parfumaient [...]" (DELVAU 1866, 186f.). Das Lexem *gonzesse* wird bei DELVAU mit dem Graphem <z> geschrieben und bedeutet ‚femme en général, et, en particulier, maîtresse, concubine' (DELVAU 1866, 187).

und *-em*. So formuliert BARRÈRE (1887): „**Loncegué**, m. (thieves' and cads'), *man* ‚cove'; *master of a house*, ‚boss'. The word gonce disguised; **Lonceguem**, f. (thieves' and cads'), *woman*, or hay-bag; *mistress of a house*" (1887, 235; Herv. i. O.). Es kann festgehalten werden, dass beide Formen *loncegué* und *lonceguem* die ersten attestierten Formen des *largonji* sind, bei denen der Genusunterschied durch differenzierende Suffixe gekennzeichnet ist.

Die Wörterbücher von VIRMAÎTRE (1894) sowie von LA RUE (1894) weisen mehrere identische Lexeme für Geldbezeichnungen auf: Es handelt sich um *lasqué*, *lédé*, *lincé*, *linvé*, *levanqué* bzw. *lévanqué* sowie *loité*. Allen ist gemeinsam, dass sie höchstwahrscheinlich aus MACÉS (1889) argotischem Glossar kopiert wurden; die dabei von MACÉ begangenen Fehler wurden nämlich von VIRMAÎTRE (1894) et von LA RUE (1894) beim Kopieren ignoriert und reproduziert. Nach genauerer Analyse dieser Lexeme kann angemerkt werden, dass es sich fast ausschließlich um Hapax-Belege handelt.[126] Das Lexem *lasqué* ‚vingt centimes' (4 sous = 20 centimes) entspricht nicht der herkömmlicheren *largonji*-Form von *quatre*; es sollte vielmehr die Variante *latqué* < *quat'* (z. B. in *quat' sous*) favorisiert werden (vgl. DELAPLACE / LA RUE 2010, 241), in welcher der stimmlose Plosiv [t] realisiert wird. Diese orthographisch angemessenere Variante ist erst bei HAYARD (1907, 24) attestiert (vgl. Abschnitt 5.1.; Abb. 3: Quellenbelege im 20. Jahrhundert (1901 bis 1999)). Auch der abwegigen Form *lédé* < *deux* ‚10 centimes' (2 sous = 10 centimes) ist eine Variante zu bevorzugen, nämlich *leuxdé* (vgl. DELAPLACE / LA RUE 2010, 242f.), bei der der halbgeschlossene Vokal [ø] beibehalten wird. Diese Variante ist bereits bei LARCHEY (1883, 90), VILLATTE (^{2}1888, 169) sowie DELESALLE (1896, 163) belegt. Ab dem Anfang des 20. Jahrhunderts koexistiert eine weitere orthographische Nebenform, und zwar *leudé* (vgl. ROSSIGNOL 1901, 69; HAYARD 1907, 24). Das Lexem *lincé* < *cinq* ‚vingt-cinq centimes' (5 sous = 25 centimes) ist ebenso problematisch, da der stimmlose velare Ausgangslaut [k] nicht mehr artikuliert wird; die Variante *linqcé* ist dieser vorzuziehen (vgl. DELAPLACE / LA RUE 2010, 246) und erscheint bei ROSSIGNOL

---

[126] Lediglich die *largonji*-Form *linvé* wird von Autoren, die vermutlich nicht MACÉS (1889) argotisches Glossar als Quelle benutzt haben, in ihren Wörterbüchern erwähnt (vgl. unter anderem RIGAUD 1878, 1881, 1888; BARRÈRE 1887; VILLATTE ^{2}1888; LARCHEY 1889; VIRMAÎTRE 1894; DELESALLE 1896; LERMINA / LÉVÊQUE 1897; ROSSIGNOL 1901; HAYARD 1907, ANONYM 1907).

(1901, 69) sowie bei HAYARD (1907, 25). Bei der Form *linvé* < *vingt* ‚vingt sous' (20 sous = 1 franc) hingegen ist die orthographische Reduzierung weitaus weniger bedenklich, da die finalen Konsonanten <gt> nicht hörbar sind. Nichtsdestotrotz empfiehlt DELAPLACE die Variante *lingtvé* (vgl. DELAPLACE / LA RUE 2010, 246), die jedoch nur selten belegt ist. Eine ebenfalls zweifelhaft erscheinende Form ist *levanqué* bzw. *lévanqué* < *quarante* ‚2 francs' (40 sous = 2 francs) (vgl. ESNAULT 1965, 384). Diese muss laut DELAPLACE / LA RUE (2010, 244) als ein Hapax ausgewiesenes Lexem angesehen werden. Schließlich sei noch das Lexem *loité* < *trois* ‚quinze centimes' (3 sous = 15 centimes) erwähnt. Dieser *largonji*-Form fehlt der uvulare Frikativ [ʁ], sodass hier die orthographische Variante *loistré* vorzuziehen ist (vgl. DELAPLACE / LA RUE 2010, 248).

5.2.4. Die Entwicklung des *largonji* im Laufe des 20. Jahrhunderts

Gleich zu Beginn des 20. Jahrhunderts erscheint der *Dictionnaire d'Argot* von Gustave-Armand ROSSIGNOL (1901), einem ehemaligen Soldaten und Oberinspektor der staatlichen Sicherheitspolizei *Sûreté*. Dieses Werk verspricht viel zu enthüllen und wird von Esnault als „vivant" (ESNAULT 1965, XII) charakterisiert. Denn im Gegensatz zu den Wörterbüchern von VIRMAÎTRE (1894), LA RUE (1894) und DELESALLE (1896), die vieles kopiert haben und zahlreiche Errata verzeichnen, verspricht das Wörterbuch von ROSSIGNOL (1901) eine andere Herangehensweise. In der *Préface* schreibt ROSSIGNOL nämlich:

> Les dictionnaires parus jusqu'à ce jour ont été faits par des écrivains qui n'étaient certes pas du monde où l'on emploie l'argot dans toutes les conversations. Il a fallu qu'ils recherchassent les mots dans le milieu ouvrier, chez les voleurs et souteneurs, ou dans des ouvrages anciens dont bien des termes sont maintenant inconnus. [...] Afin d'être au courant de l'argot, de le parler et le bien comprendre, il faut avoir été en rapport constant avec le monde des voleurs et souteneurs, comme je l'ai été de par mes fonctions pendant plus de vingt ans (ROSSIGNOL 1901, IV-V).

Als Kenner des Milieus sieht sich ROSSIGNOL in der Lage, die begangenen Fehler der früheren Argotographen bzw. Argotologen – wie beispielsweise veraltete Lexeme oder fehlerhafte Bedeutungen – zu korrigieren. Für diese Aufgabe erklärt ROSSIGNOL, wie er vorgegangen ist:

> Pour que ce dictionnaire soit vrai et aussi complet que possible, je ne me suis servi que de ma mémoire; j'avais, à cet effet, depuis plusieurs années, toujours dans mes

poches un crayon et un petit cahier de papier sur lequel j'inscrivais les mots qui me semblaient bons à retenir (ROSSIGNOL 1901, VI).

Richtet man nun den Blick auf das in ROSSIGNOLs Werk zusammengetragene argotische Material, so entdeckt man bereits in der *Préface* eine relativ ausführliche Erläuterung zum „Argot de boucher“[127] (ROSSIGNOL 1901, VII-XI). Es handelt sich um einen Erklärungsversuch, in dem, soweit ersichtlich, zum ersten Mal nicht nur grundlegende Informationen bezüglich der Sprecher bzw. Sprechergruppen und der Funktionen der Geheimsprache enthüllt werden, sondern auch ein Einblick in die Sprache anhand von Satzbeispielen mit entsprechenden Übersetzungen gegeben wird. Aufgrund der Neuartigkeit der Informationen werden im Folgenden die relevantesten Passagen des Originaltextes Rossignols wiedergegeben:

L'ARGOT DE BOUCHER

C'est un argot à part, qui se parle le plus souvent dans les abattoirs, échaudoirs et boutiques de débitants dites étaux.
La caissière de l'étal est presque toujours au courant de ce jargon qui sert entre elle et les étaliers pour se moquer d'une cliente, la surfaire sur le poids, sur le prix de la viande, ou encore la tromper sur le morceau qu'elle demandera.
Si une ménagère demande un gigot frais et tendre, le chef étalier ou le patron dira à celui qui servira:
Lonned**aime** **l**eluic**aime** **l**uiq**é** **l**uep**oque** **l**errierd**aime** la **l**ortep**uche**.
Ce qui veut dire:
Donne celui qui pue, derrière la porte.
Il arrive aussi que la cliente, qui a compris, répond [sic!]:
Lis**aime** il **l**uep**aime** **l**ardeleg**aime** **l**ourp**é** **l**oit**in**.
S'il pue, garde-le pour toi (ROSSIGNOL 1901, Préface VII-IX; Herv. i. O.).

ROSSIGNOL bestätigt zunächst, dass der *argot de boucher* auch von der Kassiererin des Metzgereigeschäfts verstanden und gesprochen wird. Er nennt zudem als erster die Situationen, in denen auf jene Geheimsprache rekurriert wird: Der *argot de boucher* wird dann verwendet, wenn man die Absicht verfolgt, sich über die Kundschaft mokieren, sie mit dem Preis betrügen oder ihr ein anderes, meist

127 ROSSIGNOL verwendet den Begriff *largonji* in seinem Wörterbuch nicht. Der Eintrag *largoji* (vgl. Abschnitt 5.1.; Abb. 3: Quellenbelege im 20. Jahrhundert (1901 bis 1999)) wird mit *argot* übersetzt (ROSSIGNOL 1901, 68), was jedoch ein Fehler zu sein scheint. Es sollte vielmehr *largonji* 'jargon' heißen.

minderwertiges Fleischstück verkaufen zu wollen. Die Leser*innen erfahren des Weiteren, dass die Kundschaft zum Teil in der Lage ist, diesen Argot zu verstehen und sogar zu sprechen:

> En portant un peu d'attention, il n'est pas difficile de comprendre.
> Cet argot consiste à toujours remplacer la première lettre du mot que l'on prononce par un **l** et rapporter la lettre remplacée à la fin du mot, en y ajoutant une de ces terminaisons **oque**, **aime**, **muche**, **qui**, **é**, **ji**, **in**, ou **veule**.
> Le mot **boucher**, qui se prononce habituellement **l**ouchéb**aime**, peut aussi être terminé par **oque** ou **ique**.
> Il est impossible de bien orthographier, ou alors on prononcerait mal.
> Ainsi, si l'on mettait la lettre **r** au mot **boucher**, on dirait forcément **l**ouchèreb**aime** et non **l**ouchéb**aime**.
> On ne peut l'écrire que comme on le prononce: **bouché**, **argo**, **taba**, **gigo**, et non **bouchère**, **argote**, **tabaque**, **gigote**.
> Pour les mots qui commencent par certaines lettres, notamment **l**, qu'on ne peut argoter, on dit le mot tel en y ajoutant la terminaison **veule**, **muche** ou **mique**: lui, lui**voque**; loi[128], loi**mique** ou loi**muche**; gratis, gratis**muche** ou gratis**mique**.
> On tourne aussi la difficulté en remplaçant la deuxième lettre du mot au lieu de la première toujours par **l**. Par exemple, pour le mot **écarté**, on dira: é**l**artec**aime**, **émoussé**, é**l**oussém**ique**: etc.
> Où ce jargon devient difficile à comprendre, c'est lorsque l'argot ordinaire est argoté en argot de boucher, tel que ci-après:
> *Le pive du bistro ne vaut que nib.*
> Ce qui veut dire: le vin du marchand ne vaut rien.
> En argot de boucher on dira:
> Le **l**ivep**aime** **l**ud**oque** **l**istrob**aime** **l**en**ique** **l**auv**oque** **l**eq**aime** **l**ibn**é**.
> [...] (ROSSIGNOL 1901, Préface VII-IX; Herv. i. O.).

In ROSSIGNOLs Erklärungen der Bildungsregeln tauchen dennoch anzweifelbare Formen auf, wie etwa die von *boucher* ausgehenden Wörter *louchéboque* oder *louchébique*, die sonst nirgends verzeichnet wurden: „Le mot **boucher**, qui se prononce habituellement **l**ouchéb**aime**, peut aussi être terminé par **oque** ou **ique**" (ebd.; Herv. i. O.). Ebenso ist dies der Fall bei den vokalisch endenden einsilbigen Lexemen *lui* > *luivoque*, *loi* > *loimique* bzw. *loimuche* und bei denen, die mit

[128] Hier liegt vermutlich ein Tippfehler vor: ROSSIGNOL könnte das Personalpronomen *moi* gemeint haben. Die Form *loimique* bzw. *loimic* < *moi* ist nämlich ebenso bei BRUANT (1901, 177) in einem Satzbeispiel belegt: „*Donne-moi quarante francs* se dira en argot: *File-moi deux ciques*; en largonji: *Lilfême loimic leudé ligcé*".

einem Vokal beginnen wie etwa *écarté* > *élartecaime*[129] sowie *émoussé* > *éloussémique*. Neben der in der *Préface* aufgeführten Lexeme erscheinen weitere *largonji*-Formen im Wörterbuch selbst. Erstmals wird *lironjaime* < *girond* 'bien, beau' belegt.[130] Zudem ist eine Liste mit Numeralia innerhalb des Eintrags *linvé* 'vingt' gegeben (ROSSIGNOL 1901, 69; vgl. Abschnitt 5.1.; Abb. 3: Quellenbelege im 20. Jahrhundert (1901 bis 1999)).

Im selben Jahr wie ROSSIGNOLS Argot-Wörterbuch (1901) erscheint *L'argot du* XXe *siècle – Dictionnaire français-argot* von Aristide BRUANT (1901). Dieses Wörterbuch beherbergt eine Reihe neuer *largonji*-Formen wie etwa das Adverbial *enlorkès, enlorkem, enlorkic* < *encore*, das Adjektiv *lauxfème* bzw. seine apokopierte Form *lof* < *faux* sowie die Nomina *loubé* < *bout* und *luctrème* < *truc*. Besonders interessant ist zudem die Attestierung der Negationspartikel *pas* > *lapuche*, denn zum „Kernwortschatz" (SIEWERT 2003, 25f.) des *largonji du louchébem* gehören in aller Regel bedeutungstragende Wortarten wie vor allem Substantive, aber auch Verben oder Adjektive. Funktionstragende Wortarten wie zum Beispiel Konjunktionen, Präpositionen, Determinanten oder Pronomen (bis auf Numeralia[131]) werden seltener nach den Regeln des *largonji* kodifiziert.[132] Die Studie von PETIPAS (1994), in der *largonji*-Formen aus Romanen, Presseartikel und Comics analysiert wurden, sowie die Studie von HARDY (2017a), in der geheimsprachliches Material aus Webseiten von Metzgereien untersucht wurde, liefern diesbezüglich übereinstimmende Ergebnisse.

Im Jahre 1907 wurden drei weitere Argot-Wörterbücher veröffentlicht. Besonders dasjenige von FRANCE stützt sich auf frühere lexikographische Werke und bringt keine neuen *largonji*-Formen hervor. „[J]e n'ai fait, je l'avoue modestement, que copier le travail d'autrui, je me suis aidé de l'œuvre de mes devanciers, et si j'ai

---

[129] Die *largonji*-Form für das Verb *écarter* erscheint lediglich in den beiden *largonji*-Glossare LARCHEYS und zwar mit einem anderen Suffix (vgl. Eintrag *élartercès* in LARCHEY 1883, 168 sowie 1889, 263).

[130] Das Adjektiv *lironjaime* kennt auch eine feminine Form. Diese wird allerdings erst 1991 zum ersten Mal in Wörterbuch von CELLARD / REY (1991, 493) belegt: „**lirondegème**. En parlant d'une femme: belle, attirante" (Herv. i. O.).

[131] Numeralia werden häufig louchebemisiert, wie beispielsweise *deux* > *leudé*, *quat'* > *latqué*, *vingt* > *linvé*, *quarante* > *larantequé* (vgl. DAUZAT 1929, 122).

[132] MANDELBAUM-REINER (1991, 38) nennt folgende Beispiele für Funktionswörter: *pas* > *lapem*, *moi* > *loimé*, *toi* > *loité*.

ajouté quelque trouvaille au répertoire, c'est en si petite quantité que je ne peux ni ne veux m'en prévaloir" (France 1907, Introduction, *sine pagina*). Wirft man einen genaueren Blick auf die einzelnen Einträge, wird deutlich, dass France sich vor allem auf die Ergebnisse namhafter Wörterbuchautoren wie etwa Delvau (1866), Richepin (1881), La Rue (1894), Bruant (1901) sowie Rossignol (1901) verlässt. Auch finden sich bei drei Einträgen fehlerhafte *largonji*-Formen: *lachème* < *vache* (1907, 191) müsste vielmehr *lachevème* heißen; *lenguetré* < *trente* (1907, 198) müsste *lentetré* lauten[133]; sowie *lutinapème* < *putain* (1907, 207) müsste in Wirklichkeit als *lutainpème* angeführt werden. Des Weiteren markiert France die Form *lougé* als dem *largonji* gehörend: „**LOUGÉ**. Âgé: déformation de ce mot par le procédé *loucherbème*" (1907, 204; Herv. i. O.). Hier liegt zweifelsohne ein Schreibfehler vor, die auf einen Kopierfehler des Graphems <n> anstatt <u> zurückgeht. Diese ist auch bereits bei Halbert d'Angers (1849, 22) zu finden. Es handelt sich eigentlich um das Wort *longé* ‚âgé' (vgl. Chereau 1849, 18 bzw. Delesalle 1896, 165; vgl. Lermina / Lévêque 1897, 5). Korrigiert wurde dieser Fehler erstmals von Sainéan (1912a, 209 „*Lougé* (sic), âgé"; 1912b, 388 „[Lougé] = longé").

Im selben Jahr veröffentlichte Napoléon Hayard seinen *Dictionnaire Argot-Français*, in dessen *Notice* sein Mitarbeiter Marius Réty vorwegnimmt:

> On ne rencontrera dans ce dictionnaire, que des termes *actuellement en usage*. Nous n'avons pas cru devoir faire figurer les locutions qui ne sont que des mots français déformés, dont on a seulement altéré le préfixe et la terminaison, comme le *javanais* ou l'argot de *louchébem*. Ces locutions appartiennent à divers jargons et non au véritable argot (Hayard 1907, 6; Herv. i. O.).

Erstaunlicherweise werden 18 Lexeme, die nach dem Mechanismus des *largonji du louchébem* modifiziert wurden, im Wörterbuch aufgeführt; und das trotz der Ankündigung Rétys, keine Formen des *louchébem* erwähnen zu wollen, da, in Rétys Augen, diese nicht zum „véritable argot" gehören. Darunter sind jedoch keine neuen Lexeme enthalten. Vielmehr findet sich ein bisher häufig tradierter

133 Das Lexem *vache* ist bereits bei Bruant (1901, 275) mit der Form *lachevé* attestiert; die *largonji*-Form *lenguetré* ist vermutlich aus Barrère (1887) kopiert worden. Dort findet sich den Eintrag „**Lenquetré**, m. (thieves'), *thirty sous*. The word "trente" disguised" (Barrère 1887, 226; Herv. i. O.). Dieser Eintrag konnte in keinem anderen Wörterbuch gefunden werden.

Kopierfehler: Das bereits im vorherigen Kapitel zweifelhaft erscheinende Lexem *levanqué* (HAYARD 1907, 25) wurde vermutlich aus MACÉ (1889) bzw. VIRMAÎTRE (1894) kopiert und nicht korrigiert.

Während des Ersten Weltkrieges widmeten sich Wissenschaftler, Literaten und Journalisten der Sprache der sogenannten *Poilus*, Männer, die ab 1914 zum Kriegsdienst einberufen wurden. Um ihre Umwelt, das sind beispielsweise Waffen, Kriegsgeräte, Ausrüstungen oder auch Tabuphänomene wie den Tod, den Alkoholkonsum, im Allgemeinen alle Gräueltaten des Krieges zu bezeichnen[134], verwendeten die Poilus ihren eigenen Argot, den sogenannten *argot des poilus* bzw. *argot des tranchées*. Es sind vor allem DAUZAT (1918) und ESNAULT (1919), die diesen Argot im Rahmen von Feldforschungen untersucht haben: „[S]eule une enquête entreprise au cours de la troisième année du grand conflit était susceptible de mettre en lumière la formation et l'évolution du lexique, son renouvellement, et surtout sa variété" (DAUZAT 1918, 3). Der *argot des poilus* weist neben zahlreichen Entlehnungen (die durch den Kontakt mit anglo- und germanophonen sowie kolonialen Armeekorps bedingt sind) Formen des *langage populaire* der Arbeiter, des *argot parisien*, Regionalismen sowie Lexeme aus dem Kasernen-Jargon auf:

> [L'argot de la guerre], c'est la transformation de l'argot de caserne, profondément modifié par la vie guerrière, enrichi par les apports de l'argot parisien, des provincialismes de bonne frappe et des mots exotiques que nos troupes ont empruntés aux contigents coloniaux et étrangers, ou aux populations indigènes avec lesquelles ils ont été en contact dans des expéditions lointaines. Il est infiniment varié suivant les corps et les armes, suivant les secteurs et les régions; il s'est renouvelé constamment depuis le début de la guerre; il est, en un mot, mobile et changeant comme la vie elle-même (DAUZAT 1918, 27).

Durch den Einfluss der Arbeitersprache sowie des *argot parisien* verwundert es also nicht, dass im *argot des tranchées* ebenso *largonji*-Formen verzeichnet sind. Obwohl ihre Anzahl jedoch gering ist – „Cet argot [= l'argot des bouchers], qui a

[134] Der Wortschatz der Poilus ist durch folgende kriegstypische Situationen und Erscheinungsbilder gekennzeichnet: „[L]'héroïsme et les souffrances de la guerre, les mille petites misères et petites joies de chaque jour, les espoirs et les tristesses, les sympathies et les antipathies du soldat" (DAUZAT 1918, 26). Weiter heißt es: „Les mots créés par les soldats, au cours de la guerre, sont enfin des documents psychologiques du plus haut intérêt: ils dénotent l'état d'esprit d'un peuple, du peuple en armes" (DAUZAT 1918, 27).

pénétré profondément le langage des malfaiteurs contemporains, a laissé seulement quelques traces dans l'argot actuel de la guerre" (DAUZAT 1918, 195) –, erscheint es lohnenswert zu klären, ob spezifische, durch den Kriegkontext bedingte *largonji*-Formen vorhanden sind und/oder ob eine Veränderung der Wortbedeutung, die ebenso mit dem Kriegskontext einhergeht, angezeigt wird.

Nach Konsultation von sechs Wörterbüchern, die den *argot des poilus* näher untersucht haben – das sind im Einzelnen SAINÉAN (1915), ANONYM (1916), ANONYM (1917), DAUZAT (1918), DÉCHELETTE (1918) sowie ESNAULT (1919) – konnten 18 Lexeme, die gemäß dem Mechanismus des *largonji du louchébem* modifiziert wurden, gefunden werden (vgl. Abschnitt 5.1.; Abb. 3: Quellenbelege im 20. Jahrhundert (1901 bis 1999)). Einige sollen hier näher besprochen werden. Im *argot des tranchées* befinden sich Lexeme, die bereits in früheren Wörterbüchern attestiert wurden, und dieselbe Bedeutung beibehalten haben. Sie gehören dem *argot parisien* an und waren bereits vor der *Grande Guerre* geläufig. Das sind etwa *louchébème* bzw. *louchébem* ‚boucher' (SAINÉAN 1915, 150; ANONYM 1916, 176) bzw. ‚boucher, marchand de viande' (ANONYM 1917, *sine pagina*), *loufoque* und seine apokopierte Form *louf* ‚fou, toqué, bizarre, idiot, abruti, crétin' (DAUZAT 1918, 268; DÉCHELETTE 1918, 129f.; ANONYM 1916, 176) sowie die bedeutungsgleiche Kontamination *louftingue* (*louf* + *tingue*; Variante von *dingo* ‚fou, fêlé'; patois lorrain; vgl. SAINÉAN 1915, 143; 150; DAUZAT 1918, 268; DÉCHELETTE 1918, 130; ANONYM 1916, 176; ANONYM 1917, *sine pagina* ‚homme à moitié idiot'). Die bisher üblichen *largonji*-Formen mit der Bedeutung ‚sou' bzw ‚pièce de vingt sous' waren *loussem* (etwa bei RIGAUD 1878, 195; BRUANT 1901, 59 oder FRANCE 1907, 205) bzw. *loussoc* oder *loussé* (BRUANT 1901, 59). Gemäß SAINÉAN (1915, 150), verwendeten die Poilus hingegen das Wort *lousse* für ‚sou' bzw. ‚pièce de cinq centimes'. Hier liegt die Vermutung nahe, dass entweder ein Schreibfehler vorliegen könnte (Akzentfehler); denn das Lexem *lousse* ist bereits seit 1827 (ANONYM [UN MONSIEUR COMME IL FAUT] 1827, 38) mit der Bedeutung ‚gendarmes, gendarmerie' attestiert; oder es handelt sich um die apokopierte Form [lus] von *loussem*, *loussoc* bzw. *loussé*.

Auch die *largonji*-Form *linvé* ist erfasst worden. Sie ist das einzige Wort für Numeralia (Geldbezeichnung), welches in mehreren Wörterbüchern des *argot des poilus* erscheint (wie etwa bei SAINÉAN 1915, 150; ANONYM 1916, 175; ANONYM

1917, *sine pagina*). Andere im Pariser Argot geläufige Numeralia wie beispielsweise *larantqué, latqué, linqcé* etc. konnten nicht gefunden werden. Die Form *linvé* erfährt jedoch eine Bedeutungsveränderung: Die ursprüngliche Vorkriegsbedeutung ‚vingt sous' (20 sous = 1 franc)' (wie etwa noch bei ROSSIGNOL 1901, 69; BRUANT 1901, 443 oder FRANCE 1907, 201) wird bei den Poilus nicht weiter tradiert. Im *argot des tranchées* verliert *linvé* den Wert von zwanzig Sous bzw. einem Franc und ist gleichzusetzen mit ‚franc' als Währung (vgl. SAINÉAN 1915, 150; ANONYM 1916, 175). Es liegt hier folglich eine Bedeutungsverallgemeinerung vor. Eine Bedeutungsverschiebung hingegen ist bei dem Lexem *loupaque* vorhanden, dessen Bedeutung bisher ‚pou' war (vgl. BRUANT 1901, 365). Diese Schädlinge waren nicht nur in Schützengräben, sondern auch in den Betten der Soldaten zu finden. Im *argot des poilus* nimmt *loupaque* die Bedeutung ‚punaise' an (vgl. ANONYM 1916, 176), vielleicht aufgrund des im militärischen Argot vorhandenen Lexems *punaise de caserne* mit der Bedeutung ‚fille qui fréquente les soldats" (vgl. TLFI, Eintrag *punaise*). Die Bedeutung der *largonji*-Form *larqué* bzw. seine orthographische Variante *lartqué* ‚quart' (vgl. FRANCE 1907, 196) erfährt eine Bedeutungsverengung: Für die Soldaten ist *larqué* ein Viertelliter ‚quart de litre' bzw. ‚quart pour boire', vorzugsweise Wein – „un demi-larqué de pinard" (ESNAULT 1919, 311f.; orthographische Variante *larqubèm*). Diese Bedeutungsverengung geht zweifelsohne mit der Einführung des sogenannten „quart de vin" als tägliche Alkoholration für jeden Soldaten einher.[135]

Die Wörterbücher zum *argot des poilus* verzeichnen neben bekannten *largonji*-Formen und welche, die eine Bedetungsveränderung erfahren haben, auch neue Formen. So erwähnen zum Beispiel DAUZAT (1918, 196) und ESNAULT (1919, 312) das Wort *lacsé* < *sac*. Das Lexem *lageopem* < *pageot* ‚lit' (DAUZAT 1918, 196) bzw. seine orthographische Variante *lajopèm* ‚pajot' (ESNAULT 1919, 312) ist dem Kasernen-Jargon entnommen (vgl. DAUZAT 1918, 35f.). Weitere Neubildungen sind schließlich *loulepé* < *poule* (ESNAULT 1919, 328), *linarpème*

135 Im *Bulletin officiel du ministère de la Guerre. Service des subsistances militaires. Alimentation en campagne* datiert vom 2. April 1914 ist die Verpflegung der Soldaten im Ersten Weltkrieg geregelt. Die genauen Tagesrationen werden dort aufgelistet, darunter auch der „quart de vin" für jeden Soldaten (BULLETIN OFFICIEL DU MINISTÈRE DE LA GUERRE 1914, 64; Anhang: *Composition des rations de vivres*).

< *pinard* ‚vin' (Esnault 1919, 420), *en loucedoc* bzw. *en loucedé* < *en douce* ‚en secret' (Esnault 1919, 213), *lopé* < *peu* (Dauzat 1918, 196; Lautveränderung von [ø] zu [o]), *louqué* < *coup* ‚gorgée' („Viens prendre un louké"; vgl. Esnault 1919, 312) sowie *louque* ‚le verre à boire' (ebd.). Auch das Nomen proprium *Lochebé* < *Boche*[136] geht vermutlich auf die Zeit des Ersten Weltkrieges zurück, obwohl es keinen Beleg dieses Ethnonyms in Werken, die während dieser Zeit enstanden sind (etwa bei Dauzat oder Esnault), gibt. Vielmehr wird *Lochebé* erst in späteren Werken verzeichnet (vgl. Sandry / Carrère ^{10}1970, 142 sowie Colin / Mével / Leclère 1992 [1990], 363).

In der Zeit zwischen den beiden Weltkriegen erschienen unter anderem die Wörterbücher von Bauche (*Le langage populaire*, 1920), Lacassagne (*L'argot du « milieu »*, Erstauflage 1928, spätere Neuauflagen ^{2}1935 sowie ^{3}1948[137]) sowie Chautard (*La vie étrange de l'argot*, 1931). Es kann festgestellt werden, dass zum größten Teil bereits belegte Lexeme wiederaufgeführt wurden, wie etwa das Adjektiv *lerche* bzw. *lerch* < *lerchem* < *cher*, das bereits bei Hayard (1907, 24) belegt ist. Folgt man den Ausführungen von Chautard, so kann angenommen werden, dass um 1931 nur wenige *largonji*-Formen in Paris gebräuchlich waren: „Les mots ainsi transformés sont peu nombreux dans le langage parisien: une trentaine environ sont courants de nos jours" (Chautard 1931, 113). Vermutlich aus diesem Grund sind lediglich wenige neue *largonji*-Formen verzeichnet worden: das Lexem *lacson* < *pacson* ‚paquet' (Lacassagne 1928, 119), bei dem lediglich der Erstkonsonant durch das Graphem <l> ersetzt wurde ohne zusätzliche Ansetzung eines Suffixes[138]; das Numerale *leqcé* < *sept* (Chautard 1931, 422), welches als Variante zur Form *letsé* koexistiert und um 1930 sehr

136 Der Erstbeleg des Lexems *Boche* ist auf das Jahr 1862 datiert worden. Im *argot militaire* erscheint es wenige Jahre später und zwar im Jahre 1886 (vgl. TLFi, Eintrag *boche*).

137 Die drei Ausgaben des Werkes von Lacassagne unterscheiden sich nur minimal. In der zweiten Ausgabe von 1935 wurden drei neue Lexeme hinzugenommen: *lacsonpem* (^{2}1935, 116), *laranqué* (^{2}1935, 118) sowie *en loucedé* (^{2}1935, 121). Außerdem finden sich orthographische Varianten wie etwa *lerch* ohne finales <e> (^{2}1935, 119), *loucherbeme* bzw. *louchebeme* (^{2}1935, 121). In der jüngsten Ausgabe von 1948 sind lediglich zwei orthographische Varianten verzeichnet – *lacsompem* (^{3}1948, 111) sowie *loucherbême* (^{3}1948, 116); es wurden jedoch keine neuen *largonji*-Formen attestiert.

138 In der dritten Ausgabe von Lacassagne (^{3}1948) wird neben der einfachen Form *lacson* auch das nach dem Mechanismus des *largonji du louchébem* modifizierte Lexem *lacsompem* attestiert (Lacassagne ^{3}1948, 111).

geläufig war (vgl. Esnault 1965, 388). Schließlich seien noch die Nomina *lerfré* < *frère* (Chautard 1931, 653), *loinquès* < *coin* (Chautard 1931, 111), *loulquées* < *couilles* (Chautard 1931, 328), *loussegué* < *gousse (d'ail)* (Chautard 1931, 376) und *luquès* < *cul* (Chautard 1931, 383) erwähnt.

In der zweiten Hälfte des 20. Jahrhunderts scheint die Produktivität in der Bildung von *largonji*-Formen wieder zugenommen zu haben. Zahlreiche neue, bisher noch nicht belegte *largonji*-Formen konnten ermittelt werden. In *Le royaume d'argot* von Giraud (1965) wird der *argot* der Belote-Spieler dargestellt. Diese haben die Spielkartenfarben Karo (*carreauquem* < *carreau*), Kreuz (*léftré* < *trèfle*), Pik (*liquepé* < *pique*) sowie Herz (*leurqué* < *coeur*) nach den Regeln des *largonji* modifiziert (vgl. Giraud 1965, 112). Bei dem Lexem *carreauquem* fällt auf, dass das Anfangsgraphem kein <l> ist, was für den *largonji* üblich wäre. Es kann davon ausgegangen werden, dass hier ein Fehler vorliegt, da die Form *carreauquem* lediglich bei Giraud belegt ist. Die Lexeme *larreauquem* und *larreaukès* hingegen sind bei Colin / Mével / Leclère (1999, 463; 2010, 460) sowie bei Esnault (1965, 386) aufzufinden. Neben den Bezeichnungen für Spielkartenfarben tauchen viele heute noch gebräuchliche Lexeme wie beispielsweise *lamfé* < *femme* (Giraud 1965, 11), *laféqué* bzw. *laféquès* < *café* (Esnault 1965, 380f.), *larteaumic* < *marteau* (Esnault 1965, 386), *leurrebem* < *beurre* (Sandry / Carrère [10]1970, 141), *listrobem* < *bistrot* (Sandry / Carrère [10]1970, 142), *lauchem* < *chaud* (Marcillac 1968, 55), *laubiche* < *belle*[139] (Sandry / Carrère [10]1970, 140), *lanarqué* < *canard* ‚client difficile' (Caradec 1977, 144), *loific* < *foie* (Colin / Mével / Leclère 1992 [1990], 371) sowie *lardeuss* < apokopierte Form *pardess* < *pardessus* ‚manteau' (Esnault 1965, 385) erstmals auf. Die letztgenannte Form kennt eine phonetische Variante: *lardoss*. Ähnlich wie beim Lexem *lopé* < *peu* (vgl. Dauzat 1918, 196) – welches bereits weiter oben erwähnt wurde – findet hier eine Lautveränderung von [ø] zu [o] statt, denn die Aussprachevariante des halboffenen Vokals [ø] ist in der Pariser

139 Das Lexem *laubiche* bzw. *lobiche* steht nur für die feminine Form des Adjektivs *beau*, welches bereits zu einem deutlich früheren Zeitpunkt belegt werden konnte. Die maskuline Form *lobé* < *beau* ist, laut Esnault (1965, 393), bereits zu Beginn des 20. Jahrhunderts gebräuchlich. Auch hier koexistieren zahlreiche orthographische Varianten wie etwa *laubé* (z. B. bei Marcillac 1968, 166) oder *leaubé* (z. B. bei Caradec 1977, 145). Es sei hier noch angemerkt, dass Marcillac fälschlicherweise *laubé* als louchebemisierten Form von *morceau* angibt (Marcillac 1968, 166).

langue populaire weit verbreitet (vgl. ESNAULT 1965, 385). Auch das Derivat *lacsatif* < *lacsé* < *sac* ‚mille francs' scheint ab Ende der 1950er Jahre in Gebrauch gekommen zu sein (vgl. ESNAULT 1965, 380 sowie GIRAUD 1965, 34). Im Wörterbuch ESNAULTS (1965) sind schließlich *largonji*-Formen attestiert worden, die nicht nach dem klassischen Mechanismus gebildet worden sind. Es handelt sich um die Lexeme *lamedu*, *lampagne-du-cam*, *lardu*, *lavdu* und *locdu*.[140] Bestandteil aller fünf Formen ist das Infix *-du-*. So lässt sich erklären, dass das Lexem *lamedu* die Apokope der spezifischen, mit dem Infix *-du-* gebildeten *largonji*-Form *lame-du-ca* < *came* ‚marchandise prohibée' (vgl. TLFI, Eintrag *came*) ist. Dieser besonderer Tarnmechanismus sieht vor, das Erstgraphem <c> des Lexems *came* an das Wortende zu setzen (*came* > **amec*). Das für den *largonji* typische Graphem <l> wird dann in der Erstposition eingesetzt (*came* > **lamec*). Anstatt die Form – wie es üblich gewesen wäre – mit einem Suffix zu versehen, wird diese durch das Infix *-du-* erweitert (*came* > **lame-du-c*), bevor das Endglied, das – im Falle von *came* – der erste Vokal im Lexem ist, eingefügt wird (*came* > *lame-du-ca*). Dieses Endglied ist nicht zwingend nur ein Endvokal wie bei den Formen ***ca**me* > *lame-du-**ca*** > *lamedu*, ***cam**pagne* > *lampagne-du-**cam*** ‚campagne' oder ***ca**ve* > *lave-du-**ca*** > *lavdu* ‚sot'. Es kann auch ein Vokal gefolgt von einem Konsonanten oder einer Konsonantengruppe vorkommen, wie es etwa bei ***toque*** > **loquet* / **loct* > *loc-du-**toc*** ‚fou' bzw. ‚laid' und *quart-d'oeil* > ***quart*** > **lartqu* > *l'art-du-**quart*** > *lardu* ‚commissariat et commissaire de police' der Fall ist. In der ersten Ausgabe des Wörterbuches von COLIN / MÉVEL / LECLÈRE (1992 [1990], 368) wird eine weitere mit Infix *-du-* gebildeten *largonji*-Form belegt: die apokopierte Interjektion *ligodu* < *ligo-du-ji* bzw. *ligo-du-gi* < *gigo* < *gi* bzw. *jy* ‚oui, d'accord'. Im Wörterbuch von CELLARD / REY (1991, 482) taucht die Form *laronduba* < *baron* auf, die jedoch keine apokopierte Form kennt, weil sie im Argot wahrscheinlich nicht genug verbreitet war (vgl. ebd.). Es wird schließlich vermutet, dass das weiter oben bereits beschriebene Lexem *lardeuss* eine Kürzung der Infixform *l-ardess-du-pa* gewesen sein soll (vgl. COLIN / MÉVEL / LECLÈRE 1992 [1990], 362).

---

[140] Die Form *lampagne-du-cam* ist als einzige bereits früher belegt, und zwar im Wörterbuch von RICHEPIN (1881, 81). Auch ist sie eine der wenigen Formen, bei der keine Apokope gesichtet werden konnte. Die Lexeme *lamedu*, *lardu*, *lavdu* und *locdu* hingegen sind Apokopen und werden, soweit ersichtlich, bei ESNAULT (1965) zum ersten Mal attestiert.

5.2.5. Aktuelle Quellenbelege des *largonji*

Die allgemeinen Argot-Wörterbücher des 21. Jahrhunderts, wie etwa Dontchev (2000), Perret (2002), Gordienne (2004), Merle (2007), Doillon (2010) sowie die Neuauflage des *Dictionnaire de l'argot et du français populaire*[141] von Colin / Mével / Leclère (2010), registrieren viele der bisher bekannten *largonji*-Formen. Neue Lexeme werden nur vereinzelt benannt. Es fallen einige neue adjektivische Bildungen auf, wie beispielsweise die Konversion *lougeroque* bzw. *lougeroc* < *rouge* 'Glas Rotwein' (Merle 2007, 521; Alliot 2009, 61), das feminine Adjektiv *lurdoc* < *dure* (pour la viande) (Perret 2002, 368) oder *loirnoque* < *noir* (Merle 2007, 521), das auch metonymisch für 'Kaffee' verwendet werden kann (vgl. Alliot 2009, 60). Schließlich bietet Merle (2007, 518) einen Beleg für das vor allem im *argot des jeunes* auftauchende Adjektiv *lieuve* < *vieux*, das auch als Nomen mit der Bedeutung 'Eltern' verwendet wird. Neben diesen Adjektiven wird erstmals die vulgäre Interjektion *lerdemuche* < *merde* attestiert (Perret 2002, 368; Alliot 2009, 57). Einige weitere Vulgarismen konnten aufgedeckt werden, so etwa die Ausdrücke *lermefem ta leulgué* <*ferme ta gueule* 'Klappe halten' und *se faire laisébem* < *se faire baiser* 'reingelegt werden' und die Lexeme *luquesse* < *cul* 'Arsch', *loirpem* < *poire* 'Idiot, Dummkopf' bzw. *lanchetruche de loipème* < *tranche de poire* (identische Bedeutung) 'Idiot, Dummkopf', *lanchemess* < *manche* 'Trottel', *litbé* < *bite* 'Schwanz', *aller lissépem* < *aller pisser* 'pissen gehen' sowie *faire liéchem* <*faire chier* 'nerven, auf den Geist gehen' (Alliot 2009, 54, 58, 59, 60, 62; Merle 2007, 522). Außer im *louchébem*-Wörterbuch von Alliot (2009) bleibt die Neueinführung von Lexemen sehr sparsam: Doillon (2010, 198f.) erwähnt *lognopem* < *pognon* 'Knete' und *lopème* < *pot* 'Glück'. In Alliots Werk *Larlépem-vous louchébem? L'argot des bouchers* hingegen werden neben den bereits weiter oben genannten Vulgarismen auch eine Reihe neuer *largonji*-

[141] Die neueste Auflage des *Dictionnaire de l'argot et du français populaire* (2010) weist im Gegensatz zur vorherigen Auflage aus dem Jahr 1999 lediglich zwei neue *largonji*-Einträge auf: *laquereaumuche* (bzw. die Varianten *laqueraumé* sowie *laquereaumème* < *maquereau*; Colin / Mével / Leclère 2010, 458) und *luctrème* < *truc* (Colin / Mével / Leclère 2010, 475). Beide Lexeme sind bereits in zahlreichen anderen Wörterbüchern belegt worden und wurden hier folglich nur ergänzt. Auf der anderen Seite wurden alle *largonji*-Formen, die mit dem Infix *-du-* gebildet werden, gestrichen (*lavedu* bzw. *lavdu*, *ligodu* bzw. *ligoduji* sowie *loquedu* bzw. *locdu*).

Formen aufgelistet. Es handelt sich in den meisten Fällen um Lexeme, die das Metzgerhandwerk tangieren. Es sind zum Einen Fleischsorten (wie z. B. *liandvé* < *viande*, *lanarquess* bzw. *lanarcic* < *canard*, *leauvé* < *veau*, *lorpic* < *porc*) oder Fleischstücke (wie z. B. *lorceaumic* bzw. *lorceaumuche* < *morceau*, *laupiettepem* < *paupiettes*, *lemelsoc* < *semelle*, *liftecbé* < *bifteck*, *ligogem* < *gigot*, *lilefèm* < *filet*, *loirpem* < *poire* (morceau de bifteck), *luissquèmes* < *cuisses*); zum Anderen sind es Personenbezeichnungen (wie z. B. *laissièrequem* < *caissière*, *lamdé* < *dame*, *lomiquess* < *comis*, *latrompé* < *patronne*, *latrompem* < *patron*, *léféchem* < *chef*).

TEIL IV: ZUR EMPIRIE UND METHODIK DER VORLIEGENDEN UNTERSUCHUNG

6. Methoden der Feldforschung: Zugang, Informantenselektion und Datenerhebung

6.1. Zugang von Außenstehenden zu einer Sonder- bzw. Geheimsprache

Eine Geheimsprache bzw. ein Argot wie der *largonji du louchébem* systematisch und analytisch zu erforschen, ist kein leichtes Unterfangen:

> Étant donné la nature de l'argot, expression du substandard, et sa fonction cryptique qui veut qu'on souhaite cacher le message d'une partie du public [sic!], le socio-linguiste a besoin, lors de la création de son corpus, de méthodologies d'enquêtes plus différenciées que dans d'autres recherches linguistiques (SOKOLIJA 2015, 104).

SOKOLIJA (2015) stellt in ihren Reflexionen bezüglich der Untersuchungsmethoden, die bisherigen Studien zum Argot zugrunde liegen, fest, dass differenzierte methodologische Herangehensweisen für eine Korpuszusammenstellung notwendig sind, nicht zuletzt, weil der Argot vor allem eine kryptische Funktion hat. Auch der *largonji du louchébem* besitzt heute noch die Funktion einer Geheimsprache; diese Tatsache erschwert den Zugang zu auskunftswilligen Sprecher*innen sowie die Akquise potentieller Informant*innen. Die Metzger*innen empfinden die eigene Geheimsprache als Besitz ihrer sozialen Gruppe, den sie mit Außenstehenden nicht teilen möchten, und – auf individueller Ebene – als Bestandteil ihrer eigenen Sprecheridentität.

> [L]'approche du public s'avère plus difficile et exige plus de temps de la part du chercheur puisque l'argotier ne veut souvent pas démasquer son code qui fait partie intégrante de son identité, de son milieu et de son outil de travail (ebd.).

Vor diesem Hintergrund bemerkt zudem SIEWERT: „Indem der Feldforscher die betreffende Sondersprache abfragt, gibt der Sprecher ein Stück dieser Identität preis" (SIEWERT 2003, 62). Diese „hochsensible Situation" (ebd.) führt zwangsläufig zu Schwierigkeiten bei der Datenerhebung, die von zurückhaltender

Auskunftsbereitschaft bis hin zur absoluten Auskunftsverweigerung bzw. Ablehnung geprägt ist.

Im folgenden Unterkapitel wird der problematische Zugang einer außenstehenden Forscherin bzw. eines außenstehenden Forschers zu Sprecher*innen einer Sonder- bzw. Geheimsprache dargestellt. Der Blick richtet sich dabei auf Erfahrungen, die bereits in der Feldforschung im Bereich der Rotwelsch-Dialekte gesammelt werden konnten und den daraus resultierenden Empfehlungen, die im Falle von weiteren Untersuchungen von Forscher*innen nützlich sein können.

6.1.1. Zugang von Außenstehenden zu Rotwelsch-Dialekten

Das Forschungsfeld der Sonder- und Geheimsprachen erweist sich als ein besonders schwieriges Gebiet hinsichtlich des Zugangs von außenstehenden Forscher*innen zu den Geheimsprachensprecher*innen, die in das Forschungsprojekt einbezogen werden müssen. Auch ihre Rekrutierung als Informant*innen ist problematisch; denn „[d]ie soziale Wirklichkeit öffnet sich dem Forscher nicht nach dessen Belieben" (ATTESLANDER [13]2010, 62).

Im Rahmen seiner methodologischen Überlegungen zur Feldforschung betont der österreichische Soziologe und Kulturanthropologe Roland GIRTLER, dass die Durchführung sprachwissenschaftlicher Studien in Randkulturen nicht immer leicht ist. Der Forscher bzw. die Forscherin benötigt hierzu Fantasie, Geduld, Einfühlungsvermögen, Geschicklichkeit, Fleiß und nicht zuletzt Mut, fremden Menschen und ihrer Lebenswelt zu begegnen (vgl. GIRTLER 1999, 159f.). Um erkenntnisreiche Untersuchungen zu Sonder- und Geheimsprachen durchführen zu können, ist der Zugang zu fremden Sprecher*innen von größter Wichtigkeit. GIRTLER hebt diesbezüglich hervor, dass die „Gesellschaft [...] nicht etwas Monolithisches [sei], das man mit einem Fragebogen abfragen kann" (GIRTLER 1999, 161). Vielmehr muss das unbekannte Terrain erlebt werden, denn dies bildet die *conditio sine qua non*, ein intensiver Kontakt zu den entsprechenden Informant*innen, der wesentlich dazu beiträgt, als „Forscher und vor allem als Mensch akzeptiert zu werden" (ebd.), hergestellt werden kann. Es kommt bei der Feldforschung darauf an, „die verschiedenen Kulturen nicht »von außen«, sondern »von innen« zu sehen und zu erleben" (GIRTLER [4]2001, 183). Hierfür empfiehlt sich, so GIRTLER, der Einsatz des *ero-epischen Gesprächs*. Der Begriff

‚ero-episch' kommt aus dem Altgriechischen *eromai* (ἔρομαι) ‚fragen, befragen, nachforschen' und *eipon* (εἶπον) ‚reden, mitteilen, erzählen' (vgl. GIRTLER 1999, 167). GIRTLER hat den Terminus *ero-episches Gespräch* in Anlehnung an Homers Odyssee entwickelt: „In der „Odyssee" fragt stets einer, und ein anderer erzählt, wobei sich jeder von beiden in das Gespräch einbringt" (GIRTLER 1999, 166). Der Begriff „in der Tradition von Homer soll also darauf verweisen, daß Fragen und Erzählungen kunstvoll miteinander im Gespräch verwoben werden" (GIRTLER [4]2001, 151). Vor diesem Hintergrund versteht GIRTLER ein *ero-episches Gespräch* als ein Gespräch, bei dem es um Erzählungen und Geschichten geht. Er hebt dabei hervor, dass nicht nur die Forschenden die Rolle des Fragenstellenden übernehmen. Vielmehr ist in dieser Gesprächsform Fragen von den Gesprächspartner*innen – beispielsweise über die Tätigkeit des Forschenden oder über sein/ihr persönliches Interesse an jener Sondersprache – erlaubt und erwünscht. Eine besondere Rolle kommt der Tatsache zu, dass befragte Personen sich nicht nur als pure Datenlieferant*innen wahrnehmen sollen. „Sie sind Experten für die zu untersuchenden Fragen. Wegen dieser Eigenschaft sind sie ausgewählt worden und dadurch erlangen sie an Bedeutung" (LAMNEK [4]2005, 14). Das *ero-epische Gespräch* gleicht keinem standardisierten Interview, sondern jede*r ist gleichberechtigte*r Akteur*in; folglich treten Informant*innen als aktiv handelnde Interaktionspartner*innen auf:

> Vom üblichen Interview unterscheidet sich dieses Gespräch dadurch, daß die Beziehung zwischen beiden, Forscher und Forschungssubjekt, durch das Prinzip der Gleichheit bestimmt ist, während beim Interview der Interviewer geradezu als Verhörender erscheint (GIRTLER [4]2001, 147).

Den außenstehenden Forscher*innen können beim Erleben des nicht vertrauten Terrains zahlreiche Fehler unterlaufen. Die von GIRTLER aufgestellten zehn *Gebote der Feldforschung* können dabei Abhilfe schaffen. Den Begriff *Gebot* versteht GIRTLER als „Regel oder Leitlinie, an die sich zu halten höchst sinnvoll und förderlich ist" (1999, 160).[142] Zur Verdeutlichung seien im Folgenden die zehn *Gebote* GIRTLERs ([4]2001, 184f. bzw. 1999, 160-169) aufgelistet:

[142] Es wäre sinnvoll, statt der von GIRTLER eingeführten Bezeichnung *Gebot*, die sehr stark christozentriert ist, in den wissenschaftlichen Diskurs einen neutralen Begriff wie *Leitlinien* einzuführen.

1. Gebot Du sollst einigermaßen nach jenen Sitten und Regeln leben, die für die Menschen, bei denen du forschst, wichtig sind. Dies bedeutet Achtung ihrer Rituale und heiligen Zeiten, sowohl in der Kleidung als auch beim Essen und Trinken. – Si vivis Romae Romano vivito more!

2. Gebot Du sollst zur Großzügigkeit und Unvoreingenommenheit fähig sein, um Werte zu erkennen und nach Grundsätzen zu urteilen, die nicht die eigenen sind. Hinderlich ist es, wenn du überall böse und hinterlistige Menschen vermutest.

3. Gebot Du sollst niemals abfällig über deine Gastgeber und jene Leute reden und berichten, mit denen du Bier, Wein, Tee oder sonst etwas getrunken hast.

4. Gebot Du sollst dir ein solides Wissen über die Geschichte und die sozialen Verhältnisse der dich interessierenden Kultur aneignen. Suche daher zunächst deren Friedhöfe, Märkte, Wirtshäuser, Kirchen und ähnliche Orte auf.

5. Gebot Du sollst dir ein Bild von der Geographie der Plätze und Häuser machen, auf und in denen sich das Leben abspielt, das du erforschen willst. Liebe die Natur und damit auch die menschliche Natur – beides kann ungemein reizvoll sein. Gehe zu Fuß die betreffende Gegend ab und steige auf einen Kirchturm oder einen Hügel.

6. Gebot Du sollst, um dich von den üblichen Reisenden zu unterscheiden, das Erlebte mit dir forttragen und darüber möglichst ohne Vorurteile berichten. Daher ist es wichtig, ein Forschungstagebuch (neben anderen Aufzeichnungen) zu führen, in das du dir jeden Tag deine Gedanken, Probleme und Freuden der Forschung, aber auch den Ärger bei dieser einträgst. Dies regt zu ehrlichem Nachdenken über dich selbst und deine Forschung an, aber auch zur Selbstkritik.

7. Gebot Du sollst die Muße zum »ero-epischen (freien) Gespräch« aufbringen. Das heißt, die Menschen dürfen nicht als bloße Datenlieferanten gesehen werden. Mit ihnen ist so zu sprechen, daß sie sich geachtet fühlen. Man muß sich selbst als Mensch einbringen

und darf sich nicht aufzwingen. Erst so lassen sich gute Gesprächs- und Beobachtungsprotokolle erstellen.

8. Gebot Du sollst dich bemühen, deine Gesprächspartner einigermaßen einzuschätzen. Sonst kann es sein, daß du hineingelegt oder bewusst belogen wirst.

9. Gebot Du sollst dich nicht als Missionar oder Sozialarbeiter aufspielen. Es steht dir nicht zu, »erzieherisch« auf die vermeintlichen »Wilden« einzuwirken. Du bist kein Richter, sondern lediglich Zeuge!

10. Gebot Du mußt eine gute Kondition haben, um dich am Acker, in stickigen Kneipen, in der Kirche, in noblen Gasthäusern, im Wald, im Stall, auf staubigen Straßen und auch sonstwo wohl zu fühlen. Dazu gehört auch die Fähigkeit, jederzeit zu essen, zu trinken und zu schlafen. (GIRTLER [4]2001, 184f.)

GIRTLERs zehn *Gebote* beruhen auf Erfahrungen, die während diverser Feldforschungstätigkeiten unter anderem zum Rotwelsch bei Prostituierten, Vagabunden und Ganoven gesammelt wurden. GIRTLERs *Gebote* wurden im Rahmen von Untersuchungen zur Münsterschen Masematte, einem Rotwelsch-Dialekt, von SIEWERT (2003, 63f.) rezipiert. Dabei formulierte SIEWERT (2003, 65f.) weitere Anleitungen bzw. Empfehlungen, die für die Erforschung von Sonder- bzw. Geheimsprachen ebenfalls zu berücksichtigen sind. Diese seien im Folgenden skizziert:

1. Empfehlung Wenn der befragte Sprecher den Feldforscher auf dessen sondersprachliches Sprachwissen anspricht, sollte dieser vom Sprechen der Sonder- bzw. Geheimsprache absehen, auch wenn er durch seine Arbeit bereits eine passive Sprachkompetenz erworben hat. Dabei sollte der Forscher betonen, dass er nicht zu den echten Sprechern zähle und aus diesem Grund auch keine Berechtigung hat, diese Sprache zu verwenden.

2. Empfehlung Im Falle der Untersuchung von Rotwelsch-Dialekten ist es vorteilhaft, wenn nicht unabdingbar, die jeweilige Ortsmundart zu verstehen und zu sprechen.

3. Empfehlung — Um Informanten zu rekrutieren, ist es von größter Relevanz, sogenannte Mittelsmänner – das sind Bewohner der jeweiligen Rotwelsch-Orte und/oder sprachinteressierte Bürger – zu akquirieren. Es sollte sich vor allem um lokale Autoritäten, wie beispielsweise den Ortsbürgermeister, handeln.

4. Empfehlung — Der Feldforscher sollte die Wünsche der befragten Sprecher respektieren, vor allem wenn es darum geht, bestimmte bereits getätigte Aussagen zu revidieren.

5. Empfehlung — Es sollten keinesfalls verdeckte Aufnahmen ohne das Wissen der Sprecher angefertigt werden. Falls die Sprecher von jenen Aufnahmen Kenntnis erlangen, kann es für die laufende Untersuchung, aber auch für spätere Untersuchungen anderer Forscher, zu erheblichen Vertrauensproblemen, geschweige denn zu einem absoluten Bruch kommen.

6. Empfehlung — Wenn von der jeweiligen Ortspresse Interesse an der Arbeit des Forschers während seiner Feldforschung bekundet wird, sollte dieser von Berichten über die betreffende Sonder- bzw. Geheimsprache bis zum Abschluss seiner Datenerhebungsphase absehen. Inhalte von Zeitungs- oder Rundfunkberichten sind für den Forscher nicht kontrollierbar und können seine Arbeit mit den Informanten erschweren.

7. Empfehlung — Der Forscher sollte externe Sprachnamen während einer Befragung nicht erwähnen. Darüber hinaus sollten Begriffe wie „Gaunersprache“ oder „Ganovensprache“ aufgrund ihrer für die Sprecher spürbaren depreziativen Wirkung nicht verwendet werden.

8. Empfehlung — Wenn befragte Sprecher über ihre Sonder- bzw. Geheimsprache nicht sprechen wollen, ist diese Verweigerung vom Forscher zu respektieren. (vgl. SIEWERT 2003, 65f.)

Die *Gebote* GIRTLERS sowie die zusätzlichen Empfehlungen SIEWERTS sollen im nächsten Unterkapitel aufgegriffen und für die spezifischen Belange einer Untersuchung zum *largonji du louchébem* adaptiert bzw. kommentiert werden. Es sollen darüber hinaus aus den spezifischen Erfahrungen, die während der

Untersuchung des *largonji du louchébem* gesammelt wurden, weitere Leitlinien für die Feldforschung herausgearbeitet werden.

6.1.2. Zugang von Außenstehenden zum *largonji du louchébem*

Die Erfahrungen bei den Feldforschungen zum *largonji du louchébem* haben gezeigt, dass der Zugang zur Sprechergemeinschaft kein leichtes Unterfangen ist, nicht nur weil die Geheimsprache der Interaktion innerhalb einer *in-group* vorbehalten ist. Weitere Faktoren können in der Zugangsphase zu den Geheimsprachensprecher*innen sowie während der Datenerhebung besondere Herausforderungen darstellen. Bevor Empfehlungen für eine spezifische Untersuchung des *largonji du louchébem* veranschaulicht werden, soll zunächst auf GIRTLERS *Gebote* und anschließend auf SIEWERTS Empfehlungen eingegangen werden.

6.1.2.1. Kommentar zu GIRTLERS Geboten

Für die spezifische Untersuchung des *louchébem* kommen nicht alle *Gebote* GIRTLERS zum Tragen. Besonders dem 1. Gebot kommt kaum Relevanz zu. Es müssen keine besonderen Sitten bzw. Rituale, die für die *louchébem*-Sprecher*innen wichtig sind, beachtet werden. Zur Kleidung sei angemerkt, dass der Forscher bzw. die Forscherin bei der ersten Kontaktaufnahme ein nicht zu formelles Erscheinungsbild zeigen sollte. Auch in Bezug auf Essen und Trinken sei festgehalten, dass der Forscher bzw. die Forscherin eine große Affinität zu Fleischgerichten haben sollte.

Hinsichtlich des 2. Gebots ist anzumerken, dass das Einnehmen einer unvoreingenommenen Haltung von dem Forscher bzw. der Forscherin nur schwer zu bewältigen ist. Forscher*innen verfügen immer über vorab bestehende Informationen, die sie nicht unvoreingenommen an potentielle Informant*innen herantreten lassen können. Vielmehr nutzen Forscher*innen die bereits vorhandene Erkenntnis; erst durch diese sind sie in der Lage, zu einem Fortschritt ihrer Erkenntnis zu gelangen. Anstatt von Unvoreingenommenheit sollte besser von Offenheit gegenüber den Vorstellungen der Sprecher*innen gesprochen werden.

Die Gebote 3 und 4 sollten bei einer Untersuchung zum *louchébem* dieselbe Geltung erfahren. Besonders das 4. Gebot stellt sich während der Gesprächsphasen mit den *louchébem*-Sprecher*innen als besonders wertvoll heraus. Es ist vielen Metzger*innen wichtig, dass der Forscher bzw. die Forscherin nicht nur die Geheimsprache und deren Verwendung in spezifischen Kontexten untersucht, sondern sich auch für die Entwicklung des Pariser Fleischergewerbes und den damit verbundenen sozialgeschichtlichen, politischen sowie ökonomischen Kontext interessiert. Immer wieder kam es in Gesprächen dazu, über vergangene Zeiten und insbesondere über den ehemaligen Pariser Fleischergroßmarkt *Les Halles* zu sprechen. Sich als Forscher bzw. Forscherin ein solides Wissen über die Sozialgeschichte und die politischen sowie wirtschaftlichen Verhältnisse innerhalb der Fleischerbranche anzueignen, ist unabdingbar.

Das 5. Gebot rückt das Erforschen des zu untersuchenden Gebiets in den Vordergrund. „Echte Feldforschung ist also harte Arbeit, aber eine spannende. Der echte Forscher […] hat auch etwas von einem Vagabunden an sich" (GIRTLER [4]2001, 23). GIRTLER rät zum Erwandern eines solchen Gebiets, „um so ein Gefühl für die Umwelt [der dort lebenden] Menschen zu erhalten" (ebd.). Eine solche Vorgehensweise ist insofern aufschlussreich, als dass sie Einblicke in die jeweiligen fremden Gemeinschaften gewährt. Das Erwandern eines Forschungsgebiets ist zweifelsohne für die Erforschung bestimmter Randgruppen, wie zum Beispiel von Zuhältern oder Prostituierten, von großem Vorteil. Bei der Erforschung des *louchébem* hingegen handelt es sich *stricto sensu* nicht um ein weites geographisches Forschungsgebiet, welches erschlossen und erlebt werden kann. Die Informant*innen sind vielmehr auf der Mikroebene in einzelnen Metzgereien anzutreffen. Trotz des Unterschieds zu GIRTLERs Studien empfiehlt es sich, die zu erforschenden geographischen Mikroteilflächen von Paris größtenteils zu Fuß zu erwandern (vgl. Abschnitt 5.2.3.1. Bestimmung des geographischen Untersuchungsgebiets und Anzahl aufgesuchter Metzgereien). Ein derartiges Vorgehen ermöglicht, das jeweilige Arrondissement, seine Bewohner*innen, seine Passant*innen und seine Atmosphäre besser wahrzunehmen. Auch wird sich der Forscher bzw. die Forscherin der Distanzen zwischen den einzelnen Metzgereien bewusst. Zudem erscheint es im Rahmen der ersten Kontaktaufnahme zu potentiellen Informant*innen interessant, die zunehmende bzw. abnehmende Anzahl der Kund*innen einer Metzgerei während Stoß- und Randzeiten zu beobachten.

Hinsichtlich des 6. Gebots kann festgehalten werden, dass das Führen eines Forschungstagebuchs und weiterer Audioaufnahmen von erheblicher Bedeutung sind, denn besonders die Erforschung von Sonder- und Geheimsprachen birgt unzählige Stolpersteine. Das Protokollieren der Erstbegegnungen mit Sprecher*innen oder der informellen Gespräche ist Teil des Forschungsprozesses. Dabei können in Notizform Ideen, Empfindungen und Gedanken niedergeschrieben werden. Auch methodische Herangehensweisen können reflektiert werden. In einem Forschungstagebuch können Ziele und Zwischenziele der Untersuchung festgehalten werden, vor allem wenn diese durch die Vielzahl neuer Perspektiven verdrängt zu werden drohen (vgl. BRÜSEMEISTER ^{2}2008, 81). Das Führen eines Forschungstagebuchs begünstigt folglich eine flexible Vorgehensweise, bei der der Forscher bzw. die Forscherin neue Punkte zur Beobachtung im Verlauf der Untersuchung aufnimmt, was ihn/sie wiederum in neue Richtungen bewegt, an die bisher nicht gedacht wurde (vgl. LAMNEK ^{4}2005, 25).

Das 7. Gebot thematisiert das sogenannte „ero-epische Gespräch" (vgl. Abschnitt 5.1.1. Zugang von Außenstehenden zu Rotwelsch-Dialekten). Diese Gesprächsform ist für einen Zugang zu *louchébem*-Sprecher*innen sowie für die Herstellung von echten und vertrauensvollen Kontakten unerlässlich. Die Erfahrungen während der Untersuchung des *louchébem* haben gezeigt, dass die Sprecher*innen nicht ausschließlich als Datenlieferant*innen angesehen werden wollen. Immer wenn dieses Gefühl entstand, weigerten sie sich, etwas zu erzählen.

Das 8. Gebot, „du sollst dich bemühen, deine Gesprächspartner einigermaßen einzuschätzen. Sonst kann es sein, daß du hineingelegt oder bewusst belogen wirst" (GIRTLER ^{4}2001, 184), war für die Verfasserin dieser Arbeit nur schwer zu gewährleisten. „Nur allzu schnell wird der Forschende im Kontakt mit gewitzten Leuten Opfer seiner Leichtgläubigkeit" (GIRTLER ^{4}2001, 188). Während der Phase der ersten Kontaktaufnahme kam es regelmäßig zu erheblichen Schwierigkeiten (vgl. Abschnitt 6.1.2.2. sowie Abschnitt 6.1.2.3. für Gründe und daraus resultierende Empfehlungen).

Ähnlich dem 1. Gebot, kommt dem 9. Gebot kaum Relevanz zu. Nur wenige Situationen hätten eine „erzieherische" Haltung hervorbringen können: zum Beispiel, wenn es hinter dem Rücken der Kundschaft zu Lästereien auf *louchébem* gekommen ist. Schließlich sei noch das 10. Gebot kommentiert: zweifellos sind eine gute physische Kondition sowie eine gute psychische Verfassung für Feldforschungen im Bereich von Geheimsprachen vonnöten. Weitere spezifische

Eigenschaften, die Forscher*innen bei der Untersuchung des *louchébem* unbedingt besitzen sollten, sind keine Aversion gegenüber rohem Fleisch, Blut oder toten Tieren. Es sei hier eine kurze Anekdote erzählt: Nach einem Gespräch mit einem ehemaligen Schlachter wurde mir privates Videomaterial gegeben, welches Arbeiter beim Schlachten und Zerlegen von toten Tieren zeigte. Man bat mich, die Filme zu sichten, um mir ein Bild des Schlachterberufes zu machen. Dabei konnten auch die Dialoge der Arbeiter hinsichtlich der verwendeten Sprache untersucht werden. Es kostete mich viel Zeit und eine große Überwindung, das Material zu sichten. Die Grausamkeit der Schlachtdarstellungen bleibt unvergesslich.

6.1.2.2. Kommentar zu SIEWERTs Empfehlungen

Im Hinblick auf SIEWERTs Empfehlungen kann festgehalten werden, dass alle skizzierten Anleitungen – bis auf eine (die zweite Empfehlung ist für das Erforschen des *louchébem* irrelevant) – für eine spezifische Untersuchung des *louchébem* eine große Bedeutung erlangen. Die erste Empfehlung war von großem Nutzen, denn Metzger*innen kamen sehr häufig auf das geheimsprachliche Wissen der Forschenden zu sprechen. Obwohl eine passive Kompetenz des *louchébem* von der Verfasserin dieser Arbeit bereits im Vorfeld der feldforscherischen Tätigkeiten erworben werden konnte, wurde dies den Informant*innen bewusst verheimlicht. Es stellte sich nämlich heraus, in der noch sehr frühen Phase der Exploration und der Informantensuche (bei den allerersten Kontaktaufnahmen im Frühjahr 2013), dass eine Bejahung meinerseits auf die Frage, ob eine passive Sprachkompetenz des *louchébem* vorhanden ist, häufig und rasch in Sackgassen führte: Sprecher*innen weigerten sich plötzlich noch mehr Erklärungen zum *louchébem* zu geben. Man wird als naive Forscherin bzw. naiver Forscher ohne passive Sprachkompetenz eher von den Sprecher*innen akzeptiert als wenn man vorgibt, *louchébem* – wenn es langsam gesprochen wird – zu verstehen. Was die dritte Empfehlung SIEWERTs betrifft, soll angemerkt werden, dass auf die Suche nach sogenannten Mittelsmännern verzichtet wurde. Lokale Autoritäten, wie beispielsweise der Bürgermeister bzw. die Bürgermeisterin des jeweilig zu untersuchenden Pariser Arrondissement, zu kontaktieren, ist für eine Untersuchung des *louchébem* nicht notwendig; wahrscheinlich wäre dieser Kontakt auch nicht gewinnbringend, ja sogar hinderlich gewesen. Vielmehr erhält die Schlüsselperson eine bedeutende Rolle:

> Der beste Weg, Zugang zu einer zu untersuchenden Gruppe zu finden, führt über Schlüsselpersonen. Sie sind für den Forscher wichtige Repräsentanten der Gruppe, von denen er erste Handlungsmuster erfahren kann. Zusätzlich erhält [er] Zugang zur Gruppe, indem er als Vertrauter der Kontaktperson eingeführt wird (LAMNEK [4]2005, 605).

Die Schlüsselperson ist in der vorliegenden Untersuchung immer der *patron* der jeweiligen Metzgerei, weil er den höchsten Status im sozialen Feld besitzt. Dieser muss überzeugt werden, dass der Forscher bzw. die Forscherin ihn/ihr mit seiner bzw. ihrer Untersuchung nicht schaden will und nicht schaden wird. Den *patron* für sich zu gewinnen, ist folglich die unbedingte und entscheidende Voraussetzung für einen Zugang zu den Arbeiter*innen der Metzgerei, die sich erst mit dem Einverständnis und der Überzeugung ihres *patron* dem Forscher bzw. der Forscherin gegenüber öffnen und ihn bzw. sie akzeptieren. „Die Gruppe akzeptiert [den Forscher bzw. die Forscherin], weil die Schlüsselperson für ihn [sie] bürgt“ (ebd.). SIEWERTs vierte Empfehlung bezieht sich auf den Respekt, den der Forscher bzw. die Forscherin den Aussagen der befragten Sprecher*innen entgegenbringen sollte, wenn diese ihr Gesagtes revidieren bzw. korrigieren wollen. Diese Form des Rektifizierens von Aussagen ist im Rahmen der Datenerhebung zum *largonji du louchébem* nicht vorgekommen. Die fünfte Empfehlung zu negieren, bedeutet auf ethische Prinzipien zu verzichten. Verdeckte Aufnahmen, die ohne das Wissen der Sprecher*innen stattfinden, würden zwar die Tatsache, dass die Aufnahme das Verhalten der Befragten verzerrt, ausschließen; verdeckte Aufnahmen sind jedoch auch aus juristischer Sicht höchst problematisch. Vor dem französischen Strafgesetz (*code pénal*) gelten verdeckte Aufnahmen als Verletzung des allgemeinen Persönlichkeitsrechts. Die *Articles 226-1* sowie *226-2* des *code pénal* lauten wie folgt:

> **Article 226-1**
>
> Est puni d'un an d'emprisonnement et de 45 000 euros d'amende le fait, au moyen d'un procédé quelconque, volontairement de porter atteinte à l'intimité de la vie privée d'autrui:
>
> 1° En captant, enregistrant ou transmettant, sans le consentement de leur auteur, des paroles prononcées à titre privé ou confidentiel.
>
> [...]

Article 226-2

Est puni des mêmes peines le fait de conserver, porter ou laisser porter à la connaissance du public ou d'un tiers ou d'utiliser de quelque manière que ce soit tout enregistrement ou document obtenu à l'aide de l'un des actes prévus par l'article 226-1.

[…] (LÉGIFRANCE (14.02.2022), https://www.legifrance.gouv.fr/)

Nicht zuletzt können verdeckte Aufnahmen im Rahmen von sonder- bzw. geheimsprachlichen Untersuchungen zur Verletzung des Vertrauens führen. Eine derartige Vorgehensweise wird von den *louchébem*-Sprecher*innen als Verrat angesehen. Hinsichtlich der sechsten Empfehlung kann festgehalten werden, dass es während der Feldforschung zum *louchébem* zu keinem Interesse seitens der Presse gekommen ist. Dies ist dadurch zu erklären, dass keine in der Öffentlichkeit bekannten Autoritäten als Mittelsmänner (zum Beispiel der Bürgermeister bzw. die Bürgermeisterin des jeweiligen Arrondissements) in der Informantensuche eingebunden wurden. Auch wurde auf Pressemitteilungen zum Zweck der Suche nach potentiellen *louchébem*-Sprecher*innen verzichtet.[143] Die Lageerkundung wurde für die vorliegende Untersuchung ausschließlich mit Hilfe der persönlichen Kontaktaufnahme nach dem „Tür zu Tür-Prinzip" realisiert. Die siebte Empfehlung betont, dass der externe Sprachname[144] während der Datenerhebungsphase nicht erwähnt werden sollte. Diese Empfehlung erfährt bei der Untersuchung des *largonji du louchébem* dieselbe Geltung. Auch auf negativ konnotierte Bezeichnungen wie etwa *langage des malfaiteurs* (Äquivalente für das Deutsche sind *Gauner-* oder *Ganovensprache*) wurde ebenso verzichtet. Die letzte Empfehlung von SIEWERT – die eventuell auftretende Verweigerung des befragten Sprechers bzw. der befragten Sprecherin zu respektieren – zeigt, inwiefern „dem Forscher [auf dem Gebiet der Sonder- und Geheimsprachen] klare Grenzen gesetzt [werden]" (SIEWERT 2003,

143 SIEWERT (2003, 55f.) verwendet als funktionierendes Instrument für die Ermittlung von Sprecher*innen die sogenannte „Methode der Streufundsicherung". Dafür eignet sich eine spezifische Form der Pressemitteilung. „Der Charakter der […] Pressemitteilung ist dabei kein rein informativer, sondern zugleich ein Appell an die Leser der betreffenden Lokalzeitungen, ihr Sprachwissen, oder das Wissen um noch vorhandene Sprecher solcher Streuvorkommen, preiszugeben. […] Empfehlenswert ist die Beigabe von Beispielen" (SIEWERT 2003, 56).

144 Zu den Bezeichnungen *interner Sprachname* und *externer Sprachname* vgl. Abschnitt 6.2.2.2. Schriftliche Sprecherbefragungen.

66). Auch bei der Untersuchung des *louchébem* ist immer wieder mit beharrlicher Auskunftsverweigerung zu rechnen. Diese sollte immer als berechtigt angesehen werden und muss von dem Forscher bzw. der Forscherin ausnahmslos respektiert werden, auch wenn sie ohne Begründung bleibt. Dadurch verlängern sich zweifelsohne die Feldarbeit und die damit verbundene Datenerhebungsphase.

6.1.2.3. Erweiterung der bisherigen Gebote und Empfehlungen

Im Rahmen der Untersuchung des *largonji du louchébem* konnten Erfahrungen gesammelt werden, aus denen weitere Empfehlungen formuliert werden können, die bisher weder in GIRTLERs Auflistung der *Gebote* noch in SIEWERTs Empfehlungen erschienen sind. Im Folgenden werden spezifische Schwierigkeiten geschildert, von denen Verhaltensanleitungen abgeleitet werden konnten. Diese sind zwar aus dem Kontext des *louchébem* entstanden, sollten jedoch auch für andere Untersuchungen von Sonder- bzw. Geheimsprachen befolgt werden. Zusätzlich zu den von GIRTLER und SIEWERT bisher genannten Empfehlungen können folgende Leitlinien festgehalten werden:

1) Umgang mit geschlechterspezifischen Schwierigkeiten

Problematisch kann sich im Kontext einer Untersuchung zum *louchébem* zunächst das Geschlecht der bzw. des Feldforschenden erweisen. Die Forscherin wird nicht nur als Außenstehende wahrgenommen, sondern ihr wird der Zugang zu einer fast ausschließlich männlich dominierten Berufswelt erheblich erschwert. Dies kann zu einer Belustigung und/oder zu einer Zurückweisung seitens der Gesprächspartner führen und im Allgemeinen die Datensammlung stark behindern. In diesem Fall sollte die Forscherin den Befragten weiterhin mit Respekt begegnen und sich zunächst aus taktischen Gründen zurückziehen. Ein unmittelbar zu aufdringliches Verhalten würde eine weitere Befragung zum Scheitern bringen. Konkrete Erfahrungen haben gezeigt, dass die Ernsthaftigkeit und die Motivation der befragten Personen nach erneutem Aufsuchen der Metzgerei deutlich höher waren.

2) Sensibilisierung gegenüber der Rolle der Forschung und der bzw. des Forschenden

Auch die Rolle des Forschers bzw. der Forscherin an sich, sein/ihr höherer Bildungsgrad und die formelle, wissenschaftliche Herangehensweise bei der

Datenerhebung können auf die *louchébem*-Sprecher*innen hemmend wirken. Befragte Sprecher*innen reagierten gelegentlich mit abwertenden Äußerungen zur Rolle der universitären Forschung; es sei nicht ihre Zuständigkeit, Geheimsprachen wie den *louchébem* zu erforschen; sie sei nicht in der Lage, hierüber wahre Erkenntnisse zu liefern; sie verstünde nichts davon und würde lediglich einen zu theoretischen Blick darauf werfen. In dieser Situation sollte der Forscher bzw. die Forscherin die befragten Personen nicht verurteilen. Es ist erforderlich, die Aussagen zunächst zu akzeptieren, dabei aber in Gesprächen mit den Informant*innen über die beabsichtigte Untersuchung und deren Ziele erneut zu sprechen. Denn nur durch Achtung vor den Voreinstellungen der Sprecher*innen besteht die Möglichkeit, einen intensiveren Kontakt aufzubauen. Die regelmäßigen Gespräche und persönlichen Beziehungen tragen dazu bei, als Person und als Forscher bzw. als Forscherin akzeptiert zu werden. Wie es GIRTLER (1999, 166) treffend formuliert, ist es wichtig, dass ein Thema, wie zum Beispiel die Lehr- und Lernbedingungen des *largonji du louchébem*, gemeinsam in einem eroepischen Gespräch erarbeitet werden. Der Forschende bleibt immer ein Fremder bzw. eine Fremde, ein „Mitglied im Schweben“ (GIRTLER 1999, 161) und seine Akzeptanz durch die Sprecher*innen kann lediglich mithilfe gemeinsamer, persönlicher Gespräche gelingen.

3. Geduld und Durchhaltevermögen

Auch eine mangelnde Vertrauensbasis zwischen Forscher bzw. Forscherin und Sprechergemeinschaft kann die Datenerhebung beeinträchtigen. Es sei zum Beispiel erwähnt, dass einige Metzger[145] bei der ersten Kontaktaufnahme zunächst verleugnet haben, *louchébem* überhaupt zu kennen. Dieses Faktum wurde zunächst respektiert. Doch nachdem erneute Besuche und Gespräche stattgefunden hatten, konnte eine größere Vertrauensbasis hergestellt werden, sodass eine stärkere Integration in die Sprechergemeinschaft möglich war. Dies führte dazu, dass die zunächst geäußerte Unkenntnis über den *louchébem* von den Metzgern, vor allem aber von den *patrons* revidiert wurde. Auf die Frage, warum die Metzger zunächst so gehandelt haben, wurde in fast allen Fällen gesagt, dass es ihnen von ihren *patrons* verboten wurde, mit Fremden über ihre Geheim-

[145] Für die empirische Untersuchung konnten nur Metzger (keine Metzgerinnen) als Informanten gewonnen werden.

sprache zu sprechen. Der Aufbau eines Vertrauensverhältnisses zwischen *louchébem*-Sprecher*innen und dem Forscher bzw. der Forscherin erfordert folglich Geduld und Durchhaltevermögen. Diese Attribute sind nicht nur im Bereich des Zugangs zu Geheimsprachsprecher*innen und des Aufbaus von Vertrauen relevant, sondern ebenso für die darauffolgende Phase der Datenerhebung. Denn insgesamt kann festgehalten werden, dass die Feldforschung auf dem Gebiet der Sonder- und Geheimsprachen von einer relativ hohen Anzahl von Ausfällen gekennzeichnet ist. Der Zeitpunkt der Erhebungen kann zum Beispiel aufgrund der bisher formulierten Umstände nicht immer genau geplant werden; die Anzahl der tatsächlich zu befragenden Sprecher*innen kann nicht vorab festgelegt werden; eine geplante Feldforschung in diesem Bereich zeichnet sich zudem durch eine relativ hohe Verweigerungsrate der Zielpersonen aus. Dies sind lediglich einige Schwierigkeiten, die das Erforschen von Sondersprachen tangieren. Die höheren Anforderungen an die Feldarbeit des Forschers bzw. der Forscherin sowie die Besonderheiten des Umgangs mit dem „Geheimen" erfordern folglich viel Geduld und Durchhaltevermögen.

4) Umgang mit der Problematik des öffentlichen Raums und des Kundenkontakts
Die erste Kontaktaufnahme gestaltet sich insofern problematisch, als dass diese direkt in der Metzgerei während der Öffnungszeiten stattfindet. Das Erstgespräch geschieht häufig im Verkaufsraum mit dem *patron*. Dabei wurde darauf geachtet, dass sich keine Kundschaft im Geschäft befand. Doch sobald ein*e Kund*in die Metzgerei betrat, kam es zu einer Unterbrechung des Gesprächs durch den *patron*, der nicht wollte, dass seine Kundschaft etwaige Informationen mithört. Sehr häufig wurde das Erstgespräch vorzeitig beendet. Die Bereitschaft des Gesprächspartners bzw. der Gesprächspartnerin, ein weiteres Gespräch während der Öffnungszeiten zu führen, war äußerst niedrig. Vor diesem Hintergrund hat es sich bewährt, Metzgereien kurz vor Geschäftsschluss für einen Erstkontakt aufzusuchen.

Nachdem im Unterkapitel 5.1. der Zugang von Außenstehenden zu einer Sonder- bzw. Geheimsprache sowie die damit verbundenen Verhaltensempfehlungen in den Mittelpunkt der Überlegungen gerückt sind, soll im weiteren Verlauf dieser Arbeit die methodologische Vorgehensweise bei der Datenerhebung auf dem Gebiet der Sonder- und Geheimsprachen näher beleuchtet werden.

6.2. Methoden der Feldforschung und der Datenerhebung

Im Folgenden werden die einzelnen Schritte der Feldforschung, der Informantenselektion sowie der Datenerhebung, die für die Untersuchung des *largonji du louchébem* notwendig waren, dargestellt. Dieser Darstellung liegt die Annahme zugrunde, dass das Beschreiben der einzelnen feldforscherischen Tätigkeiten ein wesentlicher Bestandteil einer empirisch durchgeführten Untersuchung ist, vor allem im Rahmen einer Studie zu Sonder- bzw. Geheimsprachen. BLANCHETs Aussage, „[l]e besoin de rédiger de façon synthétique et structurée l'ensemble de la démarche méthodologique" (BLANCHET [2]2012, 13), kommt folglich eine große Bedeutung zu. BLANCHET weist ausdrücklich darauf hin, dass die einzelnen Schritte bzw. Phasen feldforschender Aktivitäten mit ihren entsprechenden methodischen Vorgehensweisen vorgestellt werden müssen:

> [L]es études de cas, bref, *le terrain*, les courants « ethno-sociolinguistiques » ne clarifient pas assez l'ensemble des concepts qu'ils dégagent et les relations globales que ceux-ci entretiennent. [...]. Du coup, dans le champ des débats scientifiques, leur validité peut apparaître amoindrie [...]. Comme si les données de terrain et ce qu'elles font émerger restait à la marge d'un « noyau dur » d'une linguistique interne, alors que, de fait, c'est bel et bien une autre conception des « faits de langue » [...] qui en découle: celle, plus exigeante à mon sens, de la diversité complexe des pratiques attestées (BLANCHET [2]2012, 13).

Die der empirischen Untersuchung des *louchébem* zugrundeliegenden Methoden der Datenerhebung zum Zwecke der Dokumentation umfassen mehrere aufeinanderfolgende Schritte. Diese stammen zum Teil aus den bereits etablierten Methoden der germanistischen Sondersprachenforschung. Aus diesem Grund erfolgen zunächst die Darstellung der in der germanistischen Sondersprachenforschung angewandten, bewährten und funktionierenden methodischen Herangehensweisen sowie die damit verbundenen Schwierigkeiten.

6.2.1. Methoden in der germanistischen Sondersprachenforschung

In der germanistischen Sondersprachenforschung geht es primär um die lexikographische Erfassung, Dokumentierung und Sicherung des aktuell noch vorhandenen Geheimsprachenwortschatzes von einzelnen Rotwelsch-Dialekten. Die feldforschenden Aktivitäten erweisen sich in diesem Gebiet als problematisch, da man zwar die Existenz eines bestimmten Rotwelsch-Dialekts kennt, weil jedoch nur wenige aktive Sprecher*innen, auf die man sich als kompetente Informant*innen stützen kann, heute noch leben (vgl. SIEWERT 2003, 22). HONNEN (^{2}2000) weist in diesem Zusammenhang darauf hin, dass in vielen bekannten deutschen Rotwelsch-Orten lediglich „Notgrabungen“ möglich seien, „die nur noch eine Ahnung von der realen Geheimsprache zu vermitteln vermögen“ (HONNEN ^{2}2000, 34). Demzufolge spricht SIEWERT von Rotwelsch-Dialekten als sogenannten „Rest- und Trümmersprachen“, die aussterben werden (vgl. SIEWERT 2003, 22) und bei denen das heute noch erhobene und gesicherte Wortmaterial lediglich Reste einer ehemaligen Geheimsprache darstellen.

Im Rahmen der Arbeitsstelle für Sondersprachenforschung, die 1994 an der Universität Münster von Klaus SIEWERT gegründet wurde, sind vielfältige Forschungsprojekte auf dem Gebiet der Dokumentierung von Rotwelsch-Dialekten entstanden. Dabei sind nicht nur bestehende Arbeiten und neue Forschungsinitiativen diskutiert worden (vgl. SIEWERT 2003, 34), sondern auch Schwierigkeiten methodologischer Art, so dass für die Sonder- bzw. Geheimsprachenforschung (und insbesondere für die Erforschung von Rotwelsch-Dialekten) typische Arbeitsmethoden entwickelt und erprobt wurden. Laut SIEWERT sind die wertvollsten Erträge der Forschung mit Sprachaufnahmen zu erreichen: „[Die] Hauptaufgabe der Sondersprachenforschung [bleibt] auf dem Gebiet der Rotwelsch-Dialekte die Schaffung von Tondokumenten“ (SIEWERT 2003, 67), nicht zuletzt weil Aufzeichnungen in Form von Sprachaufnahmen das authentischste Material darstellt, das dem Sondersprachenforschenden zur Verfügung stehen muss. Es lassen sich vier unterschiedliche Typen von Gesprächssituationen unterscheiden (vgl. SIEWERT 2003, 67-75):

1) *Das ungelenkte Gespräch unter Rotwelsch-Sprecher*innen*
Es handelt sich hier um ein freies Gespräch zwischen mindestens zwei Geheimsprachensprecher*innen. Dieser Typus von Sprachaufnahmen ist grundsätzlich von sehr großem Wert, da „er [gegenüber den drei anderen Typen] die größte Unvermitteltheit besitzt und konkrete Verwendungszusammenhänge zeigt“ (SIEWERT 2003, 67). Das Sprachmaterial, welches mit Hilfe eines ungelenkten Gesprächs erhoben werden könnte, ist zweifelsohne von guter Datenqualität, dennoch scheint diese Erhebungsmethode in der Praxis nur sehr schlecht umsetzbar zu sein, nicht zuletzt auch weil die Interviewpartner*innen vorab ihr

Einverständnis zur Gesprächsaufnahme geben müssen. Auch ist der Verlauf eines solchen Gespräches nur bedingt steuerbar.

2) *Das Gespräch mit Sprecher*innen über ihren Rotwelsch-Dialekt*
Dieser Typus von Sprachaufnahmen wird meistens zu Beginn jeder Sprecherbefragung durchgeführt. Charakteristisch für diesen Typus sind folgende Merkmale: zahlreiche metasprachliche Äußerungen, Erläuterungen des Verwendungszusammenhangs sowie der Funktion der Geheimsprache, Blick auf den sozialhistorischen Hintergrund, Hinweise auf weitere Geheimsprachenvorkommen. Geheimsprachliches Material, d. h. Beispiele einzelner konkreter Lexeme bzw. Sätze, sind jedoch seltener vorhanden (vgl. SIEWERT 2003, 68ff.). Zu dieser Art von Sprachaufnahmen zählt SIEWERT ebenfalls Rundfunkbeiträge sowie Fernsehsendungen über einzelne Rotwelsch-Dialekte (vgl. SIEWERT 2003, 70).

3) *Der Mitschnitt der Sprecherbefragung auf der Grundlage eines Glossars aus schriftlichen Quellen*
Bei diesem dritten Typus von Sprachaufnahmen spielt das zuvor erstellte Glossar – die sogenannte „Basisliste" (SIEWERT 2003, 76) – eine wichtige Rolle. Diese versteht sich als „ein aus sämtlichen schriftlichen Quellen und objektsprachlichen Belegen aus Gesprächen über den jeweiligen Rotwelsch-Dialekt kompiliertes Glossar, das als Grundlage der Sprecherbefragung dient" (ebd.).[146] Der erste Schritt besteht zunächst darin, schriftliche Zeugnisse in Form von Wörterlisten, die in der vorliegenden Fachliteratur zum Teil bereits vorhanden sind, zu erstellen. Auskunftswillige Sprecher*innen bearbeiten anschließend diese Liste: Dabei soll der sondersprachliche Wortbestand bestätigt (Plus- bzw. Minuszeichen) bzw. rektifiziert und fehlende Angaben nachgetragen werden. Die Informant*innen müssen hierbei eine systematische Vorgehensweise verfolgen, die fünf zentrale Fragestellungen zu eruieren versucht (vgl. ebd.):

1) Kenntnis des Lexems (Markierung durch einfaches Plus- bzw. Minuszeichen)
2) Grammatische Informationen (z.B. Genus)
3) Bedeutung
4) Verwendung (z.B. durch Satzbeispiele)
5) Varia (zusätzliche Informationen zum Lexem)

[146] Zur Methodik der in dieser Arbeit verwendeten Basisliste siehe Abschnitt 6.2.2.3..

Ein Beispiel einer Basisliste (Pfedelbacher Jenisch[147]) findet sich bei SIEWERT (2003, 506):

+ +	**baizersmoß** (G1, 2) beizersmoß (G3)	Wirtin (G1, 2, 3), Gastwirtin (G3)	
+	**baldowern** (G1, 3)	kundschaften (G1, 3), auskundschaften (G3)	
	balle (G1, 2, 3) en balle haben (G1, 3)	~~Wald~~ (G1, 3), betrunken (G2), Rausch (G3) betrunken [sein]	Wald = krachert
+ +	**bausam** (G1, 3) bausem(G1, 3)	Angst	
+	**beducht** (G1, 3)	reich	
– +	**beecherisch** (G1) bejcherisch (G3)	todkrank	
– + –	**beechert** (G1) bejchert (G3) bägert (G1, 3)	gestorben	
–	**beglaubigen** (G1, 3)	versichern	
+ –	**beicherei** (G2) pejcherei (G3)	Beerdigung	Friedhof
+ –	**beichern** (G2) bejchern (G3)	in den letzten Zügen liegen (G2), sterben (G3)	
+	**beißerling** (G3)	Laus	
– –	**beissling** (G2) beißling (G2, 3)	Zwiebel	bißling
+ +	**beitzere** (G4) beizere (G3)	Wirtin (G3, 4), Gastwirtin (G3)	
–	**beitzschwechere** (G4)	Wirtschaft	Kobbe
– +	**belifzke** (G1, 2, 3) (vgl. bolifz~~k~~e)	Suppe	bolifze
+	**beluxen** (G1, 3)	hintergehen	
+	**berappen** (G1, 3)	bezahlen	
+ + –	**bereimen** (G1, 3) sich bereimen (G1) sich bereimmen [sic!] (G3)	bezahlen Zins zahlen	

Abbildung 5: Basisliste Pfedelbach mit Addenda und Corrigenda aus (indirekter) Sprecherbefragung durch handschriftliche Notizen (SIEWERT 2003, 506)

[147] Das Pfedelbacher Jenisch gehört zu den Sondersprachen aus dem Kreis der Rotwelsch-Dialekte des Deutschen (Pfedelbach, Kreis Öhringen, Württemberg) (vgl. SIEWERT 1997, 37).

Die Basisliste fungiert im Rahmen von Sprecherbefragungen als eine Gedächtnisstütze für alte Sondersprachensprecher*innen[148] und dient als allgemeiner Anhaltspunkt, das latent vorhandene Sprachwissen jener Sprecher*innen bewusst werden zu lassen (ebd.). SIEWERT merkt hierzu weiter an, dass „[d]as, was die Sprecher selbst bei Gesprächen über ihre Sprache an Wörtern mitteilen [...], [...] nicht deckungsgleich mit dem [ist], was sie tatsächlich noch an sprachlicher Kompetenz besitzen“ (ebd.).

In der Sonder- und Geheimsprachenforschung gibt es derzeit kein bewährteres und erfolgreicheres Instrument als die semasiologisch orientierte Methode der Basisliste (Kennen Sie das Wort ‚x‘? bzw. Was bedeutet das Wort ‚x‘?). Erfahrungen in der Feldforschung haben gezeigt, dass eine andere zuvor angewandte konfrontative Methode – die onomasiologische Befragungsmethode (Welche sondersprachlichen Wörter kennen Sie für ‚y‘? bzw. Was haben Sie in Ihrer Sondersprache damals zu ‚y‘ gesagt?) – bei älteren Sprecher*innen zwar Erinnerungen und Assoziationen hervorruft, dennoch bei vielen zu unüberwindbaren Blockaden führen kann. Folglich gilt diese Befragungsart heute nur noch als bedingt brauchbar (vgl. SIEWERT 2003, 76 sowie 114f.). Die Methode der Basisliste hingegen und die anschließende Aufzeichnung der sondersprachlichen Wortbelege durch die Informant*innen (Vertonung) erscheinen für die Arbeit an Rotwelsch-Dialekten (Verifikation des Wortbestands und Nachtrag fehlender Lexeme sowie fehlender grammatischer, morphologischer bzw. semantischer Angaben) zweckmäßig:

> Die Überprüfung der Basisliste durch die Sprecher hat sich als methodischer Schritt zur genaueren lexikologischen Beurteilung des in den Quellen verbürgten Wortmaterials in diesem und anderen Fällen als notwendig und ergebnisreich erwiesen (SIEWERT 2003, 78).

---

148 Einschränkungen, die mit dem Alter der Sondersprachensprecher*innen einhergehen, sind nicht unerheblich. Die große zeitliche Distanz zwischen den heute noch lebenden Sprecher*innen und ihrer alten Sprechergruppe sowie der Sprachabbau ihrer einst verwendeten Sondersprache ist zu verzeichnen. Da die älteren Sprecher*innen (z. B. als Viehhändler) nicht mehr hausieren, haben sie keine Gelegenheit mehr, ihre Geheimsprache zu verwenden, was wiederum dazu führt, dass sie Vieles vergessen haben. Auch andere erlernte Varietäten (z. B. ein Dialekt oder die Umgangssprache) können bei auskunftsbereiten Sprecher*innen zu sondersprachlichen Fehleinschätzungen sowie Irrtümern führen (vgl. SIEWERT 2003, 67 sowie 117f.).

4) *Das Vorlesen und Vertonen von Lexemen*
Das Vorlesen und Vertonen von sondersprachlichem Wort- bzw. Textmaterial ermöglicht eine zusätzliche Sicherung der Sondersprache. Darüber hinaus lässt sich die phonetisch-phonologische Feinstruktur der Lexeme bzw. Sätze nur mit Hilfe einer Vertonung erfassen. Dabei entfällt die Problematik der oft vorzufindenden schriftsprachlichen Varianten (vgl. SIEWERT 2003, 77).

Neben der Beachtung dieser vier Typen von Sprachaufnahmen sind weitere Faktoren zu berücksichtigen. Zunächst ist es für einen Sondersprachenforscher bzw. eine Sondersprachenforscherin notwendig, möglichst breit gestreute Sprecherbefragungen durchzuführen. Auch die Anzahl der Befragten sollte möglichst hoch sein; denn Sprecher*innen der Rotwelsch-Dialekte verfügen über einen individuellen Wortschatz, der nur eine begrenzte Anzahl von Lexemen beinhaltet (vgl. EFING 2005, 76f.). Nur derart kann ein Rotwelsch-Dialekt innerhalb eines Ortes annähernd vollständig erfasst und beurteilt werden.

Doch die Bereitschaft der Sprecher*innen, Auskunft über ihre Sondersprache zu erteilen, ist – wie bereits weiter oben erwähnt – in höchstem Maße eingeschränkt, da diese „immerhin noch heute als Geheimsprache funktionalisiert wird beziehungsweise werden könnte“ (EFING 2005, 77). Hierzu merkt EFING jedoch an, dass „je weiter allerdings die Zeit der Notwendigkeit, eine Geheimsprache zu verwenden, zurückliegt, umso eher sind die Sprecher zur Auskunft bereit“ (ebd.). Doch Sprecher*innen ist bereits in frühen Kindheitsjahren gelehrt worden, die Geheimnisse ihrer Sprache vor Nichteingeweihten zu hüten. Die Auskunftsverweigerung und das Verleugnen der Sprachkompetenz sind auf der anderen Seite auch einer gewissen Sprachscham geschuldet: Rotwelsch-Dialekte sind häufig an „schwierige soziale Verhältnisse und Zeiten gekoppelt, an die man sich nicht erinnern möchte“ (ebd.). Die Einstellungen der Sprecher*innen (zurückhaltende Auskunftsbereitschaft bis hin zur absoluten Auskunftsverweigerung) stellen jeden Sondersprachenforschenden vor eine schwierige Aufgabe. Vor diesem Hintergrund verwundert es nicht, wenn Sprachaufnahmen von freien und ungelenkten Gesprächen unter Rotwelsch-Sprecher*innen (vgl. Typ 1 der vier unterschiedlichen Sprachaufnahmen gemäß SIEWERT 2003, 67-75) – auch wenn diese Erhebungsmethode eine sehr gute Datenqualität liefert – nur sehr selten existieren.[149] Auch HONNEN gibt bei seiner Untersuchung der im Rheinland gesprochenen Geheimsprachen an:

> Zu den ehernen methodischen Prinzipien der Dialektdokumentation gehört die Forderung, möglichst unbeeinflußte Mundart in möglichst natürlichen Gesprächskonstellationen zu erfassen. Ist dieser Anspruch schon bei nahezu allen Dokumentationsprojekten zur Alltagssprache ein frommer Wunsch geblieben, so ist er bei der Erforschung von Rotwelschdialekten vollends illusorisch. [...]. Selbst sogenannten „Primärsprechern" wäre die Vorstellung eines von Sprachwissenschaftlern belauschten Gesprächs in ihrem Geheimsprachendialekt sicherlich absurd erschienen (HONNEN ²2000, 34f.).

6.2.2. Methodologisches Vorgehen bei der vorliegenden Untersuchung zum *largonji du louchébem*

„Tous les débuts sont difficiles" – dies gilt besonders für die Untersuchung von Sonder- und Geheimsprachen. „Comment et par où commencer?" – ist eine weitere Schwierigkeit. Eine wissenschaftliche Auseinandersetzung mit der Geheimsprache *largonji du louchébem* bedingt ein systematisches Vorgehen, nicht zuletzt, weil auf Ergebnisse anderer quantitativer oder qualitativer Studien zum *louchébem* bzw. auf bereits durchgeführte Expertengespräche oder schriftlichen Erhebungsbefunde nicht zurückgegriffen werden kann. Feldforschungen zur Dokumentation vom *louchébem* wurden bisher nicht unternommen. Eine einzige Ausnahme bilden die Ergebnisse der Arbeit von ROBERT L'ARGENTON (1991), die es schaffte, gemeinsam mit ihrer Kollegin MANDELBAUM-REINER (1991), zwei Metzger eines Metzgereigeschäfts des 13. Arrondissements zu interviewen. Dabei geht die gesicherte *louchébem*-Dokumentation meistens über Wortlisten nicht hinaus.

Wie bereits im Unterkapitel 6.1.2. (Zugang von Außenstehenden zum *largonji du louchébem)* betont wurde, besteht eine besondere Herausforderung im Zugang sowie in der Dokumentation dieser Geheimsprache und der damit verbundenen Zusammenarbeit mit den Informant*innen. Um den Feldzugang sowie die

[149] Ausnahmen bilden – soweit zu sehen ist – zwei Aufzeichnungen: SIEWERT gelang bei Feldforschungen die Aufnahme eines ungelenkten Gespräches zwischen zwei Sprechern des Pfedelbacher Jenisch (vgl. SIEWERT 2003, 67). Des Weiteren erreichte EFING eine Aufnahme des Lützenhardter Jenisch, die einem freien und ungelenkten Gespräch sehr nahekommt (vgl. EFING 2005, 109).

gesamten Feldforschungsschritte sowie -instrumente nachvollziehbar zu gestalten, wird im folgenden Schema die angewandte Systematik des Feldforschungsablaufes, auf welchem die Gesamterhebung der vorliegenden Arbeit beruht, dargestellt. Die Darstellung ist an ATTESLANDERS ([13]2010, 63) Schema zur systematischen Kontrolle des Forschungsprozesses angelehnt:

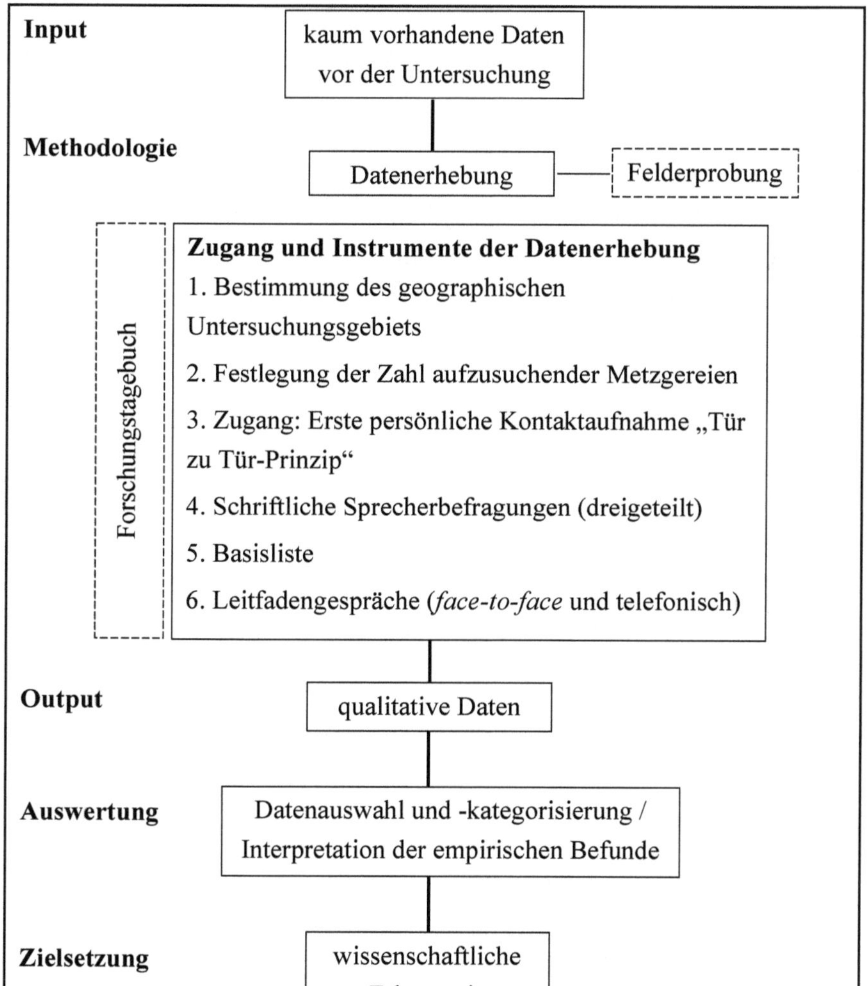

Abbildung 6: Darstellung der angewandten Systematik des Feldforschungsablaufes

Das dargestellte Schema (Abb. 6) macht sichtbar, welche inhaltlichen, organisatorischen sowie forschungslogischen Vorgehensweisen (vgl. ATTESLANDER [2]2008, 1067) bei der vorliegenden Untersuchung zum *largonji du louchébem* zu berücksichtigen sind. Besonders der Zugang und die methodischen Instrumente der Datenerhebung sollen in den folgenden Unterkapiteln besprochen werden. Nach der Bestimmung der geographischen Untersuchungsfläche und der Zahl aufgesuchter Metzgereien wird der kombinierte Einsatz von Datenerhebungsmethoden präsentiert, der für die einzelnen Teiluntersuchungen zum *largonji du louchébem* notwendig war.

6.2.2.1. Bestimmung des geographischen Untersuchungsgebiets und Überblick über aufgesuchte Metzgereien

In der ersten Arbeitsphase, die der Datenerhebung vorangeht, muss zunächst das Untersuchungsgebiet bestimmt werden, d. h. nicht nur die einzelnen zu erforschenden geographischen Teilflächen von Paris, sondern auch die unterschiedlichen Betriebstypen, die im Verteilungsweg von Fleisch einen Platz haben. Ein Blick auf das leicht adaptierte Schema „Les circuits de la viande“ von RHEZRANI (2013, 12) zeigt den Ablauf der Erzeugung bis zum Verbrauch von Fleisch:

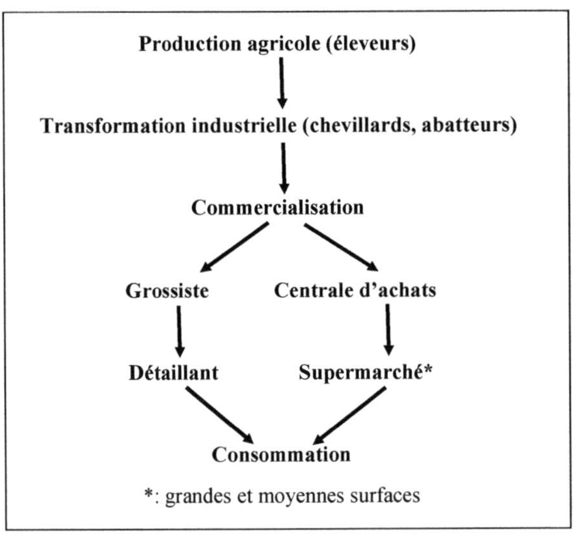

Abbildung 7: Adaptiertes Schema „Les circuits de la viande“ (vgl. RHEZRANI 2013, 12)

Es ist zu bemerken, dass für die Bestimmung des Untersuchungsgebiets lediglich die Betriebe berücksichtigt wurden, die das letzte Glied des Verteilungsweges von der Herstellung zum Verbrauch von Fleisch bilden, d. h. die Einzelhändler*innen (*détaillant.e.s*) und die Supermärkte (*supermarchés*). Beide Vertriebsarten sind – im Gegensatz zu den weiter oben angesiedelten Gliedern – dadurch gekennzeichnet, dass sie Kontakt zum Verbraucher bzw. zur Verbraucherin haben. Da der *louchébem* zu den verhüllenden Sondersprachen gehört, dessen primäre Funktion, die „Geheimhaltung gruppeninterner kommunikativer Prozesse vor etwaigen Mithörern" (HARDY 2017a, 288) ist, erschien es sinnvoll, sich auf diese Vertriebsarten zu konzentrieren.

Den zweiten Schritt bei der Vorbereitung der Sprachdatenerhebung stellte die Bestimmung des geographischen Untersuchungsgebiets dar. Hierfür entstand eine Auflistung möglichst vieler Metzgereibetriebe mit Hilfe von *Google Maps*. Da nicht alle Metzgereien im Internet verzeichnet sind, wurden zusätzlich die *Pages Jaunes* konsultiert. Die für die Untersuchung relevanten Einzelhändlerbetriebe umfassen folgende Typen: *boucheries bovine*, *hippophagique*, *ovine* etc. (Rinder, Pferde, Schafe etc.), *boucherie-charcuterie* (‚Fleisch- und Wurstwaren') sowie *triperie* (‚Innereien'). Darunter fallen auch Halal- und koschere Geschäfte sowie auf bestimmte Länder spezialisierte Metzgereien (wie zum Beispiel *boucherie basque*, *boucherie espagnole*). Hinsichtlich der Supermärkte ist zu bemerken, dass nur diejenigen ausgesucht wurden, die über eine Selbstbedienungstheke hinaus auch über eine Fleischtheke verfügen, bei der die Bedienung durch mindestens zwei Verkäufer*innen ausgeführt wird. Dies ist allgemeine Bedingung für das Verwenden einer Geheimsprache und das Zustandekommen einer Kommunikation auf *louchébem*.

Es wurden zunächst Metzgereien, die im 11. Pariser Arrondissement ansässig sind, aufgelistet und anschließend auf einem Stadtplan markiert. Die Auswahl des 11. Arrondissements als erstes Untersuchungsgebiet ist dadurch begründet, dass es sich um ein ehemaliges Arbeiterviertel handelt, welches zu den am dichtesten besiedelten Arrondissements von Paris zählt (153.110 Einwohner*innen; vgl. INSEE 2017). Deshalb ist dort eine große Anzahl von Metzgereibetrieben ansässig (49 Metzgereien) – im Gegensatz zum Beispiel zum 18. Arrondissement (5 Metzgereien). Heute gehört das 11. Arrondissement zu den weniger touristisch geprägten Vierteln, vielmehr ist es eine belebte und junge Wohngegend, die ein gutes Preis-Leistungsverhältnis in Bezug auf erträgliche Mieten bietet.

Die erste Feldforschungstätigkeit bestand folglich in einer „Tür zu Tür Befragung“ (ATTESLANDER [2]2008, 1067). Die aufgelisteten Metzgereien des 11. Arrondissements wurden etappenweise aufgesucht, es wurde persönlich Kontakt aufgenommen und das Forschungsvorhaben sowie das Ziel der gesamten Studie vorgestellt. Es sei hier angemerkt, dass das Entgegenbringen und das Aufbauen von Vertrauen in dieser ersten Phase der Kontaktaufnahme das Hauptziel bilden: „il faut acquérir la confiance de l'argotier pour qu'il vous délivre son code qui est aussi le moyen de travail de l'argotier“ (SOKOLIJA 2015, 104). Nach Beendigung der ersten Kontaktaufnahme im 11. Arrondissement wurde dieselbe persönliche Vorgehensweise auf andere Pariser Arrondissements erweitert.

Im Bereich des linken Seineufers wurde zunächst die Teilfläche des 15. Arrondissements zum geographischen Untersuchungsgebiet hinzugefügt. Die Wahl dieses Gebiets ist dadurch begründet, dass dieses das Stadtgebiet mit der größten Einwohnerzahl ist (237.636 Einwohner*innen; vgl. INSEE 2017) und bis in die 1970er Jahre ein Arbeiterviertel war. Heute gehört das 15. Arrondissement zu einer Wohngegend des mittleren bis höheren Bürgertums, die nicht unbedingt zu den beliebtesten touristischen Zielen gehört. Das 15. Arrondissement ist somit gut mit dem am rechten Seineufer befindlichen 11. Arrondissement vergleichbar.

Weitere erforschte Teilflächen des geographischen Untersuchungsgebiets sind für das rechte Seineufer das 7. Arrondissement. Dieses wurde ausgewählt, weil es sich von den 11. und 15. Arrondissements deutlich unterscheidet. Als sehr zentral gelegenes Gebiet gehört es zu den glanzvollen und teuersten Wohngegenden von Paris (56.519 Einwohner*innen; vgl. INSEE 2017). Die zahlreichen Sehenswürdigkeiten des Arrondissements – wie beispielsweise der Eiffelturm oder das Musée d'Orsay – werden entsprechend touristisch vermarktet.

Ein mit dem 7. Arrondissement annähernd komparables Gebiet ist das ebenso am linken Seineufer gelegene 5. Arrondissement, welches als weitere Teilfläche zum geographischen Untersuchungsgebiet dieser Arbeit hinzugenommen wurde. Das 5. Arrondissement ist nicht nur das älteste der Pariser Arrondissements und bietet beliebte Ziele für Tourist*innen – wie etwa das Panthéon, sondern gehört zu den intellektuell und bürgerlich-konservativ geprägten Wohngegenden (60.965 Einwohner*innen; vgl. INSEE 2017).

In der Gesamtbetrachtung kann festgehalten werden, dass das geographische Untersuchungsgebiet, welches dieser Arbeit für die Stadt Paris zugrunde liegt, aus vier durch Feldforschung erschlossene Gebieten besteht: das 11., 15., 7. und 5. Arrondissement. Folgende Tabelle zeigt die Verteilung der aufgesuchten Metzgereibetriebe im Untersuchungsgebiet:

	Anzahl der Metzgereien	**Anteile in %**
11. Arrondissement	49	38,3
15. Arrondissement	54	42,2
7. Arrondissement	14	10,9
5. Arrondissement	11	8,6
Gesamt	**128**	100,0

Abbildung 8: Verteilung der aufgesuchten Metzgereien im Pariser Untersuchungsgebiet

Die Tatsache, dass die Anzahl der aufgesuchten Metzgereien in den unterschiedlichen Arrondissements variiert, liegt daran, dass die Anzahl der Betriebe im 11. und 15. Arrondissements generell höher ist, als diejenigen in den beiden anderen Gebieten. Für die vorliegende Untersuchung wurden insgesamt 128 Metzgereien aufgesucht. Die Betriebe wurden zwischen März 2013 und Februar 2018 zu zwei – in selteneren Fällen zu drei – verschiedenen Zeitpunkten besucht. Die unterschiedlichen Zeitpunkte ergaben sich aufgrund der für die Datenerhebung zugrundeliegenden multimethodischen Herangehensweise: Zur Anwendung kamen mehrere schriftliche Befragungen, der Einsatz der sogenannten Basisliste und Leitfadengespräche.

Im Folgenden wird das erste methodische Instrument beschrieben, welches anhand von aufeinanderfolgenden Phasen der schriftlichen Befragungen erlaubt, zahlreiche Informationen über die Sprechergruppe und Aspekte ihrer Geheimsprache sammeln zu können.

6.2.2.2. Schriftliche Sprecherbefragungen

Nach der persönlichen Kontaktaufnahme folgte die erste Phase der Datensammlung. Es sei hier zunächst betont, dass die Zahl der aufgesuchten Metzgereien (128, vgl. Abb. 8: Verteilung der aufgesuchten Metzgereien im Pariser Untersuchungsgebiet) nicht mit der Zahl der tatsächlich befragten Sprecher*innen identisch ist. Die Diskrepanz lässt sich dadurch erklären, dass nicht jede Metzgerei bzw. nicht jeder *patron* bereit war, an der Studie teilzunehmen, obwohl der persönliche Erstkontakt vielversprechend war. Auch wenn der *patron* in der Phase des Erstkontakts sein ernsthaftes Interesse bekundet hat, waren dennoch nicht immer alle Angestellten (Metzger*in, Auszubildende, Kassierer*innen) für eine Befragung aufgeschlossen, was zur Folge hatte, dass die Zahl der zu befragenden Sprecher*innen stark dezimiert wurde. Nichtsdestotrotz erwiesen sich insgesamt 33 Sprecher*innen[150] als vertrauenswürdige Informant*innen. Folgende Tabelle zeigt die Verteilung der Befragten und ihre Auskunftsbereitschaft:

	auskunfts-bereit	**nicht auskunfts-fähig**	**nicht auskunfts-bereit**	**Anzahl der Befragten**
11. Arrondissement	12	7	5	24
15. Arrondissement	18	8	3	29
7. Arrondissement	2	7	0	9
5. Arrondissement	1	7	2	10
Gesamt	**33**	**29**	**10**	**72**
Anteil in %	**45,8**	**40,3**	**13,9**	**100,0**

Abbildung 9: Verteilung der Befragten und der Auskunftsbereitschaft im Pariser Untersuchungsgebiet

Die befragten Personen wurden gemäß drei Graden an Auskunftsbereitschaft wie folgt klassifiziert: Unter *auskunftsbereit* zählen die Informant*innen, die ihr Wissen über ihre Geheimsprache bereitwillig mitgeteilt haben. Unter *nicht auskunftsfähig* werden die Personen eingestuft, die offen darlegen, den *largonji*

[150] Es haben 31 männliche und 2 weibliche Personen an der vorliegenden Studie teilgenommen (vgl. Soziodemographische Verteilung in Abschnitt 7.1.).

du louchébem nicht zu kennen und folglich nicht zu verwenden. Es sei hier angemerkt, dass die Auskunftsunfähigkeit nicht überprüft werden kann. Es kann durchaus sein, dass Personen in dieser Gruppe subsumiert wurden, die eine Auskunftsunfähigkeit vorgetäuscht haben. Unter *nicht auskunftsbereit* sind schließlich diejenigen Sprecher*innen anzusehen, die bei der persönlichen Kontaktaufnahme zwar unmittelbar angegeben haben, die Geheimsprache zu kennen und im Betrieb aktiv zu verwenden, dennoch jedwede Auskunft hierüber bewusst verweigert haben. Diese Personen ließen deutlich spüren, dass eine Kontaktaufnahme absolut unerwünscht war. Die Geheimnisse ihrer Sprache sollten nicht preisgegeben werden, sodass die Verfasserin dieser Arbeit teilweise mit höflicher Bestimmtheit aus dem Metzgereigeschäft hinausgebeten wurde.

Vor dem Hintergrund, dass der *largonji du louchébem* heute noch als Geheimsprache funktionalisiert wird, ist die Auskunftsbereitschaft der Sprecher*innen mit 45,8 % hoch ausgeprägt. Dennoch sind bei der ersten Phase der Bestimmung des geographischen Untersuchungsgebiets und der Suche nach Informant*innen Schwierigkeiten aufgetreten. Fast genauso viele der befragten Personen, nämlich 40,3%, mussten als nicht auskunftsfähig klassifiziert werden. Es ist zu bemerken, dass zu den nicht auskunftsfähigen Personen jene zu zählen sind, die Mitarbeiter*innen von Halal-Metzgereien, koscheren Metzgereien und auf bestimmte Länder spezialisierten Fleischgeschäften angehören. Es konnte festgestellt werden, dass lediglich einzelne Informant*innen von Halal-Geschäften um die Existenz des *louchébem* wissen. Dies ist der Tatsache geschuldet, dass alle Metzgerauszubildende den Berufsschulunterricht gemeinsam verfolgen müssen. Während der Ausbildungszeit wird der *louchébem* von den Auszubildenden gerne als vermeintliche Geheimsprache im schulischen Kontext verwendet, um das Lehrpersonal bzw. die Ausbilder*innen vom Gesagten auszuschließen, was jedoch ein Irrtum ist (vgl. Abschnitt 7.2.3.). Die Anzahl der Personen, die nicht auskunftsbereit waren, liegt hingegen nur bei 13,9 %.

Jedem der 33 auskunftsbereiten Sprecher*innen wurde Anonymität zugesichert: Aus diesem Grund werden in der vorliegenden Arbeit – vor allem in der Auswertung und Interpretation der empirischen Befunde (vgl. Kapitel 7) – keine namentlichen Zitationen verwendet. Darüber hinaus wurde den Gesprächspartner*innen mitgeteilt, dass die Daten zunächst anhand von schriftlichen Befragungen erhoben werden. Schriftliche Befragungen sind *per definitionem* Fragebögen, die von den jeweiligen Zielpersonen selbst schriftlich ausgefüllt werden müssen (vgl. HÄDER [2]2010, 237). Jedem Informanten bzw. jeder Informantin wurden die Fragebögen persönlich übergeben; deren Abholung erfolgte ebenso persönlich. Auf die strategisch einfachere Vorgehensweise der postalischen Befragung wurde von Beginn an aufgrund der heiklen Thematik der Untersuchung verzichtet. Die Informant*innen, darunter vor allem die *patrons* bzw. die leitenden Angestellten, äußerten vorab die Bedingung, dass das Ausfüllen des Fragebogens im Metzgereigeschäft stattfinden und so wenig Zeit wie möglich einnehmen muss. Die Datensammlung durfte keine negativen Auswirkungen auf den laufenden Metzgereibetrieb haben. Aus diesem Grund wurde die schriftliche Befragung bewusst dreigeteilt (s. u.), um eine möglichst hohe Rücklaufquote zu erlangen. Letztlich wurde auch dem möglichen Abfall der Aufmerksamkeit, der mit einem zu langen Fragebogen einhergehen würde, entgegengewirkt: „Une enquête devrait durer 15 à 20 minutes au maximum. Au-delà, elle devient fatigante et ennuyeuse pour l'enquêté" (SOKOLIJA 2015, 107). Die schriftliche Befragungssituation wurde nicht kontrolliert, d. h. dass die Bögen nicht unter Aufsicht der Verfasserin dieser Arbeit ausgefüllt wurden.

Inhaltlich sind alle drei Fragebögen derart konzipiert, dass sie sich in drei Themenblöcke einteilen lassen und jeweils in etwa 15 Minuten ausfüllen lassen (siehe Anhang):

- Questionnaire I: Désignation(s) ainsi que compétence et pratique langagières
    - A Questions linguistiques préliminaires
    - B Compétence et pratiques langagières
- Questionnaire II: Conditions d'apprentissage et transmission
    - C Conditions d'apprentisssage et transmission
- Questionnaire III: Motifs et raisons d'usage et attachement à la langue
    - D Lieu et occasion d'usage de « cet argot »
    - E Attachement à la langue
    - F Questions relatives à notre enquête
    - G Données socio-démographiques
    - H Commentaires facultatifs

In der ersten schriftlichen Befragung wurde zunächst nach dem internen Sprachnamen und der geheimsprachlichen Kompetenz bzw. den Sprachgewohnheiten gefragt (*Questionnaire I: Désignation(s) ainsi que compétence et pratique langagières*). In Bezug auf die Sprachbezeichnung differenziert SIEWERT (2003, 26) zwei Begriffe: den internen und den externen Sprachnamen. Sonder- bzw. Geheimsprachen können unterschiedliche Bezeichnungen haben, die „entweder aus den Sprechergemeinschaften [...] selbst stammten („intern") oder von außen („extern") zur Bezeichnung der Sprache der anderen an sie herangetragen worden sind. Die damit angesprochene und von der wissenschaftlichen Terminologie zu unterscheidende Bezeichnungsebene ist mit dem Begriff ‚Sprachname'" (ebd.) besetzt.

Die Bezeichnung *louchébem* bzw. ihre orthographischen Varianten, die mit der fehlenden Normierung einer Verschriftlichung verbunden sind, werden als externe Sprachnamen verstanden, d. h. als diejenigen, die von Nicht-Gruppenmitgliedern bzw. Nicht-Initiierten für jene Geheimsprache gewählt und benutzt werden. Die internen Sprachbezeichnungen sind hingegen diejenigen, die Geheimsprachensprecher*innen (hier: die Metzger*innen) ihrer eigenen Geheimsprache geben (vgl. HARDY 2015, 108f.). Die Unterscheidung bzgl. des internen und externen Sprachnamens wird im Falle des *largonji du louchébem* auch in der Untersuchung von MANDELBAUM-REINER deutlich:

> Ils [les bouchers] désignent leur argot comme *largonji du louchébèm* (jargon du boucher) ou *largomuche* (argot) *du louchébèm*. Par métonymie, les gens du dehors (les descripteurs et leur public) ont glosé *loucherbem* comme „argot des bouchers", la transcription habituelle respectant l'orthographe du français commun (MANDELBAUM-REINER 1991, 22; Herv. i. O.).

MANDELBAUM-REINER stellt fest, dass die Bezeichnungen, die aus der Sprechergemeinschaft selbst stammen (das sind *largonji du louchébèm* und *largomuche du louchébèm*) andere sind, als diejenige, die von außen zugetragen wird (*loucherbem*). Die erste schriftliche Befragung (*Questionnaire I*) verfolgt das Ziel, die Feststellung von MANDELBAUM-REINER hinsichtlich der differierenden internen und externen Sprachnamen zu überprüfen bzw. zu sehen, inwieweit die genannten Sprachnamen übereinstimmen oder es Abweichungen gibt. Der zweite Schwerpunkt des Fragebogens I ist der Sprachkompetenz sowie der Sprachpraxis der Geheimsprachensprecher*innen gewidmet. Es wird nicht nur nach der subjektiven Häufigkeit des Hörens, Sprechens, Schreibens und Lesens jener Geheimsprache gefragt, sondern auch nach dem Hörverstehen und der Sprachfertigkeit. Dabei erfolgte eine Fokussierung auf die Selbsteinschätzung der Sprecher*innen im Hinblick auf ihre Sprachkompetenz fokussiert.

Den Informant*innen, die an der ersten Phase der Befragung teilgenommen haben, wurde erneut ein Fragebogen ausgehändigt (*Questionnaire II: Conditions d'apprentissage et transmission*). Dabei wurden zentrale Fragen zu Lehr- und Lernbedingungen sowie der damit verbundenen Transmission jener Geheimsprache an Metzgerauszubildende bzw. noch nicht initiierte Kolleg*innen berücksichtigt. Es sollten Daten gesammelt werden, die einen Einblick darüber geben können, welche Person zu welchem Zeitpunkt ihrer beruflichen Laufbahn und mithilfe welcher anderer Person(en) den *largonji du louchébem* erlernen konnte. Folgende Fragestellungen waren von besonderem Interesse: Wird die Geheimsprache lediglich im Metzgereigeschäft erlernt und/oder auch in der Ausbildungsschule? Wird die Geheimsprache bereits in der Ausbildungsphase erlernt oder erst zu einem späteren Zeitpunkt? Wird sie bereits in der Kindheit erlernt, wenn der Metzgerberuf von Generation zu Generation in der Familie weitergegeben wird? Welche Person(en) gibt / geben ihr Wissen über den *largonji du louchébem* in welcher Weise weiter? Wie wird gelehrt? Werden die Regeln der Geheimsprache bzw. die Bildungsmechanismen explizit vorgegeben? Inwieweit gelingt die Transmission?

In der dritten abschließenden Phase der schriftlichen Befragung wurden die Informant*innen, die bereits an den ersten beiden Befragungen partizipiert haben, schwerpunktmäßig zu ihren Spracheinstellungen und zu den Gründen für die Verwendung des *largonji du louchébem* befragt (*Questionnaire III: Motifs et raisons d'usage et attachement à la langue*). Von besonderer Relevanz sind hier Fragestellungen, die mögliche Hinweise über die Stellung des *largonji du louchébem* innerhalb der Körperschaft der Metzger*innen geben können. Es ist ebenso interessant zu erfragen, inwiefern das Festhalten am *largonji du louchébem* als Geheimsprache des Metzgerhandwerks wichtig erscheint, auch wenn jene Geheimsprache bereits in der Öffentlichkeit sichtbar gemacht wurde und nicht mehr als eine Sprache nur für Eingeweihte charakterisiert werden kann (vgl. HARDY 2017a sowie Abschnitt 7.2.2.).

Die Teile F (*Questions relatives à notre enquête*), G (*Données socio-démographiques*) und H (*Commentaires facultatifs*) gehören zwar inhaltlich nicht zum *Questionnaire III*, jedoch wurden sie aus organisatorischen Gründen zeitgleich mit diesem an die Informant*innen ausgeteilt.

6.2.2.3. Die Basisliste

Die schriftlichen Befragungen haben im Rahmen der ersten Annäherung zu den Geheimsprachensprecher*innen einen großen Stellenwert eingenommen. Hierbei wurden zur Beantwortung der Themenkomplexe der drei Fragebögen allerdings Erhebungen durchgeführt, bei denen die Informant*innen lediglich metasprachliche Aussagen sowie Erläuterungen hinsichtlich der Verwendung bzw. der Funktion des *largonji du louchébem* geben konnten. Auf zielgerichtete Fragen nach konkretem geheimsprachlichem Material wurde zunächst bewusst verzichtet. Es verwundert also nicht, dass Sprecher*innen auch nur selten Einblick in spontane geheimsprachliche Äußerungen gaben.

Um diesen Einblick in die Geheimsprache des *largonji du louchébem* dennoch zu erhalten, war es unerlässlich, die semasiologisch orientierte Methode der Basisliste anzuwenden, die sich – wie bereits im Abschnitt 6.2.1. erläutert – in der germanistischen Sondersprachenforschung und vor allem bei der Erforschung der Rotwelsch-Dialekte als erfolgreiche und vielversprechende Herangehensweise bewährt hat. „Sprecherbefragungen auf der Grundlage der Basisliste können erst in einem zweiten Zug der Feldforschung durchgeführt werden, da sie die Ermittlung und Auswertung der schriftlichen Quellen und Gespräche voraussetzen" (SIEWERT 2003, 76). Auch im Rahmen der vorliegenden empirischen Untersuchung wurde die Methode der Basisliste während der zweiten Phase der Datensammlung zum *largonji du louchébem* (nach der persönlichen Kontaktaufnahme und der schriftlichen Sprecherbefragungen) eingesetzt.

Die fünf Aspekte, die SIEWERT (ebd.) als zentral erachtet (das sind 1. Kenntnis des Lexems; 2. Grammatische Information; 3. Bedeutung; 4. Verwendung und 5. Varia), mussten jedoch für die Zwecke der Untersuchung zum *louchébem* leicht adaptiert werden. Da der *largonji du louchébem* einen sogenannten *argot à clé* (Schlüsselargot) repräsentiert, folglich nach ganz bestimmten Verschlüsselungstechniken auf der Grundlage der französischen Sprache funktioniert, rücken zum

Beispiel grammatische Informationen zu einem bestimmten Lexem in den Hintergrund. So ist es nicht sinnvoll, nach dem Genus eines louchebemisierten Wortes zu fragen, da dieses mit dem Lexem in der französischen Standardsprache identisch ist. Viel interessanter erscheint es, Varianten eines getarnten Lexems (z. B. durch Suffixalterationen) zu erhalten und herauszufinden, ob es zu einer Bedeutungsunterscheidung kommt. Auch das Elizitieren weiterer, nicht auf der Basisliste vorzufindender louchebemisierter Elemente konnte mit Hilfe dieser Methode ermöglicht werden. Vor diesem Hintergrund wurden SIEWERTs zentrale Fragen im Rahmen des Verfahrens der Basisliste wie folgt geändert:

1) **Connaissance**
Kenntnis des Lexems (Markierung durch einfaches Plus- bzw. Minuszeichen)

2) **Utilisation**
Verwendung (Markierung durch einfaches Plus- bzw. Minuszeichen)

3) **Signification(s)**
Bedeutung(en)

4) **Variante(s)**
Varianten (z. B. durch Suffixalteration oder fachsprachliches Äquivalent, das bewusst zur Tarnung verwendet wird)

5) **Exemple**
Satzbeispiel

6) **Autre**
Varia (d. h. sonstige Informationen, die dem Sprecher bzw. der Sprecherin hinsichtlich des Lexems einfallen – wie beispielsweise die Frequenz der Benutzung)

Die Basisliste des *largonji du louchébem* ist anhand verschiedener – schriftlicher sowie mündlicher – Quellen entstanden. Es wurden sowohl Belege aus wissenschaftlicher sowie populärwissenschaftlicher Literatur herangezogen (siehe Abschnitt 5.1.), als auch Wortmaterial, welches aus Gesprächen, die während der ersten Kontaktaufnahme von den Sprecher*innen selbst verwendet wurden, stammt. Die Basisliste beinhaltet sämtliche louchebemisierte Lexeme, die mit Hilfe der genannten Quellen zusammengetragen werden konnten. Damit ist die Basisliste zu umfangsreich, als dass man sie den jeweiligen Informant*innen in Gänze hätte vorlegen können. Diese Vorgehensweise hätte die Sprecher*innen zu schnell demotiviert und dementsprechend zu keinem zuverlässigen Ergebnis geführt:

> Étant donné que l'on ne peut pas enquêter sur un grand nombre de termes pour ne pas fatiguer l'enquêté et avoir des résultats faussés[,] [sic!] on doit bien cibler et utiliser quelques termes bien choisis […] (SOKOLIJA 2015, 108).

Vor diesem Hintergrund wurden den befragten Sprecher*innen immer nur Auszüge der Basisliste zur Bearbeitung ausgehändigt. Dies bedeutet jedoch nicht, dass für die vorliegende Untersuchung zum *louchébem* nur ein Teil der Basisliste bearbeitet wurde. Vielmehr wurden die Ausschnitte so gewählt und ausgehändigt, dass über sämtliche Lexeme Befunde elizitiert werden konnten.

Die folgende Abbildung zeigt einen Auszug aus der unbearbeiteten Basisliste des *largonji du louchébem*:

	labatem	***lagrèm***	***laisébèm***	***laissequé***
1. Connaissance *Connaissez-vous ce mot ?* *Indiquez à l'aide de + ou -*				
2. Utilisation *Utilisez-vous ce mot ?* *Indiquez à l'aide de + ou -*				
3. Signification(s) *Que veut dire ce mot ? A-t-il plusieurs significations ?*				
4. Variante(s) *Peut-on utiliser un / des autre(s) mot(s) synonyme(s) ?*				
5. Exemple *Pouvez-vous écrire une phrase dans laquelle ce mot est utilisé ?*				
6. Autre *Avez-vous encore d'autres informations au sujet de ce mot ?*				

Abbildung 10: Auszug aus der unbearbeiteten Basisliste des *largonji du louchébem*

Im nächsten Unterkapitel erfolgt die Vorstellung der für die Untersuchung des *louchébem* erforderlichen dritten Erhebungsmethode, die des sogenannten Leitfadengesprächs. Dabei sollen die Gründe für die Verwendung dieses Instruments dargestellt werden, ohne jedoch die damit verbundenen Schwierigkeiten außer Acht zu lassen. Im Anschluss an die Ausführungen zum Leitfragengespräch schließen einige Anmerkungen zu den verwendeten Methoden den zweiten Teil dieser Arbeit „Zur Empirie der vorliegenden Untersuchung" ab.

6.2.2.4. Leitfadengespräche

Ergänzend zu der Kombination der bisherigen Datenerhebungsmethoden (Erstkontakt, schriftliche Sprecherbefragungen und Basisliste), wurde für die vorliegende Studie die Methode des Leitfadengesprächs herangezogen. Leitfadengespräche sind dadurch charakterisiert, dass sie in der Forschung hauptsächlich als Ergänzung anderer qualitativer Forschungsinstrumente eingesetzt werden (vgl. SCHNELL / HILL / ESSER [8]2008, 387). Darüber hinaus eignet sich diese Gesprächsform besonders zur Erforschung des *louchébem*, da sie der Untersuchung „seltener und interessanter Gruppen, die auch in großen Stichproben nur in kleiner Zahl repräsentiert sind" (FRIEDRICHS 1973, 226; zitiert nach SCHNELL / HILL / ESSER [8]2008, 387), dient.

In der Fachliteratur zur qualitativen Sozialforschung kommt es häufig zu einer Begriffsvermischung, so dass *Leitfadengespräche* auch *Leitfadeninterviews*, *Intensivinterviews* oder *Tiefeninterviews* genannt werden (vgl. zum Beispiel FRIEDRICHS 1973, 224). Im Rahmen der vorliegenden Dissertation findet trotz der variierenden Termini die Bezeichnung *Leitfadengespräche* Verwendung. Es wird bewusst auf den Begriff *Interview* bzw. *Leitfadeninterview* verzichtet, da die Erforschung des *louchébem* nicht darauf abzielt, „zu schnellen, mehr oder weniger klaren und oft kurzen [...] Antworten zu gelangen" (GIRTLER [4]2001, 148). Es geht vielmehr darum, für die befragten Sprecher*innen – ohne durch gezieltes Fragen Druck oder Zugzwang auf ihn/sie auszuüben – eine freiwillige Gesprächssituation zu schaffen. Von besonderer Wichtigkeit ist zweifelsohne, dass der Befragte bzw. die Befragte „von sich aus heraus zum Erzählen bereit sein [soll]" (ebd.). Vor diesem Hintergrund muss die Gesprächssituation so offen wie möglich gehalten werden und darf nur schwach strukturiert sein.

Wenn diese Rahmenbedingungen eingehalten werden, dann erweisen sich Leitfadengespräche als wertvolle Instrumente, mit Hilfe derer aussagekräftigeres Material sowie umfassende Sachverhalte zum *louchébem* gewonnen werden können.

Leitfadengespräche haben zum Ziel, detaillierte Informationen von dem befragten Sprecher bzw. der befragten Sprecherin „mit besonderer Berücksichtigung seiner [ihrer] eigenen Perspektive, Sprache und Bedürfnisse“ (FRIEDRICHS 1973, 224) zu erlangen. Die offene Gesprächsführung eines Leitfadengesprächs, die lediglich von einem grob strukturierten Schema (den sogenannten Leitfragen) und nicht von vorformulierten, gezielten Fragen geleitet wird, ermöglicht es dem Forscher bzw. der Forscherin, stärker auf den Befragten bzw. der Befragten einzugehen und größere Antwortspielräume zuzulassen (vgl. ebd.). Somit ähnelt die Methode des Leitfadengesprächs der des ero-epischen Gesprächs (vgl. GIRTLER [4]2001, 147ff. sowie Abschnitt 6.1.1. der vorliegenden Arbeit).

Die Leitfadengespräche wurden mit den *louchébem*-Sprecher*innen in den meisten Fällen einzeln geführt – nur selten kam ein Gruppengespräch zustande. Häufig wurden Randzeiten während der Öffnungszeiten vereinbart, zu denen wenig Kund*innen kamen und zu denen die Gespräche ohne größere Störungen durchgeführt werden konnten. Es sei hier betont, dass nicht alle Informant*innen, die an den bisherigen Phasen der Datenerhebung mitgearbeitet hatten (dreiteilige schriftliche Sprecherbefragung und Basisliste), bereit waren, ein solches Gespräch zu führen. Demnach fällt die Anzahl der geführten Gespräche erheblich geringer aus: von den 33 grundsätzlich auskunftsbereiten Informant*innen nahmen 18 an einem Leitfadengespräch teil. Die folgende Tabelle zeigt die Verteilung der Befragten und ihre Bereitschaft an einem Leitfadengespräch zu partizipieren:

	Teilnahme an schriftlicher Befragung	Teilnahme an der Basisliste	Teilnahme an Leitfaden-gespräch
11. Arrondissement	12	12	9
15. Arrondissement	18	18	7
7. Arrondissement	2	2	1
5. Arrondissement	1	1	1
Gesamt	**33**	**33**	**18**
Anteil in %	**100,0**	**100,0**	**54,6**

Abbildung 11: Verteilung der Teilnahme der Befragten an den drei Phasen der Datenerhebung im Pariser Untersuchungsgebiet

Um das Interesse der Informant*innen zu wecken, wurde im Sinne eines ero-epischen Gesprächs zunächst keine gezielte Frage gestellt, sondern mit einer Anekdote[151], welche die Forscherin während ihrer zuvor getätigten Feldforschung und der damit verbundenen Schwierigkeiten oder auch Erfolge erlebt hatte, begonnen:

> Ein […] »ero-episches Gespräch« beginnt also nicht bloß mit einer Frage, sondern meist mit einer Erzählung des Forschers über seine Arbeitsweise und seine Interessen, wobei er darauf achtet, daß in demjenigen, von dem er etwas wissen will, Interessen geweckt werden und dieser schließlich selbst zu erzählen beginnt.

151 Die Anekdote kann folgendermaßen zusammengefasst werden: „Guten Tag, schön, dass Sie etwas Zeit für mich haben. Ich muss Ihnen unbedingt etwas aus meinem Arbeitsalltag in den Metzgereien erzählen. Ich bin letztens in einer Metzgerei in der Nähe der Métrostation Oberkampf gewesen. Ein Metzgerehepaar hat mich begrüßt. Wir haben uns unter anderem über das Metzgerhandwerk und die lange Tradition dieses Berufes unterhalten und als ich diesen speziellen Argot ansprach, den Metzger und Metzgerinnen verwenden sollen, wurden beide ganz böse und haben mich aus dem Laden hinausgeschickt. Ich sollte sofort den Laden verlassen. Zuvor hatte das Ehepaar mir aber offenbart, dass sie diese Art zu sprechen kennen, jedoch es keinesfalls hier in ihrer Metzgerei verwenden würden. Bisher wurde ich in Metzgereien immer freundlich empfangen und Sie oder auch viele anderen Ihrer Kollegen und Kolleginnen haben sich darüber gefreut, dass ich mich für diesen Argot interessiere. Ich muss gestehen, ich war etwas geschockt nach dieser Begegnung mit dem Metzgerehepaar. Ich hatte beim Verlassen der Metzgerei weiche Knie!“

> Der Forscher erscheint so auch als Lernender, den man über die ihn interessierende fremde Lebenswelt bereitwillig aufklären will (GIRTLER [4]2001, 152).

Dieses offene Herantasten an die Gesprächsinhalte zeichnete sich als eine äußerst wirksame Herangehensweise aus. Die befragten Sprecher*innen unterhielten sich in den meisten Fällen gerne und ungezwungen weiter; dabei wurde nicht starr auf das vorab formulierte grobe Schema zurückgegriffen. Die diesem Schema zugrundeliegenden Themen orientieren sich an den bereits mit Hilfe der schriftlichen Sprecherbefragungen eruierten Ergebnissen. Folgende Inhalte wurden in den Leitfadengesprächen aufgegriffen:

1) geheimsprachliche Kompetenz und Sprachgewohnheiten
2) Sprachgebrauch und Gründe bzw. Kontexte für die Verwendung jener Geheimsprache
3) geheimsprachliches Material
4) Spracheinstellungen und Vorurteile zum *louchébem* als Geheimsprache Pariser Metzger*innen
5) Lehr- und Lernbedingungen
6) Transmission / Weitergabe des *louchébem*
7) Identitätskonstruktion und Gruppenkohäsion

Es sei angemerkt, dass zum Teil nicht alle Leitthemen in jedes Gespräch eingebracht werden konnten, auch wenn diese als „Orientierung bzw. Gerüst [dienen] und sicherstellen [sollen], dass nicht wesentliche Aspekte der Forschungsfrage [...] übersehen werden" (MAYER [6]2013, 37). Gespräche mit Sonder- bzw. Geheimsprachensprecher*innen lassen sich nicht vorab nach einem starren Schema strukturieren. Genauso wenig lassen sie sich kontrollieren. Das Gespräch kann frühzeitig durch den Informanten bzw. die Informantin aus diversen Gründen beendet werden[152] oder auf nur wenige, in den Augen des Informationsgebenden besonders relevante Themen beschränkt werden. Der bzw. die Sondersprachenforschende muss in der Lage sein, der asymmetrischen Kommunikation (vgl. FRIEDRICHS 1973, 207), die jedem Forschungsgespräch zugrunde

[152] Bei der vorliegenden Untersuchung gab es viele Gründe für das Abbrechen eines Gesprächs, wie etwa ein schlecht gewählter Zeitpunkt, die schlechte Verfassung des Sprechers bzw. der Sprecherin, die als zu lang empfundene Dauer des Leitfadengesprächs, die zum Teil zu schwierigen Themen des Leitfadens etc.

liegt, entgegenzuwirken. Sobald der befragte Sprecher bzw. die befragte Sprecherin sich als reine*r Datenlieferant*in wahrnahm, kam es zu Schwierigkeiten und das Gespräch wurde abgebrochen. Kein Gespräch glich dem anderen. Die Aufzeichnung der Gespräche erfolgte über Notizen und/oder wurde anhand von Gedächtnisprotokollen rekonstruiert; nur selten konnten die Leitfadengespräche mit Hilfe eines Audiorekorders aufgezeichnet werden, da die meisten Informant*innen nicht bereit waren, hierfür ihr Einverständnis zu geben. Obwohl sich die Bedingungen im Rahmen solcher Gespräche als höchst komplex und problematisch erwiesen, konnten mithilfe der Methode des Leitfadengesprächs wesentliche und wertvolle Einblicke in die Geheimsprache gewonnen werden.

6.3. Methodenkritik

Für die vorliegende Untersuchung wurde wie erwähnt zunächst auf das empirische Verfahren der schriftlichen Befragung zurückgegriffen, da es sich um eine einfache Methode handelt, die schnell zum Erfolg, d. h. zur Gewinnung von Daten, führen kann (vgl. ALBERT 2007, 16), insbesondere vor dem Hintergrund, dass Geheimsprachensprecher*innen als Informant*innen gewonnen werden sollten, was sich als schwierig und aufwendig herausgestellt hat.

Der Methode der schriftlichen Befragung werden im Allgemeinen erhebliche Nachteile nachgesagt: etwa eine zu hohe Non-Response-Rate (Ausfallquote), die unkontrollierbare Datenerhebungssituation (wer füllt unter welchen Bedingungen an welchem Ort die Fragebögen aus?), keine konsistenten Antworten, keine ausreichende Verständlichkeit der Fragen, keine Möglichkeit für direkte Rückfragen, etc. (vgl. HÄDER ²2010, 239-241; vgl. ATTESLANDER ²2008, 1066f.). Trotz dieser Problematiken sind für die vorliegende Untersuchung zum *louchébem* aussagekräftige Ergebnisse durch die Methode der schriftlichen Befragung möglich geworden.

Es kann festgehalten werden, dass die schriftliche Befragung als mögliche Feldtechnik unmittelbar nach der Aufnahme des ersten Kontaktes mit Geheimsprachensprecher*innen beträchtliche Vorteile hat. Die Informant*innen erhalten den schriftlichen Fragebogen, der als Medium mit geschlossenen und offenen Fragen konzipiert ist und einige Fragen zum Sprachbewusstsein beinhaltet. Bei den geschlossenen Fragetypen wurden sowohl Identifikations- und Selektionstypen bzw. Alternativfragen[153] als auch Skala-Fragen[154] gewählt. Es wurden im Allgemeinen eine höhere Anzahl geschlossener Fragen gewählt, da dieser Fragetypus von den jeweiligen Informant*innen verlangt, etwas wiederzuerkennen und nicht etwa sich an etwas zu erinnern, was bei offenen Fragen der Fall ist (vgl. ATTESLANDER [13]2010, 148). Für den ersten Kontakt mit Geheimsprachensprecher*innen erschien es adäquater, geschlossene Fragetypen zu wählen, auch wenn die Gefahr der Suggestivwirkung besteht (vgl. ebd.). Die Antworten auf geschlossene Fragen sind einheitlicher und vergleichbarer, was die Arbeit an den von der Verfasserin im Anschluss erstellten Gesprächsleitfäden vereinfacht hat.

Demographische Fragen nach Alter, Geschlecht, etc. wurden an das Ende des Fragebogens platziert. Diese gleich zu Beginn abzufragen, wäre nicht von Vorteil, da sie die Geheimsprachensprecher*innen in eine sensible Situation brächten, welche kein gutes Vertrauensklima erzeugen und die Antwortbereitschaft verringern könnte. Da das Ausfüllen des Bogens in der Metzgerei und während des laufenden Geschäftes nicht möglich war, wurden die bereitwilligen Informant*innen innerhalb einer Frist von ein bis fünf Tagen erneut persönlich aufgesucht. Auf eine postalische Rücksendung, die aus zeitlichen sowie finanziellen Gründen zweifelsohne vorteilhafter gewesen wäre, wurde gänzlich verzichtet, da die Non-Response-Rate aufgrund der geheimsprachlichen Thematik zu hoch gewesen wäre. Obwohl das persönliche Übergeben und Abholen der Fragebögen mit erheblichem Aufwand verbunden war, konnten die Fragebögen beim Abholen auf Vollständigkeit geprüft werden. Auch ermöglichte der erneute persönliche Kontakt bei der Abholung die Möglichkeit, Unklarheiten zu

---

153 RICHARDSON / DOHRENWEND / KLEIN (1965) unterscheiden zwischen verschiedenen geschlossenen Fragetypen: Unter dem *Identifikationstypus* verstehen die Autoren „a question calling for the identification of person, place, group, time, number, etc., by asking who, where, when, how many, or which" (RICHARDSON / DOHRENWEND / KLEIN 1965, 146). Beim *Selektionstypus* hingegen handelt es sich um eine „fixed-alternative question, in which the respondent is asked to select one from the two or more possible responses offered" (ebd.).

154 Skala-Fragen sind eine „besondere Form der Mehrfachauswahl-Frage, [...] mit der Werte, Meinungen, Gefühle oder Handlungen bezüglich ihrer Intensität oder Häufigkeit gemessen werden sollen" (ATTESLANDER [13]2010, 148).

bereinigen und Rückfragen zu beantworten. Auch die Befürchtung einer zu hohen Non-Response-Rate konnte nicht bestätigt werden. Ganz im Gegenteil, die Rücklaufquote der drei Fragebögen lag bei über 70%. Dies ist vermutlich dem Umstand geschuldet, dass der persönliche Kontakt bei der Übergabe und der Abholung der Bögen die Gefahr eines zu niedrigen Rücklaufs abgemildert haben kann. Durch den Einsatz des Fragebogens fällt darüber hinaus die Verfasserin dieser Dissertation als Kontrollinstanz und somit als möglicher Störfaktor weg (vgl. ATTESLANDER [13]2010, 157). Es sei hier zwar eingeräumt, dass ohne die Anwesenheit der Verfasserin dieser Arbeit die Befragungssituation nicht kontrollierbar erscheint, insofern als zum Beispiel andere Sprecher*innen die Beantwortung des Fragebogens beeinflusst haben können. Dennoch sollte die schriftliche Befragung ohne den Forscher bzw. die Forscherin, folglich ohne einen möglichen Störfaktor, der im besonderen Fall der Sonder- und Geheimsprachenforschung zum Tragen kommt, stattfinden. Aus diesem Grund wurden in einem kurzen Gespräch mit den befragten Informant*innen das allgemeine Ziel der Studie sowie der Ablauf des Fragebogens vorab vorgestellt. Darüber hinaus wurde der Befragung eine schriftliche Begleitanweisung beigefügt.

Vor der Durchführung der schriftlichen Befragung wurde ein Pretest durchgeführt. Dabei wurden die Fragebögen (I, II und III) auf ihre Verständlichkeit von zwei zufällig ausgewählten *louchébem*-Sprecher*innen geprüft. Diese, wenn auch kleine Testerhebung „dient dazu, das erstellte Erhebungsinstrument auf seine Tauglichkeit hin zu testen und zu prüfen, inwieweit sich die beabsichtigten Hypothesenprüfungen durchführen lassen" (ATTESLANDER [13]2010, 295). Dieses Verfahren wurde als unerlässliche Vorstufe erachtet, um konkrete Erhebungsprobleme zu vermeiden, auch wenn es bei der Datenerhebung im Bereich der Sonder- und Geheimsprachenforschung nicht zwingend vorgesehen ist, da die Informantensuche in höchstem Maße problematisch und die Zahl auskunftswilliger Gewährsleute zweifellos sehr niedrig ist. Durch den Pretest konnten Unstimmigkeiten und undeutliche Angaben festgestellt werden. Daraufhin wurden die Fragebögen leicht modifiziert, gekürzt und unverständliche Fragen umformuliert. Dabei wurde besonders auf die sprachliche Verständlichkeit geachtet. Unverständliche Ausdrücke wurden ersetzt und ein Sprachniveau, das dem der Informant*innen entspricht, wurde gewählt.

Nach den schriftlichen Befragungen erfolgte die Phase der Arbeit mit der Basisliste. Während mit Fragebögen nur metasprachliche Aussagen im Hinblick auf den Gebrauch und die Funktion des *largonji du louchébem* gewonnen werden konnten, erbrachte die Basisliste Informationen zu konkretem, „wahrem" geheimsprachlichem Material. Forschungsstrategisch gesehen kann die gewählte Reihenfolge der beiden Methoden (zunächst metasprachliche Information anhand der schriftlichen Befragung, danach konkretes, „wahres" geheimsprachliches Material mit Hilfe der Basisliste) als außerordentlich fruchtbar erachtet werden. Dieses kombinierte Verfahren und die damit verbundenen regelmäßigen Kontaktzeiten mit den Informant*innen schufen eine gegenseitige Vertrauensgrundlage und machten eine stärkere Integration der Verfasserin dieser Arbeit in die Sprechergemeinschaft der *louchébem*-Sprecher*innen erst möglich. Je länger und intensiver der Kontakt, desto größer wurde das Vertrauen. Die Informant*innen wurden verfügbarer und wohlwollender und ihre Antworten offener und konsistenter. Folglich ist die Vertrauensgrundlage ein maßgebliches Kriterium zum Gelingen geheimsprachlicher Feldforschungsarbeit.

Um das Netz bisher erhobener Daten zu verdichten und ein noch größeres Verständnis des Phänomens *largonji du louchébem* zu erlangen, wurden als letzte qualitative Erhebungsmethode Leitfadengespräche geführt. Die Inhalte der Gespräche basieren auf den Befunden, die vorab während der schriftlichen Sprecherbefragungen sowie der Bearbeitung der Basisliste eingeholt werden konnten. Somit stützen sich die Leitfadengespräche auf Hinweise und Informationen, die aus der Feldforschung sowie im Kontext sozialer Realität gewonnen werden konnten. Das Hauptinteresse solcher Gespräche liegt nicht nur in der Sammlung zusätzlicher Informationen, die für das Verständnis des untersuchten Phänomens als notwendig erachtet werden, sondern ebenso in der Verifikation bzw. Rektifikation der von den Sprecher*innen bisher getätigten Aussagen. Wesentliche Nachteile dieser Methode sind sowohl der erhebliche zeitliche Aufwand als auch die Tatsache, dass das Gespräch – im Sinne eines ero-epischen Gesprächs – relativ wenig gelenkt werden kann. Dies hat zur Folge, dass einige Sprecher*innen zeitweilig vom Thema bzw. von der Fragestellung abweichen. Darüber hinaus darf der Aspekt der Validität der Ergebnisse nicht außer Acht gelassen werden: Dadurch, dass die Gespräche nicht standardisiert sind, keine vorher festgelegte Abfolge haben und variierende inhaltliche Schwerpunkte aufweisen (nicht in jedem Gespräch spricht der Informant bzw. die Informantin über jedes Thema), können nicht alle Befunde miteinander verglichen werden: „Die Vergleichbarkeit der Ergebnisse ist, gemessen am standardisierten Interview, gering" (FRIEDRICHS 1973, 236). Vielmehr entsteht ein Korpus, welches verschiedene und ungleich umfangreiche Informationen beinhaltet (vgl. ebd.). Als methodisches Instrument ist diese offene und ungelenkte Gesprächsform die einzige, die im Gebiet der Sonder- und Geheimsprachen eingesetzt werden kann, oft auch, weil über jene Sprachen keine oder kaum vorhandene Daten vorliegen. Somit leisten solche Gespräche trotz ihrer Nachteile einen außerordentlich wichtigen Beitrag zur Exploration von Sonder- und Geheimsprachen wie beispielsweise des *largonji du louchébem*.

Es sei noch abschließend festgehalten, dass eine sondersprachliche bzw. geheimsprachliche Untersuchung nicht das Ziel verfolgen kann, die Gesamtheit der Sprecher*innen vollständig zu befragen. Auch eine flächendeckende Erfassung jener Sprecher*innen (zum Beispiel in Paris) ist illusorisch. Zwar wird

> [d]er höchste Grad an Beobachtungsadäquatheit [...] dann vorliegen, wenn ein Phänomen vollständig beobachtet und beschrieben wird, was allerdings praktisch in der Regel unmöglich und auch nicht notwendig ist. Es reicht aus, ein Phänomen, einen Sachverhalt ‚unvollständig', d. h. an Hand von exemplarischen Belegen, zu beschreiben, allerdings muß gewährleistet sein, daß diese Unvollständigkeit nicht zur Beobachtungsinadäquatheit führt (SCHLOBINSKI 1996, 13).

Vor diesem Hintergrund ist es auch nicht das Ziel der vorliegenden Untersuchung zum *largonji du louchébem*, Repräsentativität anzustreben; die Informant*innen wurden folglich auch nicht für eine repräsentative Stichprobe ausgewählt. Vielmehr versteht sich die vorliegende empirische Arbeit – deren Befunde mit Hilfe eines kombinierten Verfahrens von verschiedenen Methoden und einer begrenzten Zahl bereitwilliger Informant*innen eruiert wurden – als der Versuch einer Beschreibung des sozialen und sprachlichen Phänomens *louchébem* auf der Grundlage heterogener Daten.

TEIL V: AUSWERTUNG UND ERGEBNISSE DER EMPIRISCHEN UNTERSUCHUNG

7. Auswertung und Ergebnisse der empirischen Untersuchung[155]

7.1. Soziodemographische Verteilung

Insgesamt haben 33 Sprecher*innen des *largonji du louchébem* als auskunftsbereite Informant*innen an der schriftlichen Befragung und der Methode der Basisliste teilgenommen. Darunter waren weiterhin 18 Sprecher*innen damit einverstanden, aktiv an dem Leitfadengespräch zu partizipieren. Die folgende Tabelle zeigt die soziodemographische Verteilung der Informant*innen:

155 Die im späteren Verlauf dieses Kapitels eingebrachten Dialoge zwischen der Verfasserin dieser Arbeit und den befragten Informant*innen sind einerseits transkribiert, andererseits aus Notizen sowie Gedächtnisprotokolle rekonstruiert worden. Wie bereit im Abschnitt 6.2.2.4. (Leitfadengespräche) thematisiert wurde, war die Aufzeichnung der geführten Gespräche mit Hilfe eines Audiorekorders nur selten möglich, da die meisten Informant*innen nicht bereit waren, hierfür ihr Einverständnis zu geben.
Bemerkungen zur Transkription gesprochener Sprache: Die aufgezeichneten Redebeiträge innerhalb der Leitfadengespräche wurden nach dem standardorthographischen Schriftsystem der französischen Sprache transkribiert. Bei der Verschriftlichung der Gespräche wurden lediglich die Wörter bzw. Laute beachtet, die von den Informant*innen auch tatsächlich ausgesprochen wurden (zum Beispiel: *j'sais pas* und nicht *je ne sais pas*). In Bezug auf die Interpunktion wurde lediglich die Großschreibung am Satzanfang sowie Punkte und Frage- bzw. Ausrufezeichen am Satzende eingesetzt. Weitere Satzzeichen wurden nicht eingefügt. Undeutliche Wörter oder Passagen werden mit [X] gekennzeichnet und entsprechend nicht transkribiert. Unterbrochene Rede oder einzelne Wörter werden mit einem Trennstrich versehen (zum Beispiel: *dans la boucher*[–]).

ID	Geschlecht	Alter	Berufl. Stellung	Berufserfahrung	Arrondissement	Ausbildung[156]
1	m	42	boucher	> 20 Jahre	15^{e}	72
2	w	51	caissière	> 20 Jahre	15^{e}	75
3	m	50	boucher-tripier	> 20 Jahre	11^{e}	75
4	m	40	boucher	> 20 Jahre	15^{e}	75
5	m	39	boucher	> 20 Jahre	11^{e}	75
6	m	43	boucher	> 20 Jahre	15^{e}	33
7	m	47	boucher	> 20 Jahre	11^{e}	72
8	m	41	boucher	> 20 Jahre	5^{e}	75
9	m	37	boucher	11-19 Jahre	15^{e}	17
10	m	50	boucher-charcutier	> 20 Jahre	15^{e}	86
11	m	37	boucher	> 20 Jahre	15^{e}	75
12	m	50	boucher-charcutier	> 20 Jahre	11^{e}	75
13	m	32	boucher	11-19 Jahre	11^{e}	75
14	m	31	boucher	11-19 Jahre	15^{e}	75
15	m	24	boucher	6-10 Jahre	7^{e}	75
16	m	25	boucher	6-10 Jahre	15^{e}	45
17	m	27	boucher	6-10 Jahre	15^{e}	51
18	m	28	boucher	1-5 Jahre	15^{e}	75
19	w	42	caissière	> 20 Jahre	15^{e}	33
20	m	57	patron de boucherie	> 20 Jahre	11^{e}	75
21	m	35	boucher	11-19 Jahre	15^{e}	28
22	m	46	boucher	> 20 Jahre	15^{e}	77
23	m	17	apprenti boucher	1-5 Jahre	15^{e}	75
24	m	32	boucher	11-19 Jahre	11^{e}	75
25	m	37	boucher	11-19 Jahre	11^{e}	89
26	m	17	apprenti boucher	< 1 Jahr	11^{e}	75

[156] In der Spalte *Ausbildung* ist das Département eingetragen worden, in dem die Informantin bzw. der Informant ihre bzw. seine Ausbildung abgeschlossen hat.

ID	Geschlecht	Alter	Berufl. Stellung	Berufserfahrung	Arrondissement	Ausbildung[156]
27	m	49	patron de boucherie	> 20 Jahre	11^e^	75
28	m	51	boucher	> 20 Jahre	7^e^	75
29	m	22	boucher	1-5 Jahre	11^e^	75
30	m	38	boucher	11-19 Jahre	15^e^	60
31	m	42	boucher	11-19 Jahre	11^e^	10
32	m	63	patron de boucherie	> 20 Jahre	15^e^	75
33	m	16	apprenti boucher	< 1 Jahr	15^e^	75

Abbildung 12: Soziodemographische Verteilung

Aufgrund der zu untersuchenden Thematik war bei der Auswahl der Informant*innen das Ziel einer breiten Streuung hinsichtlich der Kategorien Alter, Geschlecht, berufliche Stellung sowie Berufserfahrung nicht zu erreichen.

Nichtsdestotrotz weist die Kategorie Alter eine heterogene Struktur auf: der jüngste Informant ist 16 Jahre alt, der älteste 63 Jahre alt. Die Befragten wurden in die fünf nachfolgenden Altersgruppen eingeteilt:

> **Altersgruppe I**: Personen, die zwischen 16 und 20 Jahre alt sind (sie fangen i. d. R. mit dem Berufsleben an und befinden sich noch in der Ausbildungszeit);
> **Altersgruppe II**: Personen, die zwischen 21 und 30 Jahre alt sind (sie haben i. d. R. ihre Ausbildung abgeschlossen, eine Stelle in Paris angenommen und sind gerade dabei, sich im Beruf zu etablieren);
> **Altersgruppe III**: Personen, die zwischen 31 und 45 Jahre alt sind (sie sind i. d. R. im Beruf etabliert und haben bereits mehrere Arbeitsstellen in Paris ausgeübt);
> **Altersgruppe IV**: Personen, die zwischen 46 und 55 Jahre alt sind (sie sind i. d. R. voll im Beruf etabliert und verfügen über eine langjährige Berufserfahrung in Paris);
> **Altersgruppe V**: Personen, die älter als 56 Jahre alt sind (sie gehen i. d. R. auf die Rente zu, sind jedoch noch aktiv im Berufsleben).

Folgende Tabelle zeigt die Verteilung der verschiedenen Altersgruppen aller 33 Informant*innen, die sich an der schriftlichen Befragung und an der Methode der Basisliste beteiligt haben:

Schriftliche Befragung und Basisliste	**S = 33 (Gesamtgruppe)**				
Altersgruppe	**I**	**II**	**III**	**IV**	**V**
Gesamt	3	5	15	8	2
Anteil in %	**9,1**	**15,2**	**45,4**	**24,2**	**6,1**

Abbildung 13: Verteilung nach Altersgruppe (schriftliche Befragung und Basisliste)

Wie Abbildung 13 zeigt, ist die Altersgruppe III (31-45 Jahre) mit 45,4% am höchsten vertreten. Auch ist es dieselbe Alterskategorie, die am häufigsten einwilligt, mit ihnen ein Leitfadengespräch durchzuführen:

Leitfragengespräch	**S = 18**				
Altersgruppe	**I**	**II**	**III**	**IV**	**V**
Gesamt	0	0	9	7	2
Anteil in %	**0,0**	**0,0**	**50,0**	**38,9**	**11,1**

Abbildung 14: Verteilung nach Altersgruppe (Leitfadengespräch)

Die Bereitschaft zum Leitfadengespräch bei der Altersgruppe III beträgt 60% (9 von 15 Befragten). Es fällt zudem auf, dass je höher die Altersgruppe ist, desto höher ist auch die Bereitschaft der Befragten, am Gespräch teilzunehmen. Denn 87,5% der Informant*innen (7 von 8 Befragten), die zwischen 46 und 55 Jahre alt sind (Altersgruppe IV), sowie 100% der über 56-Jährigen (Altersgruppe V) beteiligten sich aktiv an den Gesprächen. Von den ursprünglich 33 Sprecher*innen haben sich mehr als die Hälfte (54,5%) für die Teilnahme an Gesprächen einverstanden erklärt (18 von 33 Befragten). Oft wurde mir von ihnen signalisiert, dass in der schriftlichen Befragung und in der Basisliste viele Aspekte des *largonji du louchébem* abgefragt wurden, dennoch einige für die Sprecher*innen als relevant erachtete Punkte fehlten. Über diese könne man besser in einem Gespräch reflektieren, so die Meinung eines Großteils der Leitfadengesprächsteilnehmer*innen. Im Gegensatz hierzu wurde die Teilnahme an persönlichen Gesprächen von den Informant*innen der Altersgruppen I (16-20 Jahre) und II (21-30 Jahre) nicht stattgegeben. Mögliche Gründe für eine solche Ablehnung können zum einen zu wenig Wissen um diese Geheimsprache bzw. zu wenig Erfahrung mit ihr sein; zum anderen kann vermutet werden, dass diese Informant*innen nicht wissen, ob es ihnen erlaubt wird, über die Geheimsprache zu sprechen.

In der Kategorie Geschlecht zeigt sich kein heterogenes Bild. Denn die auskunftsbereiten Sprecher*innen sind fast ausschließlich männlich. Dies war zu erwarten, denn der Beruf des Metzgers bleibt ein männlich dominierter Bereich. Abbildung 15 zeigt die Verteilung nach Geschlecht der 33 Sprecher*innen, die an der Befragung sowie an der Mitarbeit an der Basisliste teilgenommen haben; Abbildung 16 zeigt die Verteilung nach Geschlecht der 18 Proband*innen, die am Leitfadengespräch teilgenommen haben:

Schriftliche Befragung und Basisliste S = 33	**Männer**	**Frauen**
Gesamt	31	2
Anteil in %	**93,9**	**6,1**

Abbildung 15: Verteilung nach Geschlecht (schriftliche Befragung und Basisliste)

Leitfadengespräch S = 18	**Männer**	**Frauen**
Gesamt	17	1
Anteil in %	**94,4**	**5,6**

Abbildung 16: Verteilung nach Geschlecht (Leitfadengespräch)

Es sei hier angemerkt, dass die Informantinnen zum einen die Ehefrauen eines *patron de boucherie* sind und zum anderen den Beruf der Kassiererin in der eigenen Metzgerei ausüben. Es ist mir leider nicht gelungen, eine *bouchère*, als Informantin für die vorliegende Studie zu gewinnen.

Als nächste Kategorie sei die Verteilung der beruflichen Stellung erwähnt. Mit 66,6% machen die *bouchers* den größten Anteil aus. Auszubildende, Metzger mit einer Zusatzqualifikation sowie Metzgereiinhaber machen jeweils lediglich 9,1% aus, Kassiererinnen 6,1%:

Schriftliche Befragung und Basisliste	**S = 33**				
berufliche Stellung	patron de boucherie	boucher	boucher + spécialisation	apprenti boucher	caissière
Gesamt	3	22	3	3	2
Anteil in %	**9,1**	**66,6**	**9,1**	**9,1**	**6,1**

Abbildung 17: Verteilung nach beruflicher Stellung (schriftliche Befragung und Basisliste)

Leitfadengespräch	**S = 18**				
berufliche Stellung	patron de bou-cherie	boucher	boucher + spécialisation	apprenti boucher	caissière
Gesamt	3	11	3	0	1
Anteil in %	**16,67**	**61,11**	**16,67**	**0,0**	**5,55**

Abbildung 18: Verteilung nach beruflicher Stellung (Leitfadengespräch)

Es sei hier angemerkt, dass es äußerst schwierig war, Auszubildende für die Untersuchung zu gewinnen. Die meisten, die ich angetroffen habe, waren nicht bereit, mit mir zu sprechen, in seltenen Fällen haben sie lediglich die Fragebögen ausgefüllt. Mögliche Gründe für ihr Verhalten wurden bereits weiter oben (Alterskategorie) erläutert.

Die Kategorie der Berufserfahrung beinhaltet hingegen ein breites Spektrum an Berufserfahrungsjahren. Die Befragten wurden in die fünf nachfolgenden Berufserfahrungsgruppen eingeteilt:

Berufserfahrung I: Personen, die weniger als 1 Jahr Berufserfahrung aufweisen;

Berufserfahrung II: Personen, die zwischen 1 und 5 Jahre Berufserfahrung aufweisen;

Berufserfahrung III: Personen, die zwischen 6 und 10 Jahre Berufserfahrung aufweisen;

Berufserfahrung IV: Personen, die zwischen 11 und 19 Jahre Berufserfahrung aufweisen;

Berufserfahrung V: Personen, die mehr als 20 Jahre Berufserfahrung aufweisen.

Mehr als die Hälfte der Informant*innen (51,5%) weisen eine lange Berufserfahrung (> 20 Jahre) auf.

Schriftliche Befragung und Basisliste	**S = 33**				
Berufserfahrung	**I**	**II**	**III**	**IV**	**V**
Gesamt	2	3	3	8	17
Anteil in %	**6,1**	**9,1**	**9,1**	**24,2**	**51,5**

Abbildung 19: Verteilung nach Berufserfahrung (schriftliche Befragung und Basisliste)

Es fällt zudem auf, dass sich bei der Phase der Leitfadengespräche lediglich Informant*innen aus den Berufserfahrungsgruppen IV und V bereiterklärt haben, mitzuwirken. Je mehr Berufserfahrung die Metzger*innen haben, desto interessierter waren sie, an einem Leitfadengespräch teilzunehmen.

Leitfadengespräch	**S = 18**				
Berufserfahrung	**I**	**II**	**III**	**IV**	**V**
Gesamt	0	0	0	5	13
Anteil in %	**0,0**	**0,0**	**0,0**	**27,8**	**72,2**

Abbildung 20: Verteilung nach Berufserfahrung (Leitfadengespräch)

In der Kategorie „Ausbildungsregion“ überwiegen Informant*innen, die ihre Lehre zum Metzger bzw. zur Kassiererin im Stadtgebiet von Paris absolviert haben (60,9%).

Schriftliche Befragung und Basisliste	**S = 33**	
Ausbildungsregion	**Paris (*intra muros*)**	**anderes Departement**
Gesamt	20	13
Anteil in %	**60,6**	**39,4**

Abbildung 21: Verteilung nach Ausbildungsregion (schriftliche Befragung und Basisliste)

Dieses Verhältnis der Verteilung der Ausbildungsregionen kommt noch deutlicher bei den Leitfadengesprächen hervor:

Leitfadengespräch	**S = 18**	
Ausbildungsregion	**Paris (*intra muros*)**	**anderes Departement**
Gesamt	14	4
Anteil in %	**77,8**	**22,2**

Abbildung 22: Verteilung nach Ausbildungsregion (Leitfadengespräche)

7.2. Soziolinguistische Aspekte

7.2.1. Interne Sprachnamengebung

Im Unterkapitel 6.2.2.2. (Schriftliche Sprecherbefragungen) wurde bereits auf die Definition des Terminus *interner Sprachname* eingegangen. Die Behauptung MANDELBAUM-REINERS, Metzger*innen würden ihren Argot selbst als *largonji du louchébem* bzw. *largomuche du louchébèm* bezeichnen (vgl. MANDELBAUM-REINER 1991, 22), und eben nicht als *loucherbem*, was als externer Sprachname gilt und nur von Außenstehenden derart bezeichnet wird, konnte nur teilweise bestätigt werden. Die Antworten innerhalb des Fragebogen I (*Désignation(s) ainsi* *que compétence et pratique langagières*) und die Thematisierung des internen Sprachnamens während der Leitfadengespräche zeigen ein heterogenes Bild. Für den Argot des Pariser Metzgerhandwerks kommen sieben unterschiedliche Bezeichnungen vor, die von der Sprechergemeinschaft selbst genannt wurden:

(1) l'argot du boucher parisien
l'argot du boucher
l'argot du louchébem
l'argot louchébem
le louchébem bzw. louch'bem
l'argomuche bzw. largomuche
l'argomuche du louchébem bzw. largomuche du louchébem

Es kann zwischen mehreren Typen von internen Sprachnamen unterschieden werden: Zunächst erscheinen appellativische und berufsbezogene Sprachbezeichnungen wie etwa *l'argot du boucher parisien* (mit einem Adjektiv, das explizit auf die geographische Herkunft referiert) bzw. *l'argot du boucher*. Dabei kann der Begriff *boucher* nach den Regeln der Geheimsprache getarnt werden. Dies ist der Fall für die Sprachnamen *l'argot du louchébem*, *l'argot louchébem* sowie *largomuche du louchébem*. Ein weiterer Typus ist der metonymische Sprachname, wie es für *louchébem* bzw. *louch'bem* der Fall ist. Ein solcher Sprachname besteht aus einem geheimsprachlichen Lexem, welches „als Bezeichnung für den Wortschatz [bzw. für] die Sprache im Ganzen" (SIEWERT 2003, 28) steht und häufig die „zentrale Lebenswirklichkeit der Sprecher" (ebd.) betrifft. Schließlich wird die Bezeichnung *largomuche* verwendet, die die Berufsbezogenheit nicht unmittelbar spezifiziert, sondern lediglich auf das Geheimsprachliche bzw. auf das Kryptische verweist.

Auffällig ist, dass der interne Sprachname *largonji du louchébem* von keinen Informant*innen genannt wurde. Zudem wird sichtbar, dass der metonymische Sprachname *louchébem* auch als interner Sprachname fungieren kann. MANDELBAUM-REINERS Aussage, „[p]ar métonymie, les gens du dehors (les descripteurs et leur public) ont glosé *loucherbem* comme „argot des bouchers" (MANDELBAUM-REINER 1991, 22 Herv. i. O.), trifft für die vorliegende Untersuchung nicht ganz zu. In folgender Unterhaltung wird bezeugt, dass die Bezeichnung *louchébem* durchaus als interner Sprachname Verwendung findet:

(2) ID4: Alors moi j'appelle ça **le louchébem tout simplement**.[157]
Enquêtrice: Mais le mot louchébem ça veut bien dire boucher non?
ID4: Oui c'est le boucher.
Enquêtrice: Et donc le nom de l'argot que vous parlez c'est le louchébem? Vous ne dites pas l'argot du louchébem?
ID4: Bah ouais **j'dis aussi l'argot du louchébem** mais **louchébem c'est plus court**. **Je larlepem le louchébem** je par [–] je parle le euh le louchébem.

Eine weitere Aussage bestätigt diese Verwendung, jedoch ist die Antwort des Informanten besonders interessant, da es zu einer Vermischung der internen und externen Bezeichnungsebenen kommt:

(3) ID10: **Le louchébem** ouais c'est ça.
Enquêtrice: Vous nommez l'argot que vous parlez avec vos collègues au travail le louchébem j'ai bien compris?
ID10: Oui ça s'appelle le louchébem.
Enquêtrice: Vous ne dites pas « l'argot du louchébem »? Vous dites par exemple « je parle le louchébem »?
ID10: **J'parle le louchébem** ou **le louch'bem** pour n'pas êt'compris des [X] des clients.
Enquêtrice: Vous ne dites donc pas « je parle l'argot du louchébem »?
ID10: Non c'est pas la peine on comprend que louch'bem c'est l'argot **tout le monde le nomme ainsi pas seulement moi et mes collègues ou le patron mais aussi** [X] **les clients qui le connaissent ou aussi ma femme**.

Demgegenüber steht folgendes Beispiel, in dem von mir explizit gefragt wird, ob *louchébem* als interner Sprachname existiert. Dies wird vom Metzger moniert, es sei lediglich das getarnte Lexem für *boucher* und könne nicht als Sprachnamen fungieren:

(4) Enquêtrice: Pourquoi nommez-vous l'argot que vous parlez dans votre boucherie l'argot du louchébem?
ID13: Et ben parce que c'est un argot euh **c'est l'argot du boucher donc du louchébem** vous comprenez?
Enquêtrice: Est-ce qu'on peut appeler cet argot le louchébem le louchébem tout court?

[157] Die fettgedruckten Hervorhebungen (wichtige Text- bzw. Gesprächsstellen) wurden von der Verfasserin dieser Arbeit vorgenommen.

ID13: **Ben non pas du tout** le louchébem ça v [–] ça veut ça signifie **le boucher** on peut dire qu'on parle l'**argot du louchébem**.

Ein weiterer Sprachname, der von der Sprechergemeinschaft der Metzger*innen stammt und häufiger Erwähnung fand, ist die Bezeichnung *largomuche*, wie folgendes Beispiel illustriert:

(5) ID32: C'est l'argot des bouchers on dit aussi **largomuche du louchébem**.
Enquêtrice: Est-ce que vous appelez cet argot aussi **largonji du louchébem**?
ID32: **Ah non largonji c'est jargon** mais nous ici on dit largomuche donc l'argot.
Enquêtrice: Diriez-vous que c'est donc plutôt un argot qu'un jargon?
ID32: Oui c'est bien un argot **le jargon c'est not'langue technique not'langue de bouchers** donc ça va êt'des mots comme poire gobet paupiettes de veau c'est pas largomuche ça **on peut aussi dire loirpem laupiettepem lobeguesse là c'est du largomuche**.

Die Frage nach dem Sprachnamen *largonji du louchébem* verdeutlicht, dass die Bezeichnungen *largomuche* und *largonji* für diesen Informanten zwei unterschiedliche Bedeutungen haben. Unter Ersterem werden jene Lexeme subsumiert, die anhand des Verschleierungsmechanismus getarnt wurden. Letzteres hingegen beinhaltet fachsprachliche Lexeme, die jedoch wiederum auch getarnt werden können.

7.2.2. Externe Sprachnamengebung

Wie bereits im Unterkapitel 5.2.3. (Die Entwicklung des *largonji* ab der zweiten Hälfte des 19. Jahrhunderts) zu lesen war, wurde der Tarnmechanismus erstmals von RICHEPIN (1881) in *La chanson des gueux* mit dem Terminus *largonji* bezeichnet. Insbesondere für die Sprechergruppe der Metzger verwendet Richepin zwei externe Sprachnamen: *largonji des louchersbem* (vgl. RICHEPIN 1881, 287) sowie *jargon des bouchers* (vgl. ebd.). Einige Autoren – vor allem LARCHEY (1858, [2]1861, [3]1861, [4]1862, [5]1865, [6]1872) – hatten bereits vor RICHEPIN Versuche unternommen, das Phänomen in seinem Mechanismus zu erklären, ohne jedoch diesem einen spezifischen externen Sprachnamen zu vergeben. LARCHEY bezeichnet erst 1883 jene Geheimsprache mit dem Sprachnamen *argot des bouchers* (vgl. LARCHEY 1883, VI-VII). Es können unterschiedliche externe Sprachnamen in Argot-Wörterbücher nachgewiesen werden:

(6) le largonji des louchersbem (RICHEPIN 1881, 287)
le jargon des bouchers (RICHEPIN 1881, 287)
l'argot des bouchers (LARCHEY 1883, VI-VII; DAUZAT 1918, 195; MERLE 2007, 522)
l'argot de boucher (ROSSIGNOL 1901, VII-XI)
le procédé loucherbème (FRANCE 1907, 204)
l'argot de louchébem (HAYARD 1907, 6)
le largonjem (GUIRAUD [7]1976 [1956], 67)
le louchébem (inkl. Schreibvarianten) (CELLARD / REY 1991, 481; CARADEC 2005, XVIII; PERRET 2002, 368; MERLE 2007, 522; COLIN / MÉVEL / LECLÈRE 2010, 33)

Ähnlich wie bei den internen Sprachnamen kann zwischen mehreren Sprachnamentypen differenziert werden. Zunächst seien die appellativischen und berufsbezogenen Namen wie *le jargon des bouchers*, *l'argot des bouchers* und *l'argot de boucher* erwähnt. Dabei kann der externe Name entweder den getarnten Begriff *boucher* – wie etwa in *le procédé loucherbème* und *l'argot de louchébem* – oder zwei getarnte Begriffe (*jargon* und *boucher*) enthalten: Dies ist bei *le largonji des louchersbem* der Fall. Es zeigen sich weiterhin zwei metonymische Sprachnamen, *largonjem* und *louchébem*, wobei Ersterer von GUIRAUD ([7]1976 [1956]) kreiert und allein von ihm verwendet wurde. Die Belege für den metonymischen Sprachnamen *louchébem* hingegen machen sichtbar, dass dieser erst gegen Ende des 20. Jahrhunderts gebräuchlich wurde.

Diese Sprachnamenbelege stammen alle aus lexikographischen Werken. Doch welche externe Sprachnamen werden von Personen, die der internen Gruppe der Pariser Metzger*innen nicht angehören, diesen Argot dennoch kennen, aktuell gewählt? Im Rahmen meiner feldforscherischen Tätigkeiten habe ich zum Beispiel Metzgereikund*innen befragt. Ihre Antworten waren einstimmig: Sie bezeichnen jene Geheimsprache als *le louchébem*. Dies verwundert wenig, entspricht es doch dem in rezenten Argot-Wörterbüchern gängigen Sprachnamen. Doch nicht nur Wörterbücher können einen Einfluss auf die Namenvergabe gehabt haben, sondern ebenso Internetseiten vor allem von Metzgereien oder von gastronomischen Betrieben, auf denen der Begriff *louchébem* in Umlauf gebracht wurde. Wie bereits HARDY (2017a) nachzeichnen konnte, hat sowohl der externe Sprachname *louchébem* als auch die Erläuterung seines zugrundeliegenden Tarnmechanismus Eingang ins Internet gefunden.

> Als Nichtmitglied der Gruppe der Pariser Metzger kam man – bis vor einigen Jahren – mit der Geheimsprache *louchébem* kaum in Kontakt: Ihr Gebrauch beschränkte sich auf gruppeninterne und nähesprachliche Kommunikationssituationen. Heute wird das *louchébem* zunehmend in die Öffentlichkeit getragen und hat auch Eingang ins Internet gefunden (HARDY 2017a, 289).

Unterschiedliche Internetseiten[158] machen den *louchébem* explizit zum Thema, und zwar derart, dass es im Rahmen des Storytellings[159] wichtige Marketingmehrwerte bietet. Auf der Internetpräsenz von einigen Metzgereien erzählen Metzger*innen persönliche Geschichten über sich, über ihren Beruf, über die Tradition des Berufsstands der Metzger*innen und auch über ihren Argot. Dabei wird dieser immer mit dem Sprachnamen *le louchébem* medienadäquat inszeniert. Die Leser*innen erfahren die Bedeutung des Wortes *louchébem*, das Geheimnis der Verschlüsselungstechnik und einige Funktionen. Darüber hinaus werden auch einige Wortbeispiele präsentiert. So dient einigen Metzgereien der bewusste Einsatz des Storytellings dazu, Wissen über ihre eigene Berufswelt und ihre gruppeninterne Geheimsprache weiterzugeben, derart, dass es die Aufmerksamkeit der Internetseitenbesucher*innen fesselt. Diese sollen sich dabei an Inhalte erinnern und sie weitererzählen.

Es kann also vermutet werden, dass die offenbar bewusste Sichtbarmachung des Phänomens des *louchébem* in der Öffentlichkeit zu einer Veränderung des internen Sprachnamens führen kann. Dies spiegelt die Behauptung im Dialog (3) wider, in welcher der Informant ID10 erklärt, diesen Argot als *louchébem* zu bezeichnen, weil viele Menschen diesen Sprachnamen kennen und benutzen

[158] Die analysierten Internetseiten finden in HARDY (2017a, 298) Erwähnung. Es sei hier angemerkt, dass der Inhalt der Internetpräsenz *Le louchébem restaurateur-boucher* (http://www.le-louchebem.fr [13.02.2022]) keinen Hinweis mehr zum *louchébem* bietet.

[159] Unter dem Begriff *Storytelling* wird das ‚Geschichten erzählen' verstanden. Diese Methode wird gezielt in der Unternehmenskommunikation eingesetzt, um „die systematisch geplant[en] und langfristig ausgelegt[en] Fakten über ein Unternehmen in Form von authentischen, emotionalen Geschichten [zu] vermittel[n], die bei den wichtigen internen und externen Bezugsgruppen nachhaltig in positiver Erinnerung bleiben" (HILLMANN 2011, 63f.).

(etwa seine Ehefrau, seine Kolleg*innen, einige Kund*innen aus der Metzgerei sowie sein *patron*). Die Vermischung der internen und externen Bezeichnungsebenen ist eine Entwicklung, die es weiterhin zu überprüfen gilt.

7.2.3. Geheimsprachliche Kenntnisse und Sprachgebrauch

In der schriftlichen Befragung (*Questionnaire I: Désignation(s) ainsi que compétence et pratique langagières*, siehe Anhang) wurden die sprachlichen Kompetenzbereiche *entender / comprendre*, *parler*, *écrire / lire* abgefragt. Die Auswertung des Teil B „Compétence et pratique langagière“ des Fragebogens ergibt folgendes Bild:

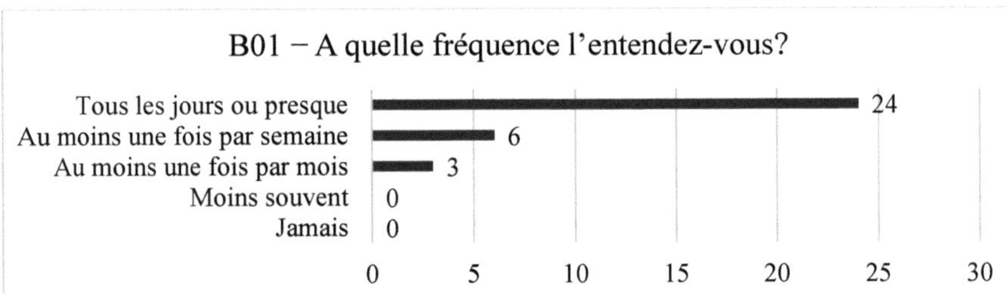

Abbildung 23: Antworten zu Frage B01 (Fragebogen)

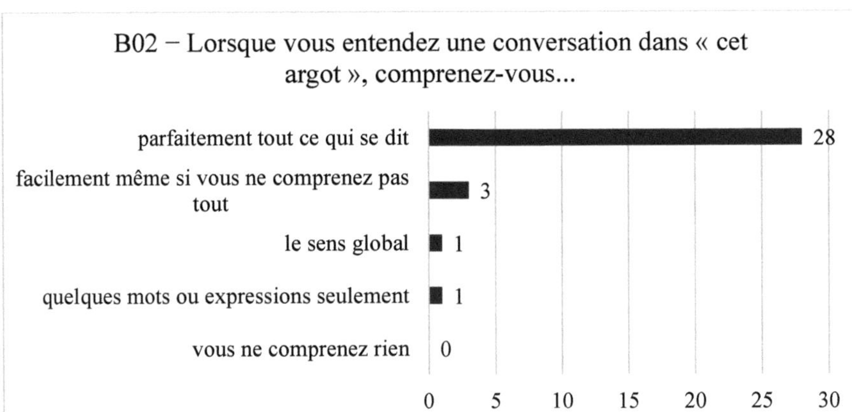

Abbildung 24: Antworten zu Frage B02 (Fragebogen)

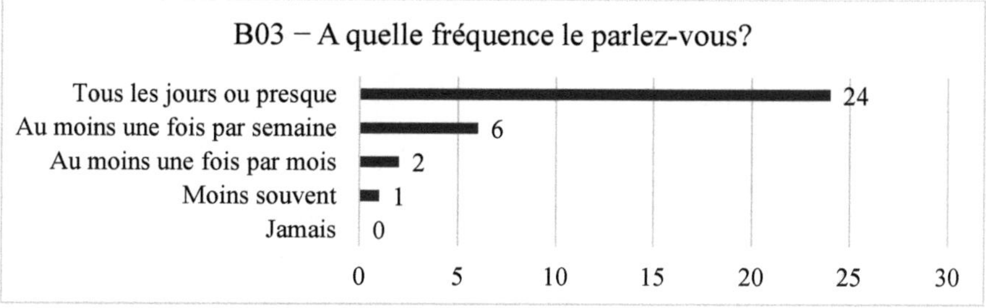

Abbildung 25: Antworten zu Frage B03 (Fragebogen)

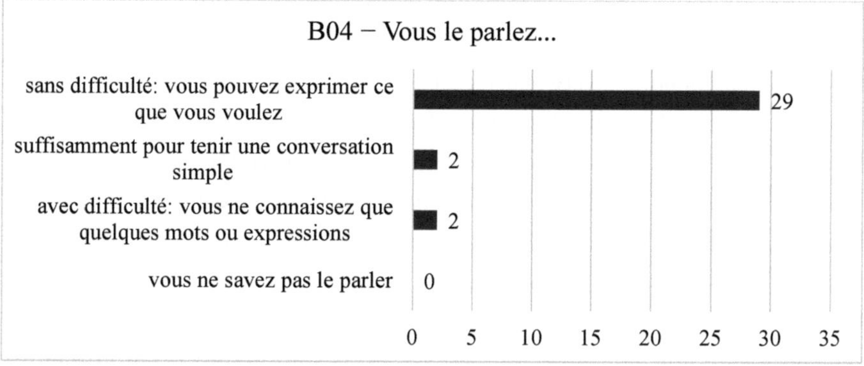

Abbildung 26: Antworten zu Frage B04 (Fragebogen)

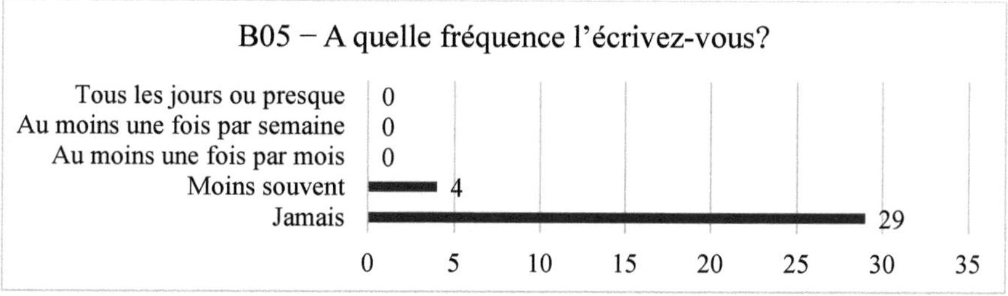

Abbildung 27: Antworten zu Frage B05 (Fragebogen)

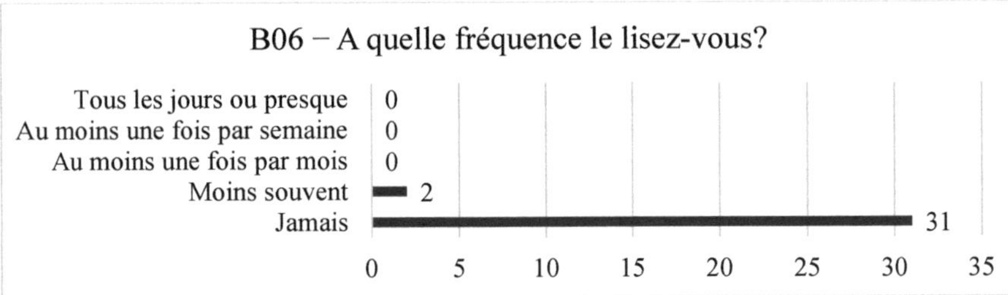

Abbildung 28: Antworten zu Frage B06 (Fragebogen)

In Bezug auf die Sprachkompetenzen meiner Informant*innen können folgende Schlussfolgerungen gezogen werden: Der *argot du louchébem* wird von 72,7% (fast) täglich mündlich verwendet (B03; 24 Informant*innen), wobei 87,8% angeben, diese Geheimsprache ohne Schwierigkeiten und fließend sprechen zu können (B04; 29 Informant*innen). Diejenigen Informant*innen, die lediglich wenige Wörter oder Ausdrücke kennen und den *louchébem* entsprechend nur mit Schwierigkeiten sprechen (B04; 2 Informant*innen) bzw. verstehen (B02; 2 Informant*innen) können, sind diejenigen Personen mit wenig Berufserfahrung (Gruppe I und II; siehe Abschnitt 7.1.) und Auszubildende. Der *argot du boucher* zeichnet sich folglich dadurch aus, dass er exklusiv als gesprochenes Phänomen eingestuft werden kann, wie folgender Informant formuliert:

(7) ID20: Ça s'écrit pas, **ça se siffle**!

Interessant erscheint trotz alledem die Tatsache, dass dieser Argot auch schriftlich benutzt wird: 12,1% der Informant*innen geben an, diesen zu schreiben (B05; 4 Informant*innen) und 6,1% zu lesen (B06; 2 Informant*innen), wenn auch lediglich sporadisch. Die produktive Teilkompetenz des Schreibens sowie die rezeptive Fertigkeit des Lesens dieser Geheimsprache sind zwar nicht auffällig, dennoch drängt sich die Frage auf, welche Art der Schriftlichkeit existieren mag.

Dieser Frage konnte in den Leitfadengesprächen teilweise nachgegangen werden und die Ergebnisse zeigen ein deutliches Bild: Im beruflichen Kontext und innerhalb der Metzgerei wird die Geheimsprache nur gesprochen bzw. gehört[160],

[160] Ausnahmen bilden Internetseiten von Metzgereien oder gastronomischen Betrieben, auf denen der Begriff *louchébem* in Umlauf gebracht und die Verschleierungstechniken anhand von schriftlichen Beispielen erläutert wurden (vgl. Abschnitt 7.2.2. Externe Sprachnamengebung).

jedoch kann sie auch im privaten Umfeld schriftlich gebraucht werden. Aus dem folgenden Gespräch geht hervor, dass der Metzger seine Ehefrau mit dem Spitznamen *Lilazoc* anspricht bzw. anschreibt. Dies ist die verschleierte Form des Vornamens *Lisa*:

(8) Enquêtrice: Pourquoi est-ce que ça ne s'écrit jamais?
ID25: Qu'est-ce que vous voulez que j'écrive? **On n'a pas besoin d'écrire des choses en largomuche du louchébem**.
Enquêtrice: Et pourquoi pas? Est-ce vraiment impensable?
ID25: **Au boulot oui**. Des fois j'écris **des p'tits mots à ma femme**. Son prénom c'est Lisa. Moi j'l'appelle **Lilazoc**.

Neben schriftlichen privaten Botschaften – wie das vorherige Beispiel gezeigt hat –, erscheint der *largonji du louchébem* in seiner schriftlichen Form noch in zwei weiteren Situationen: auf geheimen Botschaften unter Auszubildenden sowie auf Spickzetteln in der Ausbildungsschule (*École Professionnelle de la Boucherie, Paris*). Da leider kein Leitfragengespräch mit einem Auszubildenden zustande gekommen ist, kann ich lediglich folgenden Auszug aus dem Fragebogen des Informanten ID33 abbilden, in dem konkret auf das Verschriftlichen des *louchébem* eingegangen wird. Auf die Frage *A quelle fréquence l'écrivez-vous? Précisez sous quel(s) types d'écrit* antwortete der Informant wie folgt:

(9) ID33: Je l'écris au moins une fois par semaine. **On** l'utilise souvent quand **on** est à l'école et qu'**on envoie un mot à son voisin** ou quand **on veut tricher pendant un test**. Pour pas me faire avoir. **Mes enseignants le comprennent pas de toute façon**. C'est encore mieux que le verlan.

Der Gebrauch des Personalpronomens *on* ist höchstwahrscheinlich darauf zurückzuführen, dass nicht nur mein Informant den *louchébem* in den oben genannten Situationen verschriftlicht; es scheint, als wäre diese Praxis genauso bei anderen Auszubildenden gängig. Der junge Informant gibt weiterhin an, dass die Berufsschullehrer*innen des *louchébem* nicht mächtig sind. Hier drängt sich die Frage auf, ob diese Behauptung zu Recht gemacht werden kann. In einem schriftlichen Mailverkehr[161] mit einer Berufsschullehrerin der Pariser *École Professionnelle de la Boucherie* konnte Klarheit geschaffen werden. Folgender Emailauszug

[161] Der Mailverkehr erstreckte sich vom 02.03.2017 bis 14.03.2017.

bestätigt, dass der *argot du boucher* als geheime Sprache auf Zettel in schriftlicher Form existiert:

(10) Je vous confirme effectivement que **les élèves utilisent quelques fois le louchébem à l'écrit**. Ils font passer **des petits mots** à des camarades qui ne sont pas assis à côté d'eux. Il m'est arrivé de remarquer un bout de papier que j'ai immédiatement confisqué. Un élève y avait noté **une phrase au crayon truffée de mots modifiés selon la règle du largonji du louchébem**. Je ne peux malheureusement plus vous dire de quoi il s'agissait.[162]

Darüber hinaus wird angegeben, dass der *louchébem* von Auszubildenden auch mündlich verwendet wird und zwar entweder, um Dozent*innen zu beschimpfen bzw. durch Kommentare zu beleidigen oder um Informationen oder gar Lösungen während Prüfungen in Umlauf zu bringen:

(11) **Ils le parlent aussi souvent entre eux** pour faire passer des messages inaperçus par les enseignants. Là aussi certains d'entre nous les comprennent. Soit **ils nous insultent ou nous font des remarques insolentes** soit c'est pour **faire passer à l'écrit des informations ou des solutions quand il y a un contrôle**.[163]

Wie es bereits in (9) zu lesen war, scheinen Auszubildende der Überzeugung zu sein, dass das Lehrpersonal dieser Geheimsprache nicht mächtig sei, was jedoch nur zum Teil stimmt. Einige Dozierende kommen ursprünglich aus der Metzgerbranche, sie haben folglich selbst eine Metzgerausbildung absolviert und weisen eine gute bis sehr gute Sprachkompetenz des *louchébem* auf. In einer weiteren Mail erläuterte meine Informantin, dass sie und auch weitere Kollegen den *louchébem* verstehen und sprechen können:

(12) **Les élèves croient en fait qu'on ne le parle pas, qu'on ne le comprend pas**. Donc ils l'utilisent pour ne pas se faire comprendre. Malheureusement pour eux, **certains collègues et moi, qui venons du métier,** nous le comprenons.[164]

Es kann schließlich festgehalten werden, dass die Berufsschullehrer*innen vorgeben, den *louchébem* nicht zu verstehen:

---

[162] Dieser Auszug stammt aus einer E-Mail vom 07.03.2017.

[163] Dieser Auszug stammt aus einer E-Mail vom 10.03.2017.

[164] Dieser Auszug stammt aus einer E-Mail vom 10.03.2017.

(13) Mais on ne dit rien. **On les laisse croire qu'on ne comprend rien.**[165]

Eine Begründung für diese Täuschung wurde mir nicht mitgeteilt. Man kann jedoch vermuten, dass das Lehrpersonal die Schüler*innen verstehen, wenn diese glauben, nicht verstanden zu werden.

Kommen wir nun zum alltäglichen Sprachgebrauch der befragten Geheimsprachensprecher*innen: Wie sieht dieser nun konkret aus? Mittels den in den schriftlichen Befragungen erhobenen Daten (vor allem die Fragen *C07– Parmi les personnes suivantes, pouvez-vous me dire avec lesquelles vous parlez ou parliez, ne serait-ce qu'un petit peu, « cet argot »?*, *D01– Avez-vous déjà entendu parler « cet argot » à Paris?* sowie *D02 – Pourriez-vous m'indiquer à quelle(s) occasion(s) / dans quel(s) lieux?*) und unter Zuhilfenahme der Leitfadengespräche habe ich die Informant*innen gemäß ihres eigens angegeben Sprachgebrauchs in drei Gruppen einteilen können.

Die erste Sprechergruppe kennzeichnet sich darin, dass der *largonji du louchébem* ausschließlich im Berufsalltag präsent ist und in der Metzgerei mit den Kolleg*innen bzw. dem *patron* verwendet wird. Darüber hinaus verwenden die Sprecher*innen dieser Gruppe ab und zu den *louchébem*, wenn sie mit ihren Fleischlieferant*innen sprechen. Bei den Sprecher*innen, die der zweiten Gruppe zugeordnet werden, gehört die Geheimsprache auch zum beruflichen Alltag, doch wird diese zusätzlich außerhalb des Metzgereikontextes gebraucht. Hier können zwei Kontexte unterschieden werden: zunächst der familiären Kontext, vor allem wenn die Familie bereits über mehrere Generationen in Besitz einer Metzgerei ist. In der Familie wird mit allen Mitgliedern *louchébem* gesprochen (Großeltern, Eltern, Ehefrau und Kinder). Die zweite außerberufliche Situation, in der der *louchébem* Verwendung findet, ist der gastronomische Kontext. Einige Informant*innen geben an, mit dem Servicepersonal bzw. den Inhaber*innen eines Cafés bzw. Bistrots die Geheimsprache zu verwenden. Dies lässt sich dadurch erklären, dass der Tarnmechanismus auch Eingang im Argot der Gastronomen gefunden hat. So nennt GIRAUD in seinem Wörterbuch *L'argot du bistrot* (2010 [1989]) etwa die Lexeme *limonade de linspré* (< *limonade de prince*; ‚Champagner'), *lordeaubem* (< *bordeau*; ‚Bordeauxwein') sowie den Ausdruck

[165] Dieser Auszug stammt aus einer E-Mail vom 10.03.2017.

faire les louaves bzw. *loivres* (Apokope von *loivropem* < *poivrot*; ‚Trinker')[166] (GIRAUD 2010 [1989], 148f.). Auch bestätigen einige Informantenaussagen, dass Kellner*innen bzw. Bistrotinhaber*innen den *louchébem* kennen und gelegentlich verwenden, auch wenn sie diesen nur ein wenig sprechen können. „Un petit verre de lougeroc" (< *rouge*; metonymischer Gebrauch ‚Rotwein') und „un loirnoque" (< *noir*; metonymischer Gebrauch ‚Kaffee') sind dabei typische Bestellvorgänge.

Doch kommen wir zurück zu den Sprechergruppen: Die dritte Gruppe charakterisiert sich dadurch, dass die Geheimsprache nicht alltäglich in der Metzgerei gebraucht wird. Wie im nachfolgenden Kapitel zu lesen sein wird (etwa in der Aussage 30), wird der *louchébem* nicht immer im selben Ausmaß in allen Metzgereien und von allen Sprecher*innen gleichermaßen verwendet. Somit variiert die sprachliche Quantität zwischen einem exzeptionellen bis hin zu einem beständigen Gebrauch. In den meisten Fällen verstehen und sprechen Sprecher*innen dieser Gruppe die Geheimsprache, jedoch kann von keinem beständigen, regelmäßigen Gebrauch die Rede sein.

Im folgenden Unterkapitel werden die Ergebnisse der schriftlichen Befragung sowie der Leitfadengespräche zum Thema Lern-, Lehrbedingungen sowie Transmission des *louchébem* resümiert. Dabei wird erneut auf die aktive Sprachbeherrschung und die Verstehenskompetenz der Sprecher*innen des *louchébem* eingegangen.

7.2.4. Spracherwerb und Transmission

In der schriftlichen Befragung (*Questionnaire II: Conditions d'apprentissage et transmission*, siehe Anhang) wurden zentrale Fragen zu Lehr- und Lernbedingungen sowie der damit verbundenen Transmission dieser Geheimsprache an Metzgereiauszubildende bzw. noch nicht-initiierte Kolleg*innen abgefragt. Die Auswertung des Teil C *Conditions d'apprentissage et transmission* des Fragebogens sowie der darüber hinaus zu diesem Themenkomplex geführten Gespräche sind Gegenstand der beiden nächsten Unterkapitel.

---

[166] Zur weiteren Erläuterung des Lexems *louave* bzw. *loivre* vgl. Abschnitt 5.2.3. dieser Arbeit.

Aus den Antworten auf die Frage *C01 – Comment avez-vous appris « cet argot »?* des Fragebogens geht hervor, dass das Erlernen der Geheimsprache des *largonji du louchébem* im Sinne eines natürlichen Spracherwerbs abläuft. Dies bedeutet, dass der Erwerb jener Sprache durch Spracherfahrung und ohne direkte Instruktion vollzogen wird. Im Einzelnen werden als Antworten auf die Frage C01 folgende Aussagen gegeben:

(14) ID29: En entendant les confrères le parler.

(15) ID12: Au contact avec mon patron et mes collègues.

(16) ID31: A l'entendre.

(17) ID16: Bouches à oreilles.

(18) ID3: En boutique, en entendant le parler par les collègues.

(19) ID27: C'est mes parents qui le parlent. Je suis fils de boucher.

Auf die Frage *Vous rappelez-vous quand l'avoir entendu pour la première fois?*, die ich während der Leitfadengespräche gestellt habe, waren die Antworten der Informant*innen zum größten Teil identisch: Erworben wird der *louchébem* in der eigenen sozialen Gruppe innerhalb des (familiengeführten) Metzgereibetriebs in Paris:

(20) ID3: Y a longtemps lors de mon apprentissage.

(21) ID28: Pendant mon apprentissage au boulot.

(22) ID7: Dès que je suis arrivé à Paris pour bosser.

(23) ID8: Quand j'étais jeune apprenti. Tous les collègues le parlaient entre eux.

Auch im weiteren Verlauf der Leitfadengespräche beschäftigten sich mehrere Informant*innen mit der Frage des Spracherwerbs. Einige von ihnen konnten mir ein detaillierteres Bild über den Zugang zum *louchébem* sowie über Lernbedingungen geben, wie folgendes Beispiel zeigt:

(24) ID12: Quand j'ai rempli vot'questionnaire v[–] vous avez voulu savoir comment j'l'ai appris.
Enquêtrice: Oui effectivement ça m'intéresse beaucoup de savoir comment vous avez appris le louchébem.
ID12: En fait **ça ça s'apprend tout seul quoi**. Quand vous arrivez dans la boucherie pendant l'apprentissage vous euh vous entendez **les collègues le parler à longueur de journée. Et plus vous l'entendez euh plus vous l'comprenez et euh plus vous l'parlez**. Voilà.

Dieser Sprecher bezeugt den natürlichen Spracherwerb des *louchébem*, welches zunächst durch Beobachtung (Zuhören) erfolgt, bevor es verstanden und selbstständig verwendet wird. Im weiteren Verlauf des Gesprächs wurde auf die Verstehenskompetenz näher eingegangen:

(25) Enquêtrice: Qu'est-ce que ça veut dire exactement « plus vous l'entendez, plus vous le comprenez »? Donc comment avez-vous fait pour comprendre les mots en argot du louchébem?
ID12: Quand j'ai commencé mon apprentissage j'ai vit'compris qu'les commis et mon patron utilisaient **d'drôles d'mots que j'comprenais pas**. On m'a donc dit « si tu veux apprendre not'largomuche, **t'écoutes, et tu vas bien finir par comprendre** ».
Enquêtrice: Qu'est-ce que vous entendiez comme mots que vous ne compreniez pas à l'époque?
ID12: Ben la plupart était des **morceaux d'viande**. On m'disait par exemple « Vas me chercher des laupiettepem de leauvic, des paupiettes de veau. Comme j'comprenais pas **on m'l'a montré**. Et à force **j'ai donc ret'nu c'mot**.

Der Spracherwerb erfolgt insofern unbewusst, als dass die unverständlichen Wörter zunächst einfach von den Nicht-Initiierten memoriert werden, jedoch ohne den zugrundeliegenden Tarnmechanismus zu erkennen bzw. zu analysieren:

(26) Enquêtrice: Est-ce que vous aviez tout de suite compris que *laupiettepem de leauvic* c'est la forme modifiée de *paupiettes de veau*?
ID12: Ah non pas du tout. **J'ai seulement compris beaucoup plus tard**. D'abord j'ai essayé d'me rappeler des noms des morceaux et c'est **seulement ensuite qu'j'ai compris comment ça marche**.

Ein weiterer Sprecher bestätigt die Vorgehensweise des Lernens durch Zeigen und Zuhören. Die getarnte Form wird in der frühen Phase des Lernens jener Geheimsprache noch nicht mit dem standardsprachlichen Begriff in Verbindung gesetzt:

(27) Enquêtrice: Pourriez-vous me décrire comment vous avez appris l'argot du louchébem?
ID3: Y a longtemps lors de mon apprentissage.
Enquêtrice: Vous a-t-on expliqué comment fonctionne le mécanisme du louchébem?
ID3: **Pas du tout. Le patron me sortait des mots** je sais pas moi par exemple aleaugnoc, ligotgeoc ou lorpic.

Enquêtrice: Comment avez-vous fait pour comprendre ces mots?
ID3: Quand j'devais m'occuper des **morceaux de viande** le patron m'montrait le morceau en question et m'disait le nom en argot du louchébem.
Enquêtrice: S'agissait-il seulement de morceaux de viande ou de viande en général?
ID3: Non pas seulement. Quand j'**rangeais les couteaux** aussi c'était louteaucaisse.
Enquêtrice: Est-ce que vous aviez tout de suite compris que *louteaucaisse* par exemple c'est la forme modifiée de *couteau*?
ID3: Bah non **au début on pige que dalle**. **On retient seulement c'qu'on entend.**

Lernende des *largonji du louchébem* sind erst in einer zweiten Phase des Erwerbs in der Lage, die Bildung der getarnten Wörter zu analysieren und zu erkennen. Durch den sprachlichen Input, der durch wiederkehrende Laute, wie das emblematische [l] und die typischen Suffixe des *louchébem* charakterisiert ist, können die verschleierten Formen allmählich selbstständig von den Lernenden dekodiert werden:

(28) Enquêtrice: Quand est-ce qu'arrive le moment où vous comprenez que le mot modifié selon le mécanisme de l'argot du louchébem est en vérité un mot de la langue française?
ID12: Alors euh ça va mettre du temps. **C'qu'est bizarre à l'écoute** c'est que **la plupart des mots commencent par la lettre L.** C'est c'qui m'**a sauté aux yeux en premier.**
Enquêtrice: Oui en effet le L est une lettre qui revient très souvent. Vous avez donc fait quoi après pour comprendre?
ID12: **J'ai noté les mots** parce que de toute façon **je devais les apprendre**.

Die Reaktion des Informanten auf den geheimsprachlichen Input ist das vermutlich unbewusste Einsetzen von Methoden, zum einen des Wiedererkennens eines immer wiederkehrenden Graphems und, zum anderen, des Niederschreibens der unverständlichen Formen. Auch die Regelmäßigkeit einiger Endungen, vor allem [ɔk] oder [ɛm], helfen bei der Decodierung der Wörter:

(29) ID12: **Les terminaisons s'répètent aussi**. J'ai donc vite appris qu'y avait ce L puis des terminaisons qui revenaient sans arrêt. La terminaison -em ou -ok par exemple, louletpem, lonbem, lozok. **Et c'est là que j'ai compris**.

Es sei ebenso darauf hingewiesen, dass Lernende des *louchébem* mit einem unterschiedlichen Input konfrontiert werden können. Dabei prägen die Art und Weise sowie die Menge der in der jeweiligen Metzgerei gesprochenen Geheimsprache den Spracherwerb des jeweiligen Lernenden:

(30) ID7: Quand j'suis arrivé à Paris, j'ai d'abord travaillé dans une boucherie du 12e. C'est à ce moment-là que j'ai entendu du louchébème pour la première fois. J'connaissais pas du tout. Mon patron parlait **de temps à autre** comme ça avec les confrères. **J'l'ai donc appris un petit peu** là-bas avec eux. **J'comprends beaucoup de choses, mais j'le parle pas assez bien**.
Enquêtrice: On le parlait beaucoup dans cette boucherie?
ID7: Non pas vraiment. **Un peu pour s'amuser de temps à autre**. Quand j'ai changé de patron, j'ai eu un boulot dans le 11e, alors là, c'était complètement différent. **I'le parlaient tous, toujours, à longueur de journée.**
Enquêtrice: Est-ce que le fait que vous l'entendiez plus souvent ça vous a aidé à mieux le parler?
ID7: Ben ouais. Avant dans le 12e, c'était quelques mots par ci par là. Mais maintenant **c'est vraiment comme une langue**. **Plus j'l'ai entendu, plus j'ai su produire des mots moi-même**.

Aus der Aussage (30) geht hervor, dass der Sprachgebrauch und die Kenntnisse des *louchébem* eines jeden Lernenden das Ergebnis einer individuell uneinheitlichen und spezifischen Zusammenfügung von Umständen ist. Dabei ist der Kontext der Metzgerei, in der die Geheimsprache gelernt wird, von primärer Bedeutung.

Die letzte Erwerbsphase des *louchébem* ist dadurch gekennzeichnet, dass Lernende das Sprachverhalten ihrer Kolleg*innen bzw. ihres Vorgesetzten zu reproduzieren versuchen:

(31) ID10: **Arrive un moment où on veut parler comme eux**.
Enquêtrice: Et pourquoi?
ID10: Vous savez, quand vous arrivez en tant qu'apprenti et que tout le monde autour de vous parle largomuche et se comprend, sauf moi qui comprenais rien à l'époque, **alors on veut absolument devenir comme eux. Du coup, pour leur parler, j'ai vraiment souhaité apprendre ce langage.**

(32) ID12: On veux être comme eux. **On veut faire partie du groupe**.

Diese Aussagen decken sich mit den Ergebnissen des Fragebogens der Frage *C03 – Avez-vous souhaité vous-même apprendre « cet argot » ou avez-vous été obligé de l'apprendre?*. Alle 33 Informant*innen haben angegeben, den *argot du boucher* aus eigenem Antrieb erlernt zu haben. Dieser Antrieb kann unterschiedlich sein, wie folgende Auszüge aus der Frage *C04 – Pour quelles raisons avez-vous souhaité ou été obligé d'apprendre « cet argot »?* zeigen, jedoch steht dabei das Partizipieren an der sozialen Interaktion innerhalb der Gruppe im Vordergrund. Die intrinsische Motivation für diesen Antrieb kann auf das Bedürfnis der Lernenden, die Gespräche ihrer Kolleg*innen zu verstehen, basieren:

(33) ID33: Pour comprendre mes collègues.

(34) ID18: j'ai voulu savoir ce ça voulait dire et comprendre mes confrères.

Auch kann die Motivation die Lernenden derart beeinflussen, dass sie sich auf die Zielsetzung der gegenseitigen Verständigung konzentrieren:

(35) ID9: Souhaité pour faire comme mes collègues.

(36) ID32: Pour communiquer.

Das Verstehen der Geheimsprache und die gegenseitige Verständigung durch jene Sprache kann wiederum Potenziale einer berufsbedingten Kooperation nicht nur bei dem Verkauf von Fleischstücken eröffnen:

(37) ID11: C'est plus facile pour le travail.

(38) ID4: Pour travailler dans l'entreprise.

(39) ID1: Pour la vente.

Andere Lernende geben schließlich als Antriebsgrund an, dass sie gemeinsam Freude bei der Geheimsprachenverwendung haben:

(40) ID1: Pour le plaisir.

(41) ID6: Entre colègue ont rigol bien[167]

Der Weg zur Beherrschung des *largonji du louchébem* ist mühsam und dauert – je nach individuellen Investitionsverhalten – mehrere Jahre. Innerhalb der letzten Erwerbsphase, dem Reproduzieren des Sprachverhaltens, ist auffällig, dass bei der lexikalischen Entwicklung der Lernenden zunächst Nomina in ihrem geheim-

[167] Der schriftliche Beitrag des Informanten und seine Originalorthographie wurden nicht verändert.

sprachlichen Sprachgebrauch dominieren. Lernende verschleiern zu Beginn dieser letzten Phase meist nur Nomina, bevor sie Verben, Adjektive bzw. Numeralia tarnen. Dies lässt sich nicht nur dadurch erklären, dass der größte Anteil verschlüsselter Wörter des *louchébem* im Allgemeinen Nomina sind (vgl. HARDY 2017a, 293f. sowie PETITPAS 1994). Vielmehr verwenden Kolleg*innen bzw. *patrons* anfänglich lediglich verschleierte Nomina zum Beispiel für Fleischstücke oder Utensilien (siehe zum Beispiel die Aussage von ID3 in (27)). In ihren Aufforderungen, etwa ein Stück Fleisch zu wiegen bzw. ein bestimmtes Stück Rindfleisch zu holen, wird lediglich die Bezeichnung für das jeweilige Fleischstück getarnt. Der restliche Satz bleibt im Standardfranzösischen:

(42) Enquêtrice: Votre patron, il vous disait quoi exactement?
ID12: I'm'disait des phrases du genre *Tu vas peser ce lorceaumic* ou alors *Vas-me chercher le lorceaumic de loeufbem.*

(43) ID3: **Le patron me sortait des mots**, je sais pas moi, par exemple, aleaugnoc, ligotgeoc ou lorpic.
[...]
Enquêtrice: Votre patron vous disait que des mots ou aussi des phrases complètement ou presque complètement en louchébem?
ID3: **Au début, c'était vraiment que des mots. Vous imaginez des phrases entières!** Déjà qu'j'avais du mal à comprendre.

Hinsichtlich der letzten Spracherwerbsphase lässt sich eine weitere Auffälligkeit beobachten: Vor allem in der Produktion von geheimsprachlichen Wörtern kommt es bei Lernenden zu ‚Unkorrektheiten'. Obwohl sie den Bildungsmechanismus kennen und in der Lage sind, selbständig getarnte Lexeme zu erzeugen, und diese in einer bestimmten Situation korrekt zu verwenden, kommt es oft vor, dass die Wahl des Suffixes nicht adäquat erscheint (zu den Tendenzen der Suffixwahl bei der Bildung von louchébemisierten Formen siehe Abschnitt 7.3.7.):

(44) ID11: Un jour j'ai dit **lorceaumem** pour morceau. Direct **le patron m'a fait la remarque q'c'était pas lorceaumem mais lorceaumic**.
Enquêtrice: Votre patron vous a donc corrigé?
ID11: Ouais, du coup j'ai r'tenu lorceaumic.

Die Aussage (44) zeigt, dass die Sprachtransmission durch den *patron* realisiert wird. Aus den Antworten auf die Frage *C02 – Pouvez-vous m'indiquer plus précisément quelles personnes vous ont transmis « cet argot »?* des Fragebogens geht zudem hervor, dass neben dem *patron* auch die erfahrenen männlichen Kollegen bei der sprachlichen Weitergabe des *largonji du louchébem* eine relevante Rolle spielen, wobei diese Rolle der Kassiererin als Geheimsprachensprecherin nicht attribuiert werden kann (zur Rolle der Frau und des *largonji du louchébem* siehe Abschnitt 7.2.5.).

Das Erlernen des *largonji du louchébem* unterliegt einem natürlichen Spracherwerb, welches ohne direkte Instruktionen durch einen oder mehreren Geheimsprachensprecher*innen vollzogen wird. Die Sprachtransmission des *louchébem* besteht folglich darin, die Sprache unter natürlichen sozialen Bedingungen innerhalb des Metzgereibetriebs zu sprechen. Sie erfordert keine Strategie, die den Spracherwerb der Geheimsprachenlerner*innen zulässt. Ermutigungen gegenüber Lernenden, ihre geheimsprachlichen Kompetenzen zu verbessern, finden nicht statt. Geheimsprachliches Material wird weder wiederholt noch eingeübt oder erklärt. Ausnahmen bilden vereinzelte Korrekturen, wie in Aussage (44) weiter oben gezeigt wurde. Nur selten wird metasprachliche Kommunikation zum Gegenstand eines Gesprächs:

(45) Enquêtrice: Est-ce que votre patron et vous, vous avez parlé par exemple du mécanisme de codage du louchébem?
ID3: **Non, il m'a rien expliqué. A force de l'entendre, on finit par comprendre tout seul.**
Enquêtrice: Il ne vous est jamais arrivé de discuter du louchébem, de ses règles, de l'emploi de ses terminaisons?
ID3: **Que très rarement.** Des fois, **quand on s'amuse à faire des nouveaux mots, on discute de la terminaison, la terminaison qui va bien avec le mot, qui sonne bien quoi**.

Der *largonji du louchébem* und seine getarnten Formen sind folglich nur selten Gegenstand von expliziter Erläuterung. Ausdrücke des fachsprachlichen Registers hingegen werden ausführlich eingeführt und erklärt.

Auf die Frage *C05 – Avez-vous transmis ou transmettez-vous « cet argot » à d'autres personnes?* des Fragebogens wurden lediglich zwei Antwortmöglichkeiten ausgewählt: 54,5% (18 Informant*innen) gaben an, den *louchébem* weitergegeben zu haben, in dem sie es mit den Lernenden oft gesprochen haben;

45,5% (15 Informant*innen) sagten indessen aus, die Geheimsprache nicht weitergegeben zu haben:

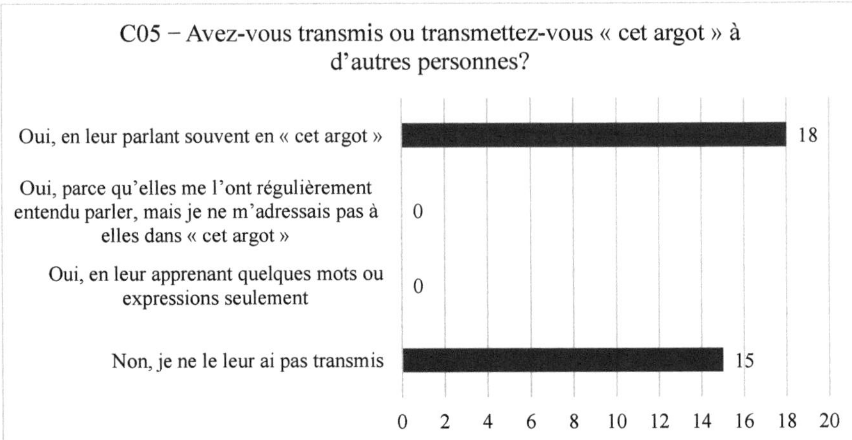

Abbildung 29: Antworten zu Frage C05 (Fragebogen)

Wenn man nun den Blick auf diejenigen Sprecher*innen richtet, die nicht am Transmissionsprozess beteiligt sind, dann fällt nicht nur auf, dass es sich um Auszubildende, junge männliche Metzger mit wenig Berufserfahrung oder Kassiererinnen handelt:

Schriftliche Befragung	**S = 15** Teilgruppe: C05 – Antwort: „non, je ne leur ai pas transmis"				
berufliche Stellung	patron de boucherie	boucher	boucher + spécialisation	apprenti boucher	caissière
Gesamt	0	10	0	3	2
Anteil in %	**0,0**	**66,7**	**0,0**	**20,0**	**13,3**

Abbildung 30: Verteilung berufliche Stellung und Transmissionsprozess

Vielmehr korreliert die Entscheidung der Sprecher*innen, ihre Geheimsprache an die nachfolgende Metzgergeneration weiterzugeben mit dem Département, in dem sie ihre Metzgerausbildung absolviert haben:

Schriftliche Befragung	**S = 10 (boucher)** Teilgruppe: C05 – Antwort: „non, je ne leur ai pas transmis“		**S = 18** Teilgruppe: C05 – Antwort: „oui, en leur parlant souvent en « cet argot »	
Ausbildungs-region	**Paris (*intra muros*)**	**anderes Département**	**Paris (*intra muros*)**	**anderes Département**
Gesamt	2	8	14	4
Anteil in %	**20,0**	**80,0**	**77,8**	**22,2**

Abbildung 31: Verteilung Ausbildungsregion und Transmissionsprozess

80% der Geheimsprachensprecher*innen, die außerhalb von Paris ausgebildet wurden, geben ihre Sprache nicht weiter. Es sind diejenigen Metzger (77,8%), die ihre Ausbildung in Paris (*intra muros*) abgeschlossen haben und beim Zeitpunkt der schriftlichen Befragung in der Berufserfahrungsgruppe III (6-10 Jahre Berufserfahrung), IV (11-19 Jahre Berufserfahrung) oder V (mehr als 20 Jahre Berufserfahrung) waren, die den Transmissionsprozess aktiv mitgestalten. Doch gibt es auf beiden Seiten auch Ausnahmen: Sowohl jene Metzger mit einer Ausbildung innerhalb von Paris (20%), die ihre Sprache nicht übermitteln, als auch andere mit einer Ausbildung außerhalb von Paris, die ihre Geheimsprache weitergeben. Letztere stammen aus unterschiedlichen Départements, wie etwa Sarthe (72), Vienne (86), Seine-et-Marne (77) oder Oise (60). Bei den beiden letztgenannten könnte die Nähe zu Paris eine Rolle spielen. Dies kann aber hier nicht eindeutig belegt werden.

Es gilt abschließend festzuhalten, dass in den allermeisten Fällen das Erlernen des *largonji du louchébem* während der beruflichen Ausbildung stattgefunden hat. Nur wenige Metzger sind erst zu einem späteren Zeitpunkt ihrer beruflichen Karriere mit jener Sprache in Berührung gekommen. In den drei Phasen des Spracherwerbs (1. Beobachtung / Zuhören, 2. Analysieren / Erkennen, 3. Reproduktion) werden von den Lernenden die Kollegen sowie den *patron* als sprachliche Vorbilder wahrgenommen. Kompetenzen des *largonji du louchébem* werden zwar erwartet, aber nicht explizit vermittelt. Von besonderer Bedeutung für den Erwerb und den weiteren Gebrauch des *louchébem* ist die Quantität des sprachlichen Inputs in der jeweiligen Metzgerei. Denn eine Metzgerei mit beständiger und häufiger Geheimsprachverwendung kann das Fortbestehen des *louchébem* über mehrere Metzgergenerationen hinweg begünstigen, auch wenn didaktische Strategien völlig fehlen (keine direkte Erläuterung des Tarnmechanismus, fehlende Ermutigung der Lernenden, seltene Korrekturen, kaum metasprachliche Diskussionen). Die Aussagen meiner Informant*innen haben gezeigt, dass insgesamt die Transmission des *louchébem* wie selbstverständlich vollzogen wird.

7.2.5. Sprachverwendung und Funktionen des *largonji du louchébem*

In seiner allgemeinsten und grundlegenden Funktion dient der *largonji du louchébem* der Geheimhaltung des Gesagten gegenüber Dritten und fungiert folglich als sogenannte verhüllende Sondersprache (vgl. Kapitel 3.1.). Wie der folgende Kommentar eines Informanten zeigt, steht die primäre „Funktion der intendierten Geheimsprachlichkeit“ (SIEWERT 2003, 16) im Vordergrund:

(46) ID27: On le parle pour pas se faire comprendre des autres.

Das Bedürfnis der Sprecher*innen nach sprachlicher Verdunklung resultiert jedoch aus unterschiedlicher Motivation. Zunächst wird der *louchébem* verwendet, weil sich Tätige im Metzgerhandwerk eine Vorteilssicherung finanzieller Natur versprechen. Dabei werden Fleischstücke, die aufgrund ihrer Beschaffenheit (wie etwa fettiges bzw. mageres Fleisch) oder ihrer kürzeren Haltbarkeit (wie es bei Geflügel-, Lamm- oder Rindfleisch der Fall ist), schneller verkauft:

(47) Enquêtrice: Dans quelles situations utilisez-vous le louchébem?
ID24: Quand j'dois faire passer **des morceaux de viande** qui doivent être **vendus rapidement**.
Enquêtrice: Pourquoi certains morceaux doivent-ils être vendus le jour même ou rapidement?
ID24: La viande de poulet ou de dinde, par exemple, **ça s'garde pas aussi longtemps qu'une viande rouge**.

Dabei betonen ausnahmslos alle Informant*innen, dass das Fleisch, obwohl es beim Verkauf vorgezogen wird, eine einwandfreie Qualität aufweist und sich zum Verzehr vollkommen eignet:

(48) ID7: Les morceaux qu'on fait passer aux clients sont de **très bonne qualité**.

(49) ID24: **I'faut pas croire qu'on vous vend d'la merde, d'la viande qu'est plus bonne** quoi.

Fleischstücke mit auffälligen Fehlern oder von minderer Qualität werden – laut einiger Informant*innen – selbstverständlich aussortiert bzw. beim Lieferdient reklamiert:

(50) ID4: On veut que le client revienne. Du coup on lui vend que de la viande de bonne qualité. Les morceaux qui présentent **des défauts de qualité, on les vend pas, on les sort immédiatement**.

Es ist den Metzger*innen und dem *patron* wichtig, durch vorausschauendes Planen und Verkaufen, die gleichmäßige Qualität ihrer Fleischware sicherzustellen.

(51) Enquêtrice: Ça vous apporte quoi de vendre certains morceaux avant d'autres?
ID27: Ça nous permet de toujours avoir **de la viande de bonne qualité** et **ça limite le gaspillage**.

Um zu klären, welches Fleischstück aus der Auslegeware als erstes verkauft werden muss, kommt in der Regel ein Gespräch zwischen zwei Metzgereiangestellten zustande, welches unter Zuhilfenahme von louchebemisierten Lexemen realisiert wird. Dieses Gespräch verfolgt das Ziel, mögliche Fehler beim Verkauf zu minimieren. Auszubildende und Metzger*innen mit geringer Berufserfahrung greifen gelegentlich nicht zum „richtigen" Fleischstück und werden von ihren erfahreneren Kolleg*innen auf *louchébem* aufgefordert, ein anderes Fleischstück für den Kunden bzw. die Kundin zu wählen:

(52) Enquêtrice: Vous leur dites quoi exactement quand ils se trompent de morceau?
ID20: Quand notre apprenti prend pas la bonne pièce pendant la vente, du coup j'lui dis « **fais pas lassépem ce lorceaumique, lersem celui-ci** ». Donc ça veut dire « fais pas passer ce morceau mais sers celui-ci ».

Gespräche auf *louchébem* können entweder direkt vor der Kundschaft verlaufen oder im hinteren Teil des Verkaufsraumes stattfinden, eben dort, wo die Metzger*innen von den jeweiligen Kund*innen nicht oder nur schlecht gehört werden könnten. Die Meinungen der Informant*innen variieren in diesem Punkt stark. Einige führen Gespräche vor der Kundschaft und geben an, dass diese das Gespräch gar nicht mitbekommen. Sie seien in Gedanken oder damit beschäftigt, die Auswahl des Fleisches in der Theke anzuschauen. Auf meine Frage, ob Sprecher*innen den *louchébem* auch im Beisein von bzw. vor Kund*innen gebrauchen würden (*Parlez-vous le louchébem devant vos clients?*), wurden folgende Antworten (eine Auswahl) gegeben:

(53) ID20: **Oui**, tout à fait.

(54) ID30: Moi perso, **j'évite de le parler devant les clients**.

(55) ID4: Ben ça dépend en fait. L'important, **c'est de parler assez vite**. Là, **le client ne risque pas de comprendre**.

(56) ID24: Moi, j'le parle aussi d'vant la clientèle. Mais j'ai des copains bouchers qui travaillent dans d'aut'boucheries ici à Paris **qu'ont pas le droit d'l'utiliser devant les clients**. Parce que leurs patrons sont des cons.

Es stellt sich nun die Frage, warum der *largonji du louchébem* in einigen Metzgereien nicht im Beisein von Kundschaft verwendet wird bzw. verwendet werden darf. Die Aussage (55) liefert hierzu eine Erklärung: Die Kundschaft könnte das Gesagte verstehen. Wie bereits im Kapitel 7.2.2. (Externe Sprachnamengebung) erwähnt, habe ich im Rahmen meiner feldforscherischen Tätigkeiten auch Metzgereikund*innen über den (externen) Sprachennamen und ihr Wissen um das Phänomen des *louchébem* befragt. Einige von ihnen interessieren sich grundsätzlich für sprachliche Phänomene, vor allem argotischer Art, und wissen, dass Pariser Metzger*innen auch heute noch ihre spezifische Geheimsprache haben. Andere wiederum kennen den Tarnmechanismus und besitzen ein wenig Kenntnisse des *louchébem*; sie geben zumindest an, einige Wörter zu kennen, wie beispielsweise *loirnoque* (< *noir* ‚Kaffee'), *loufoque* (< *fou* ‚verrückt'), *en loucedé* (< *en douce* ‚heimlich'), *larlépem* (< *parler* ‚sprechen'), *lerchem* (< *cher* ‚teuer') oder *louchébem* (< *boucher* ‚Metzger'). Allen Lexemen ist gemein, dass sie bereits lexikalisiert und in den aktuellen Argot-Wörterbüchern verzeichnet sind (wie zum Beispiel in COLIN / MÉVEL / LECLÈRE 2019). Sie gehören somit zu einer Art gruppenunabhängigem *louchébem*. Diese Metzgereikund*innen sind zum Teil in der Lage, im Nachgang eines gehörten Gespräches auf *louchébem*, einige Wörter zu dekodieren, auch wenn mehr oder weniger große

Verständnisschwierigkeiten auftreten können. Diese Tatsache bezeugt, dass auch Nicht-Initiierte ein Gespräch bzw. Teile eines Gespräches verstehen können. Darum sind die Bedenken, die in der Aussage (55) von einem Informanten formuliert wurden, gerechtfertigt.

Um ein mögliches Verstehen der Kommunikation durch die Kundschaft zu verhindern, empfiehlt es sich zudem, schnell zu sprechen. Die Schnelligkeit ist ein Attribut, welches häufiger genannt wurde, wie folgende Aussagen bestätigen:

(57) ID3: L'important **devant la clientèle**, c'est d'**parler vite**.

(58) ID20: C'qui compte c'est qu'i'faut **parler très vite**.

(59) ID13: Il faut faire attention à toujours avoir un **débit de paroles élevé**.

In der Aussage (56) wird deutlich, dass es einigen Metzger*innen untersagt wird, sich vor den Kund*innen auf *louchébem* zu unterhalten. Begründet wird diese Aussage durch den Zusatz „Parce que leurs patrons sont des cons". Es hat sich im weiteren Verlauf des Gespräches mit diesem Informanten herausgestellt, dass es sich größtenteils um Metzgereien aus glanzvollen und teuren Wohngegenden handelt (vor allem im 6., 8. und 16. Arrondissement):

(60) Enquêtrice: Pourquoi dites-vous que les patrons de ces boucheries sont des cons?
ID24: Ben sont des cons quoi. De quel droit est-ce qu'i's'permettent de dire que nous, bouchers, on a pas l'droit de parler comme ça? C'est juste parc'qu'**i'gèrent des boutiques dans des quartiers bourges**, à Saint-Germain-des-Prés ou dans le 16e.

Vergleicht man nun die Aussage dieses Informanten mit denjenigen anderer Metzger aus dem 5. bzw. 7. Arrondissement, die an den Leitfadengesprächen teilgenommen haben, bestätigt sich dieses Bild. Es wird exemplarisch folgender Gesprächsausschnitt mit einem meiner Informanten aus dem 5. Arrondissement herangezogen:

(61) ID8: Je connais bien cet argot, mais **chez nous c'est mal vu. Le patron préfère qu'on évite de l'utiliser devant les clients.**
Enquêtrice: Et pourquoi?
ID8: Parce que **c'est mal poli, ça se fait pas**.
Enquêtrice: Il s'agit donc d'une question de politesse envers votre clientèle?

ID8: Oui, c'est tout à fait ça. Il faut que **nos clients nous restent fidèles et nous fassent confiance**.
Enquêtrice: Pourquoi est-ce impoli de parler le louchébem devant les clients?
ID8: Alors déjà **ils croient qu'on leur cache quelque chose.** Vous savez, **y a des clients qui croient que les bouchers parlent ainsi uniquement pour vendre de la viande de moindre qualité**.
Enquêtrice: Vous voulez donc dire que certains clients sont d'avis que les bouchers parlent le louchébem entre eux pour ne pas se faire comprendre du client et pour lui vendre un morceau de viande moins beau ou un morceau qui a besoin d'être vendu?
ID8: Oui, il m'est arrivé d'expliquer à un client que **ces propos ne sont plus réalistes**. Bon, c'est vrai que, **avant, donc y a très très longtemps, les bouchers l'utilisaient pour cette raison**. Mais **ça ne se fait plus ça, aujourd'hui. C'est plus possible**. Vous imaginez un peu avec tous les contrôles auxquels on est soumis aujourd'hui!

Als Kriterium wird hier Höflichkeit genannt: Kund*innen sollen demnach nicht das Gefühl entwickeln, Metzger*innen wollen ihnen Fleisch von minderer Qualität verkaufen. Weiterhin stehen die Verlässlichkeit der Metzger*innen und das Vertrauen in ihnen im Mittelpunkt („Il faut que nos clients nous restent fidèles et nous fassent confiance."). Diese Dienstleistungsqualität erreicht man nur, wenn eine höfliche Kommunikation gegenüber der Kundschaft bewahrt wird.

(62) ID30: Moi perso, j'évite de le parler devant les clients. [...] Je reste **poli, attentif aux vœux du client**. Je reste **prévenant**, **agréable** à leur égard. **Donc je le parle pas devant eux.** Sinon, **ils reviendraient pas, ils iraient acheter leur viande ailleurs**.

Charakteristisch für Verlässlichkeit und Vertrauen ist überdies die fachliche Kompetenz der Metzger*innen während des Kontakts mit den Kund*innen:

(63) ID30: Ce qui importe au client, c'est pas uniquement la qualité de la viande, mais **c'est aussi la qualité de l'entretien avec le boucher**. Je conseille toujours une pièce au lieu d'une autre et j'explique comment la préparer pour obtenir le meilleur résultat possible.

Kommen wir nun zurück zu den Kommunikationskontexten, in denen der *louchébem* Verwendung findet. Es wurde bisher aufgezeigt, dass die Geheimsprache in ihrer kryptischen Funktion zunächst der Sicherung von Vorteilen finanzieller Natur dient. Um der Lebensmittelverschwendung bzw. der Entsorgung von nicht verkauftem Fleisch entgegenzuwirken, werden bestimmte Fleischstücke aufgrund ihrer kürzeren Haltbarkeit schneller an den Kunden bzw. an die Kundin gebracht.

Der *largonji du louchébem* wird gleichermaßen zu ludischen Zwecken gebraucht. Wie bereits in den Aussagen (40) („pour le plaisir“) sowie (41) („entre colègue ont rigol bien“ [sic!]) zu lesen war, wird der *louchébem* aus der gemeinsamen Freude am sprachlichen Spiel verwendet. Die Informanten dieser Aussagen (ID1 und ID6) waren nicht bereit, ein Gespräch zu führen, um nähere Informationen zu den Gesprächssituationen zu geben. Doch wiederum andere haben hierzu Stellung genommen:

(64) ID5: C'est comme **un jeu**, on le parle **pour s'amuser**.
Enquêtrice: Pourriez-vous me décrire une situation particulière?
ID5: Quand entre **une jolie cliente** par exemple.
Enquêtrice: Alors?
ID5: **On décrit son physique**.
Enquêtrice: Quels mots employez-vous exactement?
ID5: On dit qu'**elle est belle, leaubiche**.
Enquêtrice: D'accord. Et quoi encore?
ID5: Elle a des **belles fesses,** des **leaubiche lessefem**.

Die Unterhaltung mit dem Informanten ID5 lief nur sehr stockend. Seine abwartende, zurückhaltende Haltung kann vermutlich dadurch erklärt werden, dass das Gespräch auch Tabus berührt. Andere männliche Informanten zeigten sich dem Thema Frauen und sexuelle Anziehung gegenüber hingegen offener. Betrachten wir zunächst folgende Liste von frauenbezeichnenden Ausdrücken: Metzger charakterisieren in den meisten Fällen eine Frau, eine *lamfé* bzw. *lamfuche* (< *femme*), oder eine junge Frau, *lillefé* bzw. *lillefem* (< *fille*), mit den Adjektiven *leaubiche* (< *belle*) und *lonbem* (< *bonne*). Beim Eintritt einer attraktiv wahrgenommenen Kundin in die Metzgerei nutzen viele Metzger die Gelegenheit, spezifische Körperteile der jeweiligen Kundin zu kommentieren, wie etwa die Brust bzw. das Dekolletee: *leaubiche loitrinepem* (< *belle poitrine*), *gros lichons* (< *gros nichons*), *leaubé lécolletédoque* (< *beau décolleté*); das Gesäß: *elle a un leaubé p'tit luquesse* (< *elle a un beau p'tit cul*). Neben diesen Bezeichnungen flüstern sich einige Metzger auch sexuelle Witzeleien zu: *lonbem à laisébem*

(< *bonne à baiser*), *elle laisebem lienbem* (< elle baise bien), *elle est laudasse* (< *elle est chaudasse*), *on va la laguédrem celle-là* (< *on va la draguer celle-là*). Weitere Bemerkungen sind *je la verrais lienbem à loilpé* (< *je la verrais bien à poil*), *j'ai ma leubitem qui se réveille* (< *j'ai ma teubi* [Verlan von *bite*] *qui se réveille*), *elle est lonbem à laillétem une lipem* (< *elle est bonne à tailler une pipe*) sowie *tu la vois écarter les lambejesses* (< *tu la vois écarter les jambes*). Die letztgenannten Ausdrücke sind Teil gemeinsamer erotischer Phantasien, die Metzger auf ironische und absurde Weise entwickeln, nachdem die Kundin die Metzgerei verlassen hat. Ausnahmslos alle männlichen Informanten, die gewillt waren, über dieses mehr oder weniger tabuisierte Thema zu reden, gaben an, solche Ausdrücke lediglich aus Amüsement, Vergnügen, Ironie und Zeitvertreib zu gebrauchen:

(65) ID24: On dit des trucs pareils **pour se marrer**. Y a **rien d'méchant** dans tout ça.

(66) ID13: J'suis **pas un obsédé sexuel**!

(67) ID20: La boucherie reste un monde dans lequel travaillent **pratiquement que des hommes**. Du coup, **ça nous arrive de déconner un p'tit peu**. Ça nous **amuse**, ça nous **fait rire**, ça **fait passer l'temps** et ça **remonte le moral**.

Richten wir nun unseren Blick auf die weiblichen Akteure einer Metzgerei. Wie bereits im Kapitel 7.1. erwähnt, konnte ich lediglich zwei Frauen für meine Untersuchung gewinnen. Es handelt sich zum einen um die Ehefrau eines *patron de boucherie* (ID2) und zum anderen um eine Kassiererin (ID19); beide Frauen arbeiten im 15. Arrondissement. Es ist mir nur gelungen, ein Gespräch mit der Erstgenannten zu führen. Trotz der schwierigen Lage und der dürftigen Informationen, die im Gespräch zu Tage kamen, möchte ich zusammenfassen, wie die Rolle der Frau bzw. der Kassiererin und der männerdominierten Geheimsprache *louchébem* ist. Alle Angaben basieren auf dem geführten Gespräch mit der Informantin ID2.

Meistens sind Frauen, die in einer Metzgerei arbeiten, Ehefrauen von Metzgereiinhaber. Sie übernehmen im Betrieb die Rolle der Kassiererin und/oder der Buchhalterin, es sei denn sie sind in Besitz eines *CAP Bouchère* (*Certificat d'Aptitude Professionnelle*), was jedoch im Pariser Raum noch sehr selten der Fall zu sein scheint. Dennoch zeigt sich, so meine Informantin, dass immer mehr Frauen dieses männliche Berufsfeld erobern.

Frauen, die lediglich angestellt wurden und nicht zum familiären Kreis des *patron* gehören, wissen zwar von jener Geheimsprache, verstehen und verwenden diese jedoch kaum. Frauen hingegen, die mit ihrem Ehemann eine Metzgerei führen, kennen, verstehen und sprechen *louchébem*. Doch die Verwendungskontexte weichen von denen ihrer männlichen Arbeitskollegen ab. Es sei zunächst der Bereich der geheimsprachlichen Transmission zu nennen (siehe Abschnitt 7.2.4.). Innerhalb dessen sind Frauen in ihren Rollen als Kassiererinnen und/oder Buchhalterin nicht involviert, da sie weder die Kund*innen an der Fleischtheke bedienen, noch im hinteren Teil des Geschäftes für die Fleischverarbeitung zuständig sind:

(68) ID2: Mon travail n'est pas celui d'un boucher vendeur. Je ne suis pas responsable de la vente des viandes en exposition ni de la coupe des viandes. Par contre, il m'arrive d'aider mes collègues au nettoyage à la fin du service. Sinon, **mon travail est de saisir et de suivre les encaissements**. Je suis, avec mon époux, **responsable des comptes fournisseurs** et **de la comptabilité** en général. **Je m'occupe aussi de l'administration**, tout ce qui est documents administratifs, papiers etc.

Nicht nur der Arbeitsort, sondern ebenso der Arbeitsbereich unterscheidet sich erheblich von dem ihrer männlichen Kollegen. Frauen haben zwar direkten Kontakt zur Kundschaft, jedoch lediglich während des Zahlungsvorgangs bzw. bei einer meist telefonischen Vorbestellung. Metzgereiinhaber und Ehefrau nehmen beide Positionen als *patron* bzw. *patronne* innerhalb des Betriebes ein (siehe auch Aussage 72). Diese sind allerdings klar abgegrenzt: Er ist für die Fleischverarbeitung und den Verkauf allein verantwortlich, sie indessen für die administrativen Organisationsprozesse und die Buchhaltung. Diese deutliche Trennung schlägt sich auch bei der Verwendung des *louchébem* nieder.

(69) ID2: **Je comprends tout ce qui est dit, mais je ne le parle que très rarement.**
Enquêtrice: Pourquoi le parlez-vous que très rarement?
ID2: Écoutez, **je ne suis pas bouchère**, donc **ça ne fait pas vraiment partie d'mon univers**. C'est plutôt **une activité masculine** que les hommes partagent entre eux.
Enquêtrice: Y a-t-il des circonstances dans lesquelles vous l'utilisez? Pourriez-vous m'en donner un exemple concret?

ID2: Il m'arrive de **plaisanter avec les employés**. Quand ils commencent à **se moquer d'un client**, vous voyez, **un client impoli ou assez pénible**, c'est sûr que j'ai aucune difficulté à saisir ce qui est dit. Et **quand le client est vraiment très pénible, alors j'y mets aussi mon grain de sel**. Et on plaisante alors tous ensemble.

Es wird deutlich, dass die Informantin sich nicht zur Gruppe der Metzger*innen zählt und folglich auch nicht zu denjenigen Personen, bei denen die Geheimsprache notwendiger Teil des Arbeitsalltags ist. Zudem betont sie, die Verwendung des *louchébem* sei eine geradezu männliche Handlung („une activité masculine"). Diese Festellung lässt sich ebenfalls dadurch bekräftigen, dass die 33 Informant*innen, die an der schriftlichen Befragung teilgenommen haben, die Frage *C09 – Diriez-vous que « cet argot » est utilisé plus souvent par ...* (die Ankreuzmöglichkeiten sind *des hommes*, *des femmes* oder *je ne sais pas*) ausnahmslos alle mit „*des hommes*" beantwortet haben.

Als einziger Verwendungskontext nennt meine Informantin den Bereich des Sich-Mokierens über unfreundliche bzw. lästige Kund*innen. Dabei beginnt sie nie das Gespräch auf *louchébem*, in dem der Kunde bzw. die Kundin abgewertet wird, sondern beteiligt sich meistens an der Unterhaltung ihrer männlichen Arbeitskollegen, und zwar lediglich dann, so ihre Aussage, wenn der Kunde bzw. die Kundin tatsächlich sehr unangemehm erscheint. Die Redewendung, die meine Informantin gebraucht („j'y mets aussi mon grain de sel"), bekräftigt die Tatsache, dass sie, als Frau, nicht unbedingt Teil einer solchen Konversation unter Männern sein darf. Denn die umgangsprachliche Wendung *mettre son grain de sel* bedeutet, dass die betreffende Person ungefragt etwas sagt bzw. dem Gespräch von Außenstehenden hinzufügt (vgl. TLFI, Eintrag *grain*: „se mêler à une conversation sans y être invité").

Auf die Frage, ob Angestellten, die nicht die Ehefrauen eines *patron* sind, derart mit den Kolleg*innen scherzen würden, antwortete meine Informantin:

(70) ID2: **Les employées ne s'y mêlent certainement pas!** En tant que **femme du patron**, j'ai une **toute autre position. On me respecte**.

Auch die Nachfrage bei angestellten männlichen Metzgern bezüglich der angestellten Kassiererinnen ergab dasselbe Bild:

(71) ID11: Les caissières, elles font leur boulot. Nous, on fait le nôtre.

(72) ID3: Avec la lamfuche [= femme] du patron, c'est pas la même chose, c'est la patronne quoi.

(73) ID25: La caissière est une femme, de toute façon elle est pas comme nous, elle comprendrait pas nos blagues.

Bei Gesprächen, die das Sich-Mokieren zum Ziel haben, wird vordergründig der betroffene Kunde bzw. die betroffene Kundin in seinem/ihrem Aussehen (Aussagen 74 und 75) bzw. in seiner/ihrer Art (Aussagen 76 und 77) beleidigt, wie folgende Beispiele zeigen:

(74) ID7: I'f'rait lienbem [= bien] d's'fout'au légimré [= régime], logré lardem [= gros lard].

(75) ID5: Il a loujourtem [= toujours] une lalsoque lonchtrem [= sale tronche]!

(76) ID24: Oh lutainpem [= putain]! I'nous fait encore liéchoque [= chier] c'lui-là!

(77) ID32: Et c'est lartipem [= parti] mon likikuche [= kiki], il est loujourtem [= toujours] aussi lianchem [= chiant]! Quel lonquesse [= con]!

Diese Aussagen belegen, dass eine weitere Funktion des *largonji du louchébem* das Sich-Mokieren, das Spotten oder das Lästern über die unangenehme Kundschaft ist. Es geht den Informant*innen – und wie wir bereits gesehen haben, in einigen Fällen auch der *patronne* – primär darum, der gemeinsamen Verärgerung Ausdruck zu verleihen. Die scherzhaften Ausdrücke werden gemeinschaftlich inszeniert und bezeugen nicht nur Sarkasmus, sondern auch Ironie.

Ein dem Sich-Mokieren ähnlicher, aber nicht identischer Verwendungszweck des *louchébem* ist das Sich-Necken. Metzger*innen gebrauchen folglich ihre Geheimsprache, nicht etwa um schwierige Kund*innen zu verspotten, sondern um sich gegenseitig zu verulken. Die Neckereien werden als harmlose und freundschaftliche Bemerkungen unter langjährigen Kolleg*innen angesehen:

(78) ID10: On est d'bons amis, on passe beaucoup d'temps ensemble et du coup, on aime s'taquiner ici et là.

Dabei nutzen sie kleine Schwächen ihrer Arbeitskolleg*innen aus, um sie scherzhaft zu ärgern. Ihre scherzhaften Schilderungen enthalten zwar provokante Momente, jedoch werden diese komisiert und verlieren dadurch ihre heftigen

Spitzen. Im folgenden Beispiel macht sich ein Metzger über seinen Kollegen lustig, weil dieser seit Kurzem eine neue Freundin hat und regelmäßig in der Metzgerei von ihr schwärmt:

(79) ID24: Tu nous fais liéchem [= chier] avec tes listoirem [= histoires] de luquesse [= cul]. On s'en lanlbrem [branle] de ta lopinekess [= copine]. Mon pauvre, tu vas devoir lassépem [passer] ta journée au loulotbem [boulot] avec nous! Et tu pourras rêver d'elle avant d'la revoir c'loirsem [= soir].

Das nächste Beispiel, in dem ein Informant einen seiner Kollegen neckt, zeigt, dass der *louchébem* bei scherzhaften Schilderungen auch für semantisch tabuisierte Sachverhalte (*la prostate qui déglingue*) benutzt wird:

(80) ID10: Je lui dis par exemple « Ben, tu vas encore lissépem [= pisser]! T'y étais déjà y a à peine une heure. C'est ta lostatprique [= prostate] qui léglingdem [= déglingue] ».

Weitere semantisch tabuisierte Wörter, die im Kontext des Metzgerhandwerks genutzt werden, sind beispielsweise *sang* > *lansoque* bzw. *lansem* (‚Blut'), *mort* > *lormiche* (‚tot'), *salmonelles* > *lalmonelsem* (‚Salmonellen'), *odeur* > *lodeurem* (‚Geruch') oder *sale* > *lalesoque* (‚dreckig'). Auch die Ausdrücke *rassir* > *lassirem* (‚reifen') und *boeuf maturé* > *loeufbem laturémuche* (‚gereiftes, abgehangenes Rindfleisch'), die das typische Verfahren der Rindfleischreifung beschreiben, werden getarnt; nicht zuletzt, weil sie vermutlich in den Augen der Kund*innen gegen die Frische des Produktes sprechen, aber für seine Qualität unerlässlich sind.

Es fällt zudem auf, dass Vulgarismen sehr häufig in ihrer getarnten Form verwendet werden. Die Aussagen (79) und (80) beinhalten etwa die Lexeme *faire chier* > *faire liéchem* (‚jmd. auf die Nerven gehen), *se branler* > *s'lanlébrem* (‚scheißegal sein') sowie *pisser* > *lissépem* (‚pissen'). Weitere häufig von meinen Informant*innen louchebemisierte vulgäre Lexeme bzw. Wendungen sind unter anderem: *être con* > *être lonquesse* (‚Idiot, Blödmann'), *cul* > *luquesse* (‚Arsch'), *mon cul* > *mon luquesse* (‚von wegen'), *avoir du cul* > *avoir du luquesse* (‚Dusel haben'), *merde* > *lerdemuche* bzw. *lerdemem* (‚Scheiße'), *baiser* > *laisébem* (‚bumsen'), *se faire laisébem* > *se faire baiser* 'reingelegt werden', *bite* > *litbé* (‚Schwanz'), *ferme ta gueule* > *lermefem ta leulgué* bzw. *leulguiche* bzw. *leulguem* (‚Klappe bzw. Maul halten'). Die derben Ausdrücke gehören dem *français familier* bzw. *argotique* an und haben häufig einen Bezug auf den menschlichen Körper und auf sexuelle Handlungen. Sie sind – im Gegensatz zum vorherigen Beispiel der *prostate* in (80) – demnach nicht nur semantisch, sondern auch stilistisch tabuisiert.

Diese Beispiele haben gezeigt, dass der *largonji du louchébem* – neben der kryptischen und der ludischen Funktion – noch eine weitere hat: die enttabuisierende Funktion. Die Substitution der semantisch und/oder stilistisch tabuisierten Lexeme bzw. Ausdrücke durch ihre louchebemisierten Formen ermöglicht insofern eine Enttabuisierung, als die konnotative bzw. stilistische Markierung durch neutrale, bedeutungslose lexikalische Elemente ersetzt und folglich deaktiviert wird.

Abschließend sei noch auf eine weitere – wenn auch marginale – Funktion des *largonji du louchébem* hingewiesen: Aus den Ergebnissen der schriftlichen Befragung sowie den anschließenden Gesprächen wurde ersichtlich, dass der *louchébem* unter Umständen auch im Kreise der Familie gesprochen wird (siehe Abschnitt 7.2.6.). Diejenigen Informant*innen, die ihre Geheimsprache auch im privaten, familiären Umfeld verwenden, stammen alle aus Metzgerfamilien, innerhalb derer die berufliche Tradition seit Generationen weitergegeben wurde. Sie bezeichnen ihre ganze Familie als *louchébem*-sprechend, das betrifft nicht nur die Großeletern, sondern auch in den meisten Fällen die Ehefrau und die Kinder. Die Verwendung des *louchébem* im Kreise der eigenen Familie ist mit ludischen aber auch kryptischen Zwecken verbunden, wie folgende Aussage zeigt:

(81) Enquêtrice: Avez-vous des enfants?
ID20: Oui, deux fils et une fille. Mais i'sont déjà grands.
Enquêtrice: Leur parliez-vous aussi en louchébem?
ID20: Oui, c'était aussi comme **un jeu**, surtout quand ils étaient p'tits. Quand **on s'moquait des gens**, pour pas s'faire comprendre, on l'utilisait. Ben, à la piscine, en vacances, au restau. Du coup, c'était juste **pour s'marrer**. Quand j'disais un truc, mon fils **en rajoutait**, puis c'était au tour de ma fille etc. **Tout le monde y mettait du sien**. C'était un peu comme si **on se battait à trouver des mots encore plus moqueurs**.

Gemäß der Aussage meines Informanten ID20, findet der *louchébem* vor allem im Umgang mit jüngeren Kindern Verwendung. Dabei verläuft die Kommunikation zum Beispiel mit kommentierenden Äußerungen über andere Menschen.

Die Sprecher*innen versuchen, sich durch geheimsprachliches Vokabular zu überbieten („Quand j'disais un truc, mon fils en rajoutait, puis c'était au tour de ma fille etc. Tout le monde y mettait du sien.“), indem sie Witze über Nicht-Initierte machen oder sich mokieren („[...] on s'moquait des gens.“). Diese geheimsprachlichen „Spiele“ („c'était aussi comme un jeu“) sind durch Expressivität und lexikalischen Variantenreichtum gekennzeichnet („C'était un peu comme si on se battait à trouver des mots encore plus moqueurs.“).

Ein weiteres Gespräch mit einem anderen Informanten hat gezeigt, dass der *largonji du louchébem* nicht nur in der Kommunikation mit den eigenen Kindern seinen Platz findet, sondern auch in einer spezifischen Interaktion mit der Ehefrau. In der Aussage (82) wird deutlich, dass der *largonji du louchébem* als Teil einer Paar- bzw. Privatsprache[168] angesehen werden kann:

(82) ID32: Comme **mon père était boucher**, et **mon grand-père aussi**, tout le monde dans ma famille parlait, ou parle encore le louchébem ou du moins le comprend très bien. **Avec ma femme** qui travaille avec moi **on le parle très souvent à la maison**. On fait **tomber un p'tit mot par ci**, **un autre par là**. On utilise que quelques mots, c'est pas toute une conversation. C'est **un jeu**, **ça nous fait plaisir**. **C'est not'langue à nous**.
Enquêtrice: C'est quoi exactement comme genre de mots?
ID32: Ben, euh, des p'tis mots de **tendresse**, des mots qu'on se dit **dans un couple**.
Enquêtrice: Donc des mots que vous utilisez dans votre couple et que personne d'autre n'utiliserait? Diriez-vous qu'il s'agit de **votre propre langage de couple**?
ID32: Oui. Sont des mots très particuliers ou des expressions que **nous seuls comprenons et utilisons**. Vous savez sans doute c'que j'veux dire. **Des trucs qu'on s'dit en couple**. **Seulement nous savons c'que ça signifie**.

168 Der Terminus *Privatsprache* bzw. *Privatcode* wird bei LEISI (^{5}2016) wie folgt definiert: „Die sprachliche Produktivität des Paars erschöpft sich nicht in der Namengebung. Es werden darüber hinaus zahllose Wörter und Formeln neu geprägt (wobei die Prägung am häufigsten in einer semantischen »Umfunktionierung«, seltener in einer völligen Neuschöpfung besteht), so daß man von einer eigentlichen Privatsprache reden kann. Bei einigen Paaren besteht diese Privatsprache lediglich in einigen wenigen Ausdrücken, bei andern kann sie soweit gedeihen, daß sie sich zu einem »fertig ausgebildeten Dialekt« auswächst [...]“ (LEISI ^{5}2016, 46).

Der Informant ID32 bekundet, dass die Sprachhandlungen zwischen ihm und seiner Ehefrau nicht als geheimsprachliches Gespräch zu verstehen ist, bei dem möglichst eine hohe Anzahl an Lexemen getarnt werden; vielmehr wird der *louchébem* nur punktuell innerhalb einer auf Französisch geführten Unterhaltung eingesetzt („On fait tomber un p'tit mot par ci, un autre par là. On utilise que quelques mots, c'est pas toute une conversation"). Dabei steht neben dem ludischen Aspekt („C'est un jeu, ça nous fait plaisir") auch die Funktion der Paar- bzw. Privatsprache in dem Vordergrund („C'est not'langue à nous"; „des p'tis mots de tendresse, des mots qu'on se dit dans un couple"; „des mots très particuliers ou des expressions que nous seuls comprenons et utilisons.[...] Des trucs qu'on s'dit en couple. Seulement nous savons c'que ça signifie"). Der *louchébem* realisiert in diesem Fall eine soziale Bindung zwischen den Eheleuten und erfüllt dementsprechend auch eine Vertrauensfunktion. Es sei in diesem Zusammenhang angemerkt, dass die Funktionalisierung einer Geheimsprache als Paar- bzw. Privatsprache auch in anderen verhüllenden Sonder- bzw. Geheimsprachen, wie etwa im Hundeshagener Kochum (Rotwelsch-Dialekt) vermutet wird. So schreibt WEILAND (2003, 72):

> Darüber hinaus ist durchaus auch vorstellbar, daß das Kochum hier die Funktion sonst erst zu findender Lexeme für eine Paarsprache erfüllt. Funktional ist die Paarsprache im Fall Hundeshagen auf die erhaltend-regulierenden Aspekte der Kleingruppe hin orientiert. Der Rotwelsch-Dialekt wird zur Kommunikation in der Intimgruppe „Paar" funktionalisiert.

Der Informant ID32 erwähnt im späteren Gesprächsverlauf, dass die Kosenamen, die sie sich als Paar gegenseitig gegeben haben, die jeweils louchebemisierten Varianten ihrer Vornamen seien (siehe hierzu Abschnitt 7.3.6.).

Auch wenn es sich bei den Aussagen (81) sowie (82) um Einzelfälle handelt und keine ähnlichen Erklärungen von anderen Gesprächspartner*innen vorliegen, kann behauptet werden, dass der *largonji du louchébem* auch eine Funktion als Paar- bzw. Privatsprache hat.

7.2.6. Verwendungsorte des *largonji du louchébem*

Im *Questionnaire III* der schriftlichen Befragung wurden unter anderem die Verwendungsareale, die sogenannten *lieux d'usage* des *louchébem* thematisiert.

Unter diesem Terminus werden hier nicht nur die geographischen Areale innerhalb Frankreichs bzw. von Paris, sondern auch bestimmte Orte bzw. Mikro-Orte verstanden. Unter Orte werden hier etwa Cafés, Bistrots, Metrowagen oder Schlachthäuser verstanden. Mikro-Orte hingegen sind Flächen bzw. Areale, die einem Ort untergeordnet sind: ein ganz bestimmter Marktstand auf dem Wochenmarkt, die Theke eines Bistrots oder ein Raum innerhalb des Metzgereigeschäfts.

Der *largonji du louchébem* wird zweifelsohne aktuell in vielen Pariser Metzgereien verwendet. Dies bezeugen die bisherigen empirischen Ergebnisse der vorliegenden Dissertation, die – wie im Unterkapitel 6.2.2.1. erwähnt – auf Daten von Sprecherbefragungen und Leitfragengesprächen basieren, die in der Zeitspanne von März 2013 bis Februar 2018 durchgeführt wurden. Es sei nochmal wiederholt, was bereits im vorherigen Unterkapitel (7.2.5.) und vor allem in den Aussagen (56), (60) sowie (61) erläutert wurde: Einige Pariser Metzgereien verbieten gänzlich die Verwendung des *louchébem* bzw. sehen es nicht gerne, wenn die Angestellten untereinander die Geheimsprache, vor allem vor der Kundschaft, gebrauchen. Es handelt sich hierbei in der Regel um Betriebe aus prächtigen und teuren Wohngegenden wie etwa das 6., 7., 8. oder 16. Arrondissement.

Doch gibt es innerhalb des Metzgereigeschäfts Mikro-Orte, an denen Metzger*innen sich häufiger auf *louchébem* unterhalten? Zahlreiche Informant*innen geben an, sich innerhalb der Metzgerei eher im Vorbereitungs- als im Verkaufsraum auf *louchébem* zu unterhalten. Das geht mit den Gründen einher, die bereits in den Aussagen (56), (61) sowie (62) exemplifiziert wurden – wie etwa das Verbot, *louchébem* vor der Kundschaft zu verwenden, weil es unpassend, unhöflich und unangemessen erscheint.

(83) ID3: On l'utilise plutôt quand on travaille dans **la salle de découpe**, quand on fait les préparations.

(84) ID30: C'est à l'arrière qu'on le parle le plus souvent, **en laboratoire**. On évite de le parler dans la salle de service.

(85) ID8: Y a pas de doute, on en profite **quasi exclusivement dans not'salle de préparation ou dans les frigos** quand on va chercher l'morceau en question.

Als Mikro-Orte werden in diesen Aussagen die Vorbereitungsräume (*salle de découpe*, *laboratoire*, *salle de préparation*) und die Kühlräume (*frigos*) genannt. Ferner geben die Informant*innen an, *louchébem* auch im Verkaufsraum zu sprechen, jedoch nur, wenn zu diesem Zeitpunkt keine Kundschaft präsent ist oder das Metzgereigeschäft (noch) geschlossen ist:

(86) Enquêtrice: Vous dites utiliser le louchébem presque uniquement dans la salle de préparation lorsque vous faites vos découpes. Ne l'utilisez-vous donc jamais en salle de service devant le client?
ID8: Non, comme je vous l'ai déjà dit. On évite de l'utiliser devant la clientèle. On ne veut pas que les gens croient qu'on leur cache quelque chose. Le seul moment où **on est vraiment pour nous**, c'est quand **la boutique est encore fermée** ou **quand y a personne**. **Là on l'utilise aussi dans l'espace de vente**.

Im weiteren Verlauf des Gesprächs kommt der Informant ID8 auf einen Ort außerhalb des Metzgereigeschäfts zu sprechen: Es handelt sich um den Markt. Analog zum Ort der Metzgerei wird auch hier die Verwendung des *largonji du louchébem* durch die An- bzw. Abwesenheit der Kundschaft reguliert:

(87) Enquêtrice: Donc, diriez-vous **qu'il n'y a pas vraiment d'espace fixe pour l'utilisation du louchébem** à l'intérieur d'une boucherie, mais que c'est plutôt **la présence du client qui vous dicte où l'on doit, ou l'on ne doit pas le pratiquer**?
ID8: Oui, c'est absolument ça. Là où y a un client, on le parle pas. Si, par exemple, vous êtes **au marché**, vous n'allez jamais utiliser le louchébem quand vous êtes en vente au stand et qu'y a des clients. Chose impensable.
Enquêtrice: Et donc, vous faites pareil qu'en boucherie, **vous l'utilisez quand il n'y personne au stand**, c'est bien cela?
ID8: **Tout à fait**.

Weitere Orte außerhalb der Metzgerei, an denen Metzger*innen untereinander *louchébem* sprechen, um nicht verstanden zu werden, sind gastronomische Betriebe, wie beispielsweise Bistrots oder Brasserien. Dabei kann der *louchébem* in seiner kryptischen bzw. krypto-ludischen Funktion verwendet werden. In der Aussage (88) wird auf anwesende Personen, über die auf *louchébem* gesprochen werden, Bezug genommen; in der Aussage (89) hingegen unterhalten sich der Brasseriebesitzer und der Metzger über gemeinsame Kund*innen, die zum Zeitpunkt des Gesprächs nicht anwesend sind:

(88) ID5: Quand on sort entre nous, **qu'on va manger un p'tit truc ensemble**, ça nous arrive de dire quelques mots en louchébem **pour ne pas être compris des autres personnes**, **des femmes** surtout.

(89) ID24: C'est sympa aussi avec **le patron d'la brasserie du coin**, i'l'parle aussi un peu. **On a les mêmes clients, alors on rigole un peu ensemble**.

Die Antworten auf die Frage *D02 – Pourriez-vous m'indiquer à quelle(s) occasion(s) / dans quel(s) lieux vous avez entendu ou utilisé « cet argot » ? (plusieurs réponses possibles)* des Fragebogens spiegeln die in den Gesprächen genannten Orte wider. Alle Informant*innen geben an, den *largonji du louchébem* in der Metzgerei, in der sie arbeiten, zu sprechen. Auch in anderen Metzgereien bzw. Großmetzgereien sowie im Fleischgroßhandel (wie etwa in der Stadt Rungis) wird die Geheimsprache verwendet. Darüber hinaus werden Orte wie Märkte, Cafés, Bistrots, Bars sehr häufig genannt.

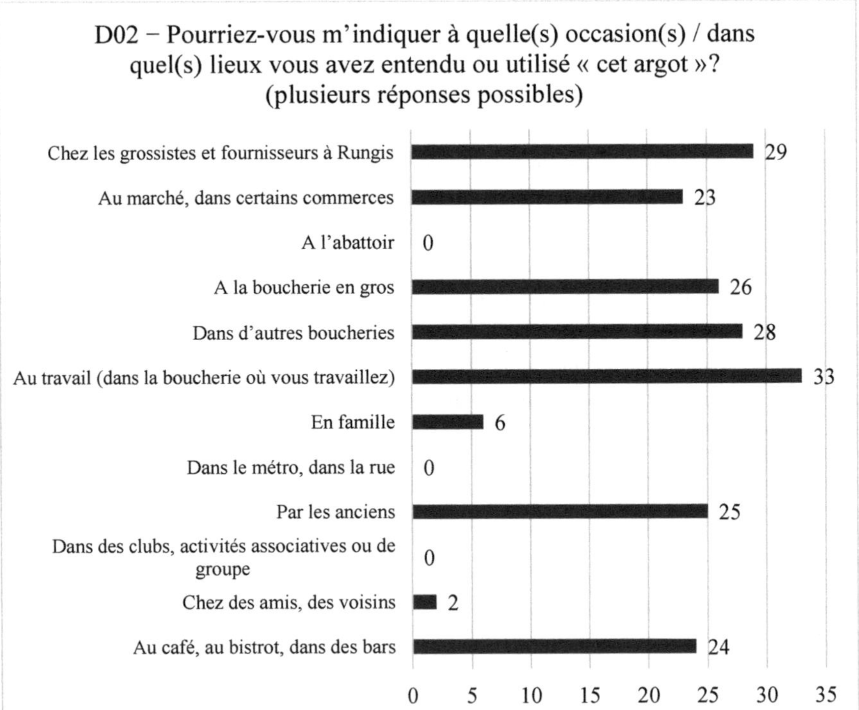

Abbildung 32: Antworten zu Frage D02 (Fragebogen)

Es seien im Folgenden auf zwei Antwortmöglichkeiten näher eingegangen: *Par les anciens* sowie *A l'abattoir*. In den Fragebögen wurde auf der einen Seite eine starke Verknüpfung des *louchébem* (24 Antworten für *Par les anciens*) mit der älteren Generation deutlich, denn dieser wird primär von der älteren Generation an die jüngere Generation weitergegeben (siehe Abschnitt 7.2.4.). Die geheimsprachliche Traditionspflege ist für ältere Sprecher*innen von besonderer Relevanz, denn der *largonji du louchébem* ist nicht nur eine Geheimsprache, vielmehr vehikuliert dessen Vermittlung eine mit dem Metzgerhandwerk verbundene lange Tradition, die vermutlich bis ins 19. Jahrhundert zurückreicht:

(90) ID27: Transmettre l'argot du louchébem à la nouvelle génération de bouchers, c'est quelque chose de très important parce que c'est pas seulement la langue qu'on trasmet, mais **c'est aussi tout un passé**, **tout un univers**. C'est **une longue tradition bouchère**.

Auf der anderen Seite scheint es zum Zeitpunkt der Datenerhebung keine Verbindung zwischen dem *largonji du louchébem* und dem Ort des Schlachthofes gegeben zu haben (0 Antworten für *A l'abattoir*). Dieses Ergebnis ist insofern verwunderlich, als in der Fachliteratur sehr häufig angegeben wird, der *louchébem* sei eine Geheimsprache, die sich im Allgemeinen in Schlachthöfen verbreitet hat. Im Speziellen sei der *louchébem* jedoch die Geheimsprache der Metzger vom Schlachthof *La Villette* gewesen. Es sei hier exemplarisch ALLIOT (2009) – selbst Sohn eines Metzgers – zitiert: „Si les abattoirs de la Villette ont joué le même rôle pour le louchébem que l'Académie française pour notre langue, ce curieux langage s'est rapidement répandu dans les abattoirs de province et dans les commerce [sic!] de la boucherie" (ALLIOT 2009, 8).

Um unter anderem ALLIOTs Aussage zu überprüfen, habe ich zwei Zeitzeugen gefunden und sie schriftlich bzw. telefonisch befragt, ob in den Schlachtanlagen von *La Villette* die Verwendung der Geheimsprache stark verbreitet war (es sei hier noch einmal wiederholt, dass dieser Schlachthof im Jahre 1867 erbaut und am 15. März 1974 wieder geschlossen wurde; siehe Abschnitte 4.5. und 4.6.). Der erste Zeitzeuge ist Jacques Brice; er ist selbst kein Metzger bzw. Schlachter, jedoch begleitete er in seiner Kindheit und Jugend seinen Onkel, der als Schlachter in *La Villette* arbeitete. Der zweite Zeitzeuge ist Pierre Haddad, der aus einer Familie von *chevillards*[169] stammt, die seit 1886 in *La Villette* tätig waren. Haddad ist selbst Schlachter in *La Villette* gewesen.[170] Beide Zeitzeugen sind über 90 Jahre alt und können dementsprechend ein Bild von *La Villette* circa ab den 1935er-Jahren geben. Sie bestätigten mir beide, den *largonji du louchébem* in *La Villette* überhaupt nicht wahrgenommen bzw. selbst verwendet zu haben:

(91) Lorsque j'allais voir mon oncle aux abattoirs de La Villette, je ne me souviens pas avoir entendu parler le louchébem.[171]

(92) Je ne parle pas le louchébem et ne l'ai jamais entendu quand je travaillais comme chevillard aux abattoirs de La Villette.[172]

Beide Zeugenaussagen widersprechen dem, was in der Fachliteratur behauptet wird. Dies kann mehrere Gründe haben: Entweder wurde in der Zeit ab 1930 in der Schlachtanlage von *La Villette* der *largonji du louchébem* nicht (bzw. nicht mehr) verwendet; oder beide Zeitzeugen gehörten nicht zum Kreis der Geheimsprachensprecher. Diese Tatsache trifft für Brice ohne Zweifel zu, jedoch ist sie im Falle Haddads – vor allem durch seine Position als *chevillard* – nur bedingt nachvollziehbar. Die Frage, ob in *La Villette* jene Geheimsprache verwendet wurde, ist letztendlich nicht beantwortbar.

---

169 Jacques Brice erklärte mir in seiner E-Mail vom 22. März 2013, wie die Personalstruktur in einem sogenannten *échaudoir* (‚Teil eines Schlachthofs, in dem die Tiere getötet und zugerichtet werden') aufgebaut wurde: „Dans chaque échaudoir il y avait une brigade composée de 3 à 5 personnes suivant l'importance de l'échaudoir. A la tête le patron boucher ou chevillard. Il achetait les bêtes et dans les grands échaudoirs il ne participait pas au travail d'abattage et de dépeçage. A la tête de brigade il y avait le „Maître garçon" qui tuait et découpait les parties délicates de l'animal, tout particulièrement la peau. En fin de brigade se trouvait „l'agneau", nom donné à l'apprenti boucher dans les abattoirs. A l'exception de „l'agneau', tous savaient tuer".

170 Auf seiner Internetseite gibt Haddad folgende Selbstbeschreibung: „Appartenant moi-même à une lignée de chevillards installée à La Villette depuis 1886, ancien administrateur du Syndicat de la Boucherie en gros de Paris et ancien secrétaire général de la Fédération Nationale de l'Industrie et des Commerces en gros, j'ai voulu être le mémorialiste de cette corporation dont l'existence à La Villette est relativement courte puisqu'elle ne dura qu'un peu plus d'un siècle. Disposant de la presque totalité des archives du Syndicat Général du Commerce en gros des viandes de Paris-La Villette, je me suis attaché à dépeindre ce monde clos qu'était celui des abattoirs." (https://www.pierrehaddad.fr/index.php) (05.03.2020).

171 Emailkorrespondenz vom 24.03.2013 mit Jacques Brice.

172 Telefongespräch vom 25.03.2013. Haddad war zum Zeitpunkt des Gesprächs 92 Jahre alt. Ein weiterer E-Mail-Kontakt bestand bis März 2020.

Der *largonji du louchébem* wird auch aktuell nicht mit Schlachthöfen in Verbindung gebracht; dies zeigen die oben angeführten Umfrageergebnisse. Unterschiedliche Gründe sind annehmbar: Zum einen konzentriert sich die Schlachtung von Tieren geographisch auf Westfrankreich und eben nicht auf die Region der Île-de-France. 2014 fanden nach Angaben des INSEE 40% der Viehschlachtungen in der Bretagne statt, die über rund 30 Betriebe verfügt. Dabei entfallen 4/5 der Schweineschlachtungen auf bretonische Schlachthöfe. Darüber hinaus finden 70% der nationalen Schweineschlachtungen und 46% der nationalen Rinderschlachtungen auf die Region *Grand Ouest* statt.[173] Neben dem geographischen Argument sei zum anderen die Unterschiedlichkeit der beruflichen Qualifikationen erwähnt. Während im Schlachtsegment keine spezifische Ausbildung bzw. Qualifikationen oder Berufserfahrung verlangt wird[174], ist der Eintritt in das Metzgerhandwerk durch eine klassische Ausbildung zum *boucher* bzw. zur *bouchère* geregelt. Man könnte folglich vermuten, dass der *louchébem* lediglich im Metzgerberuf weitergegeben wurde (siehe hierzu auch Abschnitt 7.2.4.).

Nun stellt sich die Frage, ob der *louchébem* auch außerhalb der Pariser Grenzen existiert und aktiv Verwendung findet. Der *louchébem* scheint ein typisches Pariser Phänomen zu sein und sich folglich auf Pariser Arrondissements zu beschränken. Dies geht unter anderem aus den Ergebnissen der Frage *D03 – Avez-vous déjà entendu parler « cet argot » dans une autre ville / dans un autre village en France ou à l'étranger?*, welche zu 100% mit *Non, jamais* beantwortet wurde. Wie schon der Informant ID7, der bevor er nach Paris kam, seinen Wohn- und Arbeitssitz in Département Sarthe (72) hatte, bezeugt, wird der *louchébem* erst in Pariser Metzgereien erlernt (vgl. Aussagen (22) sowie (30) des Informanten ID7

---

173 Vgl. https://www.lefigaro.fr/actualite-france/2016/04/05/01016-20160405ARTFIG00178-trop-concentres-multi-especes-pourquoi-les-abattoirs-francais-sont-critiques.php (05.03.2020).

174 Lediglich für den Akt der Tiertötung wird eine theoretische Prüfung zur Erlangung des *Certificat de Compétence Protection Animale* veranlasst. „Le personnel en charge de la « mise à mort » des animaux doit disposer d'un certificat attestant de sa compétence, de ses connaissances au regard du respect de la réglementation en matière de protection des animaux. Le certificat de compétence est délivré par le préfet sous réserve du respect d'exigences en matière de formation et de réussite à une évaluation. Cette évaluation est théorique" (http://www.afaad.net/les-employes-dabattoirs/) (05.03.2020).

im Abschnitt 7.2.4.). Um der Aussage meines Informanten mehr Gewicht zu verleihen, wurden 47 Metzgereien in Frankreich – in den Regionen *Normandie*, *Centre-Val-de-Loire*, *Bretagne*, *Grand-Est*, *Bourgogne-Franche-Comté* und *Provence-Alpes-Côtes d'Azur* – stichprobenartig angeschrieben bzw. telefonisch angesprochen, ob diese den *argot du boucher* kennen und gebrauchen. Aus den Rückmeldungen geht hervor, dass zwar einige das Phänomen kennen, es jedoch lediglich mit Paris assoziieren. In ihren Metzgereien wird kein *louchébem* verwendet, was in folgenden exemplarisch ausgewählten Emailauszügen bestätigt wird:

(93) Désolé, mais nous n'utilisons aucun mot d'argot du boucher dans notre métier de boucher.[175]

(94) Je connais bien le louchébem parce que mon père était boucher à Paris, mais ici chez nous on ne l'utilise pas.[176]

Es sei abschließend noch auf zwei geographische Areale eingegangen, die in der Fachliteratur häufiger genannt werden und in denen der *largonji du louchébem* bzw. dessen Variante existiert bzw. existiert haben soll. Es handelt sich um Lyon und um die im Département Vaucluse gelegene Stadt Pertuis. COLIN / MÉVEL / LECLÈRE (2010, 35) beschreiben etwa den *louchébem* als „un argot pratiqué jadis par les bouchers de Paris et de Lyon, et qui est actuellement en perte de vitesse". Ferner widmet ALLIOT (2009, 85-87) einige Seiten seines Wörterbuchs dem sogenannten *louchéb<u>um</u>* bzw. *louchéb<u>eum</u>*, eine in Pertuis gesprochene Variante des für Paris typischen *largonji du louchébem*. Tatsächlich ist die Quellenlage für das lokale Vorkommen der Geheimsprache eher problematisch. Auch nach Konsultation der anonym verschriftlichten sozialgeschichtlichen Abhandlung über das Lyoner Metzgergewerbe (*La Boucherie Lyonnaise et son syndicat: Étude historique sur la corporation des bouchers de 1437 à nos jours*, 1900) konnte keine Erwähnung des *louchébem* bzw. eines für Lyoner Metzger*innen typischen *argot* gefunden werden. Einzig SAINÉAN (1972 [1930]) gibt in seiner Beschreibung des *jargon lyonnais* (für den Zeitraum zwischen 1900 und 1925) an: „Le *louchébème* ne manque pas non plus: le vulgaire *peau de balle*, rien, est

[175] Dieser Auszug stammt aus einer E-Mail vom 23.01.2019 (Metzgerei aus der Normandie).
[176] Dieser Auszug stammt aus einer E-Mail vom 14.11.2019 (Metzgerei aus dem Centre-Val-de-Loire).

devenu dans le jargon récent [...]: *balpeau* et *balmuche*" (Sainéan 1972 [1930], 74; Herv. i. O.). Bei den angeführten Belegen *balpeau* sowie *balmuche* handelt es sich jedoch nicht um louchebemisierte Formen. Vielmehr ist Erstere eine Silbenmetathese bzw. eine Verlanisierung (*peau [de] balle > balpeau*), wobei der Laut [d] weggefallen ist. Bei der zweiten Form (*[peau de] balle > balmuche*) handelt es sich um eine Alteration des Lexems durch die argotische Suffigierung in *-muche*.[177] SAINÉAN gibt an, *balmuche* sei eine Lyoner *louchébem*-Form, jedoch kann dies kritisch betrachtet werden. Vermutlich hat SAINÉAN diese zu voreilig als *louchébem*-Form eingestuft. Naheliegend ist, dass bei *-muche* eine Analogie zu den *louchébem*-Formen in *-muche* vorliegt. Würde es sich um eine *louchébem*-Form handeln, dann ergibt *balle* > **lalbuche* und eben nicht *balmuche*.

Was den *louchéb<u>um</u>* bzw. *louchéb<u>eum</u>* in Pertuis angeht, wird hier auf das Kapitel 8 (Teil VI: Exkurs: Der *louchébeum* – Eine diatopische Varietät des *largonji du louchébem*) verwiesen. Die Thematik der diatopischen Varietät des *largonji du louchébem* ist bisher in der argotologischen Beschäftigung noch gänzlich unerforscht geblieben. Aus diesem Grund verdient sie eine besondere Beachtung und wird Gegenstand des Kapitels 8 sein.

7.2.7. Sprechereinstellung und Status des *largonji du louchébem*

Der letzte Teil der schriftlichen Befragung fokussierte sich nicht nur auf die Motive und Gründe, die der Verwendung des *louchébem* zugrunde liegen, sondern ebenso auf die Sprechereinstellungen und das Festhalten der *louchébem*-Sprecher*innen an ihrer Geheimsprache (*Questionnaire III: Motifs et raisons d'usage et attachement à la langue*). Von besonderer Relevanz in den anschließenden Leitfadengesprächen waren Fragestellungen, die mögliche Hinweise über

---

177 Der französische Argot kennt zahlreiche Lexeme, die eine Suffigierung in *-uche* erfahren haben. So etwa *contrebande* > *contrebuche* (SAINÉAN 1972 [1930], 67), *Anglais* > *Angluche* (DAUZAT 1929, 96), *Ménilmontant* > *Ménilmuche* (DAUZAT 1929, 101) oder *Paris* > *Pantrin* > *Pantruche* (DAUZAT 1929, 102). Eine Suffigierung in *-muche* ist vielmehr bei *louchébem*-Formen zu finden, bei denen das Phonem [m] bzw. das Graphem <m> bereits in der Ausgangsform vorhanden ist, wie beispielsweise in *merci* > *lercimuche*. Es gibt allerdings auch Fälle, bei denen kein *m* in der Ausgangsform vorkommt, dieses aber phonetisch-graphematisch in der geheimsprachlichen Form auftaucht (*argot* > *largomuche*).

die Stellung bzw. den Status jener Geheimsprache innerhalb der Körperschaft der Metzger*innen geben können. Es wurde schwerpunktmäßig auf die Frage eingegangen, inwiefern das Festhalten am *largonji du louchébem* als Geheimsprache der Metzger*innen von besonderer Wichtigkeit erscheint, auch wenn jene Geheimsprache bereits von einigen Kund*innen verstanden bzw. dekodiert werden kann (vgl. Abschnitt 7.2.5.) und in der Öffentlichkeit von einigen Metzger*innen bewusst sichtbar gemacht wurde (vgl. Abschnitt 7.2.2. sowie Hardy 2017a).

Die Beantwortung der Frage *E01 – Diriez-vous que vous êtes attaché/e à « cet argot »?* ergibt ein klares Bild: Knapp 88% der Informant*innen – sei es die jüngere, die mittlere oder die ältere Generation – halten am *louchébem* fest:

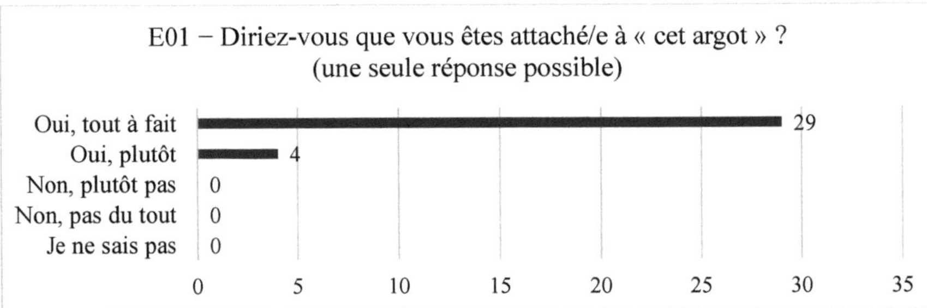

Abbildung 33: Antworten zu Frage E01 (Fragebogen)

Die Gründe, die die Berufsgruppe der Metzger*innen am *largonji du louchébem* festhalten lassen, sind gemäß der Fragebogen- und Gesprächsergebnisse unterschiedlich. Wie folgende Aussage exemplarisch belegt, sind sie zunächst in der Verpflichtung gegenüber der älteren Metzgergeneration zu suchen:

(95) ID1: L'argot des bouchers parisiens doit être préservé, car c'est une tradition envers les anciens.

(96) ID27: Vouloir préserver l'argot du louchébem est une logique puisqu'il s'agit de la tradition des anciennes générations de bouchers qu'il faut définitivement faire survivre.

Auch kann der *largonji du louchébem* als ein untrennbar mit dem Metzgerberuf verknüpftes Element angesehen werden und folglich auch als ein berufliches bzw. soziales Statussymbol:

(97) ID7: Ça va avec le métier. **Ça fait absolument partie du métier**. Il y a pas de boucher sans argot du louchebem.

(98) ID25: I'faut l'conserver le largomuche du louchébem, parce qu'**on est fier de l'parler, on est fier d'êt'boucher**.

Einige Informant*innen rekurrieren auf das Bild der Wurzel bzw. der Familie, um ein Stück ihrer beruflichen Identität zu konstruieren und sichtbar zu machen:

(99) ID21: Je dirais que l'argot du louchébem doit impérativement être préservé, car il est **une racine**, voire **une identité**.

(100) ID30: L'argot c'est comme **une famille**.

Damit geht auch der Zusammenhalt der Gruppe einher, wie folgende Aussage bestätigt:

(101) ID30: On se sent bien dans « sa famille », ça nous donne **le sentiment d'appartenir à un groupe**. C'est comme **un lien** entre nous, **un maintien**.

Der *largonji du louchébem* ist nicht nur Teil der individuellen Identität jeder einzelnen Person dieses Berufes sondern sein Erhalt und seine weitere Vitalisierung macht auch die lokale Identität einer ganzen Pariser Berufsbranche sichtbar:

(102) ID32: Il est très important, **il fait partie de la richesse parisienne**.

(103) ID22: Il reflète **tout le domaine de la boucherie parisienne**.

(104) ID28: **L'argot mérite d'être transmis**, car sinon y aura **aucune continuité dans la tradition bouchère de Paris**.

(105) ID3: C'est notre **identité culturelle**, il fait partie du **patrimoine parisien**.

Das Bewahren und die Weitergabe des *louchébem* unterliegen folglich mehreren signifikanten Kategorien bzw. Konzepten. Zu diesen Aspekten gehören die berufliche Geschichte und Tradition, das berufliche Statussymbol, die lokale und berufsbedingte, individuelle Identität sowie der Zusammenhalt. Aus der Beantwortung der Frage *E03 – Je vais vous citer un certain nombre de phrases. Pour chacune d'elles, vous me direz si, personnellement, vous êtes tout à fait, plutôt, plutôt pas ou pas du tout d'accord* gehen similäre Ergebnisse hervor. Etwa 85% der Befragten gaben an, der *louchébem* sei integraler Bestandteil des französischen *patrimoine*. Das Verschwinden dieser Geheimsprache wäre dementsprechend für über 90% der Informant*innen ein kultureller Verlust für das Pariser Metzgerhandwerk. Die Frage, ob der *argot du boucher* als ein Symbol für die eigene Identität angesehen werden kann, wurde einstimmig bejaht. Schließlich wurde die Geheimsprache als wichtige Quelle für die Kohäsionskraft in der Gruppe der Metzger*innen erachtet.

Zahlreiche Informant*innen bewerten das Festhalten am *louchébem* sowie dessen weitere Tradierung innerhalb der Pariser Metzgerbranche als äußerst wichtig. Es muss dennoch eingeräumt werden, dass einige wenige Sprecher*innen ihr allgemeines Desinteresse an der Geheimsprache und deren tradierten Werte bekundet haben; sie bleiben jedoch Ausnahmen. Ein gemischtes Bild zeigt sich bei der Beantwortung der Frage *E06 – Comment voyez-vous l'avenir de « cet argot »? Pourquoi?*: 72,7% der Informant*innen geben an, der *largonji du louchébem* wird auch in den nächsten Metzgergenerationen überleben, wohingegen 18,2% der Auffassung sind, dass die Geheimsprache nur noch selten bzw. lediglich in vereinzelten, traditionsreichen Metzgereigeschäften weiterhin vital bleiben wird; schließlich sind 9,1% davon überzeugt, dass der *louchébem* gänzlich untergehen wird.

(106) ID24: I'survivra seulement dans certaines boucheries ayant une longue tradition. Et uniquement pour parler entre collègues de temps en temps.

Die genannten Gründe für sein potentielles Verschwinden sind zum einen der mangelnde Nachwuchs:

(107) ID30: L'argot **aura des difficultés à survivre**. Il y a **de moins en moins de bouchers**, car les jeunes trouvent ce **métier trop dur**.

Zum anderen sind es die sich verändernde Strukturentwicklung im Fleischerhandwerk. Durch eine seit Jahren zunehmende neue Esskultur, in der Formen vegetarischer, veganer oder flexitarischer Ernährung einen hohen Stellenwert erhalten haben, sowie durch Skandale in der industriellen Fleischherstellung, schrumpft allgemein die Nachfrage nach Fleisch:

(108) ID24: Y a vraiment **une moindre consommation de viande** depuis déjà quelques années ce qui est très certainement dû au **style de vie d'aujourd'hui**. On favorise plutôt le **poisson** ou des **recettes végétariennes**.

Auch günstigere Preise für Supermarktfleisch und die erhöhte Nachfrage nach Fleisch in Bioqualität werden als Grund angegeben:

(109) ID32: La clientèle elle aussi a[–] achète de plus en plus souvent **d'la viande issue d'la grande distribution en rayon boucherie au supermarché** même si les **scandales alimentaires** s'accumulent dans le secteur des commerces de viande.

(110) ID27: Entre le végétarisme et le véganisme la **viande biologique** les **tarifs moins chers en magasin** etc. le métier de boucher conventionnel est d'venu assez difficile aujourd'hui. Je n'crois pas qu'dans quelques années y aura encore autant de boucheries qu'aujourd'hui à Paris. **Si les boucheries artisanales disparaissent, les bouchers qui parlent l'argot du louchébem disparaîtront à leur tour**.

Zusammenfassend lässt sich Folgendes festhalten: Die meisten der im Rahmen dieser Arbeit befragten Sprecher*innen entwickelten ein bestimmtes Bewusstsein über den Wert und den Nutzen ihrer Geheimsprache. Gleichwohl sind sie sich der Geschichte und Kultur des *louchébem* bewusst und wollen dem Verschwinden ihrer Geheimsprache Widerstand entgegensetzen. Dies erklärt sich dadurch, dass eine allgemeine emotionale Bindung am *louchébem* sowie eine starke Identifizierung mit dem *louchébem* als emblematische Sprache des Pariser Metzgerhandwerks aufgrund seiner Rolle als kulturelles Traditionssymbol vorliegen.

7.3. Innersprachliche Aspekte

7.3.1. Verfremdungsmechanismus und geheimsprachliches Vokabular

Fragt man eine im Metzgerhandwerk tätige Person, wie der Verfremdungsmechanismus, der dem *largonji du louchébem* zugrunde liegt, funktioniert, so hört man zum Beispiel:

(111) ID27: Il faut enlever la première lettre, la mettre à la fin du mot et rajouter un <l> au début de chaque mot. *Merci* ça donne *lercimuche*. A la fin du mot on rajoute des terminaisons comme *-uche* par exemple. Mais on peut aussi en utiliser d'autres. La plus connue est sans doute *-em* comme dans *louchébem*.

Alle Erläuterungen meiner Informant*innen bezüglich der Verschleierungstechnik, die dem *largonji du louchébem* bei konsonantisch anlautenden Lexemen – wie etwa *merci* (> *lercimuche*) oder *boucher* (> *louchébem*) – zugrunde liegen, sind ähnlich wie die Aussage des Informanten ID27. Aus diesem Grund beschränke ich mich hier lediglich auf die Beschreibung dieses Informanten.

Bei vokalisch anlautenden Lexemen hingegen ist der Tarnmechanismus nicht so stringent. Entweder wird das Graphem <l> unmittelbar nach dem Initialvokal eingeschoben, wobei der auf dem Vokal folgende Konsonant (bzw. die auf dem Vokal folgende Konsonantengruppe) an das Wortende gesetzt und mit einer beliebigen Endung versehen wird:

(112) ID27: Quand les mots commencent par une voyelle on place le <l> juste après la voyelle et on déplace en fait la consonne qui se trouve après cette première voyelle et on rajoute une terminaison bien sûr.
Enquêtrice: Auriez-vous un exemple?
ID27: Prenez le mot **agneau** par exemple moi je vais dire **aleaugnoc**.

Das emblematische Graphem <l> kann jedoch auch am Wortanfang gesetzt werden; dabei wird das vokalisch anlautende Lexem in seiner Silbenstruktur nicht modifiziert, es erhält lediglich eine Endung:

(113) ID10: Pour les mots comme *argot* ou *épaule* et qui commencent par une voyelle on place le <l> au début comme on l'fait pour les mots qui commencent par une consonne. Et puis on rajoute un *-em* ou un *-uche* ou un *-oque*. [...] *argot* ça donnera *largomuche* et *épaule de veau* ça d'viendra *lépaulem de leauvé*.

Im Falle von *largomuche* sowie *lépaulem* muss strukturell dennoch eine Unterscheidung gemacht werden. Eine Suffigierung in *-muche* ist im *largonji du louchébem* eher selten vorzufinden, denn es handelt sich um Fälle, bei denen kein <m> in der Ausgangsform vorkommt, dieses aber phonetisch-graphematisch in der geheimsprachlichen Form auftaucht (*argot* > *largomuche*). Demgegenüber sind getarnte Formen, bei denen das Graphem <m> bereits in der Ausgangsform vorhanden ist – wie beispielsweise in *merci* > *lercimuche* oder *merde* > *lerdemuche* – häufig. Im Gegensatz zu vokalisch anlautenden Lexemen mit konsonantischem Auslaut, wie etwa *épaule* > *lépaulem*, werden vokalisch anlautende Worte mit vokalischem Auslaut mit der Endung *-muche* verschleiert:

(114) Enquêtrice: Comment se fait la modification du mot quand celui-ci ce termine par une voyelle et non par une consonne au niveau de la prononciation ? Comme par exemple pour le mot *abat*.

ID10: Pour *abat* j'vais dire *labamuche*. Y a encore *onglet de bœuf*. Là aussi j'vais dire *longlemuche de loeufbem*.

Vokalisch anlautende Lexeme werden äußerst selten louchebemisiert, weil sie sich nicht für eine Tarnung eignen. Diese Feststellung ist bereits bei ROBERT-L'ARGENTON (1991) ermittelt worden: „Ce procédé d'inversion est limité: il est nécessaire d'avoir une consonne initiale: par exemple « agneau » qui commence par la voyelle *a* sera remplacé par *loutonmik* (mouton)" (ROBERT-L'ARGENTON 1991, 124; Herv. i. O.). Auch einige meiner Informant*innen bestätigten diese Aussage, indem sie die vokalisch anlautende Form bewusst vermeiden und auf alternative Lexeme rekurrieren:

(115) ID12: Les mots qui commencent par une voyelle sont inappropiés. Nous dans not'boucherie pour *agneau* on utilise le mot *berlot*[178]. Il faut changer de mots et opter pour un mot qui commence par une consonne.

Es kann also festgehalten werden, dass die Verschleierung von konsonantisch anlautenden Lexemen / Morphemen immer nach denselben Regeln durchgeführt wird. Vokalisch anlautende Lexeme / Morpheme werden gemäß zweier unterschiedlicher Techniken getarnt bzw. durch bedeutungsgleiche Wörter mit konsonantischem Anlaut ersetzt. Es sei hinzugefügt, dass die meisten meiner Informant*innen das Graphem <l> am Wortanfang vor den Vokal setzen (siehe Aussage 113 und 114). Wiederum andere vermeiden es, vokalisch anlautende Lexeme zu tarnen, wie aus folgendem Kommentar hervorgeht:

(116) Enquêtrice: Comment faites-vous avec des mots commençant par des voyelles?
ID24: Moi personnellement je commence le mot en y mettant le <l> donc le mot *os* donnera *losoque* ou *énervé lénervem* par exemple.
Enquêtrice: Est-ce que tout le monde fait comme ça?
ID24: Non y a des collègues qui évitent de transformer les mots qui commencent par une voyelle d'autres mettent un <l> après la voyelle comme dans *alairfem* pour *affaire* mais c'est beaucoup plus rare.

Lexeme, die in ihrer Ausgangsform mit dem Graphem <l> beginnen, werden insofern verschleiert, als man ihnen lediglich eine Endung anhängt – wie es etwa bei dem Nomen mit definitem Artikel *l'argot* > *largomuche*, dem konjugierten

178 „Berlot: *Brebis, Mouton*" (GASCAR 1973, 136).

Verb *laisse* > *laissemuche* oder dem Adjektiv *lourd* > *lourdoque* der Fall ist. Der Tarngrad ist bei solchen Lexemen nicht sehr hoch, sodass Sprecher*innen andere Mechanismen zur geheimsprachlichen Verständigungssicherung verwenden werden. Bei Lexemen, die mit dem Graphem <l> beginnen, rekurrieren Geheimsprachensprecher*innen häufig zur Verlanisierung. Der Tarnmechanismus geht folglich nicht vom standardsprachlichen Ausgangslexem aus, sondern von seiner verlanisierten Form (*lourd* > *relou* > *lelourdoc*) (siehe Abschnitt 7.3.4.).

7.3.2. Typologie der Verfremdungsmechanismen des *largonji du louchébem*

In der Fachliteratur zum *largonji* bzw. zum *largonji du louchébem* liegen bisher drei linguistische Typologieversuche vor, in denen die Verfremdungsmechanismen der Geheimsprache klassifiziert werden. Es handelt sich zum einen um die morpho-phonologischen Typologien von Plénat (1985) sowie Petitpas (1994), welche jedoch lediglich auf schriftlich fixiertem Geheimvokabular basieren. Plénat stützt seine Klassifikation auf das *Répertoire du largonji* (1889) von Larchey, welches – wie bereits in Abschnitt 5.2.3. erläutert – höchst problematisch erscheint; Petitpas hingegen konstruiert seine Typologie anhand eines Korpus von 390 getarnten Lexemen, welche aus literarischen und journalistischen Texten sowie aus argotischen Wörterbüchern entnommen wurden. Beide Typologieversuche werden aufgrund ihrer zugrundeliegenden Datenbasis im Folgenden außer Acht gelassen. Dementgegen steht die dritte Typologie von Mandelbaum-Reiner (1991), welche als erste Sprachwissenschaftlerin Daten auf Informantenbasis analysiert hat. Aus diesem Grund sollen ihre Ergebnisse im Folgenden als Grundlage für eine typologische Weiterentwicklung dienen.

Das Ziel der Typologie von Mandelbaum-Reiner (1991, 36) ist zunächst die Sichtbarmachung der Graphem- bzw. Phonempositionen innerhalb der Ausgangslexeme sowie ihrer getarnten Zielformen. Diese Sichtbarmachung soll zeigen, wie der *louchébem* gängige französische Wörter verschleiert, indem ein künstlicher Effekt, der wiederum Fremdheit hervorbringt, eingeführt wird. Lexeme werden in ihrer Silbenstruktur dargestellt; dabei wird der Silbenansatz (frz. *attaque*) durch ein hochgestelltes $[C]^{a}$ markiert. Mandelbaum-Reiner hat 52 Ausgangslexeme typologisch analysiert. Alle waren konsonantisch anlautend. Die Transpositionsverfahren werden mithilfe einer Umstellung von Lautsegmenten und des markierten Silbenansatzes realisiert. Das folgende Beispiel zeigt den ersten Typus, den MANDELBAUM-REINER herausgearbeitet hat, sowie die dabei eingehaltene Herangehensweise (Transposition durch die Regel des *louchébem* sowie die verfremdete *louchébem*-Zielform). Der erste Typus (C^aV[179]) beinhaltet einsilbige Lexeme mit vokalischem Auslaut:

unités initiales	**modifications par le système *louchébèm***	***louchébèm***
C^a V (8 unités)	[l] V C^a + [suf]	*l....*
c ou(p)	[l] ou k + [ès]	*loukès*
c on	[l] on k + [ès]	*lonkès*
p a(s)	[l] a p + [uche]	*lapuche*

Abbildung 34: Auszug aus der tabellarischen Typologie (MANDELBAUM-REINER 1991, 38)

MANDELBAUM-REINER ist es anhand ihres Datenmaterials (insgesamt 52 Lexeme) gelungen, insgesamt 11 Typen aufzuzeigen. Diese sind im Einzelnen:

Typus 1: C^aV (8 Lexeme)[180] – Beispiel: *coup > loukès*[181]
Typus 2: C^aVC (10 Lexeme) – Beispiel: *bar > larbèm*
Typus 3: C^aVCV (8 Lexeme) – Beispiel: *voulait > loulévèm*
Typus 4: C^aVCVC (6 Lexeme) – Beispiel: *bouchère > louchèrbèm*
Typus 5: C^aVCC (3 Lexeme) – Beispiel: *course > lourské*
Typus 6: C^aVCCV (9 Lexeme) – Beispiel: *patron > latronpem*
Typus 7: C^awV (2 Lexeme) – Beispiel: *moi > loimé*
Typus 8: C^ajV (2 Lexeme) – Beispiel: *pied > liépèm*
Typus 9: C^awVC (2 Lexeme) – Beispiel: *boire > loirbèm*
Typus 10: C^ajVC (1 Lexem) – Beispiel: *viande > liandvèm*
Typus 11: C^aVC (1 Lexem) – Beispiel: *tronche > lonchtré*

179 Bemerkung zur Notation der linearen Silbenstruktur: mit der Position *C* wird ein Konsonant, mit *V* ein Vokal und mit dem hochgestellten *a* (wie etwa in C^aV) der Silbenkopf (*attaque*) notiert.

180 Es handelt sich hier um die Anzahl der Lexeme, die MANDELBAUM-REINER (1991) für ihre Typologie zugrunde gelegt hat.

181 Die hier angeführten Beispiele sind jeweils die ersten, die MANDELBAUM-REINER (1991, 38) in ihrer tabellarischen Typologie genannt hat.

Zunächst fällt auf, dass die Typen 2 und 11 (C^aVC) identisch sind, wobei im Typus 11 der konsonantische Anlaut aus einer Konsonantengruppe besteht. Es bleibt zu hinterfragen, warum MANDELBAUM-REINER hier zwei voneinander distinkte Typen unterscheidet. Diese Differenzierung wäre nur sinnvoll, wenn nachgewiesen werden könnte, dass der Mechanismus des *louchébem* einzelne anlautende Konsonanten einer Konsonantengruppe (wie im Beispiel *tronche*) separieren und nicht mehr im Silbenansatz anordnen würde (siehe hierzu Abschnitt 7.3.2.4.). Darüber hinaus werden in den Typen 7, 8, 9 und 10 Halbkonsonanten bzw. Halbvokale – [w] sowie [j] – einzeln betrachtet und entsprechend typologisiert. Auch hier muss ermittelt werden, ob die Verschleierungstechnik des *largonji du louchébem* zwischen den einzelnen Halbkonsonanten bzw. Halbvokale unterscheidet.

Die Typologie von MANDELBAUM-REINER (1991, 36-39) soll im Folgenden mit dem geheimsprachlichen Datenmaterial, welches für diese Arbeit nicht nur anhand der Methode der Basisliste (siehe Abschnitt 6.2.2.3.), sondern auch anhand der Leitfadengespräche (siehe Abschnitt 6.2.2.4.) gesammelt werden konnte, verifiziert, komplettiert und gegebenenfalls korrigiert werden. Dabei wird die Notation der Silbenstruktur gemäß dem Modell von MANDELBAUM-REINER beibehalten, um die bisher erarbeiteten Typen unterschiedlicher Verfremdungsmechanismen miteinander vergleichen zu können. Das geheimsprachliche Material wird jedoch zusätzlich in Lautschrift transkribiert. Ich habe hierzu meine Informant*innen gebeten, die louchebemisierten Lexeme nach der Bearbeitung der Basisliste laut vorzulesen. Dieses gesprochene Datenmaterial stellt die Basis für die phonetische Transkription dar. Dabei entfällt die Problematik der oft vorzufindenden schriftsprachlichen Varianten. Darüber hinaus wird nicht mehr zwischen den verschiedenen Halbkonsonanten bzw. Halbvokalen unterschieden. Diese werden in der tabellarischen Darstellung mit dem Buchstaben G (= *glide* bzw. Gleitlaut) notiert.

Das für die folgende Typologie zugrundeliegende Korpus besteht aus insgesamt 297 Elementen. Darunter zählen 272 Zielformen, die nach der Louchebemisierung nur ein spezifisches Suffix zulassen (wie beispielsweise *coup* > *louquès*) und 25 Wortformen, die anhand variierender Suffixe (Suffixalteration) kodiert werden (wie beispielsweise *sang* > 1. *langsem*; 2. *lansok*). Es konnten insgesamt 36 Typen ausgearbeitet werden. Diese wurden in drei Gruppen eingeteilt:

I. Einfach konsonantisch anlautende Lexeme
II. Lexeme mit Konsonantengruppe im Anlaut
III. Vokalisch anlautende Lexeme

Jede Gruppe wird im Folgenden anhand einer tabellarischen Übersicht vorgestellt. Im Anschluss an jede Tabelle folgt eine Liste des getarnten Wortmaterials, welches nach Typus eingeordnet wurde. Es sei hier angemerkt, dass das gesamte durch die qualitative Datensammlung erhobene geheimsprachliche Material am Ende dieser Dissertation zu finden ist (siehe Anhang: III Geheimsprachliches Wortmaterial des *largonji du louchébem*).

7.3.2.1. Typologie: Einfach konsonantisch anlautende Lexeme

Typus	**Ausgangsform S = 257 (234 mit nur einem Suffix / 23 mit Suffixalteration)**	**Verfremdungsmechanismus des *louchébem* und phonetische Realisierung**	***geheim-sprachliche Zielform***
Typus 1	**C^{a}V (19 / 3)**[182]	**[l]V C^{a} + Suffix**	***l….***
Beispiel	[ʃã] champs	[l][ã] [ʃ] + [ɛs]	*lamchesse*
Typus 2	**C^{a}VC (58 / 7)**	**[l]VC C^{a} + Suffix**	***l….***
Beispiel	[gaf] gaffe	[l][a] [f] [g] + [e]	*lafgué*
Typus 3	**C^{a}V CV (64 / 5)**	**[l]V CV C^{a} + Suffix**	***l….***
Beispiel	[pa se] passer	[l][a] [se] [p] [ɛm]	*lassépem*
Typus 4	**C^{a}V CVC (28 / 1)**	**[l]V CVC C^{a} + Suffix**	***l….***
Beispiel	[ʁi gɔl] rigoles (tu)	[l][i] [gɔl] [ʁ] [ɛs]	*ligolrès*
Typus 5	**C^{a}VCC (9 / 1)**	**[l]V CC V C^{a} + Suffix**	***l….***
Beispiel	[mɛgʁ] maigre	[l][ɛ] [gʁ] **[ə]** [m] [ɛs]	*laigremess*

[182] Hinweis zur Notation: 19 geheimsprachliche Zielformen mit nur einem Suffix und 3 Bildungen mit Suffixalteration. Im weiteren Verlauf der Tabellen (Typologien) wird diese Notation weitergeführt.

Typus	Ausgangsform S = 257 (234 mit nur einem Suffix / 23 mit Suffixalteration)	Verfremdungsmechanismus des *louchébem* und phonetische Realisierung	*geheim-sprachliche Zielform*
Typus 6	**C^aV CCV (6 / 1)**	**[l]V CCV C^a + Suffix**	*l....*
Beispiel	[kɔ̃pʁi] compris (Part.)	[l][ɔ̃] [pʁi] [k] [ɛs]	*lompriquesse*
Typus 7	**C^aGV (8 / 2)**	**[l]GV C^a + Suffix**	*l....*
Beispiel	[ʃjɑ̃] chiant	[l][jɑ̃] [ʃ] [ɛm]	*lianchem*
Typus 8	**C^aV GV (2 / 0)**	**[l]V GV C^a + Suffix**	*l....*
Beispiel	[taje] tailler	[l][a] [je] [t] [ɛm]	*laillétem*
Typus 9	**C^aGVC (8 / 1)**	**[l]V GV C^a + Suffix**	*l....*
Beispiel	[vjɑ̃d] viande	[l][jɑ̃d] [v] [ɛm]	*liandvem*
Typus 10	**C^aVG (2 / 1)**	**[l]VG C^a + Suffix**	*l....*
Beispiel	[fij] fille(s)	[l][ij] [f] [e]	*lillefé*
Typus 11	**C^aV CV CV (4 / 0)**	**[l]V CV CV C^a + Suffix**	*l....*
Beispiel	[magazɛ̃] magasin	[l][a] [ga] [zɛ̃] [m] [yʃ]	*lagasinmuche*
Typus 12	**C^aVC CV (13 / 2)**	**[l]VC CV C^a + Suffix**	*l....*
Beispiel	[maʁʃe] marché (le)	[l][aʁ] [ʃe] [m] [ɛs]	*larchémès*
Typus 13	**C^aV CGVC (2 / 0)**	**[l]V CGVC C^a + Suffix**	*l....*
Beispiel	[kɛsjɛʁ] caissière	[l][ɛ] [sjɛʁ] [k] [ɛm]	*laissièrequem*
Typus 14	**C^aVC CV CVC (1 / 0)**	**[l]VC CV CVC C^a + Suffix**	*l....*
Beispiel	[salmɔnɛm] salmonelle(s)	[l][al] [mɔ] [nɛl] [s] [ɛm]	*lalmonelsem*
Typus 15	**C^aV CVC CV (1 / 0)**	**[l]V CVC CV C^a + Suffix**	*l....*
Beispiel	[dekɔlte] décolleté	[l][e] [kɔl] [te] [d] [ɔk]	*lécolletédoque*
Typus 16	**C^aV CCVC (1 / 0)**	**[l]V CCVC C^a + Suffix**	*l....*
Beispiel	[deglɛ̃g] déglingues (tu)	[l][e] [glɛ̃g] [d] [ɛm]	*léglingdem*
Typus 17	**C^aV VC (1 / 0)**	**[l]V VC C^a + Suffix**	*l....*
Beispiel	[beɛm] BM	[l] ∅ [ɛm] [b] [ɛm]	*lèmbem*

Typus	Ausgangsform S = 257 (234 mit nur einem Suffix / 23 mit Suffixalteration)	Verfremdungsmechanismus des *louchébem* und phonetische Realisierung	*geheim-sprachliche Zielform*
Typus 18	**C^{a}VC CVC (3 / 0)**	**[l]VC CVC C^a + Suffix**	***l….***
Beispiel	[biftɛk] bifteck	[l][if] [tɛk] [b] [e]	*lifteckbé*
Typus 19	**C^{a}VC CCV (1 / 0)**	**[l]VC CCV C^a + Suffix**	***l….***
Beispiel	[bistʁo] bistrot	[l][is] [tʁo] [b] [ɛm]	*listrobem*
Typus 20	**C^{a}GV CCVC (1 / 0)**	**[l]GV CCVC C^a + Suffix**	***l….***
Beispiel	[pwatʁin] poitrine	[l][wa] [tʁin] [p] [ɛm]	*loitrinepem*
Typus 21	**C^{a}V CGV (1 / 0)**	**[l]V CGV C^a + Suffix**	***l….***
Beispiel	[məsjø] monsieur	[l][ə] [sjø] [m] [ik]	*lonsieurmique*

Abbildung 35: Typologie: Einfach konsonantisch anlautende Lexeme

Typus 1: C^{a}V (22 Lexeme)

1. *laguche < gars*
2. *Lamchesse < Champs*
3. *langsem < sang*
4. *lansok < sang*
5. *lapuche < pas*
6. *leaubé < beau*
7. *leaubiche < belle*
8. *leauvé < veau*
9. *leauvic < veau*
10. *leinsik < sein*
11. *lendvem < vend(s)*
12. *leubiche < beuh*
13. *leudé < deux*
14. *leuquem < queue (de bœuf)*
15. *leuquesse < queue (de bœuf)*
16. *livem < vie*
17. *lonbem < bon / bonne*
18. *lonquesse < con / conne*
19. *lotpem < pot (prendre un)*
20. *loufoque < fou*
21. *louquès < coup*
22. *luquesse < cul*

Typus 2: C^{a}VC (65 Lexeme)

1. *lafgué < gaffe (faire)*
2. *laiderem < raide*
3. *laisebem < baise(s)*
4. *laissequem < caisse*
5. *lalesoque < sale*
6. *lallesem < salle*
7. *lambejesse < jambe(s)*
8. *lamdé < dame(s)*
9. *lamfé < femme(s)*
10. *lamfuche < femme(s)*
11. *lanchemess < manche*
12. *larbiche < bar*
13. *larboque < bar*
14. *lardem < lard*
15. *lassepem < passe(s)*
16. *lassequem < casse(s)*
17. *latemuche < mate*
18. *latqué < quat*
19. *lazenuche < naze (pauvre)*
20. *leaufbem < beauf*
21. *lecmesse < mec*
22. *lecmuche < mec*
23. *lefchem < chef*
24. *lelsoque < sel*

25. *lerchem < cher / chère*
26. *lèregem < gère(s)*
27. *lerrevem < verre*
28. *lersem < sers / sert*
29. *lessefem < fesse(s)*
30. *lètepem < pètes (tu te la)*
31. *leuftiche < teuf*
32. *leulgué < gueule*
33. *leulguem < gueule*
34. *leulguiche < gueule*
35. *leumfé < meuf*
36. *liffeké < kiffe*
37. *ligepem < pige(s)*
38. *likzuche < zik*
39. *lindedem < dinde*
40. *linguedé < dingue*
41. *linqsé < cinq*
42. *lipem < pipe*
43. *liretem < tire(s)*
44. *lissmuche < miss*
45. *litbé < bite*
46. *lœufbem < bœuf*
47. *lœufbé < bœuf*
48. *londemesse < monde*
49. *lonfdé (à) < donf (à)*
50. *lontequesse < compte(s)*
51. *loolkem < cool*
52. *loptem < top (c'est)*
53. *lormiche < mort*
54. *lorpic < porc*
55. *lotepem < pote*
56. *lotequem < côte*
57. *louffebem < bouffe(s)*
58. *lougeroc < rouge*
59. *loulsem < soule (ça me)*
60. *lourdoque < lourd / lourde*
61. *lourrebem < bourre(s)*
62. *louspem < pouce (coup de)*
63. *lurdoc < dur / dure*
64. *lutepem < pute (fils de)*
65. *lutepiche < pute (fils de)*

Typus 3: C^aV CV (69 Lexeme)

1. *labatok < tabac*
2. *labolem < labo*
3. *lafékès < café*
4. *laisébem < baiser*
5. *lalinmuche < malin (faire le)*
6. *lalinpem < lapin*
7. *lambonjem < jambon (de porc)*
8. *laminguès < gamin*
9. *langémoque < manger / mangé (Part.)*
10. *lanonquesse < canon ‚belle'*
11. *lapinlem < lapin*
12. *Larispem < Paris*
13. *larréjem < jarret*
14. *larrémem < marrer (se)*
15. *larréquem < carré (de côtes de porc)*
16. *lassépem < passer / passé (Part.)*
17. *lasséquem < casser (se) / cassé (Part.)*
18. *lassirem < rassie (viande)*
19. *latépem < pâté*
20. *lauléguem < gauler (se faire)*
21. *lebeurem < rebeu*
22. *léchopem < pécho*
23. *Lédédem < Dédé*
24. *ledobem < bedo ‚joint'*
25. *lelouchem < chelou*
26. *lelourdoc < relou*
27. *lemaindem < demain*
28. *lenoirem < renoi*
29. *leubitem < teubi*
30. *Lidavem < Vida*
31. *ligépem < piger / pigé (Part.)*
32. *ligogem < gigot*
33. *ligotgeoc < gigot*
34. *lijonpem < pigeon*
35. *likikuche < kiki*
36. *lilèfem < filet*
37. *liléfem < filer bzw. filet*
38. *linéquess < ciné*
39. *Liparuche < Ripa(s)*
40. *liquépem < piquer / piqué (Part.)*
41. *lirétem < tirer (se) / tiré (Part.)*

42. *lissépem < pisser / pissé (Part.)*
43. *littéquem < quitter / quitté (Part.)*
44. *lobéguesse < gobet*
45. *lognonpem < pognon*
46. *lokémès < moquer (se) / moqué (se) (Part.)*
47. *lolijesse < jolie (Fem.)*
48. *lombétem < tomber (laisse)*
49. *lommikès < commis*
50. *lontéquesse < compter / compté (Part.)*
51. *lopainkès < copain*
52. *louch'bem < boucher*
53. *louchébem < boucher*
54. *loudinbem < boudin (blanc / noir)*
55. *louffébem < bouffer / bouffé (Part.)*
56. *loulérem < rouler / roulé (Part.) (se faire)*
57. *louléssem < souler / soulé (Part.)*
58. *louletpem < poulet*
59. *louletpic < poulet ‚flic'*
60. *loulotbem < boulot*
61. *loupékès < couper / coupé (Part.)*
62. *lourrébem < bourrer (se) / bourré (Part.)*
63. *lourréfem < fourrer / fourré (Part.)*
64. *louteaucaisse < couteau*
65. *louteauqué < couteau*
66. *loutonmique < mouton*
67. *luméfem < fumer / fumé (Part.)*
68. *lusséquès < sucer / sucé (Part.)*
69. *lutainpem < putain*

Typus 4: C^aV CVC (29 Lexeme)

1. *lacancevem < vacances*
2. *ladamesse < madame*
3. *lalèreguès < galère*
4. *lalochvem < valoche*
5. *lalochvik < valoche*
6. *Lanampem < Paname ‚Paris'*
7. *lanarquess < canard*
8. *lassirem < rassir*
9. *laucissem < saucisse*
10. *léconnedoc < déconne(s)*
11. *lécoupedem < découpe*
12. *léfoncedé < défonce(s)*
13. *légalrem < régal(es)*
14. *légimeré < régime*
15. *léliredem < délire*
16. *lemelsoque < semelle*
17. *lencarem < rencart*
18. *lénèrvem < vénère*
19. *licolpem < picole(s)*
20. *ligolrès < rigoles (tu)*
21. *linettemess < minette(s)*
22. *linochquess < cinoche*
23. *liscinepesse < piscine*
24. *lolossbem < boloss*
25. *lonjourbem < bonjour*
26. *Lontparmic < Montpart*
27. *lopinekesse < copine*
28. *loujourtem < toujours*
29. *loutikbem < boutique*

Typus 5: C^aVCC (10 Lexeme)

1. *labletem < table*
2. *laigremess < maigre*
3. *larjebem < barge*
4. *larlepem < parle(s)*
5. *lerdemem < merde*
6. *lerdemuche < merde*
7. *lermefem < ferme (Imp.)*
8. *lortepem < porte*
9. *lourgebé < bourge*
10. *loutrefem < foutre*

Typus 6: C^aV CCV (7 Lexeme)

1. *lalancebem < balance*
2. *laletteguem < galette*
3. *laretteguès < garette*
4. *latronpem < patron*
5. *latronpuche < patron*
6. *lignolguche < guignol*
7. *lompriquesse < compris*

Typus 7: C^{a}GV (10 Lexeme)

1. *lianchem < chiant / chiante*
2. *liéchem < chier (faire)*
3. *liéchoque < chier (faire)*
4. *lienbem < bien*
5. *lienchem < chien*
6. *liépem < pied*
7. *loimé < moi*
8. *loinoque < noix (de veau)*
9. *loinquès < coin (du)*
10. *loinuche < noix (de veau)*

Typus 8: C^{a}VGV (2 Lexeme)

1. *laillétem < tailler*
2. *louilleupem < pouilleux*

Typus 9: C^{a}GVC (9 Lexeme)

1. *liandvé < viande*
2. *liandvem < viande*
3. *lierfem < fier / fière*
4. *Lierrepem < Pierre*
5. *loilpé < poil (à)*
6. *loirbem < boire*
7. *loirepem < poire*
8. *loirnoque < noir*
9. *loirsem < soir*

Typus 10: C^{a}VG (3 Lexeme)

1. *laillequem < caille*
2. *lillefé < fille*
3. *lillefem < fille*

Typus 11: C^{a}V CV CV (4 Lexeme)

1. *lagasinmuche < magasin*
2. *laturémuche < maturée (viande)*
3. *léfoncédem < défoncer / défoncé (Part.)*
4. *ligolérem < rigoler / rigolé (Part.)*

Typus 12: C^{a}VC CV (15 Lexeme)

1. *larchémès < marché*
2. *lardonpem < pardon*
3. *lardonpuche < pardon*
4. *largomuche < l'argot*
5. *largonji < jargon*
6. *larjobem < bargeot*
7. *larlépem < parler / parlé (Part.)*
8. *lartipem < parti (Part.)*
9. *larsonjem < garçon*
10. *lercimem < merci*
11. *lercimuche < merci*
12. *lestaurok < restau*
13. *lonneriquesse < connerie(s)*
14. *lorceaumic < morceau*
15. *lordeaubem < Bordeaux*

Typus 13: C^{a}V CGVC (2 Lexeme)

1. *laissièrequem < caissière*
2. *laupiettepem < paupiette(s)*

Typus 14: C^{a}VC CV CVC (1 Lexem)

1. *lalmonelsem < salmonelle(s)*

Typus 15: C^{a}V CVC CV (1 Lexem)

1. *lécolletédoque < décolleté*

Typus 16: C^{a}V CCVC (1 Lexem)

1. *léglingdem < déglingues (tu)*

Typus 17: C^{a}V VC (1 Lexem)

1. *lèmbem < BM*

Typus 18: C^{a}VC CVC (3 Lexeme)

1. *lerdikmuche < merdique*
2. *lifteckbé < bifteck*
3. *lordelbem < bordel*

Typus 19: C^{a}VC CCV (1 Lexem)

1. *listrobem < bistrot*

Typus 20: C^{a}GV CCVC (1 Lexem)

1. *loitrinepem < poitrine*

Typus 21: C^{a}V CGV (1 Lexem)

1. *lonsieurmique < monsieur*

7.3.2.2. Typologie: Lexeme mit Konsonantengruppe im Anlaut

Typus	**Ausgangsform** **S = 31** **(30 mit nur einem Suffix / 1 mit Suffixalteration)**	**Verfremdungsmechanismus des *louchébem* und phonetische Realisierung**	***geheim-sprachliche Zielform***
Typus 22	**$[C_1C_2]^aV$ (4 / 0)**	**[l]V $[C_1C_2]^a$ + Suffix**	*l….*
Beispiel	[gʁa] gras	[l][a] [gʁ] [ɛm]	*lagrem*
Typus 23a	**$[C_1C_2]^aVC$ (5 / 0)**	**[l]VC $[C_1C_2]^a$ + Suffix**	*l….*
Beispiel	[bʁãl] branle (on s'en)	[l][ãl] [bʁ] [ɛm]	*lanlbrem*
Typus 23b	**$[C_1C_2]^aVC$ (3 / 0)**	**[l]VC $[C_1]^a$ + Suffix** **$[C_2]$VC $[C_1]^a$ + Suffix**	*l….*
Beispiel	[flik] flic(s)	[l][ik] [f] [ɛm]	*liquefem*
Typus 24	**$[C_1C_2]^aGV$ (1 / 0)**	**[l]GV $[C_1C_2]^a$ + Suffix**	*l….*
Beispiel	[tʁwa] trois	[l][wa] [tʁ] [e]	*loitré*
Typus 25a	**$[C_1C_2]^aV$ CV (4 / 1)**	**[l]V CV $[C_1C_2]^a$ + Suffix**	*l….*
Beispiel	[dʁage] draguer	[l][a] [ge] [dʁ] [ɛm]	*laguédrem*
Typus 25b	**$[C_1C_2]^aV$ CV (4 / 0)**	**[l]V CV $[C_1]^a$ + Suffix** **$[C_2]$V CV $[C_1]^a$ + Suffix**	*l….*
Beispiel	[flakɔ̃] flacon	[l][a] [kɔ̃] [f] [ɛm]	*laconfem*
Typus 26a	**$[C_1C_2]^aV$ CVC (3 / 0)**	**[l]V CVC $[C_1\ C_2]^a$ + Suffix**	*l….*
Beispiel	[bʁãlœʁ] branleur	[l][ã] [lœʁ] [b] [ɛm]	*lanleurbrem*
Typus 26b	**$[C_1C_2]^aV$ CVC (1 / 0)**	**[l]V CVC $[C_1]^a$ + Suffix** **$[C_2]$V CVC $[C_1]^a$ + Suffix**	*l….*
Beispiel	[pleziʁ] plaisir	[l][e] [ziʁ] [p] [ɛm]	*laisirpem*
Typus 27	**$[C_1\ C_2]^aVC$ CVC (1 / 0)**	**[l]VC CVC $[C_1\ C_2]^a$ + Suffix**	*l….*
Beispiel	[pʁɔstat] prostate	[l][ɔs] [tat] [pʁ] [ik]	*lostateprique*
Typus 28	**$[C_1C_2]^aV$ CV CV(1 / 0)**	**[l]V CV CV $[C_1]^a$ + Suffix** **$[C_2]$V CV CV $[C_1]^a$ + Suffix**	*l….*
Beispiel	[plezãte] plaisanter	[l][e] [za] [te] [p] [ɛm]	*laisantépem*
Typus 29	**$[C_1C_2]^aVC$ CCV (1 / 0)**	**[l]VC CCV $[C_1]^a$ + Suffix** **$[C_2]$VC CCV $[C_1]^a$ + Suffix**	*l….*
Beispiel	[blɛmpʁo] blèmepro	[l][ɛm] [pʁo] [b] [ɛm]	*lèmprobem*

Typus	Ausgangsform S = 31 (30 mit nur einem Suffix / 1 mit Suffixalteration)	Verfremdungsmechanismus des *louchébem* und phonetische Realisierung	*geheim-sprachliche Zielform*
Typus 30	**$[C_1C_2]^a$VGV (1 / 0)**	**[l]VGV $[C_1\ C_2]^a$ + Suffix**	***l….***
Beispiel	[klijã] client	[l][ijã] [kl] [ɛs]	*liencless*
Typus 31	**$[C_1C_2]^a$VGV CVC (1 / 0)**	**[l]VGV CVC $[C_1\ C_2]^a$ + Suffix**	***l….***
Beispiel	[klijãtɛl] clientèle	[l][ijã] [tɛl] [kl] [ɛs]	*lientèlcless*

Abbildung 36: Typologie: Lexeme mit Konsonantengruppe im Anlaut

Typus 22: $[C_1C_2]^a$V (4 Lexeme)
1. *lagrem < gras*
2. *lanblem < blanc (de poulet)*
3. *liprem < prix*
4. *logré < gros*

Typus 23a: $[C_1C_2]^a$VC (5 Lexeme)
1. *lanlbrem < branle (on s'en)*
2. *lavgrem < grave*
3. *lonchtrem < tronche (tu tires la)*
4. *lonestem < stone (être)*
5. *luctrem < truc*

Typus 23b: $[C_1C_2]^a$VC (3 Lexeme)
1. *lantpem < plante(s) (je me / tu te)*
2. *lèmboche < blème*
3. *liquefem < flic(s)*

Typus 24: $[C_1C_2]^a$GV (1 Lexem)
1. *loitré < trois*

Typus 25a: $[C_1C_2]^a$V CV (5 Lexeme)
1. *laconflem < flacon*
2. *laguédrem < draguer*
3. *lanlébrem < branler (se)*
4. *lépapruche < prépa*
5. *ligofrem < frigo*

Typus 25b: $[C_1C_2]^a$V CV (4 Lexeme)
1. *laconfem < flacon*
2. *laireaubem < blaireau 'imbécile'*
3. *lindébem < blindé (de tune)*
4. *lippéfem < flipper (faire)*

Typus 26a: $[C_1C_2]^a$V CVC (3 Lexeme)
1. *laignoscrem < craignos*
2. *lanleurbrem < branleur(s)*
3. *loblèmprem < problème(s)*

Typus 26b: $[C_1C_2]^a$V CVC (1 Lexem)
1. *laisirpem < plaisir*

Typus 27: $[C_1C_2]^a$CV CVC (1 Lexem)
1. *lostateprique < prostate*

Typus 28: $[C_1C_2]^a$V CV CV (1 Lexem)
1. *laisantépem < plaisanter*

Typus 29: $[C_1C_2]^a$CV CCV (1 Lexem)
1. *lemprobem < blèmepro*

Typus 30: $[C_1C_2]^a$VGV (1 Lexem)
1. *liencless < client*

Typus 31: $[C_1C_2]^a$VGV CVC (1 Lexem)
1. *lientèlcless < clientèle*

7.3.2.3. Typologie: Vokalisch anlautende Lexeme

Typus	**Ausgangsform** **S = 9** **(8 mit nur einem Suffix / 1 mit Suffixalteration)**	**Verfremdungsmechanismus des *louchébem* und phonetische Realisierung**	***geheim-sprachliche Zielform***
Typus 32	**V^n (C)[183] (1 / 1)**	**[l] V^n C + Suffix**	
Beispiel	[o] bzw. [ɔs] os	[l] [o] [z] [ɔk]	*lozok*
Typus 33	**V^n CV (2 / 0)**	**V^n [l] VC + Suffix**	
Beispiel	[aɲo] agneau	[a] [l] [oɲ] [ɔk]	*aleaugnoc*
Typus 34	**V^n CVC (3 / 0)**	**[l] V^n CVC + Suffix**	
Beispiel	[odœʁ] odeur	[l] [o] [dœʁ] [ɛm]	*lodeurem*
Typus 35	**V^n CCV (1 / 0)**	**V^n [l] VCC + Suffix**	
Beispiel	[ɔ̃glɛ] onglet	[ɔ̃] [l] [ɛgl] [ɛm]	*onlèglem*
Typus 36	**V^nC CGVC (1 / 0)**	**[l] V^nC CGVC + Suffix**	
Beispiel	[istwaʁ] histoire	[l] [is] [twaʁ] [ɛm]	*listoirem*

Abbildung 37: Typologie: Vokalisch anlautende Lexeme

Typus 32: V^n (C) (2 Lexeme)
1. *lozique < os*
2. *lozok < os*

Typus 33: V^n CV (2 Lexeme)
1. *alabem < abat(s)*
2. *aleaugnoc < agneau*

Typus 34: V^n CVC (3 Lexeme)
1. *léchiness < échine*
2. *lépaulem < épaule*
3. *lodeurem < odeur*

Typus 35: V^n CCV (1 Lexem)
1. *onlèglem < onglet*

Typus 36: V^nC CGVC (1 Lexem)
1. *listoirem < histoire*

7.3.2.4. Typologie: Allgemeines

Auf der Grundlage der erarbeiteten Typenbildung können folgende typologische Verallgemeinerungen formuliert werden:

183 Bemerkung zur Notation der linearen Silbenstruktur: Mit dem hochgestellten *n* (wie etwa in V^nCV) ist der Silbenkern (*noyau*) gemeint.

1) Im Allgemeinen kann festgehalten werden, dass ein- und zweisilbige Ausgangslexeme am häufigsten verschleiert werden. Diese Tendenz kann am konkreten geheimsprachlichen Wortmaterial des vorliegenden Korpus identifiziert werden (vgl. hierzu Anhang: III Geheimsprachliches Wortmaterial des *largonji du louchébem*). Einsilbige Wörter machen 45,5 % (135 Elemente) und zweisilbige Wörter machen 52,2 % (155 Elemente) des Gesamtkorpus aus. Dreisilbige Wörter treten nur vereinzelt auf (lediglich 2,3 %; 7 Elemente).

2) Über 96,0 % der Ausgangslexeme, welche zur Tarnung kodiert werden, sind konsonantisch anlautend (86,6 % einfache Konsonanten im Anlaut und 10,4 % Konsonantenverbindung im Anlaut). Demgegenüber werden vokalisch anlautende Wörter nur in Ausnahmefällen nach den Regeln des *louchébem* getarnt (3,0 %).

3) Bei einfach konsonantisch anlautenden Lexemen fallen insbesondere der Typus 2 (C^aVC) und der Typus 3 (C^aVCV) ins Gewicht. Lexeme, welche diesen Typen zuzuordnen sind, zeigen die höchste Tarnungsfrequenz: Beide Typen beinhalten 134 Lexeme; dies macht 45,1 % des Gesamtkorpus für einfach konsonantisch anlautende Lexeme aus. Die Beobachtung deckt sich weitgehend mit den Ergebnissen von Mandelbaum-Reiner (C^aVC mit 11 Lexeme, C^aVCV mit 8 Lexeme, dies macht 36,6 % des Gesamtkorpus von Mandelbaum-Reiner aus; vgl. Abschnitt 7.3.2.).

4) Diese Feststellung spiegelt sich im Korpus für Lexeme mit einer Konsonantengruppe im Anlaut wider. Denn auch hier stellen der Typus 23a bzw. 23b ($[C_1C_2]^aVC$) sowie der Typus 25a bzw. 25b ($[C_1C_2]^aVCV$) die frequentesten Formen dar. Beide Typen machen 54,8 % des Gesamtkorpus für Wörter mit anlautender Konsonantengruppe aus. Es konnte zudem nachgewiesen werden, dass beiden Typen je zwei unterschiedliche Codierungsverfahren zugrunde liegen. Entweder wird die ganze Konsonantengruppe am Ende der letzten Silbe platziert – wie etwa bei *branle* > *lanlbrem* oder *truc* > *luctrem* – oder es kommt zu einer Aufhebung der Konsonantenverbindung, bei der C_1 am Silbenende gesetzt wird und C_2 am Wortanlaut bleibt – wie beispielsweise in *flic* > *liquefem* oder *plante(s)* > *lantpem*. Eine solche Konsonantenaufhebung kommt nur dann zustande, wenn an Stelle von C_2 das Graphem <l> vorkommt. Damit ersetzt C_2 das für den *largonji du louchébem* emblematische Zusatzgraphem <l>. Dabei

konnte anhand der im Korpus gesammelten Lexeme eruiert werden, dass es sich insbesondere um die Konsonantenverbindungen <fl>, <bl> sowie <pl> handelt.

5) Nicht deckungsgleich mit den Ergebnissen Mandelbaum-Reiners sind hingegen der Typus 1 (C^aV mit 22 Lexeme; das sind 7,4 % des Korpus) sowie der Typus 6 (C^aCCV mit 7 Lexemen; das sind lediglich 2,4 % des Korpus), die in Mandelbaum-Reiners Korpus in Relation höherfrequent vertreten sind (C^aV mit 8 Lexemen (15,4 %), C^aCCV mit 9 Lexemen (17,3 %); vgl. Abschnitt 7.3.2.). Diese Diskrepanz kann zum einen daran liegen, dass sich die Größe des geheimsprachlichen Korpusmaterials erheblich unterscheidet (Mandelbaum-Reiner: 52 Elemente; die vorliegende Typologie: 297 Elemente) und dass folglich daraus eine andere Verteilung der verschiedenen Typen resultiert. Zum anderen kann eine solche Diskrepanz auch durch niedrigere Belegzahlen der Ausgangsformen der jeweiligen Typen im Korpus hervorgebracht werden.

6) Durch die Lexemverschleierung erhöht sich im Allgemeinen die Silbenanzahl in der geheimsprachlichen Zielform um eine Silbe. Einsilbige Ausgangslexeme werden nach der Tarnung zweisilbig (*sang* > *langsem*), zweisilbige Wörter werden dreisilbig (*café* > *lafékès*), etc. Es fällt jedoch auf, dass lediglich ein Typus seine Silbenanzahl nach der Codierung um zwei Silben erhöht. Es handelt sich um Lexeme des Typus 5 (C^aVCC) wie etwa *maigre* > *laigremess* oder *porte* > *lortepem*. Allen Ausgangsformen ist gemein, dass sie mit dem Graphem <e> enden, welches nach der Codierung die Rolle des *e caduc* bzw. Schwa [ə] einnimmt, um die durch die geheimsprachliche Umstellung entstandene Konsonantengruppe auf höchstens zwei Konsonaten zu minimieren (z. B. *barge* [baʁʒ] > *larjebem* [laʁʒəbɛm] oder *maigre* [mɛgʁ] > *laigremess* [lɛgʁəmɛs]).

7.3.3. Kürzungen

In diesem Abschnitt wird in zweierlei Hinsicht auf das Phänomen der Kürzung in Verbindung mit dem *louchébem* näher eingegangen: gekürzte Ausgangslexeme und deren Tarnformen sowie apokopierte *louchébem*-Formen. Die für diese Untersuchung zugrundeliegende Basisliste (siehe Abschnitt 6.2.2.3.) weist 17 gekürzte Ausgangslexeme auf, die nach den Regeln des *louchébem* getarnt werden. In den meisten Fällen sind es apokopierte Nomina – wie etwa *ciné* (< *cinéma*), das zu *linéquess* modifiziert wird. Die Variante *cinoche* wird entsprechend zu *linochquess*. Es sei hier angemerkt, dass der stimmlose alveolare Frikativ [s] in der verfremdeten Form zugunsten eines stimmlosen velaren Plosivs [k] verschwindet. Als apokopiertes Lexem mit Resuffigierung in *-oche* erscheint in der Basisliste ebenso *valoche* (< *valise*), welches die *louchébem*-Formen *lalochvik* bzw. *lalochvem* kennt. Auch konnte eine Kürzung mit einer Resuffigierung in *-o* (*frigidaire* > *frigo* > *ligofrem*) dokumentiert werden. Die meisten apokopierten Nomina weisen jedoch keine Suffigierung auf: *restau* (< *restaurant*) > *lestaurok*, *beauf* (< *beau-frère*) > *leaufbem*, *labo* (< *laboratoire*) > *labolem*, *prépa* (< *préparation*) > *lépapruche*. Darüber hinaus geben meine Informant*innen gekürzte Adjektive an: *barge* (< *barjot*) sowie *bourge* (< *bourgeois*) und ihre jeweiligen getarnten Formen *larjebem* sowie *lourgebé*. Beide Formen sind ursprünglich einsilbig, werden jedoch nach ihrer Transformation dreisilbig. Dabei weisen sie eine Schwa-Silbe auf, deren Schwa zwingend realisiert werden muss. Beiden Schwas gehen zwei Konsonanten voran, sodass eine Tilgung des Schwa im Wortinlaut beim Vorlesen der Basisliste durch meine Informant*innen nicht festgestellt werden konnte (siehe Abschnitt 7.3.2.4.). Ein weiteres gekürztes Adjektiv mit dem für Adjektive produktiven Suffix *-os* ist *craigne* > *craignos* > *laignoscrem*.

Auch *louchébem*-Formen von zwei Aphäresen konnten belegt werden: *blème* (< *problème*) > *lèmboche* sowie *zik* (< *musique*) > *likzuche*. Besonders interessant erscheinen bei diesen Beispielen die gewählten Endungen: In beiden Fällen wurden Endungen mit Lauten gewählt, die zwar in der gekürzten Form nicht vorhanden sind, jedoch im Ausgangslexem (der Laut [o] in *-oche* für *problème* und der Laut [y] in *-uche* für *musique*). Abschließend sei noch die gekürzte Form des Akronyms BMW > BM [beɛm] genannt, welche zu *lèmbem* wird. In der louchebemisierten Form ist der Palatalvokal [e] getilgt worden.

Richten wir nun einen Blick auf Kürzungen, die erst nach dem Verfremdungsprozess, folglich an der *louchébem*-Form selbst vorgenommen werden. In der Basisliste wurden 9 abgekürzte Varianten der louchebemisierten Vollformen angegeben. Wie bereits im Abschnitt 5.2.4. beschrieben wurde, können Lexeme zusätzlich zur Tarnung ebenso eine Kürzung, meist in Form einer Apokope, erfahren (zum Beispiel *lardeuss* als Kürzung von *l-ardess-du-pa* < *par dessus*; vgl. Colin / Mével / Leclère 1992 [1990], 362). Es handelt sich bei dem

Wortmaterial meiner Informant*innen primär um Nomina und Adjektive. Als erstes Beispiel sei *morceau* genannt, welches sowohl in der louchebemisierten Form *lorceaumic* als auch in seiner apokopierten Variante *lorsom* verwendet wird. Bei der gekürzten Variante wurde das Suffix *-ic* getilgt. Damit einher geht auch die Veränderung der Vokalqualität: Der halbgeschlossene, velare Oralvokal [o] wird als halboffener Vokal [ɔ] realisiert, da dieser nun in geschlossener Silbe erscheint. Nach denselben Regeln (Tilgung des Suffixes und/oder lautliche Veränderung in geschlossener Silbe) können auch *garçon* > *larsonjem* > *larsonje* [laʁsɔ̃ʒ][184], *merde* > *lerdemuche* > *lerdem* [lɛʁdɛm], *beau* > *leaubé* bzw. *leaubiche* > *lob* [lɔb], *poulet* > *louletpem* > *loulet* [lulɛt] sowie *gobet* > *lobéguesse* > *lobs* [lɔbs] gekürzt werden. Bei Nasalvokalen sowie dem geschlossenen palatalen Vokal [i] in offener Silbe kommt es zu keiner Veränderung der Vokalqualität: In der Basisliste erscheinen etwa die Lexeme *chien* > *lienchem* > *liench* [ljɛ̃ʃ], *bien* > *lienbem* > *lienb* [ljɛ̃b] sowie *jolie* > *lolijesse* > *lolije* [loliʒ].

Fragt man die Informant*innen nach den Gründen für eine Verwendung solcher apokopierten *louchébem*-Formen, so geben sie in der Regel an, dass es sich um okkasionelle Bildungen handelt, die im Redefluss eher spontan entstehen:

(117) Enquêtrice: Pourriez-vous me préciser quand est-ce que vous employez des mots louchébémisés et abrégés?
ID3: Ben à vrai dire je n'sais pas je pense que c'n'est pas un choix conscient ça m'vient comme ça tout seul. [...]
Enquêtrice: Faites-vous une différence entre le mot *morceau* qui devient donc *lorceaumic* et son abréviation *lorsom*?
ID3: Non y a des fois j'dis *lorsom* et d'aut'fois ça s'ra *lorceaumic* c'est vraiment spontané!

Gekürzte *louchébem*-Formen bleiben folglich Gelegenheitsbildungen und sind eher selten vorhanden (siehe Anhang: III Geheimsprachliches Wortmaterial des *largonji du louchébem*). Sie sind nicht mit der sogenannten frühen Form des *largonji* im 19. Jahrhundert, die bereits im Abschnitt 5.2.2. beschrieben wurde, vergleichbar. Es sei dementsprechend hier nochmal kurz wiederholt, dass etwa CELLARD / REY (1991, 482) davon ausgehen, dass gemäß der frühen Form des

[184] Diese *louchébem*-Form weist eine phonemische Modifikation auf: Der velare Plosiv /g/ wird durch die Transposition und aufgrund des nachfolgenden Vokals [ɛ] zum postalveolaren Frikativ /ʒ/.

largonji lediglich der Erstkonsonant durch das Graphem <l> ersetzt wurde ohne zusätzliche Ansetzung eines Suffixes – wie beispielsweise bei *marque* > *larque* (Erstbeleg 1821), *pousse* > *lousse* (1827) sowie *borgne* > *lorgne* (1836). Auch SCHWOB / GUIEYSSE (1889, 10) formulieren eine ähnliche Hypothese: Das Lexem *marque* ergab *largue*, dabei sei die Endung *-mé* der Zwischenform **larquemé*[185] weggefallen. Alle aufgeführten apokopierten Varianten, die in dem für diese Dissertation erstelltem Korpus auftauchen, wie beispielsweise *lorsom*, *lienb*, *loulet* etc., sind mit diesem Phänomen nicht identisch. Die Kürzung wurde erst nach der geheimsprachlichen Modifikation herbeigeführt, sodass der Endkonsonant (C^a) entsprechend bestehen bleibt (*morceau* > *lorceaumic* > *lorsom*). Auch unterscheiden sich diese gekürzten louchebemisierten Lexeme von der früheren Form des *largonji* derart, dass ihre Zwischenformen, in denen das Suffix erhalten ist, koexistieren:

(118) ID3: Pour certains mots, il y a bien les deux formes qu'on peut utiliser: le mot en toute sa longueur et celui qu'on abrège.

Die Transformation gemäß der frühen Form des *largonji* aus dem 19. Jahrhundert konnte im vorliegenden Korpus lediglich durch zwei Einträge belegt werden: *chaudasse* > *laudasse* und *nichon* > *lichon*. Leider konnten meine Informant*innen keine weiteren Belege derartiger Verschleierungen während der Leitfadengespräche geben. Es ist daher wahrscheinlich, dass diese Form des *largonji* zwar existiert, dennoch sehr gering verbreitet ist.

7.3.4. Verlanisierte Formen

Neben gekürzten Ausgangslexemen erfahren auch einige verlanisierte Formen gemäß den Regeln des *largonji du louchébem* eine zusätzliche Tarnung. Diese sind sozusagen doppelt kodiert, erst durch Verlanisierung, dann durch Louchebemisierung: so etwa *énervé* > *vénère* > *lénèrvem*. In der Basisliste finden sich insgesamt 16 Verlanisierungen. Ein Teil kann als innovativ eingestuft und dementsprechend dem *parlers des jeunes* subsumiert werden. Ein anderer Teil ist bereits in die allgemeine Umgangsprache übernommen worden.

[185] Die Zwischenform *larquemé* wird hier mit einem Asterisk gekennzeichnet und als künstliche Form markiert, da sie in keinem für diese Arbeit konsultierten Argot-Wörterbuch dokumentiert wurde.

Es sei zunächst auf die Substantive eingegangen, die den größten Anteil der Doppelcodierung (Verlanisierung und Louchebemisierung) ausmachen. Es sei das Wort *meuf* (<*femme*) genannt, welches im *louchébem* zu *leumfé* wird. *Leumfé* konkurriert folglich mit den Vollformen *lamfé* und *lamfuche*, wohingegen die Bezeichnung *leumfé* eher von der jüngeren Metzgergeneration verwendet wird, um über eine Frau im entsprechend gleichen Alter zu sprechen. Weitere einfach verlanisierte Nomen im Korpus sind *bite > teubi > leubitem*, *fête > teuf > leuftiche*, *problème > blèmepro > lemprobem* und *noir* ‚Africain' > *renoi > lenoirem*. Es sei ebenso die Verlan-Form *arabe > beur > rebeu > lebeurem* genannt, die sich dadurch kennzeichnet, dass sie eine Reverlanisierung erfahren hat und folglich dreifach kodiert wird (Verlanisierung, Reverlanisierung, Louchebemisierung). Eine ähnlich komplexe Verschleierungskette gilt für verlanisierte und zusätzlich apokopierte Ausgangsformen wie beispielsweise *cigarette > garetteci > garette > laretteguès* sowie *herbe > beuhère > beuh > leubiche*. Die Apokopierung kann auch bereits vor der Verlanisierung erfolgen wie etwa bei *lobotomisé > lobo(s) > boloss > lolossbem* ‚bouffon, victime'. Neben Substantiven werden auch (wenn nur wenige) verlanisierte Adjektive zusätzlich verschleiert: *relou* (< *lourd*) wird zu *lelourdoc*, *chelou* (< *louche*) zu *lelouchem* und – wie weiter oben bereits erwähnt – *vénère* (< *énervé*) zu *lénèrvem*. Interessant erscheint dabei die Transformation von *relou* in *lelourdoc*, bei der stimmhafte, alveolare Plosiv [d] im Anlaut der letzten Silbe wieder eingefügt wird. Nur ein verlanisiertes Verb konnte dokumentiert werden: Es handelt sich um den Infinitiv bzw. den Partizip Perfekt *pécho* (< *choper*), welches zu *léchopem* louchebemisiert wird. Schließlich seien noch zwei weitere Ausdrücke erwähnt: Zum einen *à donf* (< *à fond*), welches zu *à lonfdé* modifiziert wird (Satzbeispiel: *J'm'y donne à lonfdé moi dans cette boucherie*). Es wurde in diesem Zusammenhang auch auf die idiomatische Wendung *(rouler) à fond la caisse* verwiesen, deren *louchébem*-Form *loulérem à lonfdé la laissequem* ist.

Es kann abschließend festgehalten werden, dass – genauso wie im Bereich der Kürzungen – das Phänomen der Tarnung von verlanisierten Lexemen nicht als usuell erscheint. Fragt man Informant*innen, warum sie von einer verlanisierten Ausgangsform anstatt des standardfranzösischen Äquivalents ausgehen, so geben sie an, Verlan-Formen meist frei und unbewusst zu verwenden:

(119) Enquêtrice: Pourquoi est-ce que vous employez des mots en verlan et non leur équivalent qui n'est pas modifié?
ID24: Des mots comme *meuf* ou *relou* par exemple on les utilise tous les jours. Donc en fait on remarque même plus que c'est du verlan.

Andere Metzger*innen wiederum erklären, dass diese doppelte bzw. dreifache Verschleierung (Verlanisierung, Reverlanisierung, Apokopierung, Louchebemisierung) aus ludischen Zwecken geschieht und somit ein Ausdruck des Spiels mit der Sprache sei:

(120) ID13: On peut être créatif avec la langue et ça nous donne l'opportunité de jongler avec les mots et d'en inventer. On fait ça pour le fun c'est tout.

7.3.5. Anglizismen

Obwohl der Gebrauch der Anglizismen im Französischen im Allgemeinen und vor allem im französischen *parler des jeunes* im Spezifischen wächst (vgl. BEDIJS 2015, 305), kann davon ausgegangen werden, dass diese (zum Zeitpunkt der Datenerhebung für die vorliegende Dissertation) als Ausgangslexem für eine Louchebemisierung nur selten verwendet wurden. Mögliche Gründe hierfür müssten gesondert eruiert werden. Im untersuchten Korpus kommen nur wenige Anglizismen vor (4 Elemente, 1,3%). Auch treten alle lediglich einmal auf. Es handelt sich um folgende Lexeme: *miss* > *lissmuche* (als freundschaftliche Anrede bzw. als Bezeichnung für eine junge Frau), *top* > *loptem* (in der Wendung *c'est loptem*, um eine sehr gute bzw. sehr gelungene Situation zu bezeichnen), *stone* > *lonestem* (im Ausdruck *il est complètement lonestem*, um den Umstand auszudrücken, dass eine Person unter Drogeneinfluss steht) sowie das schon altbekannte *cool* > *loolkem*.

Dennoch findet die Thematik der Anglizismen als Ausgangslexeme für eine Louchebemisierung hier explizit ihren Platz, denn sie scheint höchst aktuell und von grundsätzlicher Bedeutung für weitere Studien im Bereich der *louchébem*-Forschung zu sein. Am Ende meiner feldforscherischen Tätigkeiten im Jahre 2018 haben mehrere, meist jüngere Informant*innen die zunehmend wichtige Rolle englischer Entlehnungen im Sprachgebrauch betont. Zwar gelten diese noch nicht systematisch als Basis für eine Louchebemisierung, jedoch werden sie es werden, schenkt man den Worten folgender Informant*innen Glauben:

(121) ID15: On peut tout faire et c'est assez drôle on invente des trucs invraisemblables comme du louchebème en anglais par exemple.

(122) ID8: On peut modifier même des mots anglais comme *yes*, *cool*, *fuck* etc.
Enquêtrice: Est-ce que les mots anglais servent souvent de base pour une transformation?
ID8: A vrai dire pas vraiment du moins pas encore. Mais ça se fait de plus en plus.
Enquêtrice: Croyez-vous que ça va être le cas bientôt?
ID8: Compte tenu le nombre de mots anglais passés dans notre langue [...] et c'est surtout la jeunesse qui les utilisent, je suppose que oui. Chez nous on entend souvent les petits jeunes dire des mots pareils.

Wie beide Aussagen sichtbar machen, ist das Verwenden von englischen Entlehnungen als Ausgangsformen für eine Louchebemisierung noch kein auffälliges Phänomen. Es ist bisher noch nicht gelungen, charakteristische Darstellungen und schärfere Schilderungen bezüglich der Anglizismen in Verbindung mit der Verschleierung durch den *largonji du louchébem* zu sammeln bzw. zu erarbeiten. Da nicht genügend Daten hierzu erfasst werden konnten, wird an dieser Stelle nicht näher auf diese Thematik eingegangen. Nichtsdestotrotz erwecken die Aussagen meiner Sprecher*innen den Eindruck, als beeinflusse das Englische den geheimsprachlichen Wortschatz des *louchébem* immer stärker, was mit dem Gebrauch der Anglizismen im *français parlé* und im *parler des jeunes* korreliert. Folglich erscheint es angebracht und notwendig, diese aufsteigende Entwicklung weiterhin zu beobachten und zu verfolgen.

7.3.6. Nomina Propria

Neben Kürzungen, verlanisierten Formen und Anglizismen treten im Korpus ebenso Eigenamen auf, wenn auch in nicht signifikanter Anzahl (3,3 %). Dabei fällt auf, dass zwei Namenklassen, nämlich Anthroponyme und Toponyme, für eine Louchebemisierung überwiegen.[186] Dies geht mit der Feststellung einher, dass Sonder- und Geheimsprachen vor allem diese beiden Namenklassen als Basis für eine Codierung verwenden (vgl. Abschnitt 3.3.). Richten wir zunächst einen Blick auf die Anthroponyme im vorliegenden Korpus. Es sind vier louchebe-

[186] Eine Ausnahme stellt die Form *lèmbem* (> *BM*; Apokope von *BMW*) dar, welche zu den Ergonymen gezählt wird.

misierte Vornamen belegt: sowohl Vollformen (*Pierre > Lierrepem* und *Lisa > Lilazoc*), apokopierte bzw. diminuierte Koseformen (*Didier > Dédé > Lédédem*) als auch verlanisierte Spitznamen (*David > Vida > Lidavem*). Folgt man den Aussagen meiner Informant*Innen, ist es durchaus verbreitet und ebenso zulässig, Vornamen – insbesondere von langjährigen Arbeitskolleg*innen – zu verschleiern. Die Tatsache, dass der eigentliche Vorname nicht mehr erkennbar ist, verfolgt keinen geheimsprachlichen Tarnzweck. Dies betonen meine Informant*innen in aller Deutlichkeit. Louchebemisierte Vornamen erhalten folglich die Funktion eines Spitz- bzw. Kosenamens, da sie „weit mehr leisten als die bloße Referenz auf eine Person: Sie zeigen die soziale Beziehung und ihre emotionale Bewertung zwischen Personen an“ (Nübling / Fahlbusch / Heuser ^{2}2015, 171):

(123) Enquêtrice: Est-ce pensable de transformer, de codifier les prénoms de vos employés?
ID20: Oui tout à fait. Vous savez, étant donné qu'on se voit **tous les jours** ou presque, **on se connaît bien**. Du coup, nos relations deviennent pour la plupart **très proches**, **très amicales** même. Donc on s'appelle par des surnoms comme *Lédédem* dans mon cas.

Auch außerhalb der Metzgerei haben wir bereits gesehen (siehe Abschnitt 7.2.3.), dass verschleierte Vornamenformen im privaten Umfeld benutzt werden. So nennt ein Informant seine Ehefrau *Lilazoc* (< *Lisa*), nicht zuletzt um damit den hohen Intimitäts- bzw. Nähegrad und den positiven Emotionsgehalt zu vehikulieren:

(124) Enquêtrice: Pourquoi l'appelez-vous Lilazoc, votre femme?
ID32: J'l'appelle aussi **ma chérie un peu comme tout le monde appelle sa femme**. Mais Lilazoc c'est **mignon** c'est **plus personnel**. Y a **seulement elle et moi qui comprenons d'où ça vient**.

Auch diese Aussage zeigt, dass louchebemisierte Vornamen allgemein die Funktion eines Kosenamens haben: „[Sie] sind in der Regel adressatendeiktisch gebrauchte Einheiten, die direkt auf ein geliebtes Gegenüber, aber darüber hinaus auch auf die *Intimität der Beziehung* zu diesem Gegenüber verweisen. Sie werden benutzt, um das Gegenüber individuell zu liebkosen“ (Dammel / Niekrenz / Rapp / Wyss 2018, 160; Herv. i. O.).

Genauso häufig wie Anthroponyme können Toponyme und ihre Subklassen nach den Regeln des *largonji du louchébem* getarnt werden. Allein für die Stadt Paris finden sich mehrere codierte Einheiten: *Larispem* (< *Paris*), *Lanampem* (< *Paname*; argotische Form für 'Paris') und *Liparuche* (< *Ripa* (Verlan) < *Paris*). Wie am letzten Beispiellexem sichtbar wird, kann auch bei Toponymen eine doppelte Verschleierungsstrategie (Verlanisierung und Louchebemisierung) auftreten (siehe hierzu Abschnitt 7.3.4.). Hinsichtlich der Suffixwahl in *-uche* (*Liparuche*) äußert sich mein Informant wie folgt:

(125) Enquêtrice: Pourquoi dites-vous *Liparuche* avec une terminaison en *-uche* pour la ville de Paris?
ID5: Ben ça me fait penser à **Pantruche** pour Paris. C'est pour ça.

Nur einmal im Korpus vorhanden sind außerdem die Urbanonyme *Lontparmic*[187] (< *Montpart* < *Montparnasse*) sowie *Lamchesse* (< *Champs* < *Champs-Élysées*). Diese geheimsprachliche Tarnformen leiten sich von apokopierten Toponymen ab. Sie werden in ihrer louchebemisierten Codierung nicht noch einmal gekürzt, wie es beispielsweise bei dem Oikodomonym *La Lorcefé* bzw. seine apokopierte Form *la lors* (< *La Force*) dokumentiert ist (erstmals 1844 erwähnt; siehe Abschnitte 5.1.1. sowie 5.2.2.).

Es kann abschließend festgehalten werden, dass die nach den Codierungsregeln des *louchébem* getarnten Toponyme zu den sogenannten Argotoponymen gezählt werden können. Dieser Terminus wurde von PODHORNÁ (2002) neu eingeführt und folgendermaßen definiert: „tout toponyme différant de la forme officielle et pouvant comporter plusieurs niveaux d'argotisation compte tenu de ses diverses utilisations en situation" (PODHORNÁ 2002, 18). Argotoponyme sind zum Beispiel *neuf-trois* (93 als Departement Seine-Saint-Denis), *La Butte* (für Montmartre) oder *Versigo(t)* (für Versailles).

7.3.7. Tendenzen der Suffixwahl

Bereits MANDELBAUM-REINER (1991) hat in ihrer Studie feststellen können, dass die Sprecher*innen des *largonji du louchébem* bei der Tarnung von Lexemen auf spezifische Suffixe rekurrieren. Ausgehend von 60 *louchébem*-Wörtern listet MANDELBAUM-REINER 10 unterschiedliche Endungen auf: „Sur 60 items, j'ai

[187] Es wird hier von einem Urbanonym gesprochen, da mit dem Lexem *Lontparmic* lediglich der Pariser Stadtteil Montparnasse gemeint ist und nicht etwa das Hochhaus *Tour Montparnasse*, welches entsprechend als Oikodomonym bezeichnet werden müsste.

relevé 10 suffixes et leurs fréquences: 27[-èm], 15[-ès], 7[-é], 3[-ok], 2[-uche], 2[-ik], 1[-muche], 1[-i], 1[-icasse], 1[ ]“ (MANDELBAUM-REINER 1991, 40). Der Gebrauch des Suffixes *-èm* überwiegt deutlich mit 45,0 %, gefolgt von *-ès* mit 25,0 %. Noch seltener seien die für den französischen Argot typischen Endungen *-oque*, *-ique*, *-uche*, *-muche* verzeichnet. So kommt MANDELBAUM-REINER zu dem Schluss, dass sich das Suffix *-èm* als emblematisch für den *largonji du louchébem* etabliert hat, während andere Suffixe lediglich Varianten sind: „**[-èm]** semble fonctionner comme auxiliaire de l'emblème du *louchébèm* et les autres comme des variantes libres“ (MANDELBAUM-REINER 1991, 41; Herv. i. O.). Sie weist schließlich darauf hin, dass ihre Beobachtungen und Schlussfolgerungen anhand eines größeren Korpus, welches empirisch gesammelte Daten beinhaltet, verifiziert werden sollten: „[...] mais cela reste à vérifier sur un corpus recueilli dans la boucherie“ (ebd.).

Dies hat mich dazu bewogen, MANDELBAUM-REINERS Feststellungen bezüglich der Tendenzen zur Suffixwahl zu überprüfen. Ich komme zu folgendem Ergebnis: Ausgehend von den durch Feldforschung gesammelten Daten meines Korpus[188] lassen sich bezüglich der Suffixwahl bei der Louchebemisierung lediglich Tendenzen, jedoch keine ausnahmslosen Regularitäten feststellen:

a. Das frequenteste Suffix ist mit 55,6 % wie in der Studie von MANDELBAUM-REINER (1991) das Suffix *-em* ([ɛm]) gefolgt von *-esse* bzw. *-ès* [ɛs] mit lediglich 13,2 %. Alle weiteren Suffixe – das sind im Einzelnen *-é* [e] (28 Lexeme), *-oque* bzw. *-ok* [ɔk] (22 Lexeme), *-uche* [yʃ] (21 Lexeme), *-ique* bzw. *-ik* [ik] (11 Lexeme), *-iche* [iʃ] (7 Lexeme), *-muche* [myʃ] (1 Lexem), *-i* [i] (1 Lexem), *-oche* [ɔʃ] (1 Lexem) sowie 2 Lexeme mit Nullsuffix – weisen eine äußerst niedrige Frequenz auf (unter 10 %). Im Korpus sind somit 10 Suffixvarianten belegt. Diese sind mit denen aus der Studie MANDELBAUM-REINERS identisch, bis auf eine Ausnahme: Das Suffix *-icasse* konnte nicht bestätigt werden, dafür jedoch das Suffix *-iche* (7 Lexeme). Es kann folglich festgehalten werden, dass allein *-em* als emblematisches Suffix des *louchébem*

[188] Das zugrundeliegende Korpus besteht aus insgesamt 302 Elementen. Dazu zählen die 297 typologisierten Lexeme (vgl. Abschnitt 7.3.2.) sowie die folgenden zusätzlichen 5 Wörter, die bei der Typologie nicht berücksichtigt wurden, da es sich um Ausnahmen handelt: *laudasse*, *lichon(s)*, *Lilazoc*, *linguevéleudé* und *linguevélinqsé* (vgl. Anhang: III Geheimsprachliches Wortmaterial des *largonji du louchébem*).

angesehen werden kann. Nichtsdestotrotz gehören ebenso *-esse* bzw. *-ès* (13,2 %), *-é* (9,3 %), *-uche* (7,0 %) sowie *-oque* bzw. *-ok* (7,3 %) zum relevanten Suffixinventar des modernen *largonji du louchébem*. Außerhalb dieses relevanten Inventars sind die Suffixe *-ique* bzw. *-ik* (3,6 %), *-iche* (2,3 %) sowie die lediglich einmal belegten Suffixe *-muche*, *-i* und *-oche* (je 0,3 %) zu erwähnen.

b. Hinsichtlich der Wortarten, die eine Verschleierung zulassen, kann festgehalten werden, dass Nomina den größten Teil ausmachen (63,9 %), gefolgt von finiten und infiniten Verben (21,9 %) sowie Adjektiven (10,6 %). Selten sind hingegen die Tarnung von Determinanten (2,0 %), Adverbien (1,3 %) und Pronomen (0,3 %)[189]. Die Analyse zur Verteilung der Suffixtypen innerhalb der verschiedenen Wortarten lässt eindeutig feststellen, dass das meistgebräuchliche Suffix bei finiten und infiniten Verben *-em* ist. Es sei in diesem Zusammenhang hinzugefügt, dass bei der Konjugation (im Korpus sind ausnahmslos Präsensformen belegt) dasselbe Suffix unabhängig von der Person verwendet wird. Die Person wird folglich nicht durch verschiedene Endungen angezeigt. Vielmehr findet die Verbflexion im Lexeminneren statt, und zwar auf der vorletzten Silbe, bei der auch schon vor der Verschleierung die Flexion markiert war, wie etwa bei *je / tu / il / elle / on / ils / elles ligepem* (< *pige*) versus *nous ligeonpem* (< *pigeons*) und *vous ligépem* (< *pigez*).

c. Die Genusanalyse hat ergeben, dass grundsätzlich maskuline Nomen häufiger der Tarnung unterliegen als feminine Nomen. Die Anzahl maskuliner Nomen ist fast doppelt hoch (113 maskuline versus 68 feminine Nomen). Das Endungsschema im nominalen Paradigma ist vielfältig, jedoch überwiegt auch hier das Suffix *-em* (50,4 % bei maskulinen Nomen, 52,9 % bei femininen Nomen). Hinsichtlich der Verteilung der Suffixe konnten folgende Tendenzen herausgearbeitet werden: Das Suffix *-oque* bzw. *-oc* wird eher für die Bildung maskuliner Nomen verwendet; die Suffixe *-esse* bzw. *-ès* sowie *-iche* und *-é* hingegen weisen eine leichte Präferenz für feminine Nomen auf.

---

[189] Vgl. folgende Beispiellexeme: *quat* > *latqué*; *deux* > *leudé*; *vingt-deux* > *linguevéleudé* (Determinanten), *toujours* > *loujourtem*; *demain* > *lemaindem*; *bien* > *lienbem* (Adverbien) sowie *moi* > *loimé* (Pronomen) (für weitere Lexeme vgl. Anhang: III Geheimsprachliches Wortmaterial des *largonji du louchébem*).

d. Die Analyse des Korpus konnte ebenso Aufschluss darüber geben, dass die Tarnung von Adjektiven grundsätzlich keine Flexion vorsieht. Dieses gilt für Adjektive, die 1) sich weder in der Aussprache noch in der Schreibung unterscheiden (wie etwa *raide(s)* > *laiderem*, *maigre(s)* > *laigremess*, *cool* > *loolkem*), 2) die dieselbe Aussprache aufweisen, sich jedoch in der Schreibung unterscheiden (*cher(s)* / *chère(s)* > *lerchem*, *dur(s)* / *dure(s)* > *lurdoc*, *fier(s)* / *fière(s)* > *lierfem*) und 3) die sowohl in der Aussprache als auch in der Schreibung differieren (*con(s)* / *conne(s)* > *lonquesse*, *chiant(s)* / *chiante(s)* > *lianchem*, *mort(s)* / *morte(s)* > *lormiche*). Das geheimsprachliche Zielwort des letztgenannten Adjektivtypus leitet sich ausnahmslos von der Form im Maskulin Singular ab. Es sei hinzugefügt, dass lediglich das Adjektiv *beau* / *belle* in seiner getarnten Form das Genus unterscheidet: *-é* bewirkt das männliche (*leaubé*) und *-iche* das weibliche Genus (*leaubiche*). Wie bereits weiter oben erläutert, könnte diese spezifische Markierung femininer Adjektive im Zusammenhang mit *-iche* als präferiertes paradigmatisches Suffix der femininen Nomen stehen. Es kann ebenso vermutet werden, dass die Lautfolge /biʃ/ (in *leaubiche*) eher weibliche Qualitäten evoziert.

e. Bei der phonologischen Analyse konnten Lautkombinationen herausgearbeitet werden, die bestimmte Suffixpräferenzen in Erscheinung treten lassen. So lässt das geheimsprachliche Material sofort erkennen, dass das Suffix *-em* häufig nach dem bilabialen Plosiv [p] (82,2 %, z. B. *lassépem*) bzw. [b] (75,0 %, z. B. *lienbem*) vorkommt, sowie nach dem stimmlosen Frikativ [ʃ] (75,0 %, z. B. *lienchem*) bzw. [f] (70,6 %, z. B. *lessefem*). Ebenso kann hier der stimmhafte Frikativ [ʁ] (68,8 %, z. B. *loulérem*) genannt werden. Dasselbe gilt für Lexeme mit Konsonantenverbindungen vor dem Suffix (69,6 %) – wie etwa [tʁ] (z. B. *lonchtrem*) oder [bl] (z. B. *lanblem*). Der stimmlose Plosiv [k] hingegen favorisiert das Suffix *-esse* bzw. *-ès* (58,8 %, z. B. *loinquès*). Bei dem stimmhaften Nasallaut [m] sind die Endungen *-esse* bzw. *-ès* (29,6 %, z. B. *ladamesse*) und *-uche* (33,3 %, z. B. *lercimuche*) in etwa gleich verteilt. Andere ausnahmslos stimmhafte Laute – wie beispielsweise [g], [ʒ], [z], [n] oder [d] – weisen heterogene Kombinationsmöglichkeiten auf, sodass sich keine eindeutige Suffixpräferenz abzeichnet.

Die semantische Untersuchung des geheimsprachlichen Materials gibt nur eingeschränkt Aufschluss über den Grad der Motiviertheit der Suffixe, und zwar im Bereich der Personenbezeichnungen. Diese werden primär anhand von *-em* (38,1 %, z. B. *latronpem*), *-esse* bzw *-ès* (26,2 %, z. B. *lopainkès*) und *-uche* (16,7 %, z. B. *lamfuche*) gebildet. Es fällt zudem auf, dass in scherzhaften bzw. verächtlichen Personenbezeichnungen häufig die Endung *-uche* vorkommt. Vier Beispiele mögen hier genügen: *faire le lalinmuche* (malin), *pauvre lecmuche* (mec), *espèce de lazenuche* (naze ‚imbécile') und *quel lignolguche* (guignol ‚personne maladroite'). Der Rekurs auf das parasitäre Argotsuffix *-uche* für die eben genannten Beispiele kann dadurch erklärt werden, dass *-uche* im *français argotique* bzw. *populaire* unter anderem für Personenbezeichnungen verwendet wird, denen im Allgemeinen ein pejorativer Wert attestiert wird (z. B. *matuche* ‚mouchard, policier', *crétinuche* ‚crétin' oder *cloduche* ‚clochard'; vgl. BALDINGER 1997, 132; 136; 143). Von Interesse ist in diesem Zusammenhang ebenso der Blick auf die Übersicht der Quellenbelege des *largonji du louchébem* (siehe Abschnitt 5.1.). Diese zeigt, dass das Suffix *-uche* bis zu Beginn des 20. Jahrhundert lediglich für Personenbezeichnung verwendet wurde – etwa bei *loucharmuche* < *mouchard* (erstmals 1878 belegt), *lacromuche* < *maquereau* (erstmals 1881 belegt), *lemmefuche* < *femme* (erstmals 1897 belegt) sowie *latronpuche* < *patron* (erstmals 1928 belegt). Es sei schließlich noch erwähnt, dass das Lexem *poulet* zwei louchebemisierte Formen zulässt, einerseits *loulépic*, andereseits *loulépem*. Beide Tarnwörter vehikulieren nicht dieselbe Bedeutung: Während Ersteres für einen Polizisten verwendet wird, wird mit Letzterem das Hähnchenfleisch bezeichnet. Für die Personenbezeichnung *loulépic* (< *poulet* ‚agent de police') kann vermutet werden, dass der Rekurs auf die Endung *-ic* durch das umgangssprachliche Lexem *flic* ‚motiviert sein könnte.

TEIL VI: EXKURS: DER *LOUCHÉBEUM* – EINE DIATOPISCHE VARIETÄT DES *LARGONJI DU LOUCHÉBEM*

8. Der *louchébeum* – eine diatopische Varietät des *largonji du louchébem*

Bei der Beschreibung der Verwendungsorte des *louchébem* im Abschnitt 7.2.6. wurde bereits vorweggenommen, dass eine in Pertuis gesprochene diatopische Varietät des für Paris typischen *largonji du louchébem* existieren soll. Das Vorkommen dieser Varietät ist erstmals im populärwissenschaftlichen Wörterbuch von ALLIOT (2009) erwähnt worden. Dort heißt es: „Par un phénomène linguistique assez étrange, une variante du louchébem a fait souche dans le département du Vaucluse, dans la ville de Pertuis-en-Luberon (20 000 habitants environ), située à 15 kilomètres d'Aix-en-Provence" (ALLIOT 2009, 85). Diese Information hat mich dazu bewogen, mehr über diese Varietät in Erfahrung zu bringen. Um dieses Phänomen noch tiefgehender beleuchten zu können, wurden zunächst Informant*innen mit Hilfe von Thomas ROBERT, einem Geheimsprachensprecher, den ALLIOT (2009, 86) für seine Beschreibung der Varietät befragt hatte, ausfindig gemacht. Es wurde anschließend auf das Schneeballprinzip zurückgegriffen, welches den Zugang zu weiteren Informant*innen ermöglicht hat. Die Vermittlungsbereitschaft von Bekannten und Familienmitgliedern konnte so genutzt werden. Auch wurden Mitglieder der Facebookgruppe *Larlépeum Louchébeum à Lertuipeum*, eine erst im Jahre 2019 gegründete Initiative zum Erhalt der Geheimsprache in der Region um Pertuis, befragt. Dies führte dazu, dass insgesamt 14 Informant*innen an schriftlichen Befragungen mittels E-Mail teilgenommen haben. Es sei hier noch angemerkt, dass meine Informant*innen keine Metzger*innen sind. Die folgende Tabelle umfasst soziobiographische Angaben dieser Informant*innen:

ID	Ge-schl.	Geburtsjahr	Geburts-ort	Erstkontakt zum *louchébeum*	Erwerbs-kontext	Aktuell lebend in
P1	m	1985	Pertuis	Pertuis, Kindheit	Familie Fußball-verein	Pertuis
P2	w	1969	Sisteron	Pertuis, 1972	Familie	Pertuis
P3	m	1969	Pertuis	Pertuis, Kindheit	Grund-schule Fußball-verein	Marseille
P4	m	1946	Pertuis	Pertuis, Kindheit	Grund-schule Fußball-verein	Pertuis
P5	m	1971	Meyrargues	Pertuis, 1986	*lycée*	Villelaure
P6	m	1984	Ansouis	Pertuis, 1998/1999	*lycée*	Cadenet
P7	m	1970	Marseille	Pertuis, 1978	Grund-schule und *collège*	Pertuis
P8	m	1992	Pertuis	Pertuis, Kindheit	Fußball-verein	Cucuron
P9	m	1973	Cabrières-d'Aigues	Cabrières-d'Aigues	Familie	Cabrières-d'Aigues
P10	m	1982	Cadenet	Pertuis	*lycée*	Pertuis
P11	m	1979	Mirabeau	La Tour d'Aigues	Grund-schule	La Tour-d'Aigues
P12	w	1976	Vaugines	Pertuis	*lycée*	Aix-en-Provence
P13	w	1951	Mérindol	Pertuis	Familie	Mérindol
P14	m	1988	Lauris	Pertuis	*lycée*	Lauris

Abbildung 38: Informationen zu den Informant*innen aus der Region um Pertuis

Die Suche nach auskunftbereiten Sprecher*innen gestaltete sich nicht problematisch – wie es sonst bei Geheimsprachen in der Regel der Fall ist. Der Zugang zu den Geheimsprachensprecher*innen aus der Region um Pertuis kann nicht mit dem zu Pariser Metzger*innen verglichen werden, da die Funktionen sowie die Verwendungskontexte der Variante des Pariser *louchébem* sich in einigen Merkmalen unterscheiden.

Die Ergebnisse der schriftlich geführten Befragungen sollen hier zusammengetragen und diskutiert werden. Das Augenmerk soll dabei auf folgende Fragestellungen gelenkt werden:

1) Kann die Existenz einer diatopischen Varietät des Pariser *largonji du louchébem* in Pertuis nachgewiesen werden?
2) Welcher interne Sprachname wird für diese Varietät verwendet?
3) Ist die Varietät in Pertuis heute noch vital?
4) Wer waren bzw. sind die Sprecher*innen dieser Varietät?
5) Von welchen Hypothesen bezüglich des Aufkommens der Varietät in der Region wird ausgegangen?
6) Wie geschieht der Geheimsprachenerwerb und die Transmission?
7) Welche Funktionen erfüllt die geheimsprachliche Varietät?

Es sei hier besonders betont, dass es sich um erste Ergebnisse handelt und folglich um eine präliminäre Studie, deren wissenschaftlichen Ertrag es weiter zu spezifizieren gilt. Anhand feldforscherischer Tätigkeiten vor Ort sowie einer größeren Anzahl an Informant*innen können bestehende bzw. neue Hypothesen konfirmiert bzw. revidiert werden. Durch die zu erreichenden Bestätigungen und/oder Verwerfungen können die bisherigen Ergebnisse weiter ausdifferenziert werden. Dies bietet einen spannenden Ansatzpunkt für ein zukünftiges Forschungsprojekt.

Zusammenfassung der präliminären Ergebnisse:

Für den Argot der pertuisianischen Geheimsprachensprecher*innen kommen lediglich drei unterschiedliche interne Sprachbezeichnungen vor:

- *louchébum* bzw. *louchébeum*
- *louchébem*
- *larlogesse* bzw. *larlogues*

Thomas ROBERT gibt an, dass die Endung *-um* der Sprachbezeichnung *louchébum* gemäß des Lautes [ə] auszusprechen sei:

(126) IDP1: [...] nous l'écrivons et le « prononçons » LouchébEUM. Le HUM anglosaxon.

Darüber hinaus sei festgehalten, dass die Bezeichnung *larlogesse* bzw. *larlogues* der ursprüngliche interne Sprachname ist. Diese Tatsache kann dadurch bekräftigt werden, dass viele Informant*innen angegeben haben, den Argot der Pariser Metzger*innen gar nicht bzw. noch nicht sehr lange zu kennen. Dementsprechend ist vielen von ihnen die Bezeichnung *louchébem* auch nicht bekannt. Erst durch Aufenthalte in Paris und/oder das Wörterbuch von ALLIOT (2009), in dem der externe Sprachname *louchébem* im Titel verwendet wurde, erhielt die Varietät in der Region um Pertuis ihren aktuellen Namen: *louchébeum*. Da in ALLIOTs Werk auch das lokale Vorkommen des *argot des bouchers* in Pertuis thematisiert wurde, war auch die Aufmerksamkeit der Lokalpresse entsprechend hoch:

(127) IDP1: J'ai découvert tardivement que le Louchébeum était parlé ailleurs. C'est en étant face au restaurant « Louchébem » aux Halles à Paris que j'ai pris connaissance de son origine et de son nom.

(128) IDP4: En effet, jusqu'à faire connaissance du terme « louchébem », nous avions tendance à l'appeler *larlogesse* (Argot).

Die heutige räumliche Verbreitung des *louchébeum* beschränkt sich nicht nur auf die Stadt Pertuis im Département Vaucluse, welches im Südosten Frankreichs, in der Region Provence-Alpes-Côte d'Azur liegt. Das Département grenzt an die Drôme sowie die Ardèche im Norden, die Bouches-du-Rhône im Süden, die Alpes-de-Haute-Provence sowie den Var im Osten, und den Gard im Westen:

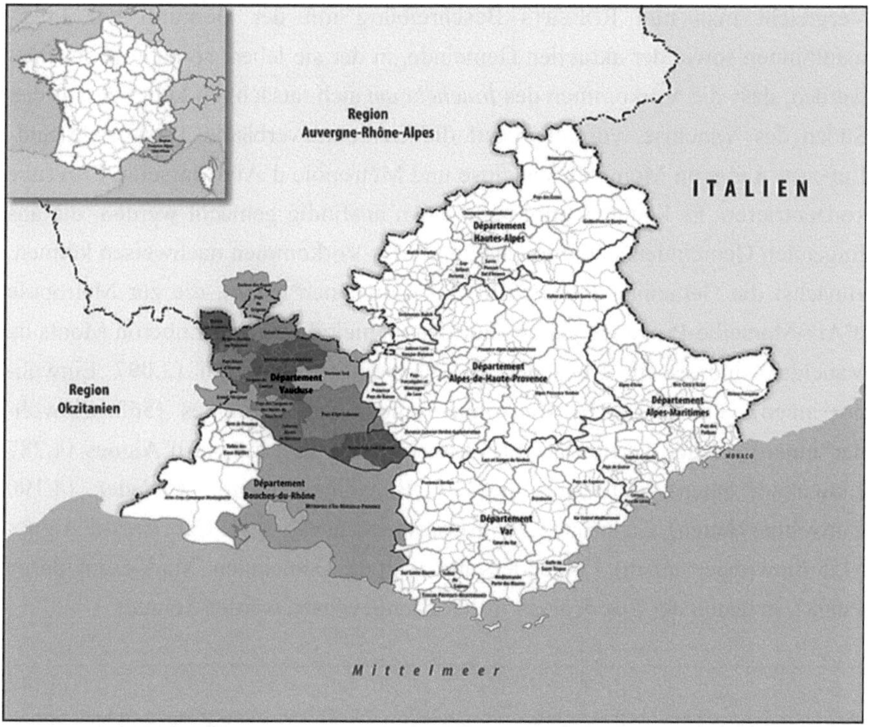

Abbildung 39: Lage des Départements Vaucluse[190]

Fragt man Informant*innen, in welchen Gebieten des Vaucluse der *louchébeum* Verwendung findet, so erfährt man, dass es sich insbesondere um die Region Pays d'Aigues handelt. Diese erstreckt sich zwischen der Gebirgskette Luberon im Norden und der Durance im Süden. Thomas ROBERT beschreibt das Verbreitungsgebiet wie folgt:

(129) IDP1: [...] le Louchébeum est parlé sur un territoire qui s'étend de « Mérindol » à l'ouest, « La Bastide des Jourdans » à l'est, « Pertuis » au sud et le « Luberon » au nord. Cela correspond au « Pays d'Aigues ».

---

[190] Die geographischen Informationen zum Département Vaucluse sind aus Wikipedia entnommen (https://de.wikipedia.org/wiki/D%C3%A9partement_Vaucluse) (10.03.2020). Die Karte unterliegt der Creative Commons Lizenz, welche die Nutzung und Vervielfältigung erlaubt. (https://commons.wikimedia.org/wiki/File:Gemeindeverb%C3%A4nde_im_D%C3%A9partement_Vaucluse_2019.png) (10.03.2020). Es wurden keine Änderungen an der Karte vorgenommen.

Vergleicht man nun ROBERTs Beschreibung mit der Herkunft der Informant*innen sowie der aktuellen Gemeinde, in der sie leben, so kann beobachtet werden, dass die Vorkommen des *louchébeum* sich tatsächlich lediglich auf den Süden des Vaucluse, vor allem auf die Gemeindeverbände Territoriale Sud-Luberon, Luberon Monts de Vaucluse und Métropole d'Aix-Marseille-Provence konzentrieren. Es konnten Informant*innen ausfindig gemacht werden, die aus folgenden Gemeinden stammen und somit das Vorkommen nachweisen können: zunächst die Gemeinde *Pertuis* (20.380 Einwohner*innen), die zur Métropole d'Aix-Marseille-Provence gehört. Für den Gemeindeverband Luberon Monts de Vaucluse sind es im Einzelnen die Gemeinden Mérindol (2.097 Einwohner*innen), Lauris (3.856 Einwohner*innen) und Vaugines (568 Einwohner*innen). In der Territoriale Sud-Luberon sind es La Tour-d'Aigues (4.287 Einwohner*innen), Villelaure (3.477 Einwohner*innen), Cadenet (4.190 Einwohner*innen), Cucuron (1.766 Einwohner*innen) sowie Cabrières-d'Aigues (955 Einwohner*innen). Folgende Karte zeigt die Gemeinden (Markierung durch Punkt), in denen der *louchébeum* bisher nachgewiesen werden konnte:

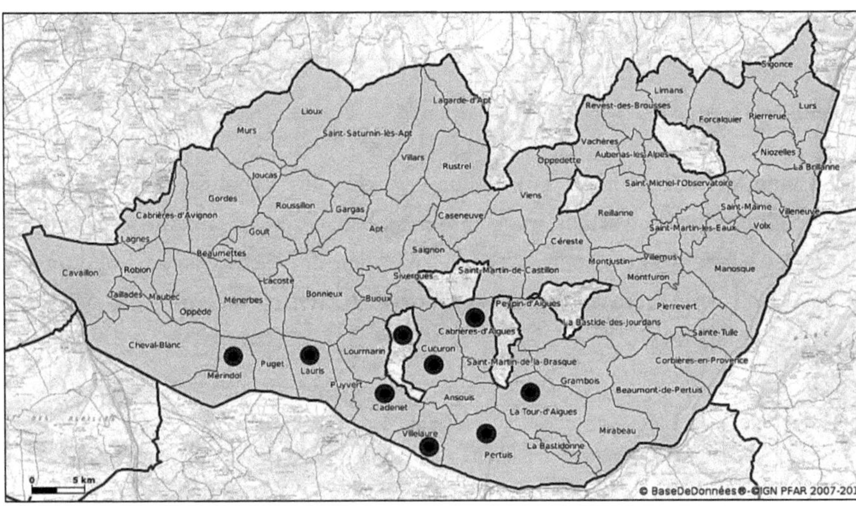

Abbildung 40: Geographische Verbreitung des *louchébeum*[191]

[191] Dem *SIT* (*Système d'Information Territorial des Parcs naturels de la Région Sud Provence-Alpes-Côte d'Azur*; URL: geo.pnrpaca.org) danke ich für die Genehmigung zur

Die geographische Verbreitung des *louchébeum* ist zwar nicht auffällig, jedoch kann davon ausgegangen werden, dass der *louchébeum* ausgehend von der Gemeinde Pertuis in die Nachbargemeinden transferiert wurde. Denn die Verbreitung des *louchébeum* soll (laut Aussage der Informant*innen) durch die jeweiligen Sprecher*innen, die aus Pertuis in die umliegenden Dörfer umgezogen sind, erst ermöglicht worden sein:

(130) IDP3: C'est avant tout un parler de Pertuis mais il est parlé dans d'autres endroits. [...] Je suis né à Pertuis et je parle ce « dialecte » depuis mon enfance.

(131) IDP4: Peuvent le parler, ceux qui sont partis de Pertuis dans d'autres villages de notre canton.

(132) IDP14: On le parle à Pertuis, mais aussi dans les alentours. Moi je l'ai appris à Pertuis à l'école pour parler avec mes copains. Maintenant je suis retrourné à Lauris et je le parle là aussi avec mes amis. Cet argot est très pertusien, mais les autres endroits dans la région le connaissent aussi.

Für die Tatsache, dass der *louchébeum* primär in der Gemeinde Pertuis verwendet wurde, spricht auch der von den Sprecher*innen angegebene Erstkontakt mit der Geheimsprache: 12 von 14 Informant*innen behaupten, den *louchébeum* erstmals in Pertuis erlernt zu haben (vgl. Abb. 38: Informationen zu den Informant*innen aus der Region um Pertuis). Häufig wurde der *louchébeum* im schulischen Kontext – entweder in der Grundschule oder erst später am *collège* bzw. am *lycée* in Pertuis[192] – erworben:

(133) IDP3: Je l'ai appris à l'école. La plupart de mes copains de l'école primaire le parlaient.

(134) IDP4: Je l'ai appris dès mon entrée à l'école primaire à Pertuis.

(135) IDP5: Je venais de l'autre côté de la Durance, et je ne connaissais pas cette langue [...]. Je l'ai appris quand je suis allé au lycée Val de Durance, à Pertuis en 1986, quand j'ai eu des amis pertuisiens qui le parlaient.

Bearbeitung sowie zum Abdruck der Karte „L'évolution du territoire du PNR Luberon" (http://sit.pnrpaca.org/adws/app/f0e99d50-f36f-11e6-b0f0-df3cfea158cf/index.html) (12.03.2020).

192 Die Gemeinden der Region Pays d'Aigues verfügen zwar jeweils über eine oder mehrere Grundschulen, dennoch ist die schulische Infrastruktur im Hinblick auf *collèges* und *lycées* nur in größeren Städten gut ausgebaut. Aus diesem Grund mussten viele Informant*innen im Jugendalter eine weiterführende Schule in Pertuis oder La Tour-d'Aigues besuchen.

(136) IDP6: Je l'ai appris vers l'âge de 14/15 ans et je l'ai perfectionné lorsque j'étais au début de ma première année de lycée.

Auch die Informanten IDP7, IDP10, IDP12 und IDP14 haben ähnliche Angaben bezüglich des Erstkontakts mit der Geheimsprache gemacht. Es fällt auf, dass diese Aussagen alle von männlichen Informanten, die ihre Kindheit bzw. Jugend in Pertuis verbracht haben, stammen. Andere Informant*innen haben den *louchébeum* im familiären Kontext erlernt (IDP1, IDP2, IDP9, IDP13). Hier ist wiederum auffällig, dass es meistens Frauen sind (3 von 4 Informantinnen). Alle Informantinnen geben an, die Geheimsprache nicht explizit beigebracht bekommen zu haben, sondern immer wieder von den Eltern, vor allem den Vätern, von Freunden der Familie bzw. Gästen gehört zu haben:

(137) IDP2: En tant que fille de commerçants il y a eu une période 80 90 ou les plus vieux que moi de l'époque parlaient louchebeum…j avais 10 ans… […]. Moi je l'utilise très peu mais je le comprends.

(138) IDP9: Mes parents ne m'ont rien appris, mais à force de l'entendre quand mon père discutait entre amis, en écoutant les conversations, j'ai appris à le connaître, à le comprendre. En revanche je ne le parle que rarement.

Es kann vermutet werden, dass der *louchébeum* eine eher von Männern gesprochene Geheimsprache ist. Dafür spricht sich der Großteil der Informant*innen aus:

(139) IDP3: C'est d'abord un language d'hommes même si des femmes le comprennent et le parlent mais j'ai rarement entendu des femmes le parler.

(140) IDP7: À l'école, on ne le parlait qu'entre garçons. Aucune des filles ne participait à nos conversations en louchébeum.

(141) IDP4: Les femmes le parlent plus rarement, mais elles le comprennent, pour celles qui sont de ma génération.

Diese Aussagen sind zwar subjektive Wahrnehmungen, jedoch erscheinen sie gewissermaßen als plausibel, wenn man davon ausgeht, dass der *louchébeum* vor allem im männerdominierten Bereich des Fußballs gebraucht wurde:

(142) IDP4: Dans la pratique du foot à Pertuis, à cette époque[193], que ce soit: les entraineurs, les joueurs, les dirigeants du club, ils comprenaient ce langage et ils le parlaient.

Diese Aussage deckt sich etwa mit jener meiner Informantin IDP2, deren Eltern eine Bar in Pertuis bewirtschafteten:

(143) IDP2: les plus vieux que moi [...] parlaient louchébeum [...] surtout les sportifs foot rugby... mes parents tenant un bar qui était le siège de beaucoup d'associations de sport cela servait de dialoguer lorsqu'ils voulaient échanger entre eux sans que les autres ne les comprennent.

Der Erwerbeskontext des *louchébeum* kann folglich neben der Schule und der Familie auch der lokale Fußballverein sein. Die Informanten IDP1, IDP3, IDP4, IDP7 sowie IDP8 erklären, diesen vor allem im Kontext des Fußballs in ihrer Kindheit erlernt und verwendet zu haben:

(144) IDP8: Je l'ai appris par mon club de foot durant ma jeunesse, Cucuron. Ma génération (1980-1990), nous avons appris le louchébeum par le milieu du foot à l'adolescence.

(145) IDP7: Appris au collège marcel pagnol de Pertuis et au club de football de Pertuis l'USRP. Dans le début des années 80.

(146) IDP5: On utilisait aussi ce langage dans les matches de foot, dans l'équipe du lycée, quand on rencontrait des équipes d'autres villes, qui ne comprenaient pas bien sûr!

Dabei spielt die kryptische Funktion eine bedeutende Rolle, da es primär darum ging, Angaben, welche die Taktik im Fußball betreffen, unter den Spieler*innen auszutauschen, um von der gegnerischen Mannschaft nicht verstanden zu werden:

(147) IDP8: Nous le parlions pendant les matchs pour que les joueurs adverses ne comprennent pas.

(148) IDP7: Ce que je sais c'est que nous l'utilisions beaucoup en jouant au football afin que nos adversaires ne nous comprennent pas!

(149) IDP1: Nous parlions essentiellement tactique pendant le match afin que les adversaires puissent plus difficilement anticiper, ex: part à gauche - lartpeum à laucheguess.

Die kryptische Funktion des *louchébeum* scheint nach Angaben meiner Informant*innen eine dominante Position eingenommen zu haben. Diese äußerte sich

[193] Es handelt sich um die Kindheit des Informanten, der 1946 geboren ist, ferner um die Zeit, in der er zur Grundschule ging. Es müsste folglich zwischen 1951 und 1955 gewesen sein.

in ihrer Kindheit bzw. Jugend nicht nur im Bereich des Fußballs, sondern ebenso im schulischen Kontext. Demnach wurde der *louchébeum* primär unter Sprecher*innen verwendet, um von ihren Lehrer*innen nicht verstanden zu werden:

(150) IDP4: C'est un langage que nous utilisions à l'école, bien évidemment pour ne pas se faire comprendre des profs.

Doch kam es vor, dass einige Lehrer*innen in der Lage waren, den *louchébeum* zu verstehen bzw. zu sprechen, da auch sie aus der Region um Pertuis stammen. Demnach war ihnen der *louchébeum* keine unzugängliche Geheimsprache, was sich bei den Sprecher*innen durch entsprechendes Misstrauen gegenüber den Lehrkräften äußern konnte:

(151) IDP5: Bien sûr qu'il [= le louchébeum] était utilisé dans la classe, devant les professeurs, mais avec méfiance, car certains pouvaient être de la région et comprendre notre conversation. Il y avait donc aussi un côté « méfiance »!

Neben der kryptischen Funktion erfüllt der *louchébeum* ebenso eine identitätsstiftende sowie gruppenindizierende Funktion, die besonders in der Phase der Jugend zur Geltung kommt. So verfolgen junge Sprecher*innen das Ziel, sich von nicht-initiierten Mitschüler*innen bzw. Gleichaltrigen zu unterscheiden, indem sie sich anders ausdrücken. Folglich kann der *louchébeum* auch als eigene Ausdrucksweise eines *parlers des jeunes* angesehen werden, welches einen Code herstellt, der Identität und zugleich auch Distanz und Verschiedenheit markiert. Wie Informant*innen diese Funktion sehen, mögen folgende Aussagen illustrieren:

(152) IDP10: On parlait entre amis initiés, pour rester secrets vis-à-vis des autres de la classe. [...] Quand on est adolescent, c'est toujours bien de pouvoir se démarquer des autres, d'avoir un côté « spécial »!

(153) IDP5: C'était très cool de parler un langage que peu de monde comprenait, ça permettait d'être « en marge », d'avoir une micro-société! Nous l'utilisions au sein du lycée, en sorties, quand nous allions au stade Vélodrome (Marseille) où nous étions pris pour des extra terrestres avec ce langage étrange! C'était une cool attitude!

Es kann bisher festgehalten werden, dass der *louchébeum* sowohl im schulischen als auch im fußballerischen Kontext erworben wurde und zwar in verschiedenen Schultypen (*école primaire*, *collège*, *lycée*) und vor allem fast ausschließlich in der Gemeinde *Pertuis*. Angesichts der unterschiedlichen Biographien und Geburtsjahrgängen der Informant*innen kann behauptet werden, dass der Erwerb des *louchébeum* in den genannten Bereichen etwa zwischen den Jahren 1950 und 2000 erfolgt ist. In der Kindheit und Jugend der Informant*innen spielte die kryptische Funktion eine bedeutende Rolle. Informationen wurden mit Hilfe der Geheimsprache innerhalb der Peergroup vermittelt, um von Nicht-Iniierten (Klassenkamerad*innen, Lehrer*innen, gegnerische Fußballmannschaften) nicht verstanden zu werden.

Aus diesem Zwischenfazit ergeben sich weitere Fragen: War der *louchébeum* bereits vor 1950 in Pertuis vital? Wird der *louchébeum* auch nach dem Jahr 2000 noch an Schulen bzw. in den Fußballvereinen erworben? Steht die kryptische Funktion dabei heute noch in dem Vordergrund? Inwieweit verwenden die Informant*innen, die die Geheimsprache etwa zwischen 1950 und 2000 erlernt haben, den *louchébeum* heute noch? Auf welche Verwendungskontexte kann der *louchébeum* bezogen werden? Welche Funktionen erfüllt jene Varietät bei diesen Sprecher*innen heute? Hinter diesen Fragen verbergen sich zweifelsohne interessante Antworten, die ich anhand meiner Datenbasis hier nur anreißen, allenfalls andeuten kann.

Die Frage, ob der *louchébeum* schon vor 1950 in der Region um Pertuis gesprochen wurde, kann nicht eindeutig beantwortet werden, nicht zuletzt, weil bisher keine Gewährspersonen in älteren Altergruppen (geboren vor 1946) gefunden werden konnten. Thomas ROBERT (IDP1) vermutet, der *louchébeum* wurde erst nach dem Zweiten Weltkrieg im Süden des Luberon verwendet:

(154) IDP1: Dans le Sud Luberon, il est parlé depuis la génération née après la seconde guerre mondiale (1940-1950), il me semble. Je ne crois pas que la génération de mes grands-parents (1920-1930) parlait le louchébeum.

Auch der Versuch einer Befragung des ältesten Informanten konnte diesbezüglich keine Klarheit bringen:

(155) IDP4: A vrai dire, je ne sais pas vraiment s'il s'agit de la Première ou Deuxième Guerre Mondiale; je pense que personne ne peut dire avec certitude l'arrivée de ce langage à Pertuis.

Jedoch können im Folgenden zwei Aussagen wiedergegeben werden, aus denen ersichtlich wird, dass der *louchébeum* – wenn dieser im Kreise der Familie erworben wurde – von mehreren Generationen weitervermittelt worden ist. Der Informant IDP9 ist im Jahre 1973 geboren und berichtet:

(156) IDP9: Je l'ai appris de mon père qui lui l'avait appris de son grand-père.

Dies würde bedeuten, dass die Generation des Vaters sowie die des Großvaters meines Informanten IDP9 den *louchébeum* jeweils um circa 1948 (Vater) bzw. 1923 (Großvater)[194] verwendet haben müssen. Dafür, dass der *louchébeum* bereits in den 1920er bzw. 1930er Jahren gebraucht wurde, spricht auch die Aussage der Informantin IDP13, die im Jahre 1951 geboren ist:

(157) IDP13: Mon père le parlait un peu, surtout avec les anciens Pertuisiens.

Die Generation des Vaters der Informantin müsste um 1926 geboren worden sein. So bleibt insgesamt festzuhalten, dass die Aussagen der Informant*innen ein heterogenes Bild liefern und dass die Rückverfolgung der Generationen, die den *louchébeum* sprachen, problematisch bleibt.

Richten wir nun einen Blick auf die Hypothesen hinsichtlich des Aufkommens des *louchébeum* in die Region des Pays d'Aigues. Es sei betont, dass auch diesbezüglich unterschiedliche Meinungen formuliert wurden:

(158) IDP6: Il y a pas mal d'hypothèses et de légendes qui entourent l'arrivée du louchébeum chez nous! Peut-être quelqu'un qui bossait sur Rungis, ou le louchébem était pratiqué dans cet immense marché, est venu habité [sic!] ici et l'a transmis.

(159) IDP1: Mon hypothèse est que le Louchébeum est arrivé plutôt par des « mauvais garçons », la pègre, plus que par des bouchers.

(160) IDP6: On dit aussi que ce sont les résistants qui se cachaient dans le maquis Luberonais et qui utilisaient ce langage pour ne pas se faire comprendre des Allemands durant la guerre.

---

194 Die Jahreszahlen 1948 bzw. 1923 sind von mir theoretisch errechnet worden und folglich nur als approximativ zu deuten. Ich habe dabei einen zeitlichen Abstand von 25 Jahren zwischen den jeweiligen Generationen als plausibel erachtet.

(161) IDP4: L'arrivée de ce langage à Pertuis provient (d'après l'histoire ?) de « Petits Malfrats » qui, ayant fréquenté les abattoirs de La Villette à Paris, seraient venus travailler aux abattoirs de Pertuis, ceci après guerre. Il faut dire que les abattoirs de Pertuis étaient importants pour la région.

Wie diese Aussagen belegen, herrscht bezüglich des Aufkommens des *louchébeum* in der Region um Pertuis unter den Informant*innen große Uneinigkeit. Einige halten die Hypothese der Einführung des *louchébeum* durch Kriminelle für plausibel (Aussagen 159 und 161). Andere wiederum (Aussage 160) glauben daran, dass jene Geheimsprache im Krieg benutzt wurde, um von deutschen Soldaten nicht verstanden zu werden. Es sei zumindest festgehalten, dass beide Hypothesen zutreffen können. Dies kann zum Zeitpunkt der vorliegenden Arbeit jedoch nicht stichhaltig belegt werden. Die Aussage (158) hingegen ist meines Erachtens höchst unwahrscheinlich, denn sie steht in einem zeitlichen Widerspruch zu einigen *louchébeum*-Sprecher*innen (sowie ihrer Vorfahr*innen), die schon weit vor der Eröffnung des Großmarktes in Rungis im Jahre 1969 jener Geheimsprache mächtig waren (beispielsweise IDP4 oder IDP13).

Eine weitere Frage, auf die eingegangen werden soll und auf die meine Datenbasis interessante Antworten liefert, ist die der aktuellen Vitalität sowie des Fortbestands des *louchébeum*:

(162) IDP1: Je parle régulièrement à ma compagne en Louchébeum lorsque nous sommes en public pour m'exprimer discrètement. [...] En effet, nous l'utilisons pour ne pas être compris par d'autres personnes, que ce soit sur un stade, en vacances, en festival...Cela nous permet de parler « librement ».

(163) IDP6: Je parle le louchébeum partout, à n'importe quel moment de la journée [...]. C'est souvent cryptique quand je le parle avec des amis, c'est souvent pour ne pas que d'autres autour ne comprennent.

(164) IDP7: En ce qui me concerne, je l'utilise essentiellement à des fins cryptiques, surtout lorsque je parle à mon épouse de sujets sensibles en présence de nos enfants. Il en va de même pour mon groupe d'amis.

(165) IDP3: On l'utilise souvent par exemple quand on joue à la pétanque. C'est davantage un jeu qu'un outil pour parler sans être compris des autres.

Aus diesen Aussagen wird deutlich, dass der *louchébeum* aktuell noch vital ist, zumindest für die Generation der heute 35- bis 55-Jährigen. Darüber hinaus können diesem Soziolekt sowohl eine kryptische (Aussagen 162, 163 und 164) als auch eine ludische Funktion (Aussage 165) zugesprochen werden. Ob der *louchébeum* von der jüngeren Generation an Schulen bzw. in Fußballvereinen heute noch erworben wird, bleibt unklar. Hierfür fehlen bislang Daten und Informant*innen.

(166) IDP6: Les jeunes de moins de 25 ans, c'est plus compliqué; j'ai l'impression que peu connaissent le louchébeum.

Ein weiterer Informant gibt an, dass seine Kinder in Kontakt zum *louchébeum* im Kreise der Familie gekommen sind und diesen verstehen, jedoch selbst nicht benutzen:

(167) IDP1: Mes fils, 3 et 5 ans, l'entendent et commencent à le comprendre sans le parler [...]. L'aîné reconnaît quelques mots mais ne le parle pas.

Eine letzte Dimension, die Teil meiner Umfrage zum *louchébeum* war, ist die der geheimsprachlichen Codierung. Der Informant IDP8 äußert sich diesbezüglich wie folgt:

(168) IDP8: Les terminaisons que nous utilisons sont différentes de celles utilisées sur Paris, la construction est quasi identique. « Merci » devient « lercimiq », « bière » devient « lièrebeum ».

Ähnlich, dennoch detaillierter, beschreibt ein anderer Informant den geheimsprachlichen Tarnmechanismus des *louchébeum* folgendermaßen:

(169) IDP10: On dit tous les mots avec « eum » et « ès » et on a gardé « ic » comme dans « loimic » pour « moi ». On ne modifie plus les mots avec des voyelles en début de mots.

Anhand beider Aussagen sowie der genannten Lexembeispiele wird deutlich, dass das Codierungsverfahren des *louchébeum* mit dem des Pariser *largonji du louchébem* identisch ist. Das emblematische Phonem bleibt auch hier /l/, welches am Wortanfang gesetzt wird; der ursprüngliche Anfangsbuchstabe wird ans Ende der letzten Silbe versetzt, die wiederum eine Suffigierung erfährt. Auch die von den Informant*innen genannten Suffixe finden sich im *louchébeum* wieder: *-ès*, *-ic* bzw. *-iq* sowie *-eum*. Letzteres entspricht der Endung *-em* im *louchébem*. Eine offizielle Handreichung zur Bildung des *louchébeum* für die Sprecher*innen und für interessierte Laien wird vom *Comité de défense Pertusien du Louchébem* (bzw. *Louchébeum*) angeboten. Ich danke diesem Komitee für das Zurverfügungstellen des *Petit tuto du Louchébeum – Version Lertuipeum*, welches im Folgenden reproduziert wird:

PETIT TUTO DU LOUCHEBEUM

VERSION LERTUIPEUM

Retrancher la première lettre du mot et la remplacer par L.

La lettre retranchée est placée à la fin du mot suivie d'une terminaison qui varie en fonction de la lettre

Avec B	EUM	exemple : Bonnet	Lonnetbeum
Avec C	èSS	exemple : Courge	Lourgecuèss
Avec CH	èSS	exemple : Chaude	Laudechèss
Avec D	èSS	exemple : Danse	Lansedèss
Avec F	EUM	exemple : Femme	Lemmefeum
Avec G	èSS	exemple : Gâteau	Lâteauguèss
Avec J	èSS	exemple : Journal	Lournaljèss
Avec K	èSS	exemple : Karaté	Laratékèss
Avec L	èSS	exemple : Lapin	Lapinlèss
Avec M	IK	exemple : Mère	Lèremik
Avec N	èSS	exemple : Nain	Lainnèss
Avec P	EUM	exemple : Patate	Latatepeum
Avec Q	èSS	exemple : Quine	Linequèss
Avec R	èSS	exemple : Rateau	Lateaurèss
Avec S	èSS	exemple : Suppositoire	Luppositoiresèss
Avec T	èSS	exemple : Toulon	Loulontèss
Avec V	EUM	exemple : Valise	Laliseveum
Avec X	èSS	exemple : Xénon	Lénonxèss
Avec Y	èSS	exemple : Yéti	Létiyèss
Avec Z	èSS	exemple : Zizi	Lizizèss

Avec une voyelle on commence toujours le mot par L et la lettre avant la terminaison est aussi L

Exemples :

AVION devient LAVIONLESS

ECOLE devient LECOLELESS

ITINERAIRE devient LITINERAIRELESS

OPIUM devient LOPIUMLESS

UNION devient LUNIONLESS

Abbildung 41: *Petit tuto du Louchébeum – Version Lertuipeum*[195]

[195] Die Abbildung kann unter folgendem Link aufgerufen werden: https://www.facebook.com/photo.php?fbid=10216191165399001&set=gm.2596096387345919&type=3&theater&ifg=1 (25.03.2021).

Aus den Erläuterungen dieses *Tutoriel* wird ersichtlich, dass die Suffixwahl vom Anfangsgraphem des zu codierenden Lexems abhängig ist. So sollte bei einer Verschleierung eines Wortes, welches mit /b/, /f/, /p/ oder /v/ beginnt, das Suffix *-eum* verwendet werden (wie etwa bei *bonnet* > *lonnetbeum*), wohingegen Lexeme mit allen anderen Konsonanten im Anlaut die Endung *-èss* favorisieren. Dieselbe Endung *-èss* erhalten ebenso die getarnten Formen, die eine vokalisch anlautende Ausgangsform aufweisen. Ausnahmen scheinen diejenigen Wörter mit anlautendem <m> zu sein: Diese werden mit dem Suffix *-ik* gebildet.

Eine Verifizierung der vordefinierten Suffixwahl anhand von geheimsprachlichem Wort- bzw. Satzmaterial ist eine lohnende Aufgabe für zukünftige *louchébeum*-Forschung. Für die vorliegende präliminäre Studie zum *louchébeum* konnte jedoch kein umfangreiches Korpus mit geheimsprachlichen Lexemen zusammengestellt werden. Vergleicht man aber die Bildung der einzelnen *louchébeum*-Formen, die von meinen Informant*innen zur Verfügung gestellt wurden (es sind lediglich 20 lexikalische Elemente), mit den vorgegebenen Suffixen, so erkennt man, dass diese vollkommen übereinstimmen. Lexeme mit anlautendem /m/ enden ausnahmslos in *-ic* bzw. *-iq* (*moi* > *loimic*, *merci* > *lercimiq*, *manger* > *langermic*). Lexeme mit anlautendem /b/, /p/ oder /v/ weisen alle das Suffix *-eum* auf (für /b/ sind es: *bière* > *lièrebeum*, *bonjour* > *lonjourbeum*, *bois (je)* > *loibeum*, *bar* > *larbeum*, *bosse (je)* > *lossebeum*; für /p/ sind es: *part* > *lartpeum*, *pétrole* > *létrolepeum*, *pizza* > *lizzapeum*; für /v/ sind es: *village* > *lillageveum*, *va (on)* > *laveum*).[196] Lexeme mit anderen Konsonanten im Anlaut werden konsequent mit der Endung *-ès* bzw. *-ess* gebildet (für /g/ ist es: *gauche* > *laucheguess*; für /k/ ist es: *café* > *lafécès*, für /s/ ist es: *centrale* > *lentralecès*, *soir* > *loirsès*, für /d/ ist es: *dans* > *landès*, für /ʒ/ ist es: *je* > *lejès*, für /ʁ/ ist es: *restaurant* > *lestauranress*). Es fällt weiterhin auf, dass – analog zum Pariser *largonji du louchébem* – überwiegend Nomina codiert werden. Verben und Adjektive finden sich nur vereinzelt. Es kann jedoch vermutet werden, dass auch diese Wortart stärker verschleiert wird und lediglich aufgrund der geringen Datenmenge nicht häufig auftauchen.

196 Es liegen bisher keine Lexeme mit anlautendem /f/ vor.

Pronomen (*moi, je*) sowie Präpositionen (*dans*) scheinen ebenso einer Tarnung zu unterliegen. Abschließend ist nochmal zu betonen, dass es sich um erste Beobachtungen handelt, die anhand eines größeren Korpus überprüft und komplettiert werden müssen.

TEIL VII: ZUSAMMENFASSUNG DER ERGEBNISSE UND AUSBLICK

Das Ziel der vorliegenden Arbeit bestand darin, eine möglichst umfassende Darstellung der Geheimsprache des *largonji du louchébem* zu zeigen und dabei insbesondere Antworten auf Forschungsfragen, die im Rahmen einer kulturhistorischen, lexikologischen und vor allem empirisch-qualitativ ausgerichteten soziolinguistischen Analyse entstehen, zu liefern. In diesem Abschlusskapitel sollen zunächst die anfänglich aufgeworfenen Thesen und Fragestellungen beantwortet und diskutiert werden. Den Ausgangspunkt für dieses Vorhaben bilden die in der Einleitung aufgestellten primären Forschungsfragen (Abschnitt 1.1.). Des Weiteren soll der für die vorliegende Studie eigens entwickelte methodische Ansatz zur Feldforschung des *largonji du louchébem* selbstkritisch reflektiert werden. Schließlich sollen einige Schlussfolgerungen und Desiderata für weiterführende Forschung, einerseits im Hinblick auf dem *largonji du louchébem* im Speziellen, und andererseits in Bezug auf romanische Geheimsprachen im Allgemeinen, gezogen werden.

9. Beantwortung der Forschungsfragen und Schlussfolgerungen

Im einleitenden Kapitel (1.1. Gegenstand und Ziel der Arbeit) wurden vor dem Hintergrund verschiedener Überlegungen und Perspektiven bezüglich des Phänomens des *largonji du louchébem* zehn Forschungsfragen formuliert. Diese sollten mit Hilfe der in sechs Teilen durchgeführten Analysen im Rahmen dieser Dissertation beantwortet werden. Die sechs Teile werden im Folgenden noch einmal kurz zusammengefasst:

- **Teil I: Theoretische Grundlegung**
  Nach einem Umriss des Forschungsstandes zum *largonji du louchébem* wurde die aus der Germanistik stammende Terminologie zur Sonder- und Geheimsprachenforschung vorgestellt und diskutiert. Die zentralen Kriterien sowie Funktionen von deutschen verhüllenden Sondersprachen bzw. Geheim-

sprachen wurden in Bezug zu französischen Sondersprachen gesetzt. Dieselbe Herangehensweise wurde für die verschiedenen Verfremdungstechniken von Sondersprachen verfolgt und mit zahlreichen Beispielen aus französischen Sondersprachen illustriert. Schließlich wurde die terminologische Problematik innerhalb der frankophonen Romanistik dargestellt und kritisch reflektiert.

- **Teil II: Sozial-historische Entwicklungen des Pariser Fleischergewerbes**
  In diesem Teil wurde ein Überblick über die Sozialgeschichte der Pariser Metzger*innen gegeben. Dabei wurden die wichtigsten wirtschaftlichen, sozialen sowie politischen Ereignisse und Beschlüsse, die das Metzgergewerbe seit dem Mittelalter geprägt haben, nachgezeichnet. Diese Überblicksdarstellung erhebt weniger den Anspruch einer vollständigen Darstellung der sozial-historischen Entwicklung des Pariser Fleischergewerbes – diese kann andernorts nachgelesen werden –, vielmehr sollte vorerst ein Verständnishorizont für den Beruf eröffnet werden. Dieser sozial-historische Rückblick diente auch dazu, ein Verständnis für wiederkehrende staatliche Reglementierungen sowie Kontrollen, denen Metzger*innen immer wieder ausgesetzt wurden, zu schaffen. Dies wiederum ermöglichte ein besseres Verständnis für den möglichen Zusammenhang der zunehmenden politischen, wirtschaftlichen und sozialen Außenabhängigkeit einer ganzen Berufssparte und die Herausbildung bzw. die Notwendigkeit der Verwendung einer Geheimsprache wie der *largonji du louchébem.*

- **Teil III: Sichtung lexikographischer Quellen**
  Das Ziel der Sichtung lexikographischer Quellen war vor allem zweierlei: Zunächst ging es darum, die in der Fachliteratur und von Argotographen angegebenen unterschiedlichen Datierungen des Erstbelegs des *largonji* bzw. *largonji du louchébem* zu überprüfen, kritisch zu hinterfragen und zu diskutieren. Sodann erfolgte die Durchsicht zahlreicher historischer Wörterbücher in Bezug auf das Phänomen des *largonji* und des *largonji du louchébem.* Es wurde eine umfassende chronologische Sammlung von Wörterbucheinträgen herausgearbeitet, durch welche eine tiefergehende Analyse und Kommentierung ausgewählter Lexeme aufgezeigt werden konnte. Ausgehend von dieser Übersicht der Quellenbelege wurde ebenso der unterschiedliche

Umgang der Argotographen mit dem Phänomen des *largonji* und des *largonji du louchébem* hinsichtlich ihrer Erläuterungen in Bezug auf den Tarnmechanismus sowie die Erwähnung des Sprecherkreises nachgezeichnet. Das für diesen Teil der Dissertation zugrundeliegende Korpus besteht aus 75 Wörterbüchern, darunter befinden sich insbesondere Argot-Wörterbücher sowie argotische Glossare, die die Zeitspanne von 1808 bis 2022 abdecken.

- **Teil IV: Zur Empirie und Methodik der vorliegenden Untersuchung**
  Im vierten Teil der vorliegenden Arbeit wurden Überlegungen in Bezug auf spezifische methodologische Herangehensweisen zur Untersuchung von verhüllenden Sondersprachen bzw. Geheimsprachen angestellt. Denn ihre Erforschung wird durch eine ganze Reihe von Faktoren erschwert: Es sei zunächst der Zugang von Außenstehenden (*out-group*) zu Geheimsprachensprecher*innen (*in-group*) erwähnt. Diesbezüglich wurden bereits erprobte Verfahren aus dem Bereich der Rotwelsch-Dialekte aufgezählt, kritisch kommentiert und für den gezielten Zugang zu *louchébem*-Sprecher*innen adaptiert bzw. erweitert. Hierbei wurden konkrete Handlungsempfehlungen formuliert. Als zweiter, erschwerender Faktor kann der unvermeidliche Rekurs auf vielfältige Methoden der Datenerhebung zum Zwecke einer möglichst umfassenden Dokumentation der Geheimsprache genannt werden. Auch in diesem Gebiet wurden einige der bereits in der Germanistik bewährten Ansätze vorgestellt, die in einem zweiten Schritt an die besonderen Gegebenheiten der Dokumentation des *largonji du louchébem* angepasst werden mussten. Hierauf folgten abschließend Ausführungen zur angewandten Systematik des Feldforschungsablaufes sowie zur konkret ausgewählten methodologischen Herangehensweise für die vorliegende Dissertation.

- **Teil V: Auswertung und Ergebnisse der empirischen Untersuchung**
  In diesem Teil ging es um die Auswertung der Ergebnisse der empirischen Untersuchung zum *largonji du louchébem*. Nach einer Darstellung der soziodemographischen Verteilung der Informant*innen wurden die wichtigsten Resultate nach Kategorien, welche nach einer induktiven Vorgehensweise aus den gesammelten Daten gebildet wurden, sortiert. Es wurde zunächst eine Beschreibung folgender soziolinguistischer Aspekte durchgeführt: interne und externe Sprachnamenvergabe, geheimsprachliche Kompetenzen, Sprach-

gebrauch, Spracherwerb und Transmission, sprachliche Funktionen, Verwendungsorte, Sprechereinstellungen. Es schloss sich ein weiterer Teil an, der sich mit den lexikalischen Aspekten des *louchébem* beschäftigt. Dabei wurde das Hauptaugenmerk auf den Verfremdungsmechanismus des geheimsprachlichen Materials gelegt. Davon ausgehend wurde eine Typologie der Silbenstruktur des sondersprachlichen Vokabulars erarbeitet. Dabei wurde auf frühere Arbeiten rekurriert, um so die bisher erarbeiteten Ergebnisse verifizieren und komplettieren zu können.

- **Teil VI: Exkurs: Der *louchébeum* – eine diatopische Varietät des *largonji du louchébem***
  Dieser Exkurs hatte zum Ziel, den *louchébeum*, eine in und um Pertuis (Département Vaucluse) verwendete Varietät des Pariser *largonji du louchébem*, ausführlicher zu beschreiben. Ein allgemeiner Hinweis über die potentielle Existenz dieser Varietät findet sich bei ALLIOT (2009, 85). Dies hat mich dazu bewogen, wissenschaftliche Forschungen zu diesem Thema zu initiieren. Im Rahmen einer ersten kleineren Studie zum *louchébeum* ist es gelungen, besondere innovative Forschungsergebnisse zu liefern, die vielversprechende Forschungshypothesen und weitere Desiderata zulassen.

Nun werden die in diesen sechs Teilen erarbeiteten Ergebnisse in Form von Antworten auf jede der primären Forschungsfragen (Abschnitt 1.1.) zusammengefasst. Hierbei wird aufgezeigt, dass einige Forschungsfragen zumindest hinterfragt bzw. ergänzt werden können.

Frage 1: Welche terminologischen Grundbegriffe aus der germanistischen Sonder- und Geheimsprachenforschung lassen sich für die Beschäftigung mit der Geheimsprache *largonji du louchébem* einführen bzw. adaptieren?

Die Sonder- und Geheimsprachenforschung sowie ihre eigene Terminologie sind bisher nur auf dem Gebiet der germanistischen Sprachwissenschaft zu finden. Die (Franko-)Romanistik hingegen subsumiert einzelne Sonder- und Geheimsprachen unter der sogenannten Argot-Forschung, bei welcher wiederum mit einer ganz anderen terminologischen Tradition operiert wird. Außerdem sind die beiden Forschungsrichtungen zugrundeliegenden Felder (germanistische und frankoromanistische) nicht uneingeschränkt miteinander vergleichbar. Für die vorliegende

Studie erschien es dennoch sinnvoll und notwendig, die bereits fest etablierte und anerkannte Terminologie der germanistischen Sondersprachenforschung in die (Franko-)Romanistik zu überführen, um so zu einer grundsätzlichen Vereinheitlichung des Fachwortschatzes für diese Forschungsrichtung zu gelangen. Dies ist nicht zuletzt deshalb von Interesse, weil der spezifische Untersuchungsgegenstand des *largonji du louchébem* eindeutig in das Feld der Sonder- und Geheimsprachenforschung passt.

Es kann zunächst festgehalten werden, dass der *largonji du louchébem* dem Oberbegriff *verhüllende Sondersprachen* bzw. *Geheimsprachen* subsumiert werden kann. Alle Kriterien und Funktionen, bei denen eine Sondersprache als verhüllende Sondersprache bzw. Geheimsprache klassifiziert werden kann, gelten auch hier: geschlossene Sprechergruppe, intendierte Geheimsprachlichkeit, bewusste Abgrenzung *in-group* versus *out-group*, Verwendung sprachlicher Verfremdungsverfahren (zu Typ 1 gehörend: Laut- und Silbenmetathese, vgl. Kapitel 3.3.), vorrangige Mündlichkeit sowie regionale Begrenzung.

Für die Beschreibung verhüllender Sondersprachen wurden folgende relevante Fachtermini eingeführt: *Spendersprachen* (das sind Sprachen, aus denen eine Sondersprache einzelne Lexeme zu Verdunklungszwecken entnimmt), *Kernwortschatz* (das ist der Sektor des Gesamtwortschatzes einer Geheimsprache, der die Verschleierung bzw. die Tarnung leistet) sowie *lexikalischer Nahbereich* (das sind Lexeme, die entweder eine Verdunklung nur in einem beschränkten Umfang leisten können oder ihre Tarnleistung bereits gänzlich verloren haben). In Verbindung mit der Untersuchung des *largonji du louchébem* kommen nicht alle Termini gleichermaßen zum Tragen. Da der *louchébem* lediglich Lexeme aus dem Französischen transformiert, kann nicht von *Spendersprachen* im engen Sinne gesprochen werden. Die einzige Ausnahme bildet das Englische (vgl. Kapitel 7.3.5.). Doch die von *louchébem*-Sprecher*innen übernommenen englischen Lexeme gehören wiederum der französischen Jugendsprache – folglich einer wieteren Sondersprache – an. Dasselbe gilt für den *verlan* wie beispielsweise bei *leubitem* < *teubi* ‚bite'. Es kann also im Falle des *largonji du louchébem* zwei wesentliche Merkmale festgestellt werden: Um die Funktion der Geheimsprachlichkeit leisten zu können, werden zum einen Verdunklungslexeme aus anderen Sondersprachen (vor allem aus der Jugendsprache) bezogen. Zum anderen sollte anstatt von *Spendersprachen* im speziellen Fall des *largonji du louchébem* vielmehr von *Spenderregistern* gesprochen werden. Der *louchébem* bezieht nämlich seine Tarnlexeme zum Zwecke der Geheimsprachlichkeit nicht nur aus dem *français standard* (z. B. *leaubé* < *beau*), dem *français familier* (z. B. *se faire laisebem beau* < *se faire baiser* ‚tromper‘), dem *français vulgaire* bzw. *argotique* (z. B. *luquesse* < *cul*), sondern auch aus der Fachsprache der Metzger*innen (z. B. *laupiettepem de leauvé* < *paupiette de veau*) und ebenso der Jugendsprache bzw. dem *parler des jeunes* (z. B. *cool* > *loolkem*).

Der Begriff *Kernwortschatz* hingegen kann ohne weitere Adaptierung für die Beschreibung des *louchébem* gebraucht werden. Zu seinem Kernwortschatz gehören vor allem bedeutungstragende Wortarten (Nomina, Verben, Adjektive, Numeralia, Adverbien) und nur in Einzelfällen funktionstragende Wortarten (Negationspartikel, Konjunktionen, Präpositionen, Determinanten, Pronomen).

Auch der Terminus *lexikalischer Nahbereich* eignet sich, um die louchebemisierten Lexeme zu bezeichnen, welche die Geheimhaltung nur bedingt leisten können, da sie bereits in die französische Umgangssprache eingegangen sind (z. B. *loufoque* < *fou* oder *en loucedé* < *en douce*).

Frage 2: Inwiefern ist eine Darstellung der Genese des *largonji du louchébem* anhand sozial-historischer Quellen möglich?

Um es vorwegzunehmen: Es ist unmöglich, die Genese des *largonji du louchébem* anhand sozial-historischer Quellen umfassend zu rekonstruieren. Ich habe im Kapitel 4 den Versuch unternommen, die externen, mesologischen Faktoren, die zu einer potentiellen Herausbildung sowie zum aktiven Gebrauch jener Geheimsprache geführt haben könnten, zusammenzutragen. Hierfür habe ich sowohl auf historische Quellen (wie etwa Patentbriefe und staatliche Erlasse) als auch auf spezifische Studien von Historikern, die sich im Allgemeinen mit dem französischen Fleischergewerbe und im Speziellen mit der Pariser Metzgerkorporation beschäftigt haben, rekurriert.

Die Rekonstruktion der Entstehungs- und Wirkungsgeschichte des Pariser Fleischergewerbes liefert einen zweifelsohne bedeutsamen Erkenntnisgewinn. Anhand der synthetisierenden Darstellung der Ereignisse sowie bestimmter sozialer, wirtschaftlicher, politischer und rechtlicher Sachverhalte kann festgehalten werden, dass Fleischer*innen schon immer besondere Rechte, wichtige Privilegien und Macht, aber auch einige aus wirtschaftlicher Sicht nicht zu unterschätzende Pflichten und Vorschriften verliehen wurden. Es lässt sich ebenso erkennen, dass das Metzgergewerbe seit dem Mittelalter von zahlreichen Unruhen geprägt und vom französischen Staat bzw. von der Stadt Paris bewusst herbeigeführten Konkurrenzsituationen ausgesetzt war. Da Fleisch zu den Gütern des Grundbedarfs gehört und eine kontinuierliche Frischfleischversorgung der Pariser Bürger*innen sichergestellt werden musste/muss, so verwundert es nicht, dass das Metzgerhandwerk und der Fleischverkauf schon immer stark reglementierte und kontrollierte Domänen darstellten.

In keiner der konsultierten sozial-historischen Quellen konnte die Erwähnung eines spezifischen Argot der Pariser Metzger*innen oder ein Verweis auf den *largonji du louchébem* nachgelesen werden. Es sei hier lediglich darauf aufmerksam gemacht, dass die Quellendurchsicht zusätzlich einige wichtige Handlungen und (Kontakt)-Situationen erbrachte, denen sich Metzger*innen stellen mussten. Dies eröffnete Raum für Vermutungen bezüglich der Herausbildung dieser Geheimsprache, die bei der Beantwortung der folgenden Frage 3 vorgestellt werden.

Frage 3: Welche Vermutungen lassen sich in Bezug auf den sozialpolitischen und wirtschaftlichen Kontext des Pariser Metzgergewerbes und den Einfluss auf die Notwendigkeit, *largonji du louchébem* zu verwenden, formulieren?

Auch wenn die generelle Rekonstruktion der Genese des *largonji du louchébem* anhand sozial-historischer Quellen unmöglich erscheint, schafft die soziohistorische Aufbereitung der Geschichte des Fleischereigewerbes ein Verständnis für die politischen, wirtschaftlichen und sozialen Bedingungen, denen die Ausübung des Metzgerberufs im Laufe der Zeit unterlag. So ist es vor diesem Hintergrund zumindest nicht unwahrscheinlich, dass die im Kapitel 4 nachgezeichneten Reglementierungen und/oder auch die konkurrenzfördernden Dereglementierungen des Fleischergewerbes zur Verwendung einer Geheimsprache motiviert haben könnten. Die wesentlichen Regelfestlegungen sind hier noch einmal chronologisch aufgeführt: die Etablierung der *Caisse de Poissy* 1690 sowie ihre zweifache Wiedereinführung 1779 und 1802, das Gesetz *Le Chapelier* 1791, die Errichtung der fünf öffentlichen Schlachthausanlagen und der damit verbundene

Verbot öffentlicher Schlachtungen 1810, die Einführung der Fleischtaxe 1855, die wiederkehrende Freigebung des Fleischergewerbes 1858 (Aufhebung der Kasse von Poissy sowie der obligatorischen Märkte, der Begrenzung der Anzahl von Metzgereien und der Preistaxe), die systematische Einführung der veterinären Kontrollen in Metzgereien ab Mitte des 19. Jahrhunderts und, schließlich, die Errichtung der modernen Schlachthäuser *La Villette* 1867 sowie *Vaugirard* 1898 und die damit einhergehende Aufteilung des Metzgerhandwerks in zwei voneinander getrennten Geschäftssektoren (das Töten in den Schlachtanlagen und der Verkauf in den Metzgereigeschäften).

Auch sprechen verschiedene Quellen und Indizien dafür, dass der Ursprung des Verfremdungsmechanismus mit hoher Wahrscheinlichkeit in kriminellen Milieus zu suchen ist, mit denen die Metzger in Kontakt kamen. Wie bereits in Kapitel 4.7. (Erklärungsversuch) dargestellt wurde, sind hier drei wesentliche Kontaktsituationen bzw. -Akteure zu nennen: der Schwarzmarkt und die *bouchers voyous*, die *tueurs* sowie die Prostituierten.

Frage 4: Welchen Erkenntnisgewinn kann eine Rekonstruktion lexikographischer Anmerkungen zum *largonji* bzw. *largonji du louchébem* sowie eine systematische Ermittlung und Sammlung getarnter Lexeme aus historischen Argot-Wörterbüchern und Glossaren liefern?

Rekapituliert werden im Folgenden die inhaltlichen Überlegungen des dritten Teils (Sichtung lexikographischer Quellen) dieser Arbeit. Als Zwischenbilanz kann festgehalten werden, dass die Durchsicht der Quellenverweise für die Erstbelege von Formen des *largonji* bzw. *largonji du louchébem* eine Datierungsspanne von 1821 (Hypothese GUIRAUDS), 1828 bzw. 1837 (Hypothese SAINÉANS und DAUZATS), 1850 (Hypothese CELLARDS und LARCHEYS), 1867 (Hypothese FRANÇOIS-GEIGERS) bis 1898 (vermeintliche Hypothese CELLARDS) umfassen.

Wirft man nun einen Blick auf die chronologische Übersicht der Quellenbelege, fällt auf, dass die erfassten Lexeme in der ersten Hälfte des 19. Jahrhundert (1808 bis 1856) aus Wörterbüchern bzw. Glossaren stammen, die ausschließlich den *argot des voleurs et des malfaiteurs* behandeln. Es ist zweifellos ersichtlich, dass der prototypische Mechanismus des *largonji* zur Tarnung von Wörtern in dieser ersten Hälfte des 19. Jahrhunderts gebräuchlich war. Es kann jedoch nur vermutet werden, dass dieser Mechanismus Ende des 18. bzw. Anfang des 19. Jahrhunderts entstanden sein könnte, und zwar zunächst nur im kriminellen Milieu. Für den Bereich des Karzeralen sprechen vor allem die Belege ANSIAUMEs (*Bagne de Brest*) und VIDOCQs (*Sûreté*). Man könnte folglich, wie es bereits FRANÇOIS-GEIGER (1968) vorschlug, von einer frühen Form des *largonji* sprechen. Die von mir eingeführte und favorisierte Bezeichnung *largonji des malfaiteurs* erscheint hier passender, weil sie noch exklusiv im kriminellen Milieu vorzufinden ist und weil ihr zugrundeliegender Tarnmechanismus noch nicht von der Sprechergruppe der Metzger übernommen wurde. Den von GUIRAUD vorgeschlagenen Terminus *largonjem* hingegen erachte ich als inadäquat und irreführend. Es ist kein gelungener Versuch, das Phänomen derart zu benennen, da GUIRAUD das *largonjem* als spezielle Form des *largonji* ansieht, welche ihre erste Datierung in ANSIAUMEs Glossar (1821) finden soll. Auch impliziert der *largonjem*, laut GUIRAUD, dass alle getarnten Lexeme mit dem Suffix *-em* enden. Wie bereits im Kapitel 5 (Quellenbelege des *largonji du louchébem*) aufgezeigt wurde, handelt es sich bei dem Erstbeleg des *largonjem*, auf das sich GUIRAUD stützt, um das Lexem **lombem*. Diese Form wurde vermutlich falsch kopiert, denn im Glossar von ANSIAUME steht *lomben* (vgl. Abschnitt 5.2.1.).

Es sei hier nochmal zusammengefasst, dass terminologisch gesehen zwischen zwei Varianten des *largonji* unterschieden werden muss. Zum einen sollte die frühe Form des *largonji*, die lediglich im kriminellen Milieu Verwendung fand, mit der Bezeichnung *largonji des malfaiteurs* versehen werden. Die spätere Form des *largonji*, die sich dadurch charakterisiert, dass ihr prototypischer Mechanismus von der Sprechergruppe der Pariser Metzger*innen übernommen wurde, sollte die Bezeichnung *largonji du louchébem* tragen. Der Terminus *argot des bouchers*, der seine erstmalige Verwendung bei LARCHEY (1883) findet, ist meines Erachtens ambig. Denn unter dem Begriff *argot* kann sowohl die Fachsprache als auch die Geheimsprache verstanden werden.

Wie bereits im Abschnitt 5.2.3. (Die Entwicklung des *largonji* ab der zweiten Hälfte des 19. Jahrhunderts) dargestellt, findet sich die erstmalige Erwähnung der Sprechergruppe der Metzger*innen in Verbindung mit dem Tarnmechanismus des *largonji* in der sechsten Auflage der *Excentricités du langage français* von LARCHEY (^{6}1872). Auch wenige Jahre später, 1878, erscheint in RIGAUDs *Dictionnaire du jargon parisien* ein ähnlicher Verweis auf die Sprechweise der

Metzger. Doch der *largonji du louchébem* könnte bereits auch deutlich früher gesprochen worden sein. Denn „aufgrund der ungünstigen Quellenlage – Geheimsprachen werden mündlich tradiert – bestehen gerade hier besondere Unsicherheiten, und die systematische Sichtung von schriftlichen Erstbelegen sagt mitunter wenig über die mündliche Vitalität eines Lexems aus“ (RADTKE 1990, 1535). Setzt man die Datierungen LARCHEYS (^{6}1872) und RIGAUDS (1878) in Verbindung zu dem sozialpolitischen und ökonomischen Kontext des Pariser Metzgerhandwerks in Relation, wird deutlich, dass diese Datierungsversuche vermutlich zu spät angesetzt wurden. Denn es sind bereits zahlreiche behördliche Reglementierungen, die das Metzgerhandwerk tangieren und einen Einfluss auf die wirtschaftliche Lage der Metzger gehabt haben müssen, eindeutig früher erlassen worden (siehe hierzu die Antwort auf Frage 3).

Frage 5: Mit welchen Schwierigkeiten ist bei der systematischen Erforschung einer Geheimsprache wie die des *largonji du louchébem* zu rechnen?

Bei der Erörterung der Methoden der Feldforschung (Teil IV: Zur Empirie und Methodik der vorliegenden Untersuchung) konnte gezeigt werden, dass die Erforschung verhüllender Sondersprachen und Geheimsprachen eine Konzeption gänzlich anderer Herangehensweisen erfordern. De facto sind sowohl der erste Zugang der Forscher*innen zu den Sprecher*innen sowie die Informantenselektion als auch die anschließende Datenerhebung zum Zwecke der Korpuszusammenstellung mit höchst relevanten Problemen behaftet. Alle Phasen der Feldforschung, die eine möglichst umfassende Dokumentation dieser Geheimsprache versuchen, sind mit sich potenzierenden Schwierigkeiten verbunden. Der mit den Erhebungsmethoden erforderliche Aufwand – vor allem die zeitliche Perspektive – ist vorab nicht kalkulierbar. Alle gewählten Methoden zur qualitativen Datenerhebung (erste persönliche Kontaktaufnahme im „Tür zu Tür-Prinzip“, dreigegliederte schriftliche Sprecherbefragung, Einsatz der Basisliste und telefonische oder *face-to-face* Leitfadengespräche) sind mit sehr viel Zeit und Aufwand verbunden, da die Sprecher*innen in regelmäßigen Abständen ausschließlich persönlich angetroffen werden müssen. Nur durch den über mehrere Jahre kontinuierlichen Aufbau einer persönlichen – ja zum Teil auch freundschaftlichen – Beziehung zu den Sprecher*innen, ist es als Forscher*in möglich, so umfassend in die Rätsel jener Geheimsprache eingeführt zu werden. Als Geheimsprachenforscher*in hat man gewisse Zeitverluste, eine unzufriedenstellende Datenlieferung sowie eine mangelnde Kontrollierbarkeit der Umsetzung des Feldforschungsvorhabens in Kauf zu nehmen. Meines Erachtens darf in der Geheimsprachenforschung keine Aufwandsminimierung realisiert werden, zum Beispiel bei der Wahl weniger zeitaufwändiger Datenerhebungsmethoden. Es sollte keine Kosten-Nutzen-Abwägung vorgenommen werden, denn auch bei erhöhtem methodischem Aufwand kann die Datenlieferung teilweise schmal ausfallen. Es kann folglich festgehalten werden, dass die Erforschung einer Geheimsprache wie des *largonji du louchébem* sich in keiner Weise planen lässt. Auch ihr Erfolg kann nicht in jedem Fall im Vorfeld festgelegt werden, nicht zuletzt, weil die Geheimsprachensprecher*innen nicht immer Auskunft über ihre geheimzuhaltende Sprache geben wollen.

Meine Herangehensweise bei der Erforschung des *louchébem*, einer Sprache, die ihrem Wesen nach geheim und heute noch vital ist, ähnelt derjenigen meiner Vorgänger, Karl Jaberg und Jakob Jud, zwei areallinguistische Forscher, die bereits zu Beginn des 20. Jahrhunderts mit ähnlichen Schwierigkeiten zu kämpfen hatten. In treffender Weise formulierten sie:

> Ganz auf eigenen Füßen stand der Explorator bei der Auswahl der Gewährsleute. [...] Es wurde ihm da eine ungemein schwierige und delikate Aufgabe zugeschoben, die nicht nur übermäßig viel Zeit in Anspruch nahm, sondern von ihm auch ein ungewöhnliches Maß an Energie, Geduld, Takt, Spürsinn und Erfahrung forderte [...]. Nach welchen Gesichtspunkten hatte die Auswahl zu geschehen? Welche Anforderungen sind in Bezug auf Geschlecht, Alter, Stand, Intelligenz und Bildungsgrad an einem guten Auskunftgeber zu stellen? [...] Ein alleinseligmachendes Rezept für die Auswahl der Gewährsleute gibt es nach dem Gesagten nicht. Die Regel des Explorators muss sein, sich an keine Regel zu halten: der Versuch allein beweist (JABERG / JUD 1973 [1928], 189f.).

Frage 6: Können bisher etablierte methodologische Herangehensweisen der germanistischen Sonder- und Geheimsprachenforschung für die Erforschung des *largonji du louchébem* verwendet werden?

Bei der Planung des empirischen Teils der vorliegenden Arbeit hat es sich als sinnvoll herausgestellt, auf vorhandene Ansätze, die auf dem Gebiet der germanistischen Sondersprachenforschung bereits mit Erfolg verwendet worden sind, erst einmal zurückzugreifen. Doch Geheimsprachen unterscheiden sich derart, dass jede von ihnen an einen eigenen situativen Kontext gebunden ist, ihre eigenen Grundsätze hat, und folglich jeweils eigene methodologische Sonderfragen mit sich bringt. Ich möchte damit sagen, dass Feldforschungen eines Rotwelsch-Dialekts im Gegensatz zu Feldforschungen des *largonji du louchébem* nicht zwingend die identische Verwendung der methodologischen Instrumentarien implizieren. Der spezifische Untersuchungsgegenstand des *louchébem* erlaubt es nicht, etablierte Methoden der germanistischen Forschung der Rotwelsch-Dialekte ohne weitere Reflexion zu übernehmen.

Im Hinblick auf den höchst problematischen Zugang von Außenstehenden zu Sprecher*innen einer Geheimsprache wurden die Gebote des Soziologen GIRTLER (vgl. Abschnitt 6.1.1.) sowie die darauf basierenden Empfehlungen SIEWERTS (vgl. ebd.) als Ausgangspunkt für die Formulierung weiterer, auf die spezifischen Belange des Zugangs zu Sprecher*innen des *louchébem* gerichteten Hinweise, aufgegriffen. Es wurden vier zusätzliche Empfehlungen erarbeitet: 1) der Umgang mit geschlechterspezifischen Schwierigkeiten (Forscherin in der männlich dominierten Berufswelt der Metzger*innen); 2) die Sensibilisierung gegenüber der Rolle der Forschung und der Forscher*innen (Hemmungen seitens der Informant*innen hinsichtlich der Diskrepanz des Bildungsgrades); 3) Geduld und Durchhaltevermögen (Aufbau einer überzeugenden Vertrauensbasis wegen einer hohen Verweigerungsrate) sowie 4) der Umgang mit der Problematik des öffentlichen Raums und des Kundenkontakts (der Erstkontakt sowie alle weiteren Kontaktsituationen zu Informant*innen spielten sich ausnahmslos im öffentlichen Raum der Metzgerei ab).

Die für die Rotwelsch-Forschung typischen Arbeitsmethoden[197] können nicht alle für die Untersuchung des *louchébem* herangezogen werden. Der Grund hierfür liegt auf der Hand: Während es in der Rotwelsch-Forschung primär darum geht, Reste der aktuell nur noch selten gebräuchlichen Geheimsprachen zu „retten“, folglich lexikographisch zu sichern, sind die Bedingungen, die der Erforschung

[197] Diese seien an dieser Stelle nochmal kurz aufgezählt: das ungelenkte Gespräch unter Geheimsprachensprecher*innen, das Gespräch mit Sprecher*innen über ihren Rotwelsch-Dialekt, der Mitschnitt der Sprecherbefragung auf der Grundlage eines Glossars aus schriftlichen Quellen (die sogenannte Basisliste) und schließlich das Vorlesen und Vertonen von Lexemen (vgl. Abschnitt 6.2.1.).

des *louchébem* zugrunde liegen, ganz andere. Die vorliegende Studie hat gezeigt, dass der *louchébem* eine durchaus immer noch sehr vitale Geheimsprache ist, deren Untergang nicht zu befürchten ist. Auch erweist sich eine lexikographische Fixierung als nicht notwendig, da der *louchébem* ein Schlüsselargot darstellt und somit lediglich Lexeme aus dem Französischen kodiert. So wurde etwa die Methode des Vorlesens und Vertonen von geheimsprachlichen Lexemen außer Acht gelassen, weil sie für den *largonji du louchébem* nicht relevant ist. Die Möglichkeit, ein ungelenktes Gespräch unter Geheimsprachensprecher*innen zu hören, hat sich bedauernswerter Weise nie ergeben. Wie bereits im Abschnitt 6.2.1. beschrieben, ist ein solches freies Gespräch zwar von großem qualitativem Datenwert, jedoch wäre dieser nur im Rahmen einer verdeckten Aufnahme zu erheben. Eine derartige Aufnahme ist rechtlich gesehen verboten (siehe Abschnitt 6.1.2.2.) und wäre forschungsethisch abzulehnen.

Überzeugende Befunde konnten hingegen das Gespräch mit Sprecher*innen über ihre Geheimsprache und die Verwendung der Basisliste liefern. Für die vorliegende Studie wurden beide Methoden spezifiziert, indem zunächst systematischere, den Arbeitsbedingungen der Metzger*innen adaptierte schriftliche Sprecherbefragungen (thematische Dreiteilung der Fragebögen) eingesetzt wurden. Auch wurde die Tatsache berücksichtigt, dass die in den Fragebögen angesprochenen Themenkomplexe lediglich metasprachliche Aussagen seitens der Sprecher*innen generieren. Zu diesem noch sehr sensiblen Zeitpunkt der Befragung hat es sich bewährt, zunächst keine zielgerichteten Fragen nach konkretem geheimsprachlichem Material zu stellen. Da die Wahrung einer kontinuierlichen Vertrauensbasis von höchster Relevanz war, wurde darauf geachtet, dass nur diejenigen Sprecher*innen, die bereits an der Befragung teilgenommen haben, an der Basisliste arbeiten durften. Es sei hier besonders betont, dass die Methode der Basisliste nicht isoliert, für sich alleine, verwendet werden kann. Die Phase der Felderprobung, welche der empirischen Studie voranging, hat nämlich Folgendes gezeigt: Wenn der Forschende den Sprecher*innen diese Basisliste aushändigt, ohne im Vorfeld Vertrauensarbeit geleistet zu haben, stößt jener aufgrund der semasiologischen Orientierung der Basisliste zwangsläufig auf massiven Widerstand. Eine etwas verminderte Kooperationsbereitschaft meiner Informant*innen konnte bei der abschließenden Methode des Leitfadengesprächs im Sinne eines ero-epischen Gesprächs festgestellt werden. Hierfür sprechen zwei

Gründe: Zum einen sind für die Informant*innen die zeitlichen Belastungen, die eine Teilnahme an einem solchen Gespräch mit sich bringt, von Bedeutung; zum anderen scheint die Öffnungstendenz einiger Sprecher*innen eher vorsichtig zu sein. Häufig wurde mit dem Hinweis der mangelnden Kompetenz des *largonji du louchébem* die Partizipation an einem Gespräch abgelehnt.

Frage 7: Wie gestaltet sich die heutige soziolinguistische Situation bezüglich der Vitalität des *largonji du louchébem*?

Die Antwort auf die Frage, ob der *argot du boucher*, wie dieser zum Teil von seinen Sprecher*innen intern bezeichnet wird, heute vom Aussterben bedroht oder noch in Gebrauch ist, konnte ganz klar beantwortet werden: Er genießt immer noch eine große Vitalität. Diese unterliegt jedoch deutlichen Schwankungen, denn der *largonji du louchébem* wird häufig in Metzgereien aktiv verwendet, in denen eine größere Gruppe von Fleischern arbeitet. In kleineren Geschäften, die meist von einem Ehepaar geführt werden, kennt man diese Geheimsprache und ist in der Lage, diese auch zu sprechen, dennoch erfährt diese eine geringere bis gar keine Verwendung. Auch konnte nachgewiesen werden (vgl. Abschnitt 7.2.6.), dass der Gebrauch des *louchébem* in einigen, meist in teuren Wohngegenden gelegenen Metzgereien absolut verboten wird.

Hinsichtlich der geheimsprachlichen Kompetenzen der Informant*innen werden im Folgenden die relevantesten Ergebnisse der Studie resümiert. Zunächst sei festgehalten, dass die meisten Informant*innen den *louchébem* im Berufsalltag täglich benutzen. Dabei ist wichtig zu betonen, dass der *louchébem* bis auf wenige Ausnahmen – vor allem im privaten und schulischen Kontext – nur in mündlicher Existenzform vorzufinden ist. Das Erlernen dieser Geheimsprache kann als „natürlich“ gekennzeichnet werden; der Spracherwerb erfolgt in der eigenen sozialen Gruppe (meist während der Ausbildungszeit) ohne direkte Instruktion, folglich nur durch Beobachtung und Zuhören bei den Initiierten. Auch die Bereitschaft, diesen *argot* zu erlernen, ist groß. Primäre Gründe des Geheimsprachenerwerbs sind vor allem: erfahrene Kollegen bzw. den *patron* verstehen und mit ihnen kommunizieren können. Die Untersuchung der Einstellungen der Sprecher*innen gegenüber ihrer Geheimsprache hat ein klares Bild ergeben: Der Großteil hält am *louchébem* fest. Es wird als Aufgabe angesehen, diese untrennbar mit dem Metzgerberuf verbundene Sprache der jüngeren Generation weiterzugeben. Zahlreiche Informant*innen blicken stolz auf ihre Geheimsprache, weil diese immer noch als solche funktionalisiert wird, den Zusammenhalt einer Gruppe sichert und nicht zuletzt die soziale Identät einer ganzen Berufsbranche markiert („c'est notre identité culturelle, il fait partie du patrimoine parisien"; vgl. Aussage (105) im Abschnitt 7.2.7.).

Frage 8: Welche grundlegenden Funktionen fallen dem *largonji du louchébem* heute zu?

Es konnte herausgearbeitet werden, dass dem *largonji du louchébem* heute drei wesentliche Funktionen zukommen: eine kryptische, eine ludische und eine enttabuisierende Funktion. In seiner grundlegenden Funktion wird der *louchébem* zum Zwecke der intendierten Geheimsprachlichkeit verwendet. Jedoch bestimmen immer mehrere Motive den Gebrauch des *louchébem*, um Nicht-Initiierte vom Gesagten auszuschließen. So etwa für die Sicherung von Vorteilen finanzieller Natur (Vorbeugung vor Lebensmittelverschwendung und Vermeidung von Verlusten) oder aus ludischen Motiven heraus, aber auch zum Zwecke des Sich-Mokierens. Im Arbeitsalltag wird die Unzufriedenheit der Metzger*innen durch Lästern über unfreundliche bzw. lästige Kundschaft zum Ausdruck gebracht; im privaten Kontext hingegen mokieren sich Familienmitglieder, die einer *louchébem*-sprechenden Metzgerfamilie stammen, über andere Menschen, etwa bei einem Restaurant- oder Schwimmbadbesuch.

Es konnte ebenso festgestellt werden, dass der *largonji du louchébem* als Paar- bzw. Privatsprache fungiert. Diese besondere Rolle resultiert aus einer starken affektiven Verbindung zwischen den Ehepartner*innen. Ihre ritualisierte Handlung besteht darin, getarnte Lexeme gezielt einzusetzen, um Liebe, Zärtlichkeit und Nähe (geheim)sprachlich auszudrücken. Dies kommt auch besonders dort zum Ausdruck, wo Ehepartner*innen sich louchebemisierte Spitznamen geben. Das affektive Motiv äußert sich ebenso in der Handlung des Sich-Neckens unter Arbeitskolleg*innen. Neckereien werden auf *louchébem* realisiert und können als harmlose und freundschaftliche Bemerkungen angesehen werden. Provokante bzw. kritische Momente werden durch die sprachliche Verschleierung komisiert.

Die potentielle Verletzbarkeit, welche durch derartige Aussagen hervorgebracht werden kann, verliert folglich an Gewicht.

Bei Situationen, in denen Metzger*innen sich mokieren oder sich necken, fällt die gemeinsame, enttabuisierende Funktion des *louchébem* ins Auge. Die Kommentierung bestimmter Körperteile anhand von Vulgarismen wird beispielsweise nicht auf Normfranzösisch vollzogen. Vielmehr werden Begriffe verdunkelt, um so die Derbheit der Ausdrücke zu mindern. Auch die Thematisierung von Frauen, ihre sexuelle Anziehung und die bei den Männern evozierten erotischen Phantasien werden ebenfalls auf *louchébem* realisiert. Nicht zuletzt werden ebenso Lexeme, die mit der Verarbeitung von Fleisch einhergehen – wie etwa Blut oder Geruch – und bei der Kundschaft negativ konnotiert sind, semantisch tabuisiert.

Frage 9: Welches Verfremdungsverfahren liegt dem *largonji du louchébem* zugrunde?

Wie bereits im Abschnitt 3.3. aufgeführt, gehört der *largonji du louchébem* zum Typ 1 der sprachlichen Verfremdungsverfahren, d. h. zu den Erscheinungsformen der Laut- und Silbenmetathese sowie der absoluten Umkehrung der Phonemfolge. Somit kann der *louchébem* – neben dem *verlan* – unter den Verfahren der Transposition subsumiert werden. Die bewusste Tarnung der Lexeme wird durch einen formalisierten Codierungsmechanismus hergestellt. Dabei wird der Initialkonsonant eines Ausgangslexems zunächst an das Ende der letzten Wortsilbe gesetzt (*marché* > **archém*). Stellvertretend für den ursprünglichen Anfangskonsonant wird das für den *louchébem* emblematische Graphem <l> eingefügt (*marché* > **archém* > **larchém*). Der letzte Codierungsschritt besteht schließlich in dem Setzen eines Suffixes bzw. einer Wortendung (*marché* > **archém* > **larchém* > *larchémès*). Dieses grundsätzliche Codierungsverfahren gilt zunächst für alle einfach konsonantisch anlautenden Lexeme – wie es am Beispiel *marché* illustriert wurde (vgl. Abschnitt 7.3.2.1.). Lexeme hingegen, die in ihrer Ausgangsform mit dem Graphem <l> beginnen, wie etwa *lourd*, werden dadurch getarnt, dass man ihnen lediglich eine für den *louchébem* typische Endung anhängt (*lourd* > *lourdoque*). Da der Verschleierungsgrad nicht sehr hoch ist, konnte festgestellt werden, dass diese Lexeme häufig nur in Kombination mit weiteren Codierungsmechanismen, wie etwa dem *verlan*, verwendet werden (verlanisiertes Ausgangslexem *louche* > *chelou*; Louchebemisierung von *chelou* > **elouch* > **elouchem* > *lelouchem*) (vgl. Abschnitt 7.3.1. sowie 7.3.4.).

Lexeme, die eine Konsonantengruppe im Anlaut aufweisen, werden nach denselben Transpositionsregeln verschleiert; hier wird allerdings im ersten Codierungsschritt die gesamte Konsonantengruppe an das Ende der letzten Wortsilbe gesetzt (*gras* > **a(s)gr* > **la(s)gr* > *la(s)grèm*). Lexeme mit Konsonantengruppe im Anlaut können jedoch auch eine Besonderheit bei dem Verschleierungsverfahren aufweisen, und zwar dann, wenn an zweiter Position das Graphem <l> erscheint – wie es etwa bei *plaisir* oder *flacon* der Fall ist. Hier wird lediglich der Erstkonsonant transponiert, während sich die Position des Zweitkonsonanten, der die Funktion des emblematischen Graphems <l> einnimmt, nicht ändert (*plaisir* > **laisirp* > *laisirpem* bzw. *flacon* > **laconf* > *laconfem*). Eine Ausnahme, die zu keiner Aufhebung der Konsonantenverbindung führt, scheint das Lexem *client* bzw. sein Derivat *clientèle* zu sein: Hier wird die gesamte Konsonantengruppe an das Wortende gesetzt; zusätzlich erfolgt die initiale Setzung des emblematischen Zusatzgraphems <l> (*client* > **iencl* > **liencl* > *liencless* bzw. *clientèle* > **ientèlcl* > **lientelcl* > *lientelcless*) (vgl. Abschnitt 7.3.2.2.).

Wiederum anders verhält sich das Codierungsverfahren bei vokalisch anlautenden Lexemen. Verschiedene Mechanismen konnten herausgearbeitet werden: Zunächst gibt es Ausgangslexeme, die in ihrer Graphem- bzw. Lautabfolge keine transpositorische Modifikationen erfahren. Bei solchen Lexemen wird das Zusatzgraphem (bzw. der Zusatzlaut) <l> am Wortanfang gesetzt und eine für den *louchébem* prototypische Endung eingefügt (*os* > *lozique* bzw. *échine* > *léchiness*). Bei Lexemen, die nach den grundsätzlichen Regeln der *louchébem*-Transposition verhüllt werden, wird das Zusatzgraphem (bzw. der Zusatzlaut) <l> an zweiter Position gesetzt (*agneau* > *aleaugnoc*) (vgl. Abschnitt 7.3.2.3.).

Frage 10: Sind die Verfremdungsmechanismen des *largonji du louchébem* seit seiner Herausbildung identisch geblieben oder zeichnet sich die Geheimsprache heute auch durch weitere innovative Verschleierungsverfahren aus?

Es sei zunächst betont, dass diese Forschungsfrage meines Erachtens nur unzureichend beantwortet werden kann. Der Vergleich der Verfremdungsmechanismen (aus früheren Jahrhunderten und heute) kann lediglich auf der Basis der schriftlich dokumentierten Quellenbelege des *largonji du louchébem* einerseits (vgl. Teil III: Sichtung lexikographischer Quellen) und der durch eigene Feldforschung gesammelten vorwiegend mündlichen Formen des aktuellen *louchébem* andererseits (vgl. Teil V: Auswertung und Ergebnisse der empirischen Untersuchung; vgl. Anhang: III Geheimsprachliches Wortmaterial des *largonji du louchébem*) angestellt werden. Der grundsätzlich unterschiedliche Quellentypus, welcher zwischen schriftlich fixierten und mündlich fixierten Lexemen vorliegt, sowie deren unterschiedliche Form der Beschaffung bzw. Sammlung lassen unter Umständen signifikante Abweichungen vermuten. Auch können beide Quellentypen nicht denselben Stellenwert besitzen. Die Auswertung schriftlicher Quellen erfolgt ohne jegliches Heranziehen von zusätzlichen Informationen, sondern lediglich durch die Sichtung der Einzelbelege im Argot-Wörterbuch bzw. Glossar und, wenn vorhanden, der Kommentare der Lexikographen. Mündlich gesammelte Quellen hingegen ermöglichen eine tiefergehende Analyse, dadurch dass sie mithilfe von Gesprächen und Erläuterungen seitens der Informant*innen verifiziert, kommentiert und gegebenenfalls komplettiert werden können.

Diese Ungleichheit der Quellentypen bringt zwar gewisse methodische Schwierigkeiten der Vergleichbarkeit mit sich, kann aber gerade durch die Vielfalt der Überlieferung die verschiedenen Verschleierungsverfahren des *largonji du louchébem* differenzierter darstellen. Aus diesem Grund werden im Folgenden diejenigen Tarnmechanismen noch einmal zusammengefasst, die einerseits über die Jahrhunderte identisch geblieben sind, und andererseits diejenigen, die lediglich als aktuell und innovativ gelten können.

Zu den gleichgebliebenen Merkmalen kann im Allgemeinen das prototypische Transpositionsverfahren des *largonji du louchébem* genannt werden, welches vorsieht, den Initialkonsonanten des konsonantisch anlautenden Ausgangslexems an das Ende der letzten Wortsilbe zu setzen, das emblematische Graphem <l> sowie eine für den *louchébem* klassische Wortendung einzufügen. Insgesamt lässt sich ebenso erkennen, dass die frequenteste Endung immer noch *-em* ist (vgl. Abschnitt 7.3.7.). Des Weiteren wurden und werden meist konsonantisch anlautende Ausgangslexeme kodiert, die – in den meisten Fällen – ein- oder zweisilbig sind. Im Bereich der Kürzungen finden sich dahingegen Unterschiede: Während apokopierte *louchébem*-Formen zu Beginn des 19. Jahrhunderts selten verzeichnet wurden (z. B. *la lors* < *la Lorcefé* < *la Force* sowie *larguepé* < *larguep*[utain]; vgl. Abschnitt 5.2.2.), hat diese Form der Kürzung besonders ab der zweiten Hälfte des 20. Jahrhunderts stark zugenommen (*linv* < *linvé* < *vingt*; *lob* < *lobé* < *beau*; *lardeuss* < *lardeussupem* < *pardessus*; vgl. Abschnitt 5.1.1.). Im aktuell gesprochenen *louchébem* ist die Apokope ein rekurrentes Phänomes, auch wenn sie bei den Sprecher*innen nicht systematisch Verwendung findet und als Gelegenheitsbildung einzustufen ist. Dabei werden sowohl die Ausgangslexeme (*cinéma* > *ciné* > *linéquess*) als auch die louchebemisierten Endformen (*morceau* > *lorceaumic* > *lorsom*) gekürzt (vgl. Abschnitt 7.3.3.). Äußerst selten belegt sind hingegen Aphäresen, die lediglich mit der Verlanisierung als zusätzliches Verdunklungsverfahren in Verbindung gebracht werden können (*musique* > *zikmu* > *zik* > *likzuche*; vgl. Abschnitt 7.3.3.). Obwohl der Verlan bereits ab der Mitte des 19. Jahrhunderts als rekurrentes Wortbildungsverfahren belegt ist (wie etwa *Lontou* < *Toulon*, Erstbeleg 1842; vgl. ESNAULT 1965, 395)[198], werden verlanisierte Lexeme nicht als Ausgangsformen für eine zusätzliche Tarnung durch den *louchébem* genutzt. Komplexere Verschleierungsketten, die auf mehreren aufeinanderfolgenden Codierungsverfahren basieren (wie etwa Verlanisierung, Reverlanisierung, Kürzung und Louchebemisierung), sind als neue Kreationen, folglich als Innovationen anzusehen. Es sei hier nochmal ein Beispiel angeführt: *cigarette* (Ausgangslexem aus dem Standardfranzösischen) > *garetteci* (Verlanisierung) > *garette* (Apokopierung der verlanisierten Form) > *laretteguès* (Louchebemisierung der apokopierten Verlanform) (vgl. Abschnitt 7.3.4.).

Eine weitere interessante Innovation ist die Bildung von louchebemisierten Lexemen ausgehend von Anglizismen. Auch wenn das geheimsprachliche Wortmaterial, welches innerhalb der vorliegenden Dissertation gesammelt wurde, nicht viele Belege hierfür enthält, scheint dieses Phänomen aktuell an Relevanz zu gewinnen (*cool* > *loolkem*; *miss* > *lissmuche*; vgl. Abschnitt 7.3.5.).

---

198 Siehe Abschnitt 3.3. (Sprachliche Verschleierungsverfahren). Vereinzelte verlanisierte Lexeme sind sogar deutlich früher belegt: *Bourbon* > *Bonbour* (Erstbeleg 1585) sowie *Louis XV* > *Sequinzouil* (Erstbeleg um 1760) (vgl. ESNAULT 1965, 633).

10. Zukünftiger Forschungsbedarf

Die in der vorliegenden Dissertation erarbeiteten Ergebnisse und gewonnenen Erkenntnisse, welche unter Berücksichtigung der bereits getätigten Forschungsaktivitäten (vgl. Kapitel 2) zustande kamen, stellen zunächst eine umfassende und fundierte Basis zur Beschreibung und Erklärung des Phänomens der Geheimsprache *largonji du louchébem* dar. Diese sind jedoch prinzipiell als noch erweiterbar anzusehen. Aus diesem Grund werden nachfolgend einige zukünftige Forschungsbedarfe auf dem Gebiet des Pariser *louchébem* und des pertuisianischen *louchébeum* im Spezifischen sowie der frankoromanistischen Sonder- und Geheimsprachenforschung im Allgemeinen kurz formuliert. Die Reihenfolge ihrer Darstellung beinhaltet dabei keine Priorisierung.

Die zentrale Aufgabe der zukünftigen Forschung zum *largonji du louchébem* wird darin bestehen, die feldforscherischen Tätigkeiten zunächst im Pariser Raum auszuweiten. Das geographische Untersuchungsgebiet sollte sich auf weitere Arrondissements (*intra muros*) ausdehnen sowie Pariser Vororte (*extra muros*) miteinbeziehen. Hauptziele sollten das Dokumentieren der Vorkommen des *louchébem* sowie die Erweiterung der Datensammlung sein. Es versteht sich von selbst, dass größere Datenmengen an geheimsprachlichem Wortmaterial und metasprachlichen Äußerungen zum *louchébem* zur Verifizierung bzw. Komplettierung der dargestellten Ergebnisse und des kompilierten Glossars (vgl. Anhang: III Geheimsprachliches Wortmaterial des *largonji du louchébem*) beitragen werden. Es wäre vor allem interessant zu erheben, welche der in dieser Dissertation analysierten innovativen Verschleierungmechanismen *louchébem*-Sprecher*innen heute regelmäßig verwenden und in Zukunft verwenden werden. Damit meine ich insbesondere die Überprüfung aktueller lexikalischer Tendenzen, wie etwa die Kürzung (Apokope, Aphärese), die Verlanisierung, die Louchebemisierung von Eigennamen (vor allem Anthroponyme und Toponyme bzw. Argotoponyme), die Verwendung von Anglizismen als Ausgangslexeme sowie der Rekurs auf Mehrfachcodierungsmechanismen (Verlanisierung, Kürzung, Louchebemisierung etc.) zum Zwecke einer Steigerung des Grades an Geheimsprachlichkeit. Eine breitere Datenbasis könnte ebenso die erarbeiteten Typologien der Verfremdungsmechanismen des *louchébem* (vgl. Abschnitt 7.3.2.) sowie die

Erkenntnisse zu den Tendenzen der Suffixwahl (vgl. Abschnitt 7.3.7.) untermauern. Auch wäre es von relevanter Bedeutung, zukünftige Argot-Wörterbücher zu konsultieren und zu eruieren, inwieweit der *largonji du louchébem* schriftlich dokumentiert wird und welche neue Formen auf dem Vormarsch sind. Neben den Metzgereigeschäften sollte auch die Pariser Berufsschule (*École Professionnelle de la Boucherie de Paris*), in welcher der theoretische Teil der Metzgerausbildung erlernt wird, stärker im Fokus künftiger Forschung liegen. Der spezifische Ort der Schule bietet eine interessante Perspektive zur weiteren Erforschung der Verwendungsorte des *largonji du louchébem*. In der vorliegenden Arbeit konnten die schulspezifischen Nutzungsmuster der Geheimsprachensprecher*innen (Auszubildende einerseits und Dozierende andererseits) bislang noch nicht eingehender untersucht werden und stellen somit ein weiteres interessantes und vertiefendes Forschungsdesiderat dar.

Auf dem Gebiet der um Pertuis herum verwendeten diatopischen Varietät des für Paris typischen *largonji du louchébem* – dem sogenannten *louchébeum* – gilt es zunächst, Grundlagenforschung in Form von ausreichender feldforscherischer Arbeit vor Ort zu betreiben. Die präliminären Resultate und Erkenntnisse über den *louchébeum*, die in der vorliegenden Dissertation als Exkurs zusammengetragen wurden, sollten als Ausgangspunkt herangezogen werden. Dabei gilt es, das untersuchte geographische Gebiet zu überprüfen und zu vergrößern, sowie den Kreis der Informant*innen deutlich zu erweitern. Auch müsste die Erstellung einer ersten Basisliste des *louchébeum* einer Fragebogenaktion sowie anschließender Leitfadengespräche vorausgehen. Aufgaben und Hauptziele künftiger Forschung sind dreierlei Art: Die Vorkommen des *louchébeum* dokumentieren, die Sammlung von geheimsprachlichem Wortmaterial erweitern und metasprachliche Äußerungen durch Gespräche generieren, um einen besseren Einblick in jene Geheimsprache zu erhalten. Die Aussagen weiterer Geheimsprachensprecher*innen werden wiederum zu neuen Erkenntnissen hinsichtlich der in dieser Dissertation analysierten Forschungsthemen zum *louchébeum* beitragen: geheimsprachliche Vitalität, Funktionen, Sprachname, Gründe zum Geheimsprachenvorkommen in der Region und geheimsprachliche Transmission. Von besonderer Relevanz für die Verifizierung der Verwendungsorte des *louchébeum* ist der Kontaktaufbau zu lokalen Fußballvereinen sowie Schulen, denn bisher ist noch nicht hinreichend deutlich geworden, welche Bedeutung der Besuch dieser

Orte für den Gebrauch der Geheimsprache tatsächlich gespielt hat bzw. immer noch spielt.

Es folgen abschließend Überlegungen bezüglich der wissenschaftlichen Auseinandersetzung mit verhüllenden Sonder- bzw. Geheimsprachen im frankoromanistischen Kontext. Es sei wiederholt, dass sich bisherige Forschungen eher auf die lexikalischen Besonderheiten sowie die semantischen Aspekte des Argot, welche auf der Basis schriftlicher lexikographischer und/oder literarischer Quellen erarbeitet wurden, konzentriert. Studien auf Basis von mündlichen Korpusdaten, die durch Feldforschung gesammelt wurden, sind rar. Oftmals decken solche Studien neue, innovative lexikalische Elemente sowie Verschleierungsverfahren auf dem Gebiet der französischen Jugendsprache auf. Dabei werden die mündlichen Sprachpraktiken speziell unter Jugendlichen im mehrsprachigen urbanen Raum der Pariser Banlieue in den Blick genommen. Die Arbeiten von GOUDAILLIER (1997, 2002, 2007, 2007, 2019) zum *Français Contemporain des Cités* (kurz: *FCC*) sowie die neueren Studien von GADET (2016, 2017a) und GADET / GUÉRIN (2012) zum *Multicultural Paris French* (kurs: *MPF*) seien hier besonders hervorgehoben. Die empirische Auseinandersetzung mit authentischen mündlichen Korpusdaten sollte nicht nur im Bereich des *parler des jeunes* stattfinden, sondern vielmehr auf das Gebiet der französischen Geheimsprachen erweitert werden. Denn nicht zuletzt sind einige verhüllende Sondersprachen – wie etwa den in dieser Arbeit untersuchten *louchébem* – besonders vital: Es sei hier beispielsweise die Sprache der Diamanten- und Schmuckhändler*innen, der Musikinstrumentenhändler*innen (vor allem Streichinstrumente, Vertrieb durch Sprecher*innen der Roma und Sinti), der Viehhändler*innen, der Taxifahrer*innen, der Prostituierten, der Zuhälter, der Kriminellen, der Gefängnisinsass*innen, der Polizist*innen, der Drogendealer*innen und der Soldat*innen genannt.[199] Es liegt daher nahe, ausgehend von feldforscherischen Tätigkeiten undokumentierte Vorkommen von aktuell verwendeten französischen Geheimsprachen abzufragen, Glossare zu schaffen, Frage-

[199] Die hier genannten Sprachen sind konkrete Beispiele für verhüllende Sondersprachen, die im Laufe meiner Forschungstätigkeiten als Geheimsprachenforscherin entdeckt worden sind. Entweder kam ich direkt mit Informant*innen der jeweiligen Geheimsprache in Kontakt oder mir wurden eindeutige Hinweise über das Vorkommen entsprechender Sprachen gemeldet.

bogenerhebungen sowie Leitfadengespräche durchzuführen und schließlich auch Tondokumente zu generieren und zu digitalisieren.

Die bisherige wissenschaftliche Beschäftigung mit dem Gegenstand „Geheimsprache“ wurde in der Regel im Kontext einzelsprachlicher Fächer verfolgt. Die mit Hilfe einzelsprachlicher linguistischer Forschung gewonnenen Ergebnisse sind ein unerlässliches Fundament für eine künftige Universalienforschung auf dem Gebiet der allgemeinen Sonder- und Geheimsprachenforschung. Prinzipiell sollten einzelsprachliche Fakten und Typologien einer bestimmten Geheimsprache in größere Zusammenhänge gestellt werden. Dies ist die Voraussetzung für den Vergleich der Gesetzmäßigkeiten der jeweiligen Geheimsprachen zum Zwecke der Eruierung noch kaum erforschter Gemeinsamkeiten. Das Erfassen von Universalien – vor allem im innerromanischen und im romanisch-deutschen Vergleich – ist bisher lediglich in wenigen Studien gelungen (vgl. HARDY / HERLING 2018; 2019). Diese ersten kleineren Arbeiten, die sich auf den Vergleich historischer Geheimsprachen konzentrieren, zeigen interessante und vielversprechende Ergebnisse. Derartige Ansätze sollten künftig auch auf aktuell verwendete Geheimsprachen ausgeweitet werden. Durch die Hinwendung zu vergleichenden Fragestellungen kann die Sonder- und Geheimsprachenforschung heute profitieren. Ihre Aufgabenstellungen und Vorgehensweisen sollten somit nicht lediglich einzelsprachlich motiviert, sondern ebenso komparatistisch orientiert sein.

BIBLIOGRAPHIE

ALBERT, Ruth (2007): "Methoden des empirischen Arbeitens in der Linguistik." In: STEINBACH, Markus [et al.]: *Schnittstellen der germanistischen Linguistik*, Stuttgart / Weimar: Verlag J. B. Metzler, 15-52.

ALLIOT, David (2009): *Larlépem-vous louchébem? L'argot des bouchers*. Paris: Horay.

ANONYM [UN MONSIEUR COMME IL FAUT] (1827): *Dictionnaire d'argot ou Guide des gens du monde, pour les tenir en garde contre les mouchards, filoux, filles de joie, et autres fashionables et petites-maîtresses de la même trempe. Par un monsieur comme il faut, ex-pensionnaire de Ste-Pélagie*. Paris: Chez les marchands de nouveautés.

ANONYM [BRAS-DE-FER] (1829): *Nouveau dictionnaire d'argot, par un ex-chef de brigade sous M. Vidocq; suivi de la chanson des galériens rapportée dans ses Mémoires. Ouvrage utile aux gens du monde*. Paris: Chez les marchands des nouveautés, Guiraudet.

ANONYM (1844): *Dictionnaire complet de l'argot employé dans les « Mystères de Paris ». Ouvrage recueilli par M. D. D'après les renseignements donnés par un ex-surveillant de la Roquette et un ancien garde chiourme du bagne de Brest*. Paris: Chez tous les libraires.

ANONYM [UN DÉTENU] (1846): *L'intérieur des prisons, réforme pénitentiaire, système cellulaire, emprisonnement commun; suivis d'un dictionnaire renfermant les mots les plus usités dans le langage des prisons*. Paris: Jules Labitte.

ANONYM (1847): *Dictionnaire d'argot ou la Langue des Voleurs dévoilée contenant les moyens de se mettre en garde contre les Ruses des filous*. Paris: Chez tous les libraires.

ANONYM (1900): *La Boucherie Lyonnaise et son syndicat: Étude historique sur la corporation des bouchers de 1437 à nos jours*. Lyon: Nicolas.

ANONYM (1907): *Petit dictionnaire d'Argot Parisien*. Paris: Léon Hayard.

ANONYM (1916): *Dictionnaire des Termes Militaires et de l'Argot Poilu*. Paris: Larousse.

ANONYM (1917): *Vocabulaire du Poilu et Locutions du Front*. Paris: Hannequin.

ANSIAUME, Louis (1821): *Glossaire argotique des mots employés au bagne de Brest*. Bibliothèque municipale de Rouen, fonds Montbret.

ARICH-GERZ, Bruno (2018): "Oshideutsch zwischen Geheimsprache und Generatiolekt. Working Paper zur Analyse einer deutsch-namibischen Sondersprache." In: HARDY, Stéphane / HERLING, Sandra / SIEWERT, Klaus [Hrsg.]: *Kontrollierte Kommunikation*. Hamburg / Münster: Geheimsprachen Verlag, 113-122.

ARMAND, Jean-Michel (2012): *L'argot des prisons. Dictionnaire du jargon taulard & maton du bagne à nos jours*. Paris: Horay.

ATTESLANDER, Peter (^{2}2008): "Schriftliche Befragung / Written Investigations." In: AMMON, Ulrich / DITTMAR, Norbert / MATTHEIER, Klaus J. / TRUDGILL, Peter (^{2}2008): *Sociolinguistics. An International Handbook of the Science of Language and* Society, Vol. 2. Berlin / New York: De Gruyter, 1063-1076.

ATTESLANDER, Peter (^{13}2010): *Methoden der empirischen* Sozialforschung. Berlin: Erich Schmidt Verlag.

AURIAC, Eugène d' (1861): *Essai historique sur la boucherie de Paris*. Paris: E. Dentu.

BALDINGER, Kurt (1997): "Das Suffix *-uche* in der Volkssprache und im Argot." In: HOLTUS, Günter / KRAMER, Johannes / SCHWEICKARD, Wolfgang [Hrsg.]: *Italica et Romanica. Festschrift für Max Pfister zum 65. Geburtstag*, Band II. Tübingen: Niemeyer, 115-148.

BARRÈRE, Albert (1887): *Argot and Slang: a new French and English dictionary of the cant words, quaint expressions, slang terms and flash phrases used in the high and low life of old and new Paris*. London: Privately printed at the Chiswick Press by C. Whittingham and Co.

BAUCHE, Henri (1920): *Le langage populaire. Grammaire, syntaxe et dictionnaire du français tel qu'on le parle dans le peuple de Paris avec les termes d'argot usuel*. Paris: Payot.

BAUER, Friedrich L. (²1994): *Kryptologie. Methoden und Maximen.* Berlin: Springer.

BAUSINGER, Hermann (1972): *Dialekte. Sprachbarrieren. Sondersprachen*, Vol. 2. Frankfurt am Main: Fischer.

BEDIJS, Kristina (2015): "Langue et générations: le langage des jeunes." In: POLZIN-HAUMANN, Claudia / SCHWEICKARD, Wolfgang [Hrsg.]: *Manuel de linguistique française. Manuals of Romance Linguistics*. Berlin / München / Boston: De Gruyter, 293-313.

BERGEMANN, Jörg (2012): *Das Schloßberger Jenisch. Studien zur Überlieferungslage und zum Wortschatz*. Hamburg / Münster: Geheimsprachen Verlag.

BIZET, Louis-Charles (1847): *Du commerce de la boucherie et de la charcuterie de Paris et des commerces qui en dépendent tels que la fonte des suifs, la triperie etc.*. Paris: Paul Dupont.

BLAKE, Barry J. (2010): "Jargon, slang, argot, and 'secret languages'." In: BLAKE, Barry J.: *Secret language. Codes, Tricks, Spies, Thieves, and Symbols*. Oxford: Oxford University Press, 195-241.

BLANCHET, Philippe (²2012): *La linguistique de terrain. Méthode et théorie. Une approche ethnosociolinguistique de la complexité*. Rennes: Presses Universitaires de Rennes.

BONNARD, Henri (2010): "Article « argot »." In: COLIN, Jean-Paul / MÉVEL, Jean-Pierre / LECLÈRE, Christian [Eds.]: *Le dictionnaire de l'argot et du français populaire*. Paris: Larousse, 17-31.

BRUANT, Aristide (1901): *L'argot du XXᵉ siècle – Dictionnaire français-argot*. Paris: E. Flammarion.

BRÜSEMEISTER, Thomas (²2008): *Qualitative Forschung. Ein Überblick.* Wiesbaden: VS Verlag für Sozialwissenschaften.

BULLETIN OFFICIEL DU MINISTÈRE DE LA GUERRE (1914): *Alimentation en campagne. Volume arrêté à la date du 2 avril 1914*, N° 94bis. Paris: Henri Charles-Lavauzelle (Service des subsistances militaires).

BULLOCK, Barbara E. (1996): "Popular Derivation and Linguistic Inquiry: Les Javanais." In: *The French Review*, Vol. 70, N°2, 180-191.

BUßMANN, Hadumod [Hrsg.] (2002): *Lexikon der Sprachwissenschaft*. Stuttgart: Kröner.

CALVET, Louis-Jean (³2007) [1994]: *L'argot*. Paris: Presses Universitaires de France (Que sais-je?).

CARADEC, François (1977): *Dictionnaire du français argotique et populaire*. Paris: Larousse.

CARADEC, François (2005): *Dictionnaire du français argotique et populaire*, nouvelle édition. Paris: Larousse.

CELLARD, Jacques (1985): *Anthologie de la littérature argotique des origines à nos jours*. Paris: Mazarine.

CELLARD, Jacques / REY, Alain (1991): *Dictionnaire du français non conventionnel*. Paris: Hachette.

CHAUDIEU, Georges (1943): *L'évolution corporative de la boucherie*. Paris: Dunod.

CHAUDIEU, Georges (1951): *Le langage des bouchers dont, plus particulièrement, le langage employé à Paris, dans les abattoirs, dans les étaux et sur les marchés des viandes et du bétail*, avec la collaboration de A. Bonneville, L. Morel et d'un groupe de gens de métier. Paris: Peyronnet.

CHAUTARD, Émile (1931): *La vie étrange de l'argot*. Paris: Denoël et Steele.

CHEREAU, Ollivier (1836): *Le Jargon ou Langage de l'Argot réformé, à l'usage des merciers, porte-balles et autres. Nouvelle édition, corrigée et augmentée de tous les mots qui n'étaient point dans les précédentes éditions*, Nouvelle édition. Montbéliard: Deckherr Frères.

CHEREAU, Ollivier (1849): *Le Jargon ou Langage de l'Argot réformé, à l'usage des merciers, porte-balles et autres. Nouvelle édition, corrigée et augmentée de tous les mots qui n'étaient point dans les précédentes éditions*, Nouvelle édition. Montbéliard: Deckherr Frères.

CHEREAU, Ollivier (2008) [1629]: *Le Jargon ou Langage de l'Argot réformé, édition critique annotée et commentée à partir des éditions lyonnaises complètes (1630, 1632, 1634) avec des documents complémentaires et un dictionnaire-glossaire du jargon du livret par Denis Delaplace*. Paris: Champion.

CLÉMENS (1870): "Dictionnaire (d'argot) – Bagnes de France." In: ZACCONE, Pierre: *Histoire des bagnes depuis leur création jusqu'à nos jours – Brest, Toulon, Rochefort, Lorient, Cayenne, Nouvelle-Calédonie*, tome 2. Paris: Victor Bunel, 440-452.

COBRA LE CYNIQUE (2000-2022): *Le Dictionnaire de la Zone. Tout l'argot des banlieues*. Online abrufbar unter: https://www.dictionnairedelazone.fr/ (letzter Aufruf: 11.02.2022).

COLIN, Jean-Paul / MÉVEL, Jean-Pierre / LECLÈRE, Christian (1992 [1990]): *Dictionnaire de l'argot*. Paris: Larousse.

COLIN, Jean-Paul / MÉVEL, Jean-Pierre / LECLÈRE, Christian (1999): *Dictionnaire de l'argot français et de ses origines*. Paris: Larousse-Bordas.

COLIN, Jean-Paul / MÉVEL, Jean-Pierre / LECLÈRE, Christian (2010): *Le Dictionnaire de l'argot et du français populaire*. Paris: Larousse.

COLIN, Jean-Paul / MÉVEL, Jean-Pierre / LECLÈRE, Christian (2019): *Le Dictionnaire de l'argot et du français populaire*. Paris: Larousse.

COLOMBEY, Émile (1862): *Le monde des voleurs, leur esprit et leur langue*. Paris: E. Dentu.

DAMMEL, Antje / NIEKRENZ, Yvonne / RAPP, Andrea / WYSS, Eva L. (2018): "Muckelchen oder Süßer? Onymische Gender-Konstruktionen bei Kosenamen im Liebesbrief." In: NÜBLING, Damaris / HIRSCHAUER, Stefan [Hrsg.]: *Namen und Geschlechter. Studien zum onymischen Un/doing Gender*. Berlin / Boston: De Gruyter, 157-190.

DAUZAT, Albert (1918): *L'argot de la guerre, d'après une enquête auprès des officiers et soldats*. Paris: Librairie Armand Colin.

DAUZAT, Albert (1929): *Les argots. Caractères – Évolution – Influence*. Paris: Delagrave.

DAUZAT, Albert (1935): "Le français populaire et les langues spéciales." In: *Le français moderne: revue de linguistique française 3*, 99-108.

DAUZAT, Albert (1976) [1917]: *Les argots de métiers franco-provençaux*. Genève / Paris: Slatkine Reprints.

DÉCHELETTE, François (1918): *L'Argot des Poilus. Dictionnaire humoristique et philologique du langage des soldats de la Grande Guerre de 1914*. Paris: Jouve.

DELAPLACE, Denis (2004): *Bruant et l'argotologie française. L'argot au XXᵉ siècle (1901)*. Paris: Classiques Garnier.

DELAPLACE, Denis / LA RUE, Jean (2010): *Dictionnaire d'argot et des locutions populaires. Version raisonnée et commentée à partir des éditions de 1894 et du début du XXᵉ siècle*. Paris: Classiques Garnier.

DELAPLACE, Denis (2011): *Le Jargon des Coquillars à Dijon au milieu du XVe siècle selon Marcel Schwob (1892)*. Paris: Classiques Garnier.

DELAPLACE, Denis (2013): *L'article « Argot » au fil des dictionnaires depuis le XVIIᵉ siècle*. Paris: Classiques Garnier.

DELAPLACE, Denis (2019a): *Lorédan Larchey, une jolie collection de dictionnaires d'argot (1858-1889)*, e-book, kindle Amazon.

DELAPLACE, Denis (2019b): *Largonji et loucherbem au siècle de Lorédan Larchey*, e-book, kindle Amazon.

DELESALLE, Georges (1896): *Dictionnaire Argot-Français & Français-Argot*. Paris: Paul Ollendorff.

DELVAU, Alfred (1866): *Dictionnaire de la langue verte: argots parisiens comparés*. Paris: E. Dentu.

DELVAU, Alfred (^{2}1866): *Dictionnaire de la langue verte: argots parisiens comparés*. Paris: E. Dentu.

D'HAUTEL, Charles-Louis (1808a): *Dictionnaire du bas-langage ou des manières de parler usitées parmi le peuple*, tome premier. Paris: D'Hautel & F. Schoell.

D'HAUTEL, Charles-Louis (1808b): *Dictionnaire du bas-langage ou des manières de parler usitées parmi le peuple*, tome second. Paris: D'Hautel & F. Schoell.

DITTMAR, Norbert (1997): *Grundlagen der Soziolinguistik – Ein Arbeitsbuch mit Aufgaben*. Tübingen: Niemeyer.

DJOUFACK, Patrice (2010): *Entortung, hybride Sprache und Identitätsbildung: Zur Erfindung von Sprache und Identität bei Franz Kafka, Elias Canetti und Paul Celan*. Göttingen: V&R unipress.

DOILLON, Albert (2010): *Dictionnaire de l'argot*. Paris: Robert Laffont.

DONTCHEV, Dontcho (2000): *Dictionnaire du français argotique, populaire et familier*. Monaco: Éditions du Rocher.

DRIESEN, Otto (1905): "Zum Wortschatz der Pariser Lumpensammler." In: *Festschrift Adolf Tobler zum siebzigsten Geburtstage dargebracht von der Berliner Gesellschaft für das Studium der neueren Sprachen*, Braunschweig: Westermann, 137-152.

DUBOIS, Jacques / EDELINE, Francis / KLINKENBERG, Jean-Marie / MINGUET, Philippe / PIRE, François / TRINON, Hadelin (1970): "Figure de l'argot." In: *Communications*, N°16, 71-93.

DUBOIS, Michel (1943): "Argot en usage au bagne de Brest en 1821." In: *Le français moderne*, N°4, 279-288.

DUBOIS, Michel (1944a): "Argot en usage au bagne de Brest en 1821 (suite)." In: *Le français moderne*, N°1, 53-60.

DUBOIS, Michel (1944b): "Argot en usage au bagne de Brest en 1821 (suite et fin)." In: *Le français moderne*, N°2-3, 195-205.

DUNETON, Claude (1998): *Le guide du français familier*. Paris: Seuil.

EFING, Christian (2002): "Geheimsprachen in Frankreich." In: SIEWERT, Klaus [Hrsg.]: *Aspekte und Ergebnisse der Sondersprachenforschung II*, Wiesbaden: Harrassowitz, 179-196.

EFING, Christian (2004): *Jenisch unter Schaustellern. Mit einem Glossar aus schriftlichen Quellen*. Wiesbaden: Harrassowitz.

EFING, Christian (2005): *Das Lützenhardter Jenisch. Studien zu einer deutschen Sondersprache*. Wiesbaden: Harrassowitz Verlag.

EFING, Christian (2009): "Die Stellung der Sondersprachen im Varietätengefüge des Deutschen." In: EFING, Christian / LESCHBER, Corinna [Hrsg.]: *Geheimsprachen in Mittel- und Südosteuropa*. Frankfurt am Main [u.a.]: Peter Lang, 9-40.

EFING, Christian (2012): ",Schäft a latscho Seite' – Geheimsprachliches im Internet." In: BRAUN, Christian [Hrsg.]: *Sprache und Geheimnis: Sondersprachenforschung im Spannungsfeld zwischen Arkanem und Profanem*. Berlin: Akademie Verlag, 159-186.

ÉLOUIN, M. / TRÉBUCHET, Adolphe / LABAT, Eugène (1835): *Nouveau Dictionnaire de Police*, tome premier. Paris: Béchet Jeune.

ESNAULT, Gaston (1919): *Le poilu tel qu'il se parle. Dictionnaire des termes populaires récents et neufs employés aux armées en 1914-1918 étudiés dans leur étymologie, leur développement et leur usage*. Paris: Bossard.

ESNAULT, Gaston (1947): "L'argot d'Ansiaume." In: *Le français moderne*, N°2, 41-61.

ESNAULT, Gaston (1965): *Dictionnaire historique des argots français*. Paris: Larousse.

FERRERO, Ernesto (1991): *Dizionario storico dei gerghi italiani. Dal Quattrocento a oggi*. Mailand: Mondadori.

FEW = *Französisches Etymologisches Wörterbuch*, eFEW: FEW informatisé. Online abrufbar unter: URL: https://apps.atilf.fr/lecteurFEW/ (11.02.2022).

FRANCE, Hector (1907): *Dictionnaire de la langue verte: archaïsmes, néologismes, locutions étrangères, patois*. Paris: Librairie du Progrès.

FRANÇOIS, Denise (1968): "Les argots." In: MARTINET, André [Ed.]: *Le langage*. Paris: Éditions Gallimard (Encyclopédie de la Pléiade), 620-646.

FRANÇOIS, Denise (1999 [1985]): "Les argots." In: ANTOINE, Gérald / MARTIN, Robert [Eds.] *Histoire de la langue française 1880-1914*, Nouvelle édition [en ligne]. Paris: CNRS Éditions, *sine pagina*. Online abrufbar unter URL: https://books.openedition.org/editionscnrs/9272?lang=de (03.02.2022), 329-338.

FRANÇOIS-GEIGER, Denise / GOUDAILLIER, Jean-Pierre (1991) [Eds.]: *Langue française. Parlures argotiques.* Revue trimestrielle sous la direction de Denise François-Geiger et Jean-Pierre Goudaillier, N°90. Online abrufbar unter URL: https://www.persee.fr/issue/lfr_0023-8368_1991_num_90_1 (09.11.2022).

FRIEDRICHS, Jürgen (1973): *Methoden empirischer Sozialforschung.* Reinbek bei Hamburg: Rowohlt Verlag.

GADET, Françoise (2016): "Construire un corpus pour des façons de parler non standard: « Multicultural Paris French »." In: *Corpus*, Vol. 15, 285-307.

GADET, Françoise [Ed.] (2017a): *Les parlers jeunes dans l'Île-de-France multiculturelle*. Paris: Éditions Ophrys.

GADET, Françoise (2017b): "Introduction." In: GADET, Françoise [Ed.]: *Les parlers jeunes dans l'Île-de-France multiculturelle*. Paris: Éditions Ophrys, 15-25.

GADET, Françoise (2017c): "Pour étudier les « parlers jeunes »." In: GADET, Françoise [Ed.]: *Les parlers jeunes dans l'Île-de-France multiculturelle*. Paris: Éditions Ophrys, 27-53.

GADET, Françoise / GUÉRIN, Emmanuelle (2012): "Des données pour étudier la variation: petits gestes méthodologiques, gros effets." In: *Cahiers de linguistique*, Vol. 38/1, 41-65.

GALLION, Wilhelm (1910): *Der Ursprung der Zünfte in Paris*. Berlin / Leipzig: Rothschild.

GALTIER-BOISSIÈRE, Jean / DEVAUX, Pierre (1950): *Dictionnaire historique, étymologique et anecdotique d'argot*. Paris: Crapouillot.

GASCAR, Pierre (1973): *Les bouchers*. Paris: Delpire.

GIRAUD, Robert (1965): *Le royaume d'argot*. Paris: Denoël.

GIRAUD, Robert (2010 [1989]): *L'argot du bistrot*. Paris: La Table ronde.

GIRTLER, Roland (1999): "Die 10 Gebote der Feldforschung. Rotwelsch bei Vagabunden, Dirnen und Ganoven." In: SIEWERT, Klaus [Hrsg.]: *Aspekte und Ergebnisse der Sondersprachenforschung. II. Internationales Symposion 28. bis 31. Mai 1997 in Brüssel*. Wiesbaden: Harrassowitz Verlag, 159-171.

GIRTLER, Roland (42001): *Methoden der Feldforschung*. Wien / Köln / Weimar: UTB / Böhlau Verlag.

GORDIENNE, Robert (2004): *Dictionnaire argotique des trucs, des bidules et des machins*. Paris: Éditions Hors Commerce.

GOUDAILLIER, Jean-Pierre (1997): "La langue des cités." In: *Communication et langages*, N°112, 96-110.

GOUDAILLIER, Jean-Pierre (2002): "De l'argot traditionnel au français contemporain des cités." In: *La linguistique*, 2002/1, Vol. 38, 5-24.

GOUDAILLIER, Jean-Pierre (2007): "Français contemporain des cités: langue en miroir, langue de refus." In: *Adolescence* 2007/1, Vol. 59, 119-124.

GOUDAILLIER, Jean-Pierre (2019): *Comment tu tchatches! Dictionnaire du français contemporain des cités*, nouvelle édition augmentée. Paris: Hémisphères Éditions.

GR = *Grand Robert*. Online abrufbar unter URL: https://grandrobert.lerobert.com/ (letzter Aufruf: 26.03.2021).

GUÉRIN, Émmanuelle / WACHS, Sandrine (2017): "Dynamique des mots." In: GADET, Françoise [Ed.]: *Les parlers jeunes dans l'Île-de-France multiculturelle*. Paris: Éditions Ophrys, 55-125.

GUIRAUD, Pierre (71976 [1956]): *L'argot*. Paris: Presses universitaires de France (Que sais-je?).

HÄDER, Michael (22010): *Empirische Sozialforschung. Eine Einführung*. Wiesbaden: VS Verlag für Sozialwissenschaften.

HALBERT D'ANGERS, Arthur (1849): *Le nouveau dictionnaire complet du Jargon de l'argot ou le langage des voleurs dévoilé contenant tous les mots usités reconnus et adoptés par eux, avec leurs explications et leurs définitions*. Paris: Le Bailly.

HARDY, Stéphane (2015): "‚Ça fait très oriental louchebem … origine?' – Laienwissen über die Geheimsprache *louchébem*." In: HARDY, Stéphane / HERLING, Sandra / PATZELT, Carolin [Hrsg.]: *Laienlinguistik im frankophonen Internet*. Berlin: Frank & Timme, 105-128.

HARDY, Stéphane (2017a): "Wenn Geheimes sichtbar wird: Die Geheimsprache *louchébem* und ihre Enthüllung im Internet." In: KERN, Beate / ROGER, Jennifer / SERAFIN, Stefan / THODE, Anna Charlotte [Hrsg.]: *(Un-)Sichtbarkeiten. Beiträge zum XXXI: Forum Junge Romanistik in Rostock (5.-7. März 2015)*. München: AVM, 285-298.

HARDY, Stéphane (2017b): "Historische Geheimsprachen in Frankreich am Beispiel des jargon des Coquillars." In: HARDY, Stéphane / HERLING, Sandra / SÄLZER, Sonja [Hrsg.]: *Innovatio et traditio – Renaissance(n) in der Romania. Festschrift für Franz-Josef Klein zum 65. Geburtstag*. Stuttgart: ibidem, 103-123.

HARDY, Stéphane / HERLING, Sandra (2018): "Lexikalische Gemeinsamkeiten in historischen Geheimsprachen der Romania." In: HARDY, Stéphane / HERLING, Sandra / SIEWERT, Klaus [Hrsg.]: *Kontrollierte Kommunikation*. Hamburg / Münster: Geheimsprachen Verlag, 123-139.

HARDY, Stéphane / HERLING, Sandra (2019): "Anthroponyme und Toponyme als Codierungsverfahren in historischen Geheimsprachen Frankreichs und Spaniens." In: HARDY, Stéphane / HERLING, Sandra / SIEWERT, Klaus [Hrsg.]: *Namen im Geheimen*. Hamburg / Münster: Geheimsprachen Verlag, 81-116.

HAYARD, Napoléon (1907): *Dictionnaire Argot-Français*. Paris: Vve L. Hayard.

HILLMANN, Mirco (2011): "Storytelling: Mit Geschichten Unternehmen gestalten." In: HILLMANN, Mirco: *Unternehmenskommunikation kompakt*. Wiesbaden: Gabler, 63-73.

HONNEN, Peter (²2000): *Geheimsprachen im Rheinland*. Köln: Rheinland-Verlag.

IAM (2007): "Sale Argot." In: *Official Mixtape*, CD. France: Musicast Distribution.

INSEE (2017): *Recensement de la population. Populations légales en vigueur à compter du 1er janvier 2017. Arrondissements – communes. Paris*. Online abrufbar unter: URL: https://www.insee.fr/fr/statistiques/fichier/2525755/dep75.pdf (letzter Aufruf: 19.10.2017).

JABERG, Karl / JUD, Jakob (1973 [1928]): *Der Sprachatlas als Forschungsinstrument. Kritische Grundlegung und Einführung in den Sprach- und Sachatlas Italiens und der Schweiz*. Nendeln/Liechtenstein: Kraus Reprint.

KLUGE, Friedrich (1901): *Rotwelsch. Quellen und Wortschatz der Gaunersprache und der verwandten Geheimsprachen, I. Rotwelsches Quellenbuch*. Straßburg: Trübner.

LACASSAGNE, Jean (1928): *L'argot du « milieu »*. Paris: Albin Michel.

LACASSAGNE, Jean / DEVAUX, Pierre (^{2}1935): *L'argot du « milieu »*. Paris: Albin Michel.

LACASSAGNE, Jean / DEVAUX, Pierre (^{3}1948): *L'argot du « milieu »*. Paris: Albin Michel.

LA CHÂTRE, Maurice (1853): *Le Dictionnaire universel Panthéon littéraire et Encyclopédie illustrée*, tome premier. Paris: Administration de Librairie.

LAMNEK, Siegfried (^{4}2005): *Qualitative Sozialforschung*. Weinheim / Basel: Beltz Verlag.

LA PATRIE (1852): *Édition du matin, mardi 2 mars 1852*. Paris: Gaston de Saint-Valry.

LARCHEY, Lorédan (1858): "Les excentricités du langage français." In: *Revue anecdotique des excentricités contemporaines*, Vol. 7, 357-660.

LARCHEY, Lorédan (^{2}1861): *Les excentricités du langage français*. Paris: Aux bureaux de la Revue Anecdotique.

LARCHEY, Lorédan (^{3}1861): *Les excentricités du langage français*. Paris: Aux bureaux de la Revue Anecdotique.

LARCHEY, Lorédan (^{4}1862): *Les excentricités du langage*. Paris: E. Dentu.

LARCHEY, Lorédan (^{5}1865): *Les excentricités du langage français*. Paris: E. Dentu.

LARCHEY, Lorédan (^{6}1872): *Dictionnaire historique, étymologique et anecdotique de l'argot parisien. Sixième édition des Excentricités du langage français, mise à la hauteur des révolutions du jours*. Paris: F. Polo.

LARCHEY, Lorédan ([9]1881): *Dictionnaire historique d'argot. Neuvième édition des Excentricités du langage, augmenté d'un supplément. Mis à la hauteur des révolutions du jours*. Paris: E. Dentu.

LARCHEY, Lorédan (1883): *Supplément aux neuvième et dixième éditions du Dictionnaire d'Argot, avec une introduction substantielle et un répertoire spécial du largonji*. Paris: E. Dentu.

LARCHEY, Lorédan (1889): *Nouveau Supplément du Dictionnaire d'Argot, avec le vocabulaire des chauffeurs de l'an VIII et le répertoire du largongi*. Paris: E. Dentu.

LAROUSSE, Pierre (1866): "Argot." In: *Grand Dictionnaire Universel du XIXe siècle*, tome premier. Paris: Administration du grand dictionnaire universel, 610-613.

LA RUE, Jean (1894): *La langue verte – Dictionnaire d'argot et des principales locutions populaires, précédé d'une histoire de l'argot*. Paris: P. Arnould.

LÉGIFRANCE (09.11.2018): *Code pénal*. Online abrufbar unter URL: https://www.legifrance.gouv.fr/ (letzter Zugriff 16.02.2022).

LEHNING, Hervé (2019): *La Bible des codes secrets*. Paris: Flammarion.

LEISI, Ernst ([5]2016): *Paar und Sprache: Linguistische Aspekte der Zweierbeziehung*. Tübingen: Narr.

LERMINA, Jules / LÉVÊQUE, Henri (1897): *Dictionnaire thématique français-argot suivi d'un index argot-français à l'usage des gens du monde qui veulent parler correctement la langue verte*. Paris: Chacornac.

LETEUX, Sylvain (2005a): "Comment les bouchers parisiens se protègent-ils d'un risque commercial?: L'exemple de la garantie des neuf jours sur l'achat des bestiaux (1673-1858). Risque et économie: une perspective historique." In: *HAL archive ouverte en Sciences de l'Homme et de la Société*. Paris. Online abrufbar unter URL: https://halshs.archives-ouvertes.fr/halshs-01246507 (letzter Aufruf: 16.02.2022).

LETEUX, Sylvain (2005b): "Les formes d'intervention des pouvoirs publics dans l'approvisionnement en bestiaux de Paris: la Caisse de Poissy de l'Ancien

Régime au Second Empire." In: *Cahiers d'Économie et de Sociologie Rurales*, INRA Editions, 49-78.

LETEUX, Sylvain (2010): "La société de secours mutuels des Vrais Amis (1820-1898): comment les bouchers parisiens ont-ils organisé leur protection sociale au XIXe siècle?." In: *Revue d'histoire de la Protection sociale*, 9-27.

LETEUX, Sylvain (2011): "La boucherie parisienne, un exemple singulier de marché régulé à une époque réputée "libérale" (1791-1914)." In: MÜLLER, Margrit / SCHMIDT, Heinrich R. / TISSOT, Laurent [Hrsg.]: *Regulierte Märkte: Zünfte und Kartelle – Marchés régulés: Corporations et cartels*, Reihe: Schweizerisches Jahrbuch für Wirtschafts- und Sozialgeschichte Annuaire suisse d'histoire économique et sociale, Band 26. Zürich: Chronos, 213-224.

LETEUX, Sylvain (2013a): "La concurrence entre bouchers et vétérinaires sur le contrôle sanitaire de la viande à Paris au XIXe siècle." In: *HAL archive ouverte en Sciences de l'Homme et de la Société*. Paris. Online abrufbar unter URL: https://halshs. archives-ouvertes.fr/halshs-01246555 (letzter Aufruf: 16.02.2022).

LETEUX, Sylvain (2013b): "Le commerce de la viande à Paris sous Vichy: qui tire profit de la situation?." In: *HAL archive ouverte en Sciences de l'Homme et de la Société*. Paris. Online abrufbar unter URL: https://halshs.archives-ouvertes.fr/halshs-00796212 (letzter Aufruf: 16.02.2022).

LETEUX, Sylvain (2015): "Débats et tâtonnements dans l'organisation du marché de la viande en France (1931-1953)." In: *HAL archive ouverte en Sciences de l'Homme et de la Société*. Paris. Online abrufbar unter URL: https://halshs. archives-ouvertes.fr/halshs-01246533 (letzter Aufruf: 16.02.2022).

LEWANDOWSKI, Theodor ([6]1994): *Linguistisches Wörterbuch*, Vol. 3, S-Z. Heidelberg / Wiesbaden: Quelle & Meyer.

LITTRÉ, Émile (1873): *Dictionnaire de la langue française*, tome 1. Paris: Librairie Hachette et Cie.

MACÉ, Gustave (1889): *Mes lundis en prison*. Paris: G. Charpentier.

MANDELBAUM-REINER, Françoise (1991): "Secrets de bouchers et Largonji actuel des Louchébèm." In: *Langage et société*, N°56, 21-49.

MARCILLAC, Jean (1968): *Dictionnaire français-argot*. Paris: Éditions de la pensée moderne.

MARLU, Philippe (2010): *Méfiez-vous des petites filles*, CD. France: Digipak.

MATRAS, Yaron (2003): "Mixed languages: Re-examining the structural prototype." In: MATRAS, Yaron / BAKKER, Peter [Eds.]: *The Mixed Language Debate. Theoretical and Empirical Advances*, Berlin / New York: De Gruyter, 151-176.

MAYER, Horst Otto (⁶2013): *Interview und schriftliche Befragung. Grundlagen und methoden empirischer Sozialforschung*. München: Oldenbourg Wissenschaftsverlag.

MÉLA, Vivienne (1998): "Parler verlan: règles et usages." In: *Language et société*, N°45, 47-72.

MÉREL, Christophe (2011): *Les fables de La Fontaine en louchébem*. Saint-Denis: Edilivre.

MERLE, Pierre (2007): *Nouveau dictionnaire de la langue verte – Le français argotique et familier au XXIe siècle*. Paris: Denoël.

MICHEL, François-Xavier (Francisque) (1856): *Études de philologie comparée sur l'argot et sur les idiomes analogues parlés en Europe et en Asie*. Paris: Firmin Didot.

MIDDELBERG, Jutta (2001): *Romanismen in deutschen Rotwelsch-Dialekten*. Wiesbaden: Harrassowitz.

MÖHN, Dieter (1998): "Fachsprachen und Gruppensprachen." In: HOFFMANN, Lothar / KALVERKÄMPER, Hartwig / WIEGAND, Herbert Ernst [Hrsg.]: *Fachsprachen / Languages for Special Purposes: ein internationales Handbuch zur Fachsprachenforschung und Terminologiewissenschaft / An International Handbook of Special-Language and Terminology Research*, 1. Halbband. Berlin / New York: De Gruyter, 168-181.

MÖHN, Dieter (2003): "Sondersprachen in historischer Entwicklung." In: BESCH, Werner / BETTEN, Anne / REICHMANN, Oskar / SONDEREGGER, Stefan [Hrsg.]: *Sprachgeschichte / Ein Handbuch zur Geschichte der deutschen Sprache und ihrer Erforschung*, HSK 2.3, 3. Teilband, 2. Auflage. Berlin / New York: De Gruyter, 2391-2402.

MOREAU, Stéphane (2008): "*Lansonchouille V.O.*." In: MARLU, Philippe (2010): *Méfiez-vous des petites filles*, CD. France: Digipak.

MÜLLER, Bodo (1975): *Das Französische der Gegenwart. Varietäten. Strukturen. Tendenzen*. Heidelberg: Carl Winter.

NAHON, Peter (2017): "Notes de terrain sur quelques métiers et leur argot." In: *Langage & Société*, N°159, 139-148.

NICEFORO, Alfredo (1912): *Le génie de l'argot. Essai sur les langages spéciaux, les argots et les parlers magiques*. Paris: Mercure de France.

NISARD, Charles (1876): *De quelques parisianismes populaires et autres locutions non encore ou plus ou moins imparfaitement expliquées des XVIIe, XVIIIe et XIXe siècles*. Paris: Maisoneuve.

NODIER, Charles (1828): *Examen critique des dictionnaires de la langue françoise*. Paris: Delangle Frères.

NOLL, Volker (1991): *Die fremdsprachlichen Elemente im französischen Argot*. Frankfurt am Main [u.a.]: Peter Lang.

NOLL, Volker (1994): "Die Etymologie von *flic* aus neuer Sicht." In: *Vox Romanica*, Heft 1, 209-214.

NOUGUIER, Evariste (1987): *Dictionnaire d'argot*. Clichy: Nigel Gauvin.

NÜBLING, Damaris / FAHLBUSCH, Fabian / HEUSER, Rita (²2015): *Namen. Eine Einführung in die Onomastik*. Tübingen: Narr.

PAULIKAT, Frank (2017): *Wortbildung des heutigen Französisch*. Berlin / Boston: De Gruyter.

PERRET, Pierre (2002): *Le parler des métiers. Dictionnaire thématique alphabétique*. Paris: Robert Laffont.

PETITPAS, Thierry (1994): *Analyse descriptive de trois procédés de codage morphologiques dans le lexique argotique – Javanais, verlan et largonji en diachronie, étude basée sur un corpus écrit*. Besançon: Université de Franche-Comté.

PHILIPP, Elisabeth (2010): "L'approvisionnement de Paris en viande et la logistique ferroviaire, le cas des abattoirs de La Villette, 1867-1974." In: *Revue d'histoire des chemins de fer*, N°41/2010, 113-141.

PIERRAT-PAJOT, Lucie (2016): *Les Mystères de Larispem. 1. Le sang jamais n'oublie*. Paris: Gallimard Jeunesse.

PIERRAT-PAJOT, Lucie (2017): *Les Mystères de Larispem. 2. Les Jeux du Siècle*. Paris: Gallimard Jeunesse.

PIERRAT-PAJOT, Lucie (2018): *Les Mystères de Larispem. 3. L'élixir ultime*. Paris: Gallimard Jeunesse.

PIERRE, Alexandre (1848): *Première et seule édition de l'Argot et Jargon des filous, qui n'est intelligible qu'entre eux*. Paris: Administration des recherches et renseignements, Rue des Noyers 27, Paris.

PLÉNAT, Marc (1984): "Lotulenoque sur la lorphologiemique du loucherbem de Layrondmuche Leneauques." In: *Cahiers de grammaire*, N°8, 173-202.

PLÉNAT, Marc (1985): "Morphologie du largonji des loucherbems." In: *Langages*, 20e année, N°78, 73-95.

PODHORNÁ, Alena (2002): *Toponymie et argots: les argotoponymes en français contemporain des cités (L'exemple de la Cité des 4000 à La Courneuve, Seine-Saint-Denis)*, Mémoire de D.E.A. sous la direction de Jean-Pierre Goudaillier. Paris: Université René Descartes.

POUGIN, Arthur (*sine anno*): "Argot." In: BERTHELOT, MM. [et al.]: *La Grande Encyclopédie Inventaire Raisonné des Sciences, des Lettres et des Arts*, tome troisième. Paris: H. Lamirault et Cie, 874-879.

QUENEAU, Raymond (1947): *Exercices de style*. Paris: Gallimard.

RADTKE, Edgar (1982): "Die Rolle des Argot in der Diastratik des Französischen." In: *Romanische Forschungen*, Bd. 94, H. 2/3, 151-166.

RADTKE, Edgar (1990): "Wörterbücher von Geheimsprachen." In: GOUWS, Rufus / HEID, Ulrich / SCHWEICKARD, Wolfgang / WIEGAND, Herbert Ernst [Hrsg.]: *Wörterbücher: Ein internationales Handbuch zur Lexikographie*, 2. Teilband, HSK 5.2. Berlin / New York: De Gruyter, 1532-1538.

RAFFALOVICH, A. v. (1891): "XVII. Das Fleischergewerbe in Frankreich." In: *Jahrbücher für Nationalökonomie und Statistik*, Vol. 57, N°1, 898-905.

RASCH, Gustav (1865): *Dunkle Häuser in Paris*. Coburg: F. Streit's Verlagsbuchhandlung.

RASPAIL, François-Vincent (1835): "Vocabulaire français-argot (Lettres sur les prisons)." In: *Le Réformateur, Journal quotidien des [nouveaux?] intérêts matériels et moraux, industriels, politiques, littéraires et scientifiques*, N°346, 20 septembre 1835, 2-3.

RASPAIL, François-Vincent (1872 [1835]): "Vocabulaire argot-français. Des termes les plus usités dans la langue bigorne." In: RASPAIL, François-Vincent: *Réformes sociales*. Paris: Bureau des publications de M. Raspail, 320-333.

RÉTY, Marius (1907): "Notice." In: HAYARD, Napoléon (1907): *Dictionnaire Argot-Français*. Paris: Vve L. Hayard, 6.

RHEZRANI, Mohammed (2013): *Technologie professionnelle, boucherie. CAP formation par alternance*. Lille: Collection savoir faire.

RICHARDSON, Stephen A. / DOHRENWEND, Barbara S. / KLEIN, David (1965): *Interviewing: Its Forms and Functions*. New York / London: Basic Books.

RICHEPIN, Jean (1876): *La chanson des gueux: gueux des champs, gueux de Paris, nous autres gueux*, deuxième édition. Paris: Librairie illustrée.

RICHEPIN, Jean (1881): *La chanson des gueux. Édition définitive. Revue et augmentée d'un grand nombre de poèmes nouveaux, d'une préface inédite et d'un glossaire argotique*. Paris: Maurice Dreyfous.

RIGAUD, Lucien (1878): *Dictionnaire du jargon parisien. L'argot ancien et l'argot moderne*. Paris: Paul Ollendorff.

RIGAUD, Lucien (1881): *Dictionnaire d'argot moderne*. Paris: Paul Ollendorff.

RIGAUD, Lucien (1888): *Dictionnaire d'argot moderne. Nouvelle édition avec supllément*. Paris: Paul Ollendorff.

ROBERT L'ARGENTON, Françoise (1991): "Larlepem largomuche du louchébem. Parler l'argot du boucher." In: *Langue française*, N°90, 113-125.

ROFFÉ, Alicia (1993): "Dénominations des argots en France." In: *Thélème: Revista complutense de estudios franceses*, N°4. Madrid, 215-229.

ROFFÉ GÓMEZ, Alicia (1994): "Propriétés essentielles des langues spéciales: coïncidences et différences par rapport aux argots." In: *Thélème: Revista complutense de estudios franceses*, N°5. Madrid, 283-293.

ROSSIGNOL, Gustave-Armand (1901): *Dictionnaire d'argot. Argot – Français. Français – Argot*. Paris: Société d'éditions littéraires et scientifiques, Librairie Paul Ollendorff.

SAINÉAN, Lazare (1907): *L'argot ancien (1455-1850). Ses éléments constitutifs, ses rapports avec les langues secrètes de l'Europe méridionale et l'argot moderne*. Paris: Champion.

SAINÉAN, Lazare (1912a): *Les sources de l'argot ancien*, tome I. Paris: Honoré et Édouard Champion.

SAINÉAN, Lazare (1912b): *Les sources de l'argot ancien*, tome II. Paris: Honoré et Édouard Champion.

SAINÉAN, Lazare (1915): *L'argot des tranchées: d'après les lettres des poilus et les journaux du front*. Paris: E. de Boccard

SAINÉAN, Lazare (1920): *Le langage parisien au XIXe siècle*. Paris: E. de Boccard.

SAINÉAN, Lazare (1972 [1930]): *Les sources indigènes de l'étymologie française*, tome III. Genève: Slatkine Reprints.

SANDRY, Géo / CARRÈRE, Marcel (^{10}1970): *Dictionnaire de l'argot moderne. Dixième édition revue, augmentée et mise à jour*. Paris: Éditions du dauphin.

SAUGERA, Valérie (2019): "Brèves de billot: fonctions de l'argot des louchébems de Paris." In: *Journal of French Language Studies*, Vol. 29, 349-372.

SCHLOBINSKI, Peter (1996): *Empirische Sprachwissenschaft*. Opladen: Westdeutscher Verlag.

SCHMITT, Christian (1990): "313. Sondersprachen/Jargons." In: HOLTUS, Günter / METZELTIN, Michael / SCHMITT, Christian [Hrsg.]: *Lexikon der Romanistischen Linguistik*, Bd. V/1: *Französisch/Le français*. Tübingen: Niemeyer, 283-307.

SCHNELL, Rainer / HILL, Paul B. / ESSER, Elke ([8]2008): *Methoden der empirischen Sozialforschung*. München / Wien: Oldenbourg Wissenschaftsverlag.

SCHWOB, Marcel / GUIEYSSE, Georges (1889): *Étude sur l'argot français*. Paris: Imprimerie Nationale.

SIEWERT, Klaus (1991): "Masematte. Zur Situation einer regionalen Sondersprache." In: *Zeitschrift für Dialektologie und Linguistik*, 58. Jahrg., H. 1(1991), 44-56.

SIEWERT, Klaus (1996a): *Olf, bes, kimmel, dollar, hei ... Handwörterbuch der Münsterschen Masematte*, 2. Auflage. Münster / New York: Waxmann.

SIEWERT, Klaus (1996b): *Rotwelsch-Dialekte: Symposion Münster. 10. bis 12. März 1995.* Wiesbaden: Harrassowitz.

SIEWERT, Klaus (1997): "Das Pfedelbacher Jenisch. Mit einem Glossar aus den schriftlichen Quellen." In: *Zeitschrift für Dialektologie und Linguistik*, 64. Jahrg., H. 1(1997), 37-56.

SIEWERT, Klaus (2000): "Semantischer Wandel versus semantische Verwandlung." In: BECKMANN, Susanne / KÖNIG, Peter-Paul / WOLF, Georg [Hrsg.]: *Sprachspiel und Bedeutung. Festschrift für Franz Hundsnurscher zum 65. Geburtstag*. Tübingen: Niemeyer, 157-163.

SIEWERT, Klaus (2001a): "Sondersprachenforschung in Deutschland." In: WIESINGER, Peter [Hrsg.]: *Akten des X. Internationalen Germanistenkongresses Wien 2000. „Zeitenwende – Die Germanistik auf dem Weg vom 20. ins 21. Jahrhundert"*, Band 3. Frankfurt am Main [u.a.]: Peter Lang, 263-271.

SIEWERT, Klaus (2001b): "Zum Rotwelsch in der deutschen Literatur." In: HEßELMANN, Peter / HUESMANN, Michael / JACOB, Hans-Joachim [Hrsg.]: *„Das Schöne soll sein." Aisthesis in der deutschen Literatur. Festschrift für Wolfgang F. Bender*. Bielefeld: Aisthesis Verlag, 35-41.

SIEWERT, Klaus (2002): *Die Kedelkloppersprook. Geheimsprache aus dem Hamburger Hafen*. Hamburg / Münster: Geheimsprachen Verlag.

SIEWERT, Klaus (2003): *Grundlagen und Methoden der Sondersprachenforschung*. Wiesbaden: Harrassowitz.

SIEWERT, Klaus (2009): *Die Kedelkloppersprook. Geheimsprache aus dem Hamburger Hafen*, 2. erweiterte Auflage. Hamburg / Münster: Geheimsprachen Verlag.

SIEWERT, Klaus (2010): *Die geheime Sprache der Tiötten*. Hamburg / Münster: Geheimsprachen Verlag.

SIEWERT, Klaus (2011): *Humpisch. Eine Geheimsprache westfälischer Leinenhändler*. Hamburg / Münster: Geheimsprachen Verlag.

SIEWERT, Klaus (2013): "Hebraismen in deutschen Sondersprachen." In: GRÜBEL, Monika / HONNEN, Peter [Hrsg.]: *Jiddisch im Rheinland. Auf den Spuren der Sprachen der Juden im Rheinischen*. Essen: Klartext Verlag, 85-109.

SIEWERT, Klaus (2014): *Geheimsprachen in Westfalen 1 – Mindener Buttjersprache & Mettinger Humpisch (Tiöttensprache)*. Hamburg / Münster: Geheimsprachen Verlag.

SIEWERT, Klaus (2015a): *Geheimsprachen in Westfalen 2 – Münsters Masematte, westfälische Viehhändlersprache*. Hamburg / Münster: Geheimsprachen Verlag.

SIEWERT, Klaus (2015b): "25 Jahre moderne Sondersprachenforschung in Deutschland." in: HARDY, Stéphane / HERLING, Sandra / SIEWERT, Klaus [Hrsg.]: *Geheimsprachen unter besonderer Berücksichtigung der Romania*. Hamburg / Münster: Geheimsprachen Verlag, 9-34.

SIEWERT, Klaus (2015c): "Zu Romanismen in deutschen Rotwelsch-Dialekten." In: HARDY, Stéphane / HERLING, Sandra / SIEWERT, Klaus [Hrsg.]: *Geheimsprachen unter besonderer Berücksichtigung der Romania*. Hamburg / Münster: Geheimsprachen Verlag, 87-92.

SIEWERT, Klaus (2017): *Geheimsprachen in Westfalen 3 – Sauerland, Siegen-Wittgenstein, Paderborner Land und weitere überregionale Vorkommen*. Hamburg / Münster: Geheimsprachen Verlag.

SIEWERT, Klaus (2018a): *Wörterbuch der jüdischen Geschäfts- und Umgangssprache*. Hamburg / Münster: Geheimsprachen Verlag.

SIEWERT, Klaus (2018b): *„Hebräisch“, die Marktsprache der Pferde- und Viehhändler in Norddeutschland: Wörterbuch, Analysen, Dokumente*. Hamburg / Münster: Geheimsprachen Verlag.

SIEWERT, Klaus (2018c): "Typen und Muster der Codierung in deutschen Geheimsprachen." In: HARDY, Stéphane / HERLING, Sandra / SIEWERT, Klaus [Hrsg.]: *Kontrollierte Kommunikation*. Hamburg / Münster: Geheimsprachen Verlag, 9-23.

SIEWERT, Klaus (2018d): "Sprachliche Tarnung an der Nordsee: Viehhändler und Küstenfischer." In: HARDY, Stéphane / HERLING, Sandra / SIEWERT, Klaus [Hrsg.]: *Kontrollierte Kommunikation*. Hamburg / Münster: Geheimsprachen Verlag, 33-47.

SIEWERT, Klaus (2019a): "Namen und Deonomastica in deutschen Sondersprachen." In: HARDY, Stéphane / HERLING, Sandra / SIEWERT, Klaus [Hrsg.]: *Namen im Geheimen*. Hamburg / Münster: Geheimsprachen Verlag, 9-22.

SIEWERT, Klaus (2019b): "*Victor!* Namen in der Tarnsprache der deutschen Jagdflieger im Zweiten Weltkrieg." In: HARDY, Stéphane / HERLING, Sandra / SIEWERT, Klaus [Hrsg.]: *Namen im Geheimen*. Hamburg / Münster: Geheimsprachen Verlag, 31-54.

SIEWERT, Klaus (2023): *Wörterbuch deutscher Geheimsprachen: Rotwelsch-Dialekte*. Berlin / New York: De Gruyter.

SINNER, Carsten (2014): *Varietätenlinguistik. Eine Einführung*. Tübingen: Narr.

SOKOLIJA, Alma (2015): "Méthodologies d'enquêtes dans les recherches sur l'argot." In: PODHORNÁ-POLICKÁ, Alena [Ed.]: *Expressivité vs identité dans les langues: aspects contemporains des argots*. Brno: Masarykova univerzita, 104-109.

SOURDOT, Marc (1991): "Argot, jargon, jargot." In: *Langues françaises*, N°90, 13-27.

SOURDOT, Marc (2002): "L'argotologie: entre forme et fonction." In: *La Linguistique*, Vol. 38, Fasc. 1, 25-39.

SZECSKÓ, Adrienn (2017): "Prénoms dans le vocabulaire argotique dans les dictionnaires de Lorédan Larchey." In: *Argumentum*, Vol. 13, 140-173.

SZULMAJSTER-CELNIKIER (1998): "Éléments de réflexion sur les langues secrètes: Statuts, fonctions, procédés." In: *La Linguistique*, Vol. 34, Fasc. 2, Hommage à Henriette Walter, 123-140.

TENGOUR, Abdelkarim (2013): *Tout l'argot des banlieues*. Paris: Les Éditions de l'Opportun.

TIMMERMANS, Adrien (1892): *L'argot parisien – Étude d'étymologie comparée suivie du vocabulaire*. Paris: G. Klincksieck.

TLFI = *Trésor de la Langue Française informatisé*. Online abrufbar unter URL: http://atilf.atilf.fr/ (letzter Aufruf: 16.02.2022).

TOUBIN, Charles (1886): *Dictionnaire étymologique et explicatif de la langue française et spécialement du langage populaire*. Paris: Ernest Leroux.

VAN GENNEP, Arnold (1908): "Essai d'une théorie des langues spéciales." In: *Revue des Études Ethnologiques et Sociologiques*, N°6-7, 327-337.

VELUPILLAI, Viveka (2015): *Pidgins, Creoles and Mixed Languages. An Introduction.* Amsterdam / Philadelphia: John Benjamins Publishing Company.

VIANNA, Pedro (2010): "Entre consonnes et voyelles, les mystères de deux langues de l'enfance." In: *Sigila. Revue transdisciplinaire franco-portugaise sur le secret*, 2010/2, N°26, 19-26.

VIDOCQ, François Eugène (1828): *Mémoires de Vidocq, chef de la police de Sûreté, jusqu'en 1827*, tome second. Paris: Tenon.

VIDOCQ, François Eugène (1837 [1836]): *Les Voleurs: physiologie de leurs mœurs et de leur langage*. Paris: Chez l'auteur.

VIDOCQ, François (1837a [1836]): *Les voleurs, physiologie de leurs mœurs et de leur langage. Ouvrage qui dévoile les ruses de tous les fripons, et destiné à devenir le VADE MECUM de tous les honnêtes gens*, tome premier. Paris: Chez l'auteur.

VIDOCQ, François (1837b [1836]): *Les voleurs, physiologie de leurs mœurs et de leur langage. Ouvrage qui dévoile les ruses de tous les fripons, et destiné à devenir le VADE MECUM de tous les honnêtes gens*, tome second. Paris: Chez l'auteur.

VILLATTE, Césaire (²1888): *Parisismen: Alphabetisch geordnete Sammlung der eigenartigen Ausdrucksweisen des Pariser Argot: ein Supplement zu allen franz.-deutschen Wörterbüchern.* Berlin: Langenscheidtsche Verlagsbuchhandlung.

VIRMAÎTRE, Charles (1894): *Dictionnaire d'argot fin-de-siècle*. Paris: A. Charles.

VINCENTI, Aurore (2017): *Les mots du bitume. De Rabelais aux rappeurs, petit dictionnaire de la rue*. Paris: Le Robert.

WATTS, Sydney (2004): "Boucherie et hygiène à Paris au XVIIIe siècle." In: *Revue d'histoire moderne et contemporaine*, 2004/3, N°51-3. Paris: Belin, 79-103.

WEILAND, Thorsten (2003): *Das Hundeshagener Kochum: Ein Rotwelsch-Dialekt von Wandermusikanten aus dem Eichsfeld; Quellen, Wörterbuch, Analyse.* Paderborn [u.a.]: Ferdinand Schöningh.

YOUSSI, Abderrahim (1977): "Les parlers secrets au Maroc." In: *La Linguistique*, Vol. 13, Fasc. 1, 135-143.

ANHANG

I Schriftliche Befragung

Questionnaire I: Désignation(s) ainsi que compétence et pratique langagières

A QUESTIONS LINGUISTIQUES PRÉLIMINAIRES

A01- À part le français ou autres langues étrangères, quel autre jargon ou argot associez-vous au milieu de la boucherie parisienne ? (Si vous ne pouvez donner aucune réponse, barrez les lignes ci-après et passez immédiatement à la question A03)

____

____

____

A02- Et parlez-vous ou comprenez-vous ce jargon / cet argot « jargon / argot cité en A01 », même si vous avez seulement des notions ?

☐ Oui ☐ Non

A03- Il y a, en fait, un langage secret parlé à Paris par les bouchers qui camoufle des mots de français. Il s'agit d'un « argot à clef » dont le procédé de déformation est le suivant :

La consonne initiale du mot est renvoyée à la fin et remplacée par la lettre « L ». Le mot ainsi transformé est finalement suivi d'un élément libre (suffixe)

Par ex. : 'Merci' devient L-erci-m-uche ('lercimuche')

A04- Parlez-vous ou comprenez-vous cet « argot », même si vous avez seulement des notions ? (Si OUI, répondez à la question A05 ; Si NON, voir A06)

☐ Oui (répondre à B05) ☐ Non (voir B06)

A05- Comment appelez-vous cet « argot » généralement ? (une seule réponse spontanée)

____

____

____

A06- La suite du questionnaire concerne donc cet « argot ». Mais même si vous ne connaissez pas cette langue, votre avis nous intéresse. (Nous poursuivrons le questionnaire en utilisant le terme « cet argot » pour la dénomination que vous avez citée en A05)

B COMPÉTENCE ET PRATIQUE LANGAGIÈRES

B01- Parlons d'abord de votre pratique de « cet argot ». A quelle fréquence… ?

… l'entendez-vous :

- ☐ Tous les jours ou presque
- ☐ Au moins une fois par semaine
- ☐ Au moins une fois par mois
- ☐ Moins souvent
- ☐ Jamais

B02- Lorsque vous entendez une conversation dans « cet argot », comprenez-vous…

- ☐ parfaitement tout ce qui se dit
- ☐ le sens global
- ☐ facilement même si vous ne comprenez pas tout
- ☐ quelques mots ou expressions seulement
- ☐ vous ne comprenez rien

B03- A quelle fréquence… ?

… le parlez-vous :

- ☐ Tous les jours ou presque
- ☐ Au moins une fois par semaine
- ☐ Au moins une fois par mois
- ☐ Moins souvent
- ☐ Jamais

B04- Vous le parlez…

- ☐ sans difficulté : vous pouvez exprimer ce que vous voulez
- ☐ avec difficulté : vous ne connaissez que quelques mots ou expressions
- ☐ suffisamment pour tenir une conversation simple
- ☐ vous ne savez pas le parler

B05- A quelle fréquence… ?

… l'écrivez-vous :

- ☐ Tous les jours ou presque
- ☐ Au moins une fois par semaine
- ☐ Au moins une fois par mois
- ☐ Moins souvent
- ☐ Jamais

Précisez sous quel(s) type(s) d'écrit (par ex. lettre, facture …):

____
____
____
____

B06- A quelle fréquence… ?

… le lisez-vous :

- ☐ Tous les jours ou presque
- ☐ Au moins une fois par semaine
- ☐ Au moins une fois par mois
- ☐ Moins souvent
- ☐ Jamais

Précisez sous quel(s) type(s) de lecture (par ex. lettre, facture …):

____
____
____
____

B07- Finalement, veuillez évaluer les connaissances que vous avez de « cet argot » sur une échelle allant de 0, qui veut dire « aucune connaissance », à 10, qui veut dire « connaissance parfaite ».

Je comprends « cet argot »…

☐	☐	☐	☐	☐	☐	☐	☐	☐	☐	☐
0	1	2	3	4	5	6	7	8	9	10

Je parle « cet argot »…

☐	☐	☐	☐	☐	☐	☐	☐	☐	☐	☐
0	1	2	3	4	5	6	7	8	9	10

J'écris « cet argot »…

☐	☐	☐	☐	☐	☐	☐	☐	☐	☐	☐
0	1	2	3	4	5	6	7	8	9	10

Je lis « cet argot »…

☐	☐	☐	☐	☐	☐	☐	☐	☐	☐	☐
0	1	2	3	4	5	6	7	8	9	10

Questionnaire II: Conditions d'apprentissage et transmission

C CONDITIONS D'APPRENTISSAGE ET DE TRANSMISSION

C01- Comment avez-vous appris « cet argot » ?

____

____

____

____

____

____

C02- Pouvez-vous m'indiquer plus précisément quelles personnes vous ont transmis « cet argot » ? (veuillez ne citer aucun nom, mais uniquement leur statut ; par ex. apprenti, collègue, fils, fille… - plusieurs réponses possibles)

____

____

____

____

C03- Avez-vous …

☐	souhaité vous-même apprendre « cet argot »	☐	été obligé de l'apprendre

C04- Pour quelles raisons avez-vous souhaité ou été obligé d'apprendre « cet argot » ?

____

____

____

____

C05- Avez-vous transmis ou transmettez-vous « cet argot » à d'autres personnes ? (une seule réponse possible)

☐	Oui, en leur parlant souvent en « cet argot »	☐	Oui, en leur apprenant quelques mots ou expressions seulement
☐	Oui, parce qu'elles me l'ont régulièrement entendu parler, mais je ne m'adressais pas à elles dans « cet argot »	☐	Non, je ne le leur ai pas transmis

C06- Si vous avez répondu par OUI, de quelles personnes s'agit-il ? (veuillez ne citer aucun nom, mais uniquement leur statut ; par ex. apprenti, collègue, fils, fille… - plusieurs réponses possibles)

____

____

____

C07- Parmi les personnes suivantes, pouvez-vous me dire avec lesquelles vous parlez ou parliez, ne serait-ce qu'un petit peu, « cet argot » ?

Au sein de votre foyer

☐ Vos grands-pères (paternel ou maternel : au moins 1 des 2)
précisez profession : ____________________

☐ Vos grands-mères (paternelle ou maternelle : au moins 1 des 2)
précisez profession : ____________________

☐ Votre père
précisez profession : ____________________

☐ Votre mère
précisez profession : ____________________

☐ Quelqu'un d'autre au sein de votre foyer (conjoint – enfant) à part vous
précisez profession : ____________________

☐ Aucune de ces personnes

Au sein de l'entreprise

☐ Apprenti/e

☐ Ouvrier/ère

☐ Vendeur/se (à la caisse)

☐ Chef d'équipe / chef de rayon

☐ Contremaître / Contremaîtresse

☐ Chef d'entreprise

☐ Artisan boucher (le patron/ne, à son compte)

☐ Aucune de ces personnes

Autres personnes

- ☐ Ami/e/s
- ☐ Camarades de classe (si vous êtes apprenti)
- ☐ Garçon de café
- ☐ Livreur (dans la boucherie où vous travaillez)
- ☐ Autre : précisez ________________________

C08- Avez-vous déjà rencontré une personne qui parle ou parlait « cet argot » d'une autre façon que vous ? Merci de préciser.

____

____

____

C09- Diriez-vous que « cet argot » est utilisé plus souvent par …

- ☐ des femmes ☐ des hommes
- ☐ je ne sais pas

Questionnaire III: Motifs et raisons d'usage et attachement à la langue

D LIEU ET OCCASION D'USAGE DE « CET ARGOT »

D01- Avez-vous déjà entendu parler « cet argot » à Paris?

☐	Oui, souvent	☐	Oui, mais très rarement
☐	Oui, à plusieurs reprises	☐	Non, jamais

D02- Pourriez-vous m'indiquer à quelle(s) occasion(s) / dans quel(s) lieux vous avez entendu ou utilisé « cet argot » ? (plusieurs réponses possibles)

☐	Par les anciens	☐	Au travail (dans la boucherie où vous travaillez)
☐	Dans des clubs, activités associatives ou de groupe	☐	Dans d'autres boucheries
☐	Chez des amis, des voisins	☐	A la boucherie en gros
☐	Au café, au bistrot, dans des bars	☐	A l'abattoir
☐	Dans le métro, dans la rue	☐	Au marché, dans certains commerces
☐	En famille	☐	Chez les grossistes et fournisseurs à Rungis

D03- Avez-vous déjà entendu parler « cet argot » dans une autre ville / dans un autre village en France ou à l'étranger?

☐	Oui précisez nom de ville / village et pays : ______________________	☐	Non, jamais

D04- Vous parlez « cet argot » parce que… (plusieurs réponses possibles)

☐	c'est comme un jeu et ça fait tout simplement plaisir	☐	tous vos collègues de travail le parlent aussi ; alors vous faites pareil
☐	il faut l'utiliser souvent sinon on l'oublie ou on du mal à le parler	☐	vous ne voulez pas qu'une personne vous comprenne (par ex. un client ou un enseignant – si vous êtes apprenti)
☐	c'est une habitude dans la boucherie de parler comme ça	☐	autre : précisez ______________________ ______________________

D05- Existe-t-il des boucheries dans certains arrondissements de Paris dans lesquelles il est interdit de prononcer des mots dans « cet argot » ? Merci de préciser les arrondissements (et, si vous voulez, les boucheries en question).

____

____

____

E ATTACHEMENT À LA LANGUE

E01- Diriez-vous que vous êtes attaché/e à « cet argot » ? (une seule réponse possible)

- ☐ Oui, tout à fait
- ☐ Oui, plutôt
- ☐ Je ne sais pas
- ☐ Non, plutôt pas
- ☐ Non, pas du tout

E02- Enfin, est-il important pour vous que « cet argot » soit préservé ? Justifiez votre réponse.

____

____

____

____

E03- Je vais vous citer un certain nombre de phrases. Pour chacune d'elles, vous me direz si, personnellement, vous êtes *tout à fait, plutôt, plutôt pas* ou *pas du tout d'accord.*

	tout à fait d'accord	plutôt d'accord	plutôt pas d'accord	pas du tout d'accord	je ne sais pas
Cet « argot » fait partie du patrimoine français	☐	☐	☐	☐	☐
La disparition de cet « argot » serait une perte culturelle pour le milieu de la boucherie (parisienne)	☐	☐	☐	☐	☐
Cet « argot » peut-il être perçu comme symbole de votre identité de boucher ?	☐	☐	☐	☐	☐
Cet « argot » fait partie de votre identité professionnelle	☐	☐	☐	☐	☐
Cet « argot » favorise l'appartenance à un groupe	☐	☐	☐	☐	☐

Les connaissances en « cet argot » facilitent l'intégration et la communication dans votre équipe de travail	☐	☐	☐	☐	☐
Vous gardez au secret cet « argot » face aux clients de la boucherie dans laquelle vous travaillez	☐	☐	☐	☐	☐
Les clients de la boucherie dans laquelle vous travaillez savent, au fil du temps, décoder cet « argot »	☐	☐	☐	☐	☐
Si vous êtes apprenti, vous utilisez cet « argot » pour que les professeurs ne vous comprennent pas	☐	☐	☐	☐	☐

E04- Est-ce que vous pensez qu'en parlant « cet argot » vous vous distinguez des bouchers qui ne le parlent pas ? Si oui, dans quelle mesure ?

____

____

____

____

E05- Croyez-vous que l'on fait assez pour la survie de « cet argot » ? Si « non », que devrait-on faire ?

☐ Oui ☐ Non ☐ Je ne sais pas

____

____

____

____

E06- Comment voyez-vous l'avenir de « cet argot » ? Pourquoi ?

☐ Il survivra ☐ Il disparaîtra ☐ Je ne sais pas

____

____

____

____

F QUESTIONS RELATIVES À NOTRE ENQUÊTE

F01- Quelle est votre opinion / votre attitude par rapport à l'intérêt que nous portons à documenter « votre argot » ? Dites pourquoi.

☐ Positive ☐ Négative ☐ Neutre

____

____

____

____

F02- Seriez-vous prêt/e à accepter un entretien personnel pour parler plus en détail avec l'enquêtrice de l'usage et des fonctions de « cet argot » ? Si nous avons le droit de vous recontacter, pourriez-vous laisser votre nom et vos coordonnées ? (numéro de téléphone ou/et adresse email auxquels nous pouvons vous joindre)

____

____

____

F03- Êtes-vous intéressé/e aux résultats de cette enquête ? (Si oui, nous pouvons vous les présenter prochainement sous forme écrite)

☐ Oui ☐ Non

G DONNÉES SOCIO-DÉMOGRAPHIQUES

G01- Votre profession : (Selon les cas, vous pouvez cocher plusieurs cases)

☐ Boucher/ère ☐ Préparateur/trice en boucherie
☐ Charcutier/ère ☐ Vendeur/se en boucherie
☐ Traiteur ☐ Apprenti boucher / charcutier / traiteur
☐ Tripier ☐ Retraité: précisez ____________________
☐ Patron/ne de boucherie ☐ Autre: précisez ____________________

G02- Quel âge avez-vous ?
Précisez : ____

G03- Vous êtes : ☐ **un homme** ☐ **une femme**

G04- Depuis combien de temps exercez-vous votre métier ?

- ☐ Moins d'un an
- ☐ 1 à 5 ans
- ☐ 6 à 10 ans
- ☐ 11 à 19 ans
- ☐ Plus de 20 ans

G05- Où avez-vous suivi votre formation professionnelle ?

☐ à Paris

Précisez l'arrondissement : ____

☐ dans une autre ville de France

Précisez nom de la ville : ____
Précisez le département : ____

☐ à l'étranger

Précisez nom de la ville : ____
Précisez le pays : ____

H COMMENTAIRES FACULTATIFS

Auriez-vous d'autres remarques ou informations utiles à nous communiquer en ce qui a trait à l'argot en question ?

____

____

____

Merci beaucoup de votre coopération !

II Leitfadengespräche

Der für die Gespräche über den *louchébem* zugrundeliegende grobe Leitfaden beinhaltet folgende Themen sowie offen formulierte Fragen:

a. Geheimsprachliche Kompetenz bzw. Sprachgewohnheiten Compétence et pratique langagières	a. Depuis combien de temps utilisez-vous cet argot? b. Dans quelles situations ou dans quels contextes utilisez-vous cet argot? c. L'utilisez-vous régulièrement? d. Vous comprenez tout quand on vous parle en cet argot? e. Tout le monde parle cet argot dans votre boucherie?
b. Gründe zur Verwendung der Geheimsprache Motifs et raisons d'usage	a. Dans quelles situations ou dans quels contextes utilisez-vous cet argot? b. Devant quel type de client ou de cliente utilisez-vous cet argot? c. Les clients comprennent-ils ce que vous dites? d. Comment réagissent-ils?
c. Spracheinstellungen Attachement à la langue	a. Diriez-vous que cet argot est langage secret? b. Diriez-vous que cet argot est en train de disparaître? c. Est-il important de savoir le parler?
d. Lehr- und Lernbedingungen Conditions d'apprentissage	a. Quand et comment avez-vous appris cet argot? b. Son apprentissage est-il difficile?
e. Transmission	a. Transmettez-vous cet argot au jeune apprenti? b. Comment faites-vous pour leur transmettre? c. Les apprentis apprennent-ils rapidement cet argot?

III Geheimsprachliches Wortmaterial des *largonji du louchébem*

alabem
< abat(s)
V^n CV → V^n [l]V C + [Suf.]
[aba] → [alabɛm]
Typus 33

aleaugnoc
< agneau
V^n CV → V^n [l]V C + [Suf.]
[aɲo] → [aloɲɔk]
Typus 33

labatok
< tabac
C^aV CV → [l]
V CV C^a + [Suf.]
[taba] → [labatɔk]
Typus 3

labletem
< table
C^aVCC → [l]VC CV C^a + [Suf.]
[tabl] → [lablətɛm]
Typus 5

labolem
< labo
Apokope von *laboratoire*
C^aV CV → [l]V CV C^a + [Suf.]
[labo] → [labolɛm]
Typus 3

lacancevem
< vacances
C^aV CVC → [l]V CVC C^a + [Suf.]
[vakãs] → [lakãsvɛm]
Typus 4

laconfem
< flacon 'bouteille de champagne'
$[C_1C_2]^a$V CV → [l]V CV $[C_1]^a$ + [Suf.] bzw. $[C_2]$V CV $[C_1]^a$ + [Suf.]
[flakɔ̃] → [lakɔ̃fɛm]
Typus 25b

laconflem
< flacon 'bouteille de champagne'
$[C_1C_2]^a$V CV → [l]V CV $[C_1C_2]^a$ + [Suf.]
[flakɔ̃] → [lakɔ̃flɛm]
Typus 25a

ladamesse
< madame
C^aV CVC → [l]V CVC C^a + [Suf.]
[madam] → [ladamɛs]
Typus 4

lafékès
< café
C^aV CV → [l]V CV C^a + [Suf.]
[kafe] → [lafekɛs]
Typus 3

lafgué
< gaffe (faire)
C^aVC → [l]VC C^a + [Suf.]
[gaf] → [lafge]
Typus 2

lagasinmuche
< magasin
C^aV CV CV → [l]V CV CV C^a + [Suf.]
[magazɛ̃] → [lagazɛ̃myʃ]
Typus 11

lagrem
< gras
$[C_1C_2]^aV \rightarrow [l]V\ [C_1C_2]^a$ + [Suf.]
[gʁa] → [lagʁɛm]
Typus 22

laguche
< gars
$C^aV \rightarrow [l]V\ C^a$ + [Suf.]
[ga] → [lagyʃ]
Typus 1

laguédrem
< draguer
$[C_1C_2]^aV\ CV \rightarrow [l]V\ CV\ [C_1C_2]^a$ + [Suf.]
[dʁage] → [lagedʁɛm]
Typus 25a

laiderem
< raide 'ivre'
$C^aVC \rightarrow [l]VC\ C^a$ + [Suf.]
[ʁɛd] → [lɛdʁɛm]
Typus 2

laignoscrem
< craignos 'nul, minable'
Apokope von *craigne* und Resuffigierung in *-os*
$[C_1C_2]^aV\ CVC \rightarrow [l]V\ CVC\ [C_1C_2]^a$ + [Suf.]
[kʁeɲos] → [leɲoskʁɛm]
Typus 26a

laigremess
< maigre
$C^aVCC \rightarrow [l]V\ CCV\ C^a$ + [Suf.]
[mɛgʁ] → [lɛgʁəmɛs]
Typus 5

laillequem
< caille
$C^aVG \rightarrow [l]VG\ C^a$ + [Suf.]
[kaj] → [lajkɛm]
Typus 10

laillétem
< tailler
$C^aVGV \rightarrow [l]VGV\ C^a$ + [Suf.]
[taje] → [lajetɛm]
Typus 8

laireaubem
< blaireau (insulte) 'imbécile'
$[C_1C_2]^aV\ CV \rightarrow [l]V\ CV\ [C_1]^a$ + [Suf.] bzw. $[C_2]V\ CV\ [C_1]^a$ + [Suf.]
[bleʁo] → [leʁobɛm]
Typus 25b

laisantépem
< plaisanter
$[C_1C_2]^aV\ CV\ CV \rightarrow [C_2]^aV\ CV\ CV\ [C_1]^a$ + [Suf.] bzw. $[l]V\ CV\ CV\ [C_1]^a$ + [Suf.]
[plezɑ̃te] → [lezɑ̃tepɛm]
Typus 28

laisébem
< baiser
$C^aV\ CV \rightarrow [l]V\ CV\ C^a$ + [Suf.]
[beze] → [lezebɛm]
Typus 3
konjugierbar
(je/tu/il/elle) laisebem
< (je/tu/il/elle) baise/s
$C^aVC \rightarrow [l]VC\ C^a$ + [Suf.]
[bɛz] → [lɛzbɛm]
Typus 2

laisirpem
< plaisir
$[C_1C_2]^aV\ CVC \rightarrow [C_2]^aV\ CVC\ [C_1]^a$ + [Suf.] bzw. $[l]V\ CVC\ [C_1]^a$ + [Suf.]
[pleziʁ] → [leziʁpɛm]
Typus 26b

laissequem
< caisse
$C^aVC \rightarrow [l]VC\ C^a$ + [Suf.]
[kɛs]→ [lɛskɛm]
Typus 2

laissièrequem
< caissière
C^aV CGVC → [l]V CGVC C^a + [Suf.]
[kɛsjɛʁ]→ [lesjɛʁkɛm]
Typus 13

lalancebem
< balance ‘délateur’
C^aV CCV → [l]V CCV C^a + [Suf.]
[balãs] → [lalãsbɛm]
Typus 6

lalèreguès
< galère
C^aV CVC → [l]V CVC C^a + [Suf.]
[galɛʁ] → [lalɛʁgɛs]
Typus 4

lalesoque
< sale
C^aVC → [l]VC C^a + [Suf.]
[sal] → [lalsɔk]
Typus 2

laletteguem
< galette ‘argent’
C^aV CCV → [l]V CCV C^a + [Suf.]
[galɛt] → [lalɛtgɛm]
Typus 6

lalinmuche
< malin (faire le)
C^aV CV → [l]V CV C^a + [Suf.]
[malɛ̃] → [lalɛ̃myʃ]
Typus 3

lalinpem
< lapin
C^aV CV → [l]V CV C^a + [Suf.]
[lapɛ̃] → [lalɛ̃pɛm]
Typus 3

lallesem
< salle
C^aVC → [l]VC C^a + [Suf.]
[sal] → [lalsɛm]
Typus 2

lalmonelsem
< salmonelle(s)
C^aVC CV CVC → [l]VC CV CVC C^a + [Suf.]
[salmɔnɛl] → [lalmɔnɛlsɛm]
Typus 14

lalochvem
< valoche
Apokope von *valise* und Resuffigierung in *-oche*
C^aV CVC → [l]V CVC C^a + [Suf.]
[valɔʃ] → [lalɔʃvɛm]
Typus 4

lalochvik
< valoche
Apokope von *valise* und Resuffigierung in *-oche*
C^aV CVC → [l]V CVC C^a + [Suf.]
[valɔʃ] → [lalɔʃvik]
Typus 4

lambejesse
< jambe(s)
C^aVC → [l]VC C^a + [Suf.]
[ʒãb] → [lãbʒɛs]
Typus 2

lambonjem
< jambon (de porc)
C^aV CV → [l]V CV C^a + [Suf.]
[ʒãbɔ̃] → [lãbɔ̃ʒɛm]
Typus 3

Lamchesse
< Champs
Apokope des Hodonym *Champs Élysées*
C^aV → [l]V C^a + [Suf.]
[ʃɑ̃]→ [lɑ̃ʃɛs]
Typus 1

lamdé
< dame(s)
C^aVC → [l]VC C^a + [Suf.]
[dam] → [lamde]
Typus 2

lamfé
< femme(s)
C^aVC → [l]VC C^a + [Suf.]
[fam] → [lamfe]
Typus 2

lamfuche
< femme(s)
C^aVC → [l]VC C^a + [Suf.]
[fam] → [lamfyʃ]
Typus 2

laminguès
< gamin
C^aV CV → [l]V CV C^a + [Suf.]
[gamɛ̃] → [lamɛ̃gɛs]
Typus 3

Lanampem
< Paname ‚Paris'
C^aV CVC → [l]V CVC C^a + [Suf.]
[panam] → [lanampɛm]
Typus 4

lanarquess
< canard (viande bzw. ‚client hésitant')
C^aV CVC → [l]V CVC C^a + [Suf.]
[kanaʁ] → [lanaʁkɛs]
Typus 4

lanblem
< blanc (de poulet)
[C_1C_2]^{a}V → [l]V [C_1C_2]^a + [Suf.]
[blɑ̃] → [lɑ̃blɛm]
Typus 22

lanchemess
< manche ‚personne maladroite'
C^aV C → [l]VC C^a + [Suf.]
[mɑ̃ʃ] → [lɑ̃ʃmɛs]
Typus 2

langémoque
< manger / mangé (Part.)
C^aV CV → [l]V CV C^a + [Suf.]
[mɑ̃ʒe] → [lɑ̃ʒemɔk]
Typus 3

langsem
< sang
C^aV → [l]V C^a + [Suf.]
[sɑ̃] → [lɑ̃sɛm]
Typus 1

lanlébrem
< (se) branler
[C_1C_2]^{a}V CV → [l]V CV [C_1C_2]^a + [Suf.]
[bʁɑ̃le] → [lɑ̃lebʁɛm]
Typus 25a
konjugierbar

lanlbrem
< branle (on s'en)
[C_1C_2]^{a}VC → [l]VC [C_1C_2]^a + [Suf.]
[bʁɑ̃l] → [lɑ̃lbʁɛm]
Typus 23a

lanleurbrem
< branleur(s)
[C_1C_2]^{a}V CVC → [l]V CVC [C_1C_2]^a + [Suf.]
[bʁɑ̃lœʁ] → [lɑ̃lœʁbʁɛm]
Typus 26a

lanonquesse
< canon 'belle'
C^aV CV → [l]V CV C^a + [Suf.]
[kanɔ̃] → [lanɔ̃nɛs]
Typus 3

lansok
< sang
C^aV → [l]V C^a + [Suf.]
[sã] → [lãsɔk]
Typus 1

lantpem
< plante(s) (je me / tu te)
[C_1C_2]^{a}VC → [C_2]^{a}V CV [C_1]^a + [Suf.] bzw. [l]V CV [C_1]^a + [Suf.]
[plãt] → [lãtpɛm]
Typus 23b

lapinlem
< lapin
C^aV CV → [l]V CV C^a + [Suf.]
[lapɛ̃] → [lapɛ̃lɛm]
Typus 3

lapuche
< pas
C^aV → [l]V C^a + [Suf.]
[pa] → [lapyʃ]
Typus 1

larbiche
< bar
C^aVC → [l]VC C^a + [Suf.]
[baʁ] → [laʁbiʃ]
Typus 2

larboque
< bar
C^aVC → [l]VC C^a + [Suf.]
[baʁ] → [laʁbɔk]
Typus 2

larchémès
< marché (le)
C^aVC CV → [l]VC CV C^a + [Suf.]
[maʁʃe] → [laʁʃemɛs]
Typus 12

lardem
< lard
C^aVC → [l]VC C^a + [Suf.]
[laʁ] → [laʁdɛm]
Typus 2

lardonpem
< pardon
C^aVC CV → [l]VC CV C^a + [Suf.]
[paʁdɔ̃] → [laʁdɔ̃pɛm]
Typus 12

lardonpuche
< pardon
C^aVC CV → [l]VC CV C^a + [Suf.]
[paʁdɔ̃] → [laʁdɔ̃pyʃ]
Typus 12

laretteguès
< garette (Apokope von *garetteci*; Verlan von *cigarette*)
C^aV CCV → [l]V CCV C^a + [Suf.]
[gaʁɛt] → [laʁɛtgɛs]
Typus 6

largomuche
< l'argot
C^aVC CV → C^aVC CV + [Suf.]
bzw.
V^nC CV → [l]V^nC CV + [Suf.]
[laʁgo] → [laʁgomyʃ]
Typus 12

largonji
< jargon
C^aVC CV → [l]VC CV C^a + [Suf.]
[ʒaʁgɔ̃] → [laʁgɔ̃ʒi]
Typus 12

Larispem
< Paris
C^aV CV → [l]V CV C^a + [Suf.]
[paʁi] → [laʁipɛm]
Typus 3

larjebem
< barge
Apokope von *barjot*
C^aVCC → [l]VC CV C^a + [Suf.]
[baʁʒ] → [laʁʒəbɛm]
Typus 5

larjobem
< bargeot
C^aVC CV → [l]VC CV C^a + [Suf.]
[baʁʒo] → [laʁʒobɛm]
Typus 12

larlépem
< parler / parlé (Part.)
C^aVC CV → [l]VC CV C^a + [Suf.]
[paʁle] → [laʁlepɛm]
Typus 12
konjugierbar
(je/tu/il) larlepem
< (je/tu/il) parle(s)
C^aVCC → [l]VC CV C^a + [Suf.]
[paʁl] → [laʁləpɛm]
Typus 5

larréjem
< jarret (de veau)
C^aV CV → [l]V CV C^a + [Suf.]
[ʒaʁɛ] → [laʁeʒɛm]
Typus 3

larrémem
< marrer (se) / marré (Part.)
C^aV CV → [l]V CV C^a + [Suf.]
[maʁe] → [laʁemɛm]
Typus 3

larréquem
< carré (de côtes de porc)
C^aV CV → [l]V CV C^a + [Suf.]
[kaʁe] → [laʁekɛm]
Typus 3

larsonjem
< garçon
C^aVC CV → [l]VC CV C^a + [Suf.]
[gaʁsɔ̃] → [laʁsɔ̃ʒɛm]
Apokopierte Variante *larsonje*
Typus 12

lartipem
< parti (Part.)
C^aVC CV → [l]VC CV C^a + [Suf.]
[paʁti] → [laʁtipɛm]
Typus 12

lassépem
< passer / passé (Part.)
C^aV CV → [l]V CV C^a + [Suf.]
[pase] → [lasepɛm]
Typus 3
konjugierbar
(je/tu) lassepem
< (je/tu/il) passe/s
C^aVC → [l]VC C^a + [Suf.]
[pas] → [laspɛm]
Typus 2

lasséquem
< casser (se) / cassé (Part.) 's'en aller'
C^aV CV → [l]V CV C^a + [Suf.]
[kase] → [lasekɛm]
Typus 3
konjugierbar
(je/tu/il) lassequem
< (je me/tu te/il se) casse/s
C^aVC → [l]VC C^a + [Suf.]
[kas] → [laskɛm]
Typus 2

lassirem[1]
< rassir
C^aV CVC → [l]V CV C^a + [Suf.]
[ʁasiʁ] → [lasiʁɛm]
Typus 4

lassirem[2]
< rassie (viande)
C^aV CV → [l]V CV C^a + [Suf.]
[ʁasi] → [lasiʁɛm]
Typus 3

latemuche
< mate
C^aVC → [l]VC C^a + [Suf.]
[mat] → [latmyʃ]
Typus 2

latépem
< pâté
C^aV CV → [l]V CV C^a + [Suf.]
[pate] → [latepɛm]
Typus 3

latqué
< quat
Apokope von *quatre*
C^aVC → [l]VC C^a + [Suf.]
[kat] → [latke]
Typus 2

latronpem
< patron
C^aV CCV → [l]V CCV C^a + [Suf.]
[patʁɔ̃] → [latʁɔ̃pɛm]
Typus 6

latronpuche
< patron
C^aV CCV → [l]V CCV C^a + [Suf.]
[patʁɔ̃] → [latʁɔ̃pyʃ]
Typus 6

laturémuche
< maturée (viande)
C^aV CV CV → [l]V CV CV C^a + [Suf.]
[matyʁe] → [latyʁemyʃ]
Typus 11

laucissem de Toulouse
< saucisse de Toulouse
C^aV CVC → [l]V CVC C^a + [Suf.]
[sosis] → [losisɛm]
Typus 4

laudasse
< chaudasse
C^aV CVC → [l]V CVC
[ʃodas] → [lodas]

lauléguem
< gauler (se faire) 'attraper'
C^aV CV → [l]V CV C^a + [Suf.]
[gole] → [lolegɛm]
Typus 3

laupiettepem
< paupiette(s)
C^aV CGVC → [l]V CGVC C^a + [Suf.]
[popjɛt] → [lopjɛtpɛm]
Typus 13

lavgrem
< grave (être)
$[C_1C_2]^aVC$ → [l]VC $[C_1C_2]^a$ + [Suf.]
[gʁav] → [lavgʁɛm]
Typus 23a

lazenuche
< naze (pauvre) 'imbécile'
C^aVC → [l]VC C^a + [Suf.]
[naz] → [laznyʃ]
Typus 2

leaubé
< beau
C^aV → [l]V C^a + [Suf.]
[bo] → [lobe]
Typus 1

leaubiche
< belle
C^aV → [l]V C^a + [Suf.]
[bo] → [lobiʃ]
Apokopierte Variante *lob*
Typus 1

leaufbem
< beauf
Apokope von *beau-frère*
C^aVC → [l]VC C^a + [Suf.]
[bof] → [lofbɛm]
Typus 2

leauvé
< veau
C^aV → [l]V C^a + [Suf.]
[vo] → [love]
Typus 1

leauvic
< veau
C^aV → [l]V C^a + [Suf.]
[vo] → [lovik]
Typus 1

lebeurem
< rebeu
Verlan von *beur* (wiederum Verlan von *arabe*)
C^aV CV → [l]V CV C^a + [Suf.]
[ʁøbø] → [løbøʁɛm]
Typus 3

léchiness
< échine (de porc)
V^n CVC → [l]V^n CVC + [Suf.]
[eʃin] → [leʃinɛs]
Typus 34

léchopem
< pécho (Verlan von *choper* 'attraper, prendre')
C^aV CV → [l]V CV C^a + [Suf.]
[peʃo] → [leʃopɛm]
Typus 3

lecmesse
< mec
C^aVC → [l]VC C^a + [Suf.]
[mɛk] → [lɛkmɛs]
Typus 2

lecmuche
< mec
C^aVC → [l]VC C^a + [Suf.]
[mɛk] → [lɛkmyʃ]
Typus 2

lécolletédoque
< décolleté
C^aV CVC CV → [l]V CVC CV C^a + [Suf.]
[dekɔlte] → [lekɔltedɔk]
Typus 15

léconnedoc
< déconne(s) (je/tu/il)
C^aV CVC → [l]V CVC C^a + [Suf.]
[dekɔn] → [lekɔndɔk]
Typus 4

lécoupedem
< découpe (la)
C^aV CVC → [l]V CVC C^a + [Suf.]
[dekup] → [lekupdɛm]
Typus 4

Lédédem
< Dédé
Spitzname von *Didier* bzw. *André* durch Reduplikation
C^aV CV → [l]V CV C^a + [Suf.]
[dede] → [ledεdɛm]
Typus 3

ledobem
< bedo 'joint'
C^aV CV → [l]V CV C^a + [Suf.]
[bədo] → [lədobɛm]
Typus 3

lefchem
< chef
C^aVC → [l]VC C^a + [Suf.]
[ʃɛf] → [lɛfʃɛm]
Typus 2

léfoncédem
< défoncer / défoncé (Part.)
C^aV CV CV→ [l]V CV CV C^a + [Suf.]
[defɔ̃se] → [lefɔ̃sedɛm]
Typus 11
konjugierbar
léfoncedé
< défonce(s) (je me/tu te/il se)
C^aV CVC → [l]V CVC C^a + [Suf.]
[defɔ̃s] → [lefɔ̃sde]
Typus 4

légalrem
< régal(es) (Verb bzw. Nomen)
C^aV CVC → [l]V CVC C^a + [Suf.]
[ʁegal] → [legalʁɛm]
Typus 4

légimeré
< régime
C^aV CVC → [l]V CVC C^a + [Suf.]
[ʁeʒim] → [leʒimʁe]
Typus 4

léglingdem
< (tu) déglingues
C^aV CCVC → [l]V CCVC C^a + [Suf.]
[deglɛ̃g] → [leglɛ̃gdɛm]
Typus 16

leinsik
< sein(s)
C^aV → [l]V C^a + [Suf.]
[sɛ̃] → [lɛ̃sik]
Typus 1

léliredem
< délire
C^aV CVC → [l]V CVC C^a + [Suf.]
[deliʁ] → [leliʁdɛm]
Typus 4

lelouchem
< chelou (Verlan von *louche* 'douteux')
C^aV CV → [l]V CV C^a [d] + [Suf.]
[ʃəlu] → [ləluʃɛm]
Typus 3

lelourdoc
< relou (Verlan von *lourd* 'pénible')
C^aV CV → [l]V CV C^a [d] + [Suf.]
[ʁəlu] → [ləluʁdɔk]
Typus 3

lelsoque
< sel
C^aVC → [l]VC C^a + [Suf.]
[sɛl] → [lɛlsɔk]
Typus 2

lemaindem
< demain
C^aV CV → [l]V CV C^a + [Suf.]
[dəmɛ̃] → [ləmɛ̃dɛm]
Typus 3

lèmbem
< BM
Apokope von *BMW*
C^aV VC → [l]∅VC C^a + [Suf.]
[beɛm] → [lɛmbɛm]
Typus 17

lèmboche
< blème (Aphärese von *problème*)
$[C_1C_2]^a$VC → $[C_2]^a$V CV $[C_1]^a$ + [Suf.] bzw. [l]V CV $[C_1]^a$ + [Suf.]
[blɛm] → [lɛmbɔʃ]
Typus 23b

lemelsoque
< semelle 'viande trop cuite'
C^aV CVC → [l]V CVC C^a + [Suf.]
[səmɛl] → [lemɛlsɔk]
Typus 4

lemprobem
< blèmepro (Verlan von *problème*)
$[C_1C_2]^a$VC CCV → $[C_2]^a$VC CCV $[C_1]^a$ + [Suf.] bzw. [l]VC CCV $[C_1]^a$ + [Suf.]
[blɛmpʁo] → [lɛmpʁobɛm]
Typus 29

lencarem
< rencart
C^aV CVC → [l]V CVC C^a + [Suf.]
[ʁãkaʁ] → [lãkaʁɛm]
Typus 4

lendvem
< vend(s)
C^aV → [l]VC C^a + [Suf.]
[vã] → [lãvɛm]
Typus 1

lénèrvem
< vénère (Verlan von *énervé*)
C^aV CVC → [l]V CVC C^a + [Suf.]
[venɛʁ] → [lenɛʁvɛm]
Typus 4

lenoirem
< renoi (Verlan von *noir* ‚Africain')
C^aV CV → [l]V CV C^a + [Suf.]
[ʁənwa] → [lənwaʁɛm]
Typus 3

lépapruche
< prépa
Apokope von *préparation(s)*
$[C_1C_2]^a$V CV → [l]V CV $[C_1\ C_2]^a$ + [Suf.]
[pʁepa] → [lepapʁyʃ]
Typus 25a

lépaulem
< épaule (d'agneau)
V^n CVC → $[l]V^n$ CVC + [Suf.]
[epol] → [lepolɛm]
Typus 34

lerchem
< cher / chère
C^aVC → [l]VC C^a + [Suf.]
[ʃɛʁ] → [lɛʁʃɛm]
Typus 2

lercimem
< merci
C^aVC CV → [l]VC CV C^a + [Suf.]
[mɛʁsi] → [lɛʁsimɛm]
Typus 12

lercimuche
< merci
C^aVC CV → [l]VC CV C^a + [Suf.]
[mɛʁsi] → [lɛʁsimyʃ]
Typus 12

lerdemem
< merde
C^aVCC → [l]VC CV C^a + [Suf.]
[mɛʁd] → [lɛʁdəmɛm]
Typus 5

lerdemuche
< merde
C^aVCC → [l]VC CV C^a + [Suf.]
[mɛʁd] → [lɛʁdəmyʃ]
Apokopierte Variante *lerdem*
Typus 5

lerdikmuche
< merdique
C^aVC CVC → [l]VC CVC C^a + [Suf.]
[mɛʁdik] → [lɛʁdikmyʃ]
Typus 18

lèregem
< (je/tu/il) gère/s
C^aVC → [l]VC C^a + [Suf.]
[ʒɛʁ] → [lɛʁʒɛm]
Typus 2

lermefem
< ferme (impératif)
C^aVCC → [l]VC CV C^a + [Suf.]
[fɛʁm] → [lɛʁməfɛm]
Typus 5

lerrevem
< verre
C^aVC → [l]VC C^a + [Suf.]
[vɛʁ] → [lɛʁvɛm]
Typus 2

lersem
< (je/tu/il) sers / sert
C^aVC → [l]VC C^a + [Suf.]
[sɛʁ] → [lɛʁsɛm]
Typus 2

lessefem
< fesse(s)
C^aVC → [l]VC C^a + [Suf.]
[fɛs] → [lɛsfɛm]
Typus 2

lestaurok
< restau
Apokope von *restaurant*
C^aVC CV → [l]VC CV C^a + [Suf.]
[ʁɛsto] → [lɛstoʁɔk]
Typus 12

lètepem
< pètes (tu te la)
C^aVC → [l]VC C^a + [Suf.]
[pɛt] → [lɛtpɛm]
Typus 2

leubiche
< beuh
Apokope von *beuhère* (Verlan von *herbe*)
C^aV → [l]V C^a + [Suf.]
[bø] → [løbiʃ]
Typus 1

leubitem
< teubi
Verlan von *bite*
C^aV CV → [l]V CV C^a + [Suf.]
[tøbi] → [løbitɛm]
Typus 3

leudé
< deux
C^aV → [l]V C^a + [Suf.]
[dø] → [løde]
Typus 1

leuftiche
< teuf
Verlan von *fête*
C^aVC → [l]VC C^a + [Suf.]
[tœf] → [lœftiʃ]
Typus 2

leulgué
< gueule
C^aVC → [l]VC C^a + [Suf.]
[gœl] → [lœlge]
Typus 2

leulguem
< gueule
C^aVC → [l]VC C^a + [Suf.]
[gœl] → [lœlgɛm]
Typus 2

leulguiche
< gueule
C^{a}VC → [l]VC C^{a} + [Suf.]
[gœl] → [lœlgiʃ]
Typus 2

leumfé
< meuf (Verlan von *femme*)
C^{a}VC → [l]VC C^{a} + [Suf.]
[mœf] → [lœmfe]
Typus 2

leuquem
< queue (de bœuf)
C^{a}V → [l]V C^{a} + [Suf.]
[kø] → [løkɛm]
Typus 1

leuquesse
< queue (de bœuf)
C^{a}V → [l]V C^{a} + [Suf.]
[kø] → [løkɛs]
Typus 1

lianchem
< chiant / chiante
C^{a}GV → [l]GV C^{a} + [Suf.]
[ʃjã] → [ljãʃɛm]
Typus 7

liandvé
< viande
C^{a}GVC → [l]GVC C^{a} + [Suf.]
[vjãd] → [ljãdve]
Typus 9

liandvem
< viande
C^{a}GVC → [l]GVC C^{a} + [Suf.]
[vjãd] → [ljãdvɛm]
Typus 9

licolpem
< picole(s) (je/tu/il)
C^{a}V CVC → [l]V CVC C^{a} + [Suf.]
[pikɔl] → [likɔlpɛm]
Typus 4

Lidavem
< Vida
Verlan des Vornamen *David*
C^{a}V CV → [l]V CV C^{a} + [Suf.]
[vida] → [lidavɛm]
Typus 3

liéchem
< chier (faire)
C^{a}GV → [l]GV C^{a} + [Suf.]
[ʃje] → [ljeʃɛm]
Typus 7

liéchoque
< chier (faire)
C^{a}GV → [l]GV C^{a} + [Suf.]
[ʃje] → [ljeʃɔk]
Typus 7

lienbem
< bien
C^{a}GV → [l]GV C^{a} + [Suf.]
[bjɛ̃] → [ljɛ̃bɛm]
Apokopierte Variante *lienb*
Typus 7

lienchem
< chien
C^{a}GV → [l]GV C^{a} + [Suf.]
[ʃjɛ̃] → [ljɛ̃ʃɛm]
Apokopierte Variante *liench*
Typus 7

liencless
< client
[C_1C_2]^{a}VGV → [l]VGV [C_1C_2]^{a} + [Suf.]
[klijã] → [lijãklɛs]
Typus 30

lientèlcless
< clientèle
$[C_1C_2]^a$VGV CVC → [l]VGV CVC $[C_1C_2]^a$ + [Suf.]
[klijãtɛl] → [lijãtɛlklɛs]
Typus 31

liépem
< pied
C^aGV → [l]GV C^a + [Suf.]
[pje] → [ljepɛm]
Typus 7

lierfem
< fier / fière
C^aGVC → [l]GVC C^a + [Suf.]
[fjɛʁ] → [ljɛʁfɛm]
Typus 9

Lierrepem
< Pierre
C^aGVC → [l]GVC C^a + [Suf.]
[pjɛʁ] → [ljɛʁpɛm]
Typus 9

lichon(s)
< nichon(s)
C^aV CV → [l]V CV
[niʃɔ̃] → [liʃɔ̃]

liffeké
< kiffe
C^aVC → [l]VC C^a + [Suf.]
[kif] → [lifke]
Typus 2

lifteckbé
< bifteck
C^aVC CVC → [l]VC CVC C^a + [Suf.]
[biftɛk] → [liftɛkbe]
Typus 18

ligépem
< piger / pigé (Part.)
C^aV CV → [l]V CV C^a + [Suf.]
[piʒe] → [liʒepɛm]
Typus 3
konjugierbar
(je/tu/il) ligepem
< (je/tu/il) pige/s
C^aVC → [l]VC C^a + [Suf.]
[piʒ] → [liʒpɛm]
Typus 2

lignolguche
< guignol 'personne maladroite'
C^aV CCV → [l]V CCV C^a + [Suf.]
[giɳɔl] → [liɳɔlgyʃ]
Typus 6

ligofrem
< frigo
Apokope von *frigidaire* + Resuffigierung in *-o*
$[C_1C_2]^a$V CV → [l]V CV $[C_1C_2]^a$ + [Suf.]
[fʁigo] → [ligofʁɛm]
Typus 25a

ligolérem
< rigoler / rigolé (Part.)
C^aV CV CV→ [l]V CV CV C^a + [Suf.]
[ʁigɔle] → [ligɔleʁɛm]
Typus 11
konjugierbar
(tu) ligolrès
< (tu) rigoles
C^aV CVC → [l]V CVC C^a + [Suf.]
[ʁigɔl] → [ligɔlʁɛs]
Typus 4

ligogem
< gigot
C^aV CV → [l]V CV C^a + [Suf.]
[ʒigo] → [ligoʒɛm]
Typus 3

ligotgeoc
< gigot
C^aV CV → [l]V CV C^a + [Suf.]
[ʒigo] → [ligoʒɔk]
Typus 3

lijonpem
< pigeon
C^aV CV → [l]V CV C^a + [Suf.]
[piʒɔ̃] → [liʒɔ̃pɛm]
Typus 3

likikuche
< kiki 'cou, gorge, gosier'
C^aV CV → [l]V CV C^a + [Suf.]
[kiki] → [likikyʃ]
Typus 3

likzuche
< zik (Aphärese von *musique*)
C^aVC → [l]VC C^a + [Suf.]
[zik] → [likzyʃ]
Typus 2

Lilazoc
< Lisa
C^aV CV → [l]V C^aV C + [Suf.]
[liza] → [lilazɔk]

lilèfem / liléfem[1]
< filet
C^aV CV → [l]V CV C^a + [Suf.]
[filɛ] → [lilɛfɛm] bzw. [lilefɛm]
Typus 3

liléfem[2]
< filer
C^aV CV → [l]V CV C^a + [Suf.]
[filɛ] → [lilefɛm]
Typus 3

lillefé
< fille(s)
C^aVG → [l]VG C^a + [Suf.]
[fij] → [lijfe]
Typus 10

lillefem
< fille(s)
C^aVG → [l]VG C^a + [Suf.]
[fij] → [lijfɛm]
Typus 10

lindébem
< blindé (être blindé de tune)
$[C_1C_2]^a$V CV → [l]V CV $[C_1]^a$ + [Suf.] bzw. $[C_2]$V CV $[C_1]^a$ + [Suf.]
[blɛ̃de] → [lɛ̃debɛm]
Typus 25b

lindedem
< dinde
C^aVC → [l]VC C^a + [Suf.]
[dɛ̃d] → [lɛ̃ddɛm]
Typus 2

linéquess
< ciné
Apokope von *cinéma*
C^aV CV → [l]V CV C^a + [Suf.]
[sine] → [linekɛs]
Typus 3

linettemess
< minette(s)
C^aV CVC → [l]V CVC C^a + [Suf.]
[minɛt] → [linɛtmɛs]
Typus 4

linguedé
< dingue
C^aVC → [l]VC C^a + [Suf.]
[dɛ̃g] → [lɛ̃gde]
Typus 2

linguevéleudé
< vingt-deux
$C^aVC\ C^aV \rightarrow [l]VC\ C^a\ [l]V\ C^a + [Suf.]$
[vɛ̃ndø] → [lɛ̃gveløde]
Typus X

linguevélinqsé
< vingt-cinq
$C^aVC\ C^aVC \rightarrow [l]VC\ C^a\ [l]VC\ C^a + [Suf.]$
[vɛ̃nsɛ̃k] → [lɛ̃gvelɛ̃kse]

linochquess
< cinoche
Apokope von *cinéma* und Resuffigierung in *-oche*
$C^aV\ CVC \rightarrow [l]V\ CVC\ C^a + [Suf.]$
[sinɔʃ] → [linɔʃkɛs]
Typus 4

linqsé
< cinq
$C^aVC \rightarrow [l]VC\ C^a + [Suf.]$
[sɛ̃k] → [lɛ̃kse]
Typus 2

Liparuche
< Ripa(s)
Verlan des Toponym *Paris*
$C^aV\ CV \rightarrow [l]V\ CV\ C^a + [Suf.]$
[ʁipa] → [lipaʁyʃ]
Typus 3

lippéfem
< flipper (faire)
$[C_1C_2]^aV\ CV \rightarrow [l]V\ CV\ [C_1]^a + [Suf.]$ bzw. $[C_2]V\ CV\ [C_1]^a + [Suf.]$
[flipe] → [lipefɛm]
Typus 25b

lipem
< pipe
$C^aVC \rightarrow [l]V\ C^a + [Suf.]$
[pip] → [lipɛm]
Typus 2

liprem
< prix
$[C_1C_2]^aV \rightarrow [l]V\ [C_1C_2]^a + [Suf.]$
[pʁi] → [lipʁɛm]
Typus 22

liquefem
< flic(s)
$[C_1C_2]^aVC \rightarrow [C_2]^aV\ CV\ [C_1]^a + [Suf.]$ bzw. $[l]V\ CV\ [C_1]^a + [Suf.]$
[flik] → [likfɛm]
Typus 23b

liquépem
< piquer / piqué (Part.)
$C^aV\ CV \rightarrow [l]V\ CV\ C^a + [Suf.]$
[pike] → [likepɛm]
Typus 3

lirétem
< tirer (se) / tiré (Part.)
$C^aV\ CV \rightarrow [l]V\ CV\ C^a + [Suf.]$
[tiʁe] → [liʁetɛm]
Typus 3
konjugierbar
(je/tu/il) liretem
< (je me/tu te/il se) tire/s
$C^aVC \rightarrow [l]VC\ C^a + [Suf.]$
[tiʁ] → [liʁtɛm]
Typus 2

liscinepesse
< piscine
$C^aV\ CVC \rightarrow [l]V\ CVC\ C^a + [Suf.]$
[pisin] → [lisinpɛs]
Typus 4

lissépem
< pisser / pissé (Part.)
C^aV CV → [l]V CV C^a + [Suf.]
[pise] → [lisepɛm]
Typus 3

lissmuche
< miss
C^aVC → [l]VC C^a + [Suf.]
[mis] → [lismyʃ]
Typus 2

listoirem
< histoire
V^nC CGVC → [l]V^nC CGVC + [Suf.]
[istwaʁ] → [listwaʁɛm]
Typus 36

listrobem
< bistrot
C^aVC CCV → [l]VC CCV C^a + [Suf.]
[bistʁo] → [listʁobɛm]
Typus 19

litbé
< bite
C^aVC → [l]VC C^a + [Suf.]
[bit] → [litbe]
Typus 2

littéquem
< quitter / quitté (Part.)
C^aV CV → [l]V CV C^a + [Suf.]
[kite] → [litekɛm]
Typus 3

livem
< vie
C^aV → [l]V C^a + [Suf.]
[vi] → [livɛm]
Typus 1

lobéguesse
< gobet
C^aV CV → [l]V CV C^a + [Suf.]
[gɔbɛ] → [lɔbegɛs]
Apokopierte Variante *lobs*
Typus 3

loblèmprem
< problème(s)
$[C_1C_2]^aV$ CVC → [l]V CVC $[C_1C_2]^a$ + [Suf.]
[pʁoblɛm] → [loblɛmpʁɛm]
Typus 26a

lodeurem
< odeur
V^n CVC → [l]V^n CV C + [Suf.]
[odœʁ]→ [lodœʁɛm]
Typus 34

lœufbem
< bœuf
C^aVC → [l]VC C^a + [Suf.]
[bœf] → [lœfbɛm]
Typus 2

lœufbé
< bœuf
C^aVC → [l]VC C^a + [Suf.]
[bœf] → [lœfbe]
Typus 2

lognonpem
< pognon
C^aV CV → [l]V CV C^a + [Suf.]
[poɳɔ̃] → [loɳɔ̃pɛm]
Typus 3

logré
< gros
$[C_1C_2]^aV$ → [l]V $[C_1C_2]^a$ + [Suf.]
[gʁo] → [logʁe]
Typus 22

loimé
< moi
C^{a}GV → [l]GV C^a + [Suf.]
[mwa] → [lwame]
Typus 7

loilpé (à)
< poil (à)
C^{a}GVC → [l]GVC C^a + [Suf.]
[pwal] → [lwalpe]
Typus 9

loinoque
< noix (de veau)
C^{a}GV → [l]GV C^a + [Suf.]
[nwa] → [lwanɔk]
Typus 7

loinquès
< coin (du)
C^{a}GV → [l]GV C^a + [Suf.]
[kwɛ̃] → [lwɛ̃kɛs]
Typus 7

loinuche
< noix (de veau)
C^{a}GV → [l]GV C^a + [Suf.]
[nwa] → [lwanyʃ]
Typus 7

loirbem
< boire
C^{a}GVC → [l]GVC C^a + [Suf.]
[bwaʁ] → [lwaʁbɛm]
Typus 9

loirepem
< poire
C^{a}GVC → [l]GVC C^a + [Suf.]
[pwaʁ] → [lwaʁpɛm]
Typus 9

loirnoque
< noir (café)
C^{a}GVC → [l]GVC C^a + [Suf.]
[nwaʁ] → [lwaʁnɔk]
Typus 9

loirsem
< soir
C^{a}GVC → [l]GVC C^a + [Suf.]
[swaʁ] → [lwaʁsɛm]
Typus 9

loitré
< trois
[C$_1$C$_2$]^{a}GV → [l]GV [C$_1$C$_2$]^a + [Suf.]
[tʁwa]→ [lwatʁe]
Typus 24

loitrinepem
< poitrine
C^{a}GV CCVC → [l]GV CCVC C^a + [Suf.]
[pwatʁin]→ [lwatʁinpɛm]
Typus 20

lokémès
< moquer (se) / moqué (se) (Part.)
C^{a}V CV → [l]V CV C^a + [Suf.]
[mɔke] → [lɔkemɛs]
Typus 3

lolijesse
< jolie (nur Feminin)
C^{a}V CV → [l]V CV C^a + [Suf.]
[ʒoli] → [loliʒɛs]
Apokopierte Variante *lolije*
Typus 3

lolossbem
< boloss 'bouffon, victime' (Verlan von *lobo(s)*; Apokope von *lobotomisé*)
C^{a}V CVC → [l]V CVC C^a + [Suf.]
[bolɔs] → [lolɔsbɛm]
Typus 4

lombétem
< tomber (laisse)
C^aV CV → [l]V CV C^a + [Suf.]
[tɔ̃be] → [lɔ̃betɛm]
Typus 3

lommikès
< commis
C^aV CV → [l]V CV C^a + [Suf.]
[kɔmi] → [lɔmikɛs]
Typus 3

lompriquesse
< compris (Part.)
C^aV CCV → [l]V CCV C^a + [Suf.]
[kɔpʁi] → [lɔ̃pʁikɛs]
Typus 6

lonbem
< bon / bonne
C^aV → [l]V C^a + [Suf.]
[bɔ̃] → [lɔ̃bɛm]
Typus 1

lonchtrem
< tronche (tu tires la)
$[C_1C_2]^a$VC → [l]VC $[C_1C_2]^a$ + [Suf.]
[tʁɔ̃ʃ] → [lɔ̃ʃtʁɛm]
Typus 23a

londemesse
< monde
C^aVC → [l]VC C^a + [Suf.]
[mɔ̃d] → [lɔ̃dmɛs]
Typus 2

lonestem
< stone (être)
$[C_1C_2]^a$VC → [l]VC $[C_1C_2]^a$ + [Suf.]
[ston] → [lonstɛm]
Typus 23a

lonfdé (à)
< (à) donf (Verlan von *à fond*)
C^aVC → [l]VC C^a + [Suf.]
[dɔ̃f] → [lɔ̃fde]
Typus 2

lonjourbem
< bonjour
C^aV CVC → [l]V CVC C^a + [Suf.]
[bɔ̃ʒuʁ] → [lɔ̃ʒuʁbɛm]
Typus 4

lonneriquesse
< connerie(s)
C^aVC CV → [l]VC CV C^a + [Suf.]
[kɔnʁi] → [lɔnʁikɛs]
Typus 12

lonquesse
< con / conne
C^aV → [l]V C^a + [Suf.]
[kɔ̃] → [lɔ̃kɛs]
Typus 1

lonsieurmique
< monsieur
C^aV CGV → [l]V CGV C^a + [Suf.]
[məsjø] → [ləsjømik]
Typus 21

lontéquesse
< compter / compté (Part.)
C^aV CV → [l]V CV C^a + [Suf.]
[kɔ̃te] → [lɔ̃tekɛs]
Typus 3
konjugierbar
(je/tu/il) lontequesse
< (je/tu/il) compte/s
C^aVC → [l]VC C^a + [Suf.]
[kɔ̃t] → [lɔ̃tkɛs]
Typus 2

Lontparmic
< Montpart
Apokope des Oikodomonym *Montparnasse*
$C^{a}V$ CVC → [l]V CVC C^{a} + [Suf.]
[mɔ̃paʁ] → [lɔ̃paʁmik]
Typus 4

loolkem
< cool
$C^{a}VC$ → [l]VC C^{a} + [Suf.]
[kul] → [lulkɛm]
Typus 2

lopainkès
< copain
$C^{a}V$ CV → [l]V CV C^{a} + [Suf.]
[kɔpɛ̃] → [lɔpɛ̃kɛs]
Typus 3

lopinekesse
< copine
$C^{a}V$ CVC → [l]V CVC C^{a} + [Suf.]
[kɔpin] → [lɔpinkɛs]
Typus 4

loptem
< top (c'est)
$C^{a}VC$ → [l]VC C^{a} + [Suf.]
[tɔp] → [lɔptɛm]
Typus 2

lorceaumic
< morceau
$C^{a}VC$ CV → [l]VC CV C^{a} + [Suf.]
[mɔʁso]→ [lɔʁsomik]
Apokopierte Variante *lorsom*
Typus 12

lordeaubem
< Bordeaux 'vin rouge'
$C^{a}VC$ CV → [l]VC CV C^{a} + [Suf.]
[bɔʁdo]→ [lɔʁdobɛm]
Typus 12

lordelbem
< bordel
$C^{a}VC$ CVC → [l]VC CVC C^{a} + [Suf.]
[bɔʁdɛl]→ [lɔʁdɛlbɛm]
Typus 18

lormiche
< mort
$C^{a}VC$ → [l]VC C^{a} + [Suf.]
[mɔʁ] → [lɔʁmiʃ]
Typus 2

lorpic
< porc
$C^{a}VC$ → [l]VC C^{a} + [Suf.]
[pɔʁ] → [lɔʁpik]
Typus 2

lortepem
< porte
$C^{a}VCC$ → [l]VC CV C^{a} + [Suf.]
[pɔʁt] → [lɔʁtəpɛm]
Typus 5

lostateprique
< prostate
$[C_1C_2]^{a}VC$ CVC → [l]VC CVC $[C_1]^{a}$ + [Suf.]
[pʁɔstat]→ [lɔstatpʁik]
Typus 27

lotepem
< pote
$C^{a}VC$ → [l]VC C^{a} + [Suf.]
[pɔt] → [lɔtpɛm]
Typus 2

lotequem
< côte
$C^{a}VC$ → [l]VC C^{a} + [Suf.]
[kot] → [lɔtkɛm]
Typus 2

lotpem
< pot (prendre un)
C^aV → [l]V C^a + [Suf.]
[po] → [lopɛm]
Typus 1

louch'bem
< boucher
C^aV CV → [l]VC∅ C^a + [Suf.]
[buʃe] → [luʃbɛm]
Typus 3

louchébem
< boucher
C^aV CV → [l]V CV C^a + [Suf.]
[buʃe] → [luʃebɛm]
Typus 3

loudinbem
< boudin (blanc / noir)
C^aV CV → [l]V CV C^a + [Suf.]
[budɛ̃] → [ludɛ̃bɛm]
Typus 3

louffébem
< bouffer / bouffé (Part.)
C^aV CV → [l]V CV C^a + [Suf.]
[bufe] → [lufebɛm]
Typus 3
konjugierbar
(je/tu/il) louffebem
< (je/tu/il) bouffe/s
C^aVC → [l]VC C^a + [Suf.]
[buf] → [lufbɛm]
Typus 2

loufoque
< fou
C^aV → [l]V C^a + [Suf.]
[fu] → [lufɔk]
Typus 1

lougeroc
< rouge (verre de)
C^aVC → [l]VC C^a + [Suf.]
[ʁuʒ] → [luʒʁɔk]
Typus 2

louilleupem
< pouilleux (insulte, terme de mépris)
C^aVGV → [l]VGV C^a + [Suf.]
[pujø] → [lujøpɛm]
Typus 8

loujourtem
< toujours
C^aV CVC → [l]V CVC C^a + [Suf.]
[tuʒuʁ] → [luʒuʁtɛm]
Typus 4

loulérem
< rouler / roulé (Part.) (se faire)
C^aV CV → [l]V CV C^a + [Suf.]
[ʁule] → [luleʁɛm]
Typus 3

louléssem
< souler / soulé (Part.)
C^aV CV → [l]V CV C^a + [Suf.]
[sule] → [lulesɛm]
Typus 3

louletpem
< poulet
C^aV CV → [l]V CV C^a + [Suf.]
[pulɛ] → [lulɛpɛm]
Apokopierte Variante *loulet*
Typus 3

louletpic
< poulet ‚flic'
C^aV CV → [l]V CV C^a + [Suf.]
[pulɛ] → [lulɛpik]
Apokopierte Variante *loulet*
Typus 3

loulotbem
< boulot
C^{a}V CV → [l]V CV C^a + [Suf.]
[bulo] → [lulobɛm]
Typus 3

loulsem
< soule (ça me)
C^{a}VC → [l]VC C^a + [Suf.]
[sul] → [lulsɛm]
Typus 2

loupékès
< couper / coupé (Part.)
C^{a}V CV → [l]V CV C^a + [Suf.]
[kupe] → [lupekɛs]
Typus 3

lourdoque
< lourd / lourde
C^{a}VC → [l]VC C^a + [Suf.]
[luʁ] → [luʁdɔk]
Typus 2

lourrébem
< bourrer (se) / bourré (Part.)
C^{a}V CV → [l]V CV C^a + [Suf.]
[buʁe] → [luʁebɛm]
Typus 3
konjugierbar
(je/tu/il) lourrebem
< (je me/tu te/il se) bourre/s
C^{a}VC → [l]VC C^a + [Suf.]
[buʁ] → [luʁbɛm]
Typus 2

lourréfem
< fourrer (se) / fourré (Part.)
C^{a}V CV → [l]V CV C^a + [Suf.]
[fuʁe] → [luʁefɛm]
Typus 3

louquès
< coup (boire / donner un)
C^{a}V → [l]V C^a + [Suf.]
[ku] → [lukɛs]
Typus 1

lourgebé
< bourge
Apokope von *bourgeois*
C^{a}VCC → [l]VC CV C^a + [Suf.]
[buʁʒ] → [luʁʒəbe]
Typus 5

louspem
< pouce (coup de)
C^{a}VC → [l]VC C^a + [Suf.]
[pus] → [luspɛm]
Typus 2

louteaucaisse
< couteau
C^{a}V CV → [l]V CV C^a + [Suf.]
[kuto] → [lutokɛs]
Typus 3

louteauqué
< couteau
C^{a}V CV → [l]V CV C^a + [Suf.]
[kuto] → [lutoke]
Typus 3

loutikbem
< boutique
C^{a}V CVC → [l]V CVC C^a + [Suf.]
[butik] → [lutikbɛm]
Typus 4

loutonmique
< mouton
C^{a}V CV → [l]V CV C^a + [Suf.]
[mutɔ̃] → [lutɔ̃mik]
Typus 3

loutrefem
< foutre
C^aVCC → [l]VC CV C^a + [Suf.]
[futʁ] → [lutʁəfɛm]
Typus 5

lozique
< os (Sing. / Pl.)
V^n(C) → [l]V^n C + [Suf.]
[ɔs] bzw. [o] → [lozik]
Typus 32

lozok
< os (Sing. / Pl.)
V^n(C) → [l]V^n C + [Suf.]
[ɔs] bzw. [o] → [lozɔk]
Typus 32

luctrem
< truc
[C_1C_2]^{a}VC → [l]VC [C_1C_2]^a + [Suf.]
[tʁyk] → [lyktʁɛm]
Typus 23a

luméfem
< fumer / fumé (Part.)
C^aV CV → [l]V CV C^a + [Suf.]
[fyme] → [lymefɛm]
Typus 3

lurdoc
< dur / dure
C^aVC → [l]VC C^a + [Suf.]
[dyʁ] → [lyʁdɔk]
Typus 2

luquesse
< cul
C^aV → [l]V C^a + [Suf.]
[ky] → [lykɛs]
Typus 1

lusséquès
< sucer / sucé (Part.)
C^aV CV → [l]V CV C^a + [Suf.]
[syse] → [lysekɛs]
Typus 3

lutainpem
< putain
C^aV CV → [l]V CV C^a + [Suf.]
[pytɛ̃] → [lytɛ̃pɛm]
Typus 3

lutepem
< pute (fils de)
C^aVC → [l]VC C^a + [Suf.]
[pyt] → [lytpɛm]
Typus 2

lutepiche
< pute (fils de)
C^aVC → [l]VC C^a + [Suf.]
[pyt] → [lytpiʃ]
Typus 2

onlèglem
< onglet
V^n CCV → V^n [l]V CC + [Suf.]
[ɔ̃glɛ] → [ɔ̃lɛglɛm]
Typus 35

KULTUREN – KOMMUNIKATION – KONTAKTE

Bd. 1 Tobias Spelz: Kommunikation in den neuen Medien – Französische und brasilianische Webchats. 332 Seiten. ISBN 978-3-86596-261-4

Bd. 2 Michael Scholz-Hänsel: Inquisition und Kunst. *Convivencia* in Zeiten der Intoleranz. 340 Seiten. ISBN 978-3-86596-248-5

Bd. 3 Hartwig Kalverkämper: Lexikographie der Körperkommunikation. ca. 200 Seiten. ISBN 978-3-86596-265-2

Bd. 4 Claudia Bliesener: Wenn Worte zu gefährlich werden ... Zensur in der DDR – Zensur in Spanien unter Franco. Ein interkultureller Vergleich. 132 Seiten. ISBN 978-3-86596-320-8

Bd. 5 Stephan Theilig (Hg.): Historische Konzeptionen von Körperlichkeit. Interdisziplinäre Zugänge zu Transformationsprozessen in der Geschichte. 252 Seiten. ISBN 978-3-86596-333-8

Bd. 6 Susanne Beck: Körpersprache in italienischen Printmedien. 190 Seiten. ISBN 978-3-86596-258-4

Bd. 7 Jennifer Sandner: Medium und Gender. Geschlechtsspezifische Höflichkeit in französischen SMS. 114 Seiten. ISBN 978-3-86596-374-1

Bd. 8 Mareike Kühn: Opera dei pupi. Sizilianisches Marionettentheater im Wandel. 118 Seiten. ISBN 978-3-86596-382-6

Bd. 9 Ursula Wiedemann: Biometrie – Stand und Chancen der Vermessung des Menschen. 200 Seiten. ISBN 978-3-86596-389-5

Bd. 10 Kristin Voigt: Informelle Wissenschaftskommunikation und *Social Media*. 166 Seiten. ISBN 978-3-86596-408-3

Bd. 11 Christoph Schubert/Teresa Pham (Hg.): RaumTexte – TextRäume. Sprachwissenschaftliche Studien zur Verortung im Diskurs. 244 Seiten. ISBN 978-3-86596-364-2

Bd. 12 Sabine Rohmig: Literarischer Kulturtransfer. Afrikanismen in frankophonen Romanen Schwarzafrikas. 492 Seiten. ISBN 978-3-86596-459-5

Bd. 13 Christoph Strosetzki: Konversation als Sprachkultur. Elemente einer historischen Kommunikationspragmatik. 2., durchgesehene und ergänzte Auflage. 464 Seiten. ISBN 978-3-86596-482-3

Bd. 14 Belén Santana López: Lachen – Humor – Komik. Eine systematische Interkulturalitätsanalyse. Deutsch und Spanisch. 172 Seiten. ISBN 978-3-86596-484-7

Frank & Timme

KULTUREN – KOMMUNIKATION – KONTAKTE

Bd. 15 Christina Hofmann-Randall: Das spanische Hofzeremoniell 1500–1700. 310 Seiten. ISBN 978-3-86596-431-1

Bd. 16 Stephan Theilig: Türken, Mohren und Tataren. Muslimische (Lebens-)Welten in Brandenburg-Preußen im 18. Jahrhundert. 408 Seiten. ISBN 978-3-86596-525-7

Bd. 17 Jenny Metzig: Die Wahrnehmung kultureller Eigenheiten im Zusammenleben bikultureller Paare. 322 Seiten. ISBN 978-3-7329-0003-9

Bd. 18 Marja E. Meinl: Electronic Complaints. An Empirical Study on British English and German Complaints on eBay. 330 Seiten. ISBN 978-3-7329-0030-5

Bd. 19 Michael Scholz-Hänsel/David Sánchez Cano (Hg./eds.): Spanische Kunst von El Greco bis Dalí. Ambiguitäten statt Stereotype/Arte Español del Greco hasta Dalí. Ambigüedades en lugar de estereotipos. 336 Seiten. ISBN 978-3-7329-0063-3

Bd. 20 Ramona Jakobs: Der kultivierte Dialog in der italienischen Renaissance. Eine sprechakttheoretische Analyse des *Libro del Cortegiano* (1528). 350 Seiten. ISBN 978-3-7329-0111-1

Bd. 21 Bianka Schönbrunn: Emotionalität in der Berichterstattung deutscher und französischer Tageszeitungen. Ein interkultureller Vergleich. 192 Seiten. ISBN 978-3-7329-0157-9

Bd. 22 Daniela Marcantonio: Gesten im interkulturellen Vergleich. Deutsche in Italien und Italiener in Deutschland. 246 Seiten. ISBN 978-3-86596-247-8

Bd. 23 Yvette Bürki/Henriette Partzsch (eds.): Redes de comunicación. Estudios sobre la prensa en el mundo hispanohablante. 390 Seiten. ISBN 978-3-7329-0129-6

Bd. 24 Sarah Wille: Hablando The Chilean Way. Anglizismen im gesprochenen chilenischen Spanisch. Die Informationssendung „El Informante". 100 Seiten. ISBN 978-3-7329-0287-3

Bd. 25 Sylvia Jaki/Annette Sabban (Hg.): Wissensformate in den Medien. Analysen aus Medienlinguistik und Medienwissenschaft. 348 Seiten. ISBN 978-3-7329-0201-9

Bd. 26 Gianluca Pedrotti: Diktatur der Rhetorik oder Rhetorik der Diktatur. Gezeigt an ausgewählten Redesituationen von Mussolini und Hitler. 594 Seiten. ISBN 978-3-7329-0215-6

Bd. 27 Stefanie Unger: Soziolektale Herausforderungen: Weibliche Emanzipation in der spanischen Pressesprache des 20. Jahrhunderts. 400 Seiten. ISBN 978-3-7329-0519-5

Bd. 28 Richard Brütting: Interkulturelles Mosaik Europa. Essays zu Deutschland, Frankreich und Italien. 354 Seiten. ISBN 978-3-7329-0507-2

KULTUREN – KOMMUNIKATION – KONTAKTE

Bd. 29 Henriette Schneider: Ausdruck von Emotionen in der Zweitsprache. Möglichkeiten und Grenzen. 156 Seiten. ISBN 978-3-7329-0590-4

Bd. 30 Elisabeth Buhl/Katharina-Elisa Wolf: Wunden Lateinamerikas. *Rassismus in Peru* und *Frauenmorde in Nordmexiko*. Zwei Beiträge. 210 Seiten. ISBN 978-3-7329-0246-0

Bd. 31 Diana Haußmann: Zelebrieren, Vergessen, Erneuern. Das Spannungsfeld der Afrikanität bei Fatou Diome, Léonora Miano und Alain Mabanckou. 444 Seiten. ISBN 978-3-7329-0581-2

Bd. 32 Sandra Hinckers: Lateinische Übersetzungsreflexion in der Römischen Antike. Von Terenz bis zur *Historia Augusta*. 210 Seiten. ISBN 978-3-7329-0614-7

Bd. 33 Anne-Britt Ueckermann: Kommunikationskultur. Orientierung für eine erfolgreiche Kommunikation. 746 Seiten. ISBN 978-3-7329-0595-9

Bd. 34 Elisabeth Buhl: Das Bild der Fremde in deutschsprachigen Reiseführern. Beschreibungen und Vorstellungen von Peru. 122 Seiten. ISBN 978-3-7329-0687-1

Bd. 35 Stéphane Hardy: *Der largonji du louchébem* – die Geheimsprache der Pariser Metzger. 382 Seiten. ISBN 978-3-7329-0912-4

Frank & Timme